Creo项目化教程

主编◎孔 琳 周俊平 冯 娟

Creo XIANGMUHUA JIAOCHENG

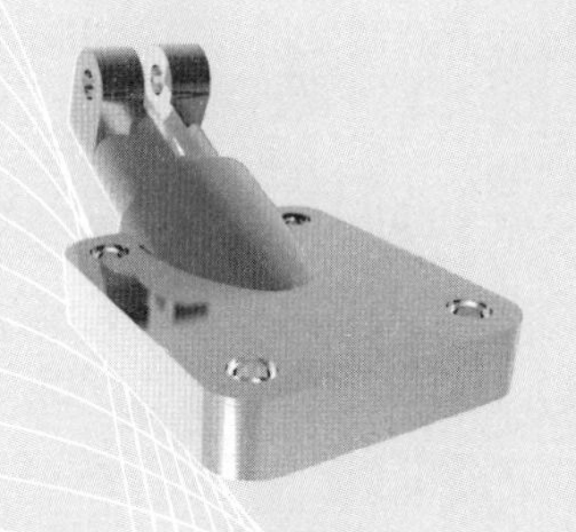

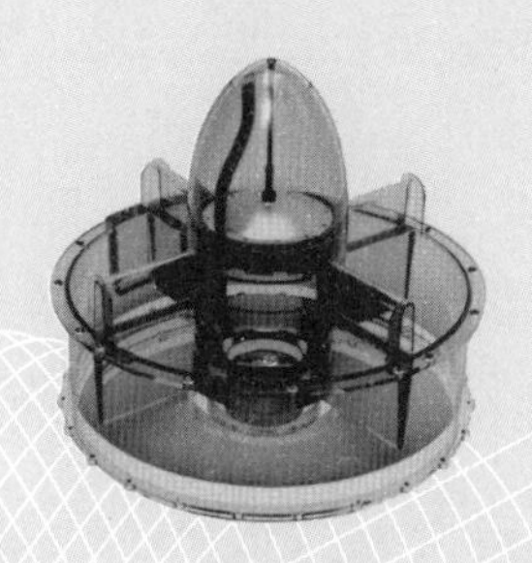

航空工业出版社

北 京

内容提要

本书采用项目化教学模式编写，由浅入深地包含了 Creo 软件认知、法兰盘实体设计、机架实体设计、进气装置的整体设计、陆空两用无人机创新设计、叶轮模型及其增材制造的设计、适配板数控仿真设计七大项目。本书在编写过程中将应用技巧和实用知识融入相关典型实例并通过操作步骤进行详细讲解。本书可作为高等院校相关课程的学习及实训教材，也可作为 Creo 初学者及从事产品设计相关工作的专业人员的学习和参考用书。

图书在版编目（CIP）数据

Creo 项目化教程 / 孔琳，周俊平，冯娟主编 . — 北京：航空工业出版社，2023.12

ISBN 978-7-5165-3535-6

Ⅰ. ① C… Ⅱ. ①孔… ②周… ③冯… Ⅲ. ①计算机辅助设计－应用软件－教材 Ⅳ. ① TP391.72

中国国家版本馆 CIP 数据核字（2023）第 209309 号

Creo 项目化教程

Creo Xiangmuhua Jiaocheng

航空工业出版社出版发行

（北京市朝阳区京顺路 5 号曙光大厦 C 座四层　100028）

发行部电话：010-85672663　010-85672683

北京荣玉印刷有限公司印刷　　全国各地新华书店经售

2023 年 12 月第 1 版　　2023 年 12 月第 1 次印刷

开本：889 毫米 ×1194 毫米　1/16　　字数：400 千字

印张：15.5　　定价：52.00 元

本书编委会

主　审　张　超

主　编　孔　琳　周俊平　冯　娟

副主编　何昕檬　宋育红　贺　琦　张　冲　刘德生

线上课程学习指南

本书配套在线精品课程“Creo 产品设计与制造”，读者可通过学习通 App 和学银在线进行学习。

一、手机端学习

手机端通过学习通 App 进行学习，在学习前请先注册学习通账号，登录后扫描以下二维码即可进入课程报名界面。报名后即可在“我学的课”中找到对应课程进行学习。

二、电脑端学习

电脑端通过学银在线进行学习，在学银在线官网搜索“Creo 产品设计与制造”即可找到对应课程。进入课程后单击“加入课程”即可进行学习（账号与学习通账号一样）。若已加入课程，可在个人空间中“我学的课”找到对应课程。

前 言

《中国制造 2025》提出我国要从制造业大国向制造业强国转变，最终实现制造业强国的目标，提高国家制造业创新能力是第一个战略任务。党的二十大报告指出，我们要建设现代化产业体系，加快建设制造强国、质量强国、航天强国、交通强国、网络强国、数字中国。推动战略性新兴产业融合集群发展，构建新一代信息技术、人工智能、生物技术、新能源、新材料、高端装备、绿色环保等一批新的增长引擎。本书正是围绕重点行业转型升级、智能制造和增材制造等领域创新发展的共性需求，设计了一系列核心项目。

本书以培养综合型应用人才为目标，以 Creo 8.0 作为软件操作蓝本，在注重基础理论教育的同时，突出实践性教育环节。本书的特色如下。

（1）校企双元、项目导向。本书由参与工程实践的企业专家提供案例，立足于实际的产品设计项目的开发和应用。在此基础上，本书将软件应用技巧和实用知识融入相关典型实例并通过操作步骤及操作视频进行详细讲解。

（2）教训融通、深度互动。本书包括 Creo 8.0 软件认知、法兰盘实体设计、机架实体设计、进气装置的整体设计等 7 个项目。考虑初学者自身条件及其学习特点，各项目内容按照从易到难、由浅到深进行编排，基本做到每部分都图文并茂、简明易懂。此外，在本书旁注中还增加了“思考”“讨论”“技巧”“提示”“笔记”等小模块，有效与学生互动，同时提示项目的重难点，帮助学习。在学习每个项目知识后，学生可以通过模拟测试、真题演练等方式来检验学习效果，并巩固重要的知识点。因此本书也可作为实训指导教程的教材，为日后进入机械设计、工业设计、航空零部件设计等相关行业奠定扎实的基础。

（3）线上线下，资源拓展。“推进教育数字化”是党的二十大报告关于教育部署的全新表述，体现了数字化引领未来技术变革的时代要求。本书的案例均提供在线视频资源，方便学生搜索学习，方便教师开展线上线下混合式教学。同时本书还配套数字化资源，包括三维动画、虚拟样机、微课视频等，以及同步上线学银在线，不断更新拓展案例资源，以便有效提升学生综合设计能力。有需要相关资源者可致电 13810412048 或发邮件至 2393867076@qq.com。

（4）技术赋能、思政育人。本书结合了技术设计、增材制造等案例，体现了新工艺、新技术、新方法，以适应职业和岗位的变化，对接国家智能制造发展战略。本书的项目还融入了发动机、无人机等内容，让学生在潜移默化中树立航空报国、技能强军的理想信念。

本书由校企联合编写而成。西安航空职业技术学院孔琳、冯娟、何昕檬、宋育红，乌兰察布职业学院周俊平等多位教师贡献了多年的教学经验。昆山市奇迹三维科技有限公司贺琦董事长、深圳市安亚信科技有限公司刘德生、渭南鼎信创新制造科技有限公司高级工程师张冲贡献了多年企业工作与培训实践经验。其中，西安航空职业技术学院孔琳副教授、冯娟教授和乌兰察布职业学院周俊平教授担任主编；西安航空职业技术学院何昕檬、宋育红，昆山市奇迹三维科技有限公司贺琦、渭南鼎信创新制造科技有限公司张冲、深圳市安亚信科技有限公司刘德生任副主编。另外，西安航空职业技术学院李鹏伟，昆山市奇迹三维科技有限公司的宋佳成、范涛和深圳市安亚信科技有限公司刘德生、刘宪礼，提供了数字化资源并参与数字化资源的制作。

全书由西安航空职业技术学院国家级教学名师、国家级黄大年式教学团队负责人张超教授最终审定。

本书由西安航空职业技术学院规划教材建设基金资助。在本书编写过程中还得到了相关兄弟院校与企业有关人士的大力支持和帮助，在此一并表示衷心感谢！

本书的编写力求适应《中国制造 2025》中关于高端技术技能型人才教育的改革和发展的要求，但由于编者水平所限，书中难免有错误和不妥之处，敬请广大同行与读者批评指正。

编　者

2023 年 03 月

目　录

项目 1 Creo 软件认知

项目概述

PTC Creo 是美国 PTC 公司于 2010 年 10 月推出的三维可视化新型 CAD 设计软件包，本书统一采用 PTC Creo 8.0（8.0 为软件版本，后文中除特殊指明外均简称“Creo”）作为软件平台进行内容编写。Creo 8.0 是行业内十分优秀的一款的 3D 建模应用软件，常用于完成零件建模、2D 画图、机构构架等。

目标导航

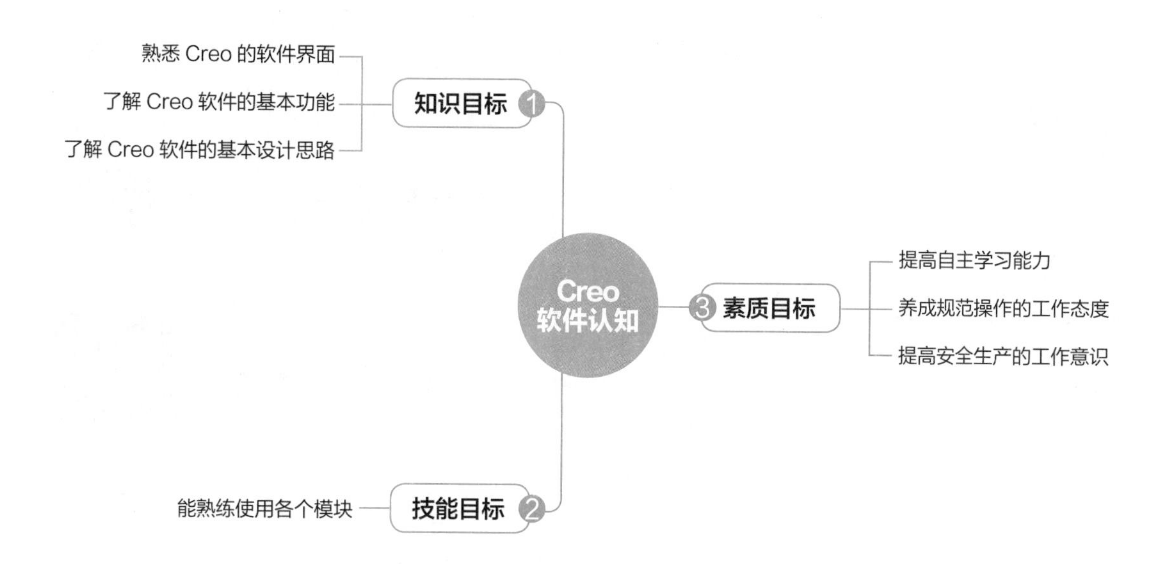

项目导图

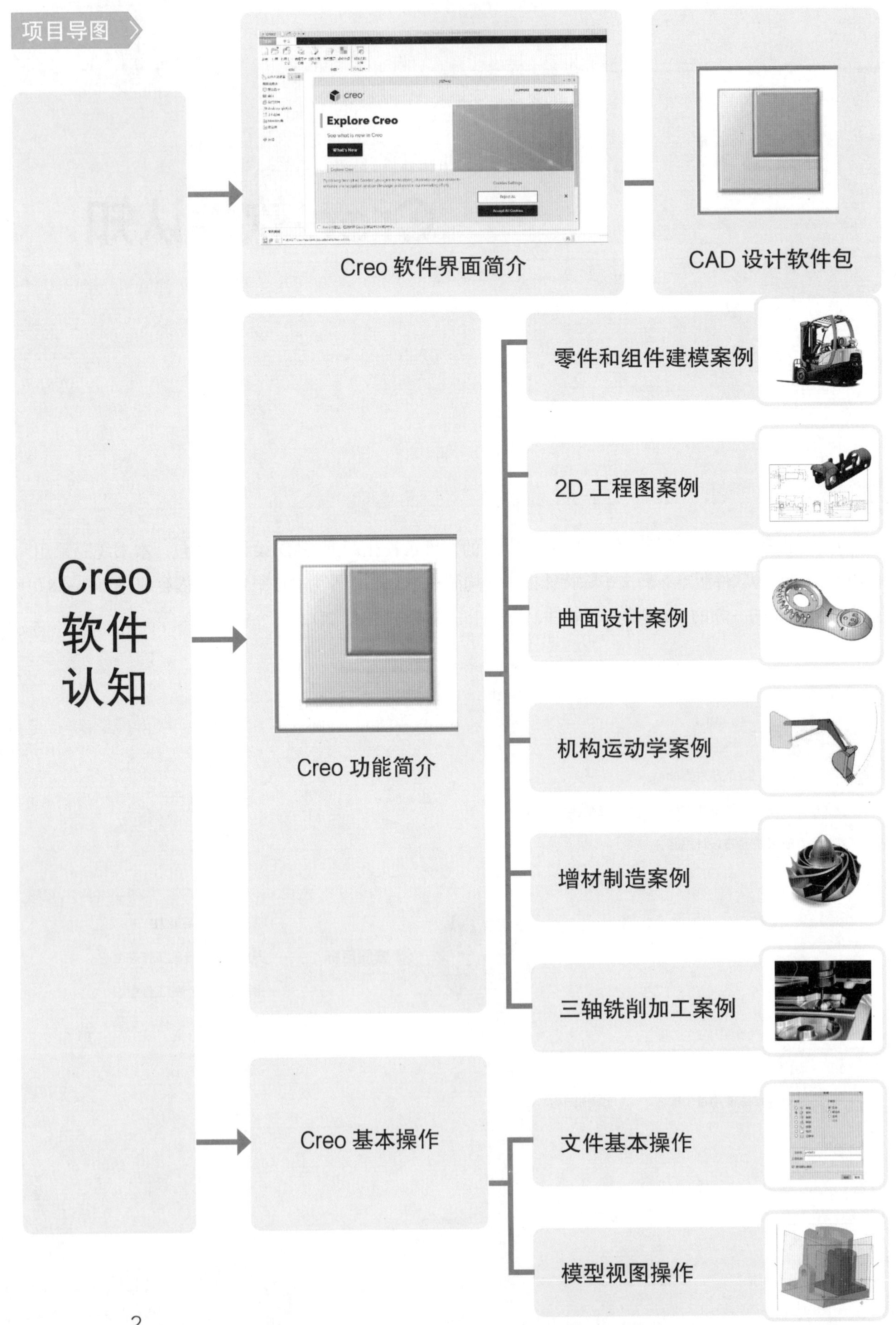
Creo 软件认知
Explore Creo
Creo 软件界面简介
CAD 设计软件包
Creo 功能简介
零件和组件建模案例
2D 工程图案例
曲面设计案例
机构运动学案例
增材制造案例
三轴铣削加工案例
Creo 基本操作
文件基本操作
模型视图操作

任务 1.1　认识 Creo 软件功能和界面

笔记

任务目标

（1）熟悉 Creo 的软件界面。

（2）了解 Creo 部分模块的功能。

资源环境

（1）Creo 8.0。

（2）超星学习通课程导学案例。

1.1.1　Creo 软件简介

Creo 8.0 软件介绍
声明：本视频主要内容来源于PTC官网。

Creo 软件（软件界面见图 1-1-1）是 PTC 公司系列软件中的标志性产品，整合了 Pro/ENGINEER（PTC 公司推出的 CAD/CAM/CAE 一体化的三维软件）的参数化技术、CoCreate（PTC 公司推出的高清 CAD、PDM 协作软件）的直接建模技术和 ProductView（PTC 公司推出的基于各种三维数据的查看、标记和协同工作的软件套装）的三维可视化技术，提供了一套可伸缩、可交互操作、开放且易于使用的机械设计应用程序。

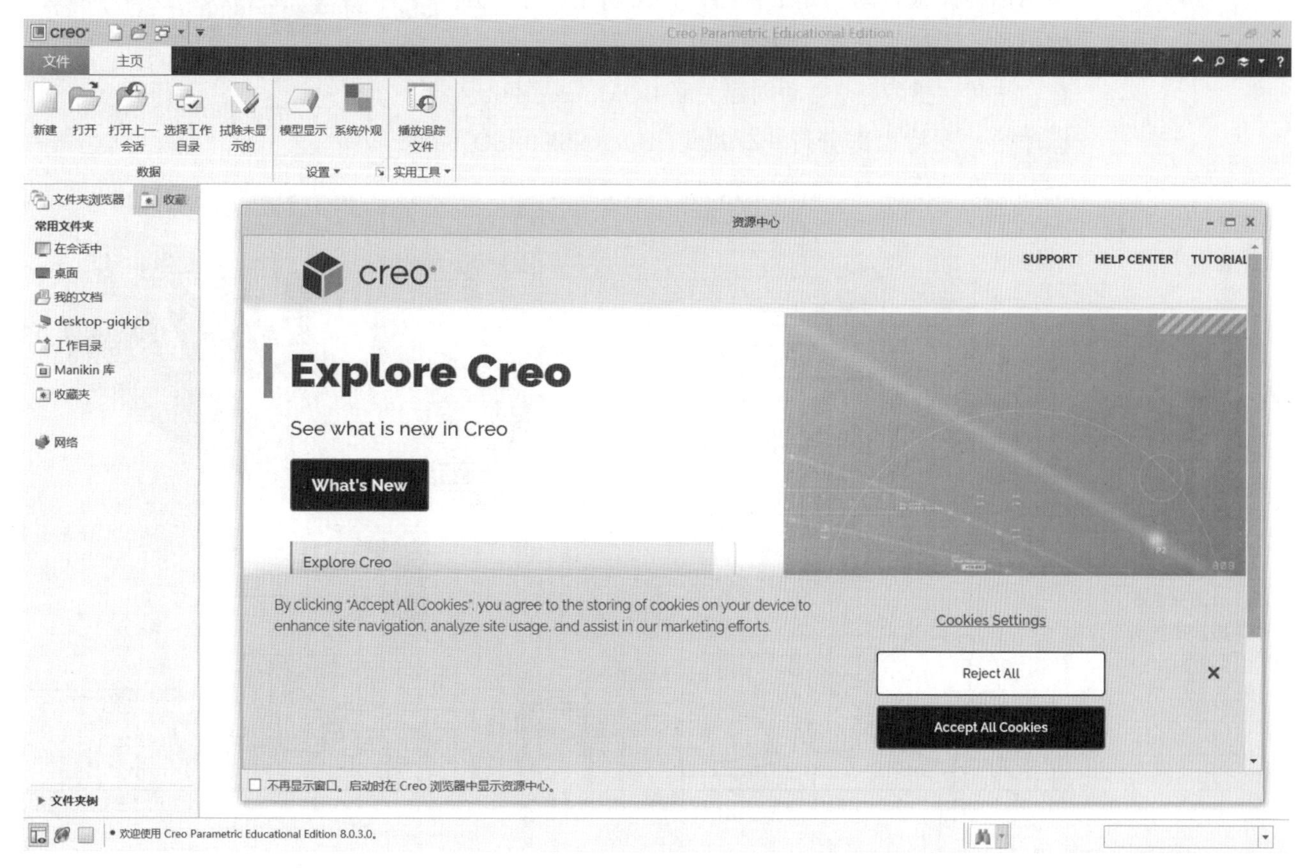

图 1-1-1　Creo 软件界面

1.1.2 Creo 功能简介

讨论

请根据Creo的常见功能并结合自己的相关专业，讨论下该软件具体的使用场景。

Creo 具备互操作性、开放、易用三大特点。首先，软件简化了设计工作流程，可让设计师在一个更加便捷的环境下，充分发挥创新设计和制造能力。其次，软件优化了用户界面，操控板得到改进，增加了迷你工具栏、模型树界面和快照，能够轻松查看设计草稿，加强了概念设计和详细设计之间的无缝流通。最后，软件为用户提供了联合技术，解决了数据迁移问题，能让用户轻松导入或打开非 PTC 的文件，方便企业整合为单独的 CAD 平台，能够高效地加强与产品开发合作伙伴的协作能力。

1.CREO DESIGN ESSENTIALS (T1) 核心设计功能

（1）CREO PARAMETRIC 零件和组件建模：能够精确创建复杂形状的几何体；使用特征参数、约束和关系捕获工程需求；使用工具轻松创建和管理复杂的组件提升系统性能；使用静态组件和实时碰撞检测执行全局间隙和干涉研究；与 PTC 解决方案无缝集成促进并行工程。零件和组件建模案例如图 1-1-2 所示。

图 1-1-2 零件和组件建模案例

（2）CREO PARAMETRIC 2D 工程图和文档：使用标准模板自动创建工程图；轻松创建尺寸、几何公差、注解等元素；快速地标注工程图尺寸、注释和注解“排版”；自动创建关联 BOM、视图和球标序号；支持大部分行业标准（GB、ANSE、ISO、ASME 和 JIS）。2D 工程图案例如图 1-1-3 所示。

提示

由于Creo涵盖功能模块较多，此处只介绍本教材案例中涉及的部分。

声明：该部分主要内容及图片案例来源于PTC官网。

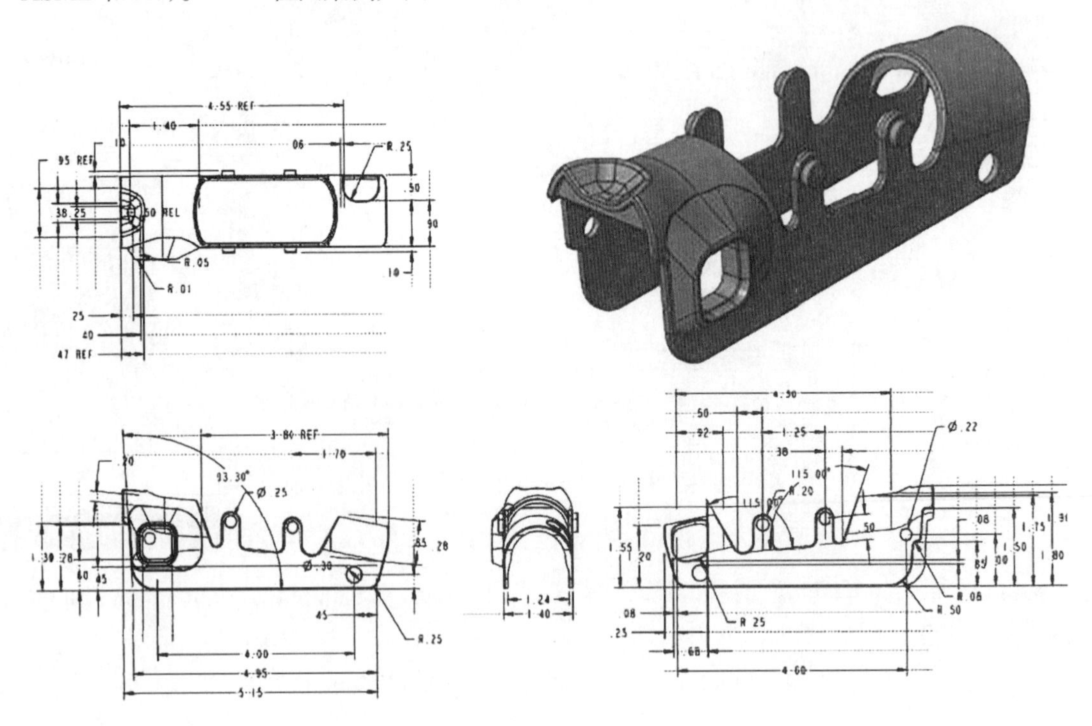

图 1-1-3 2D 工程图案例

（3）CREO PARAMETRIC 参数化曲面设计：易于建模和编辑复杂曲面；使用扫描、混合和边界混合工具开发复杂曲面；使用拉伸、旋转和填充工具创建解析曲面；使用数学公式和函数驱动复杂曲面；使用修剪、复制、合并和曲面转换来编辑曲面。曲面设计案例如图 1-1-4 所示。

（4）CREO PARAMETRIC 机构运动学设计：使用真实的机构连接来定义组件；设计和处理复杂装配机构；执行机构分析以验证和优化机构行为；创建运动包络以定义由移动部件和组件占据的“禁放区域”；拖动组件以轻松可视化和验证组件机构运动学设计及运动范围。机构运动学设计案例如图 1-1-5 所示。

图 1-1-4　曲面设计案例

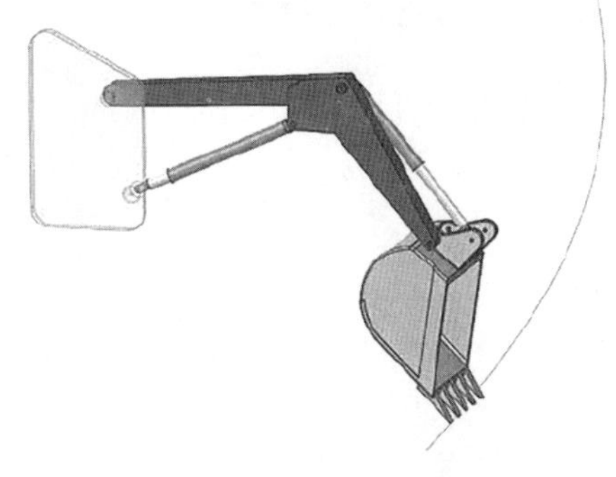

图 1-1-5　机构运动学设计案例

（5）CREO PARAMETRIC 增材制造设计：易于进行 3D 打印机选择和配置；简化 3D 模型准备；可打印性验证。增材制造设计案例如图 1-1-6 所示。

图 1-1-6　增材制造设计案例

笔记

提示

增材制造设计允许工程师直接制造全功能样机和最终使用的可以销售的商品，并且消除了传统制造流程的限制。

2.CREO DESIGN ADVANCED (T2) 并行设计和三轴铣削加工

CREO PRISMATIC AND MULTI-SURFACE MILLING 三轴铣削加工：完整的 CAD/CAM 支持并行设计和制造；自动变更传播和 NC 刀路关联更新；消除数据转换和错误；制造工艺文档的自动创建。三轴铣削加工案例如图 1-1-7 所示。

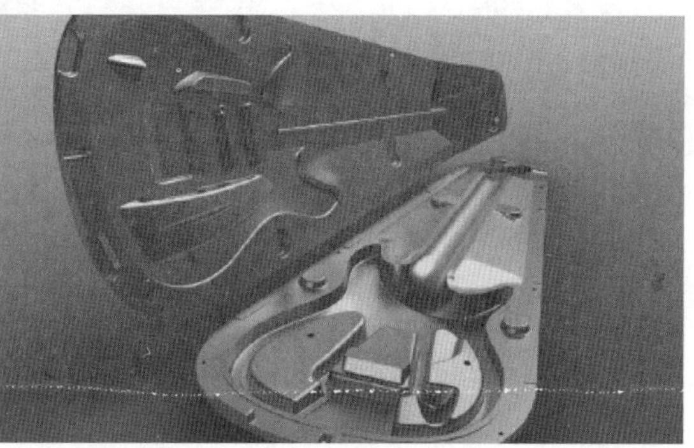

图 1-1-7　三轴铣削加工案例

3.CREO DESIGN ADVANCED PLUS (T3) 增强设计功能

提示

此处的晶格为真正的边界表示法(B-rep)几何，而不是使用小平面几何的逼近。

CREO Additive Manufacturing Extension–Standard 增材制造标准板：自动创建 2.5D、3D 和共形晶格；晶格结构的无缝分析和优化；打印机托盘设置和排样优化。增强设计案例如图 1-1-8 所示。

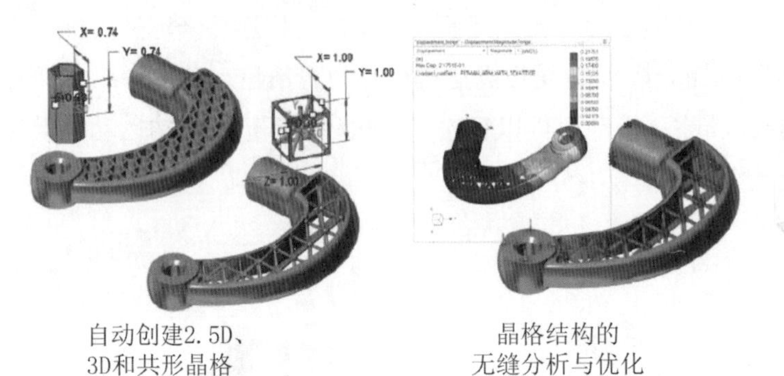

图 1-1-8　增强设计案例

Creo 界面介绍

1.1.3　Creo 8.0 界面简介

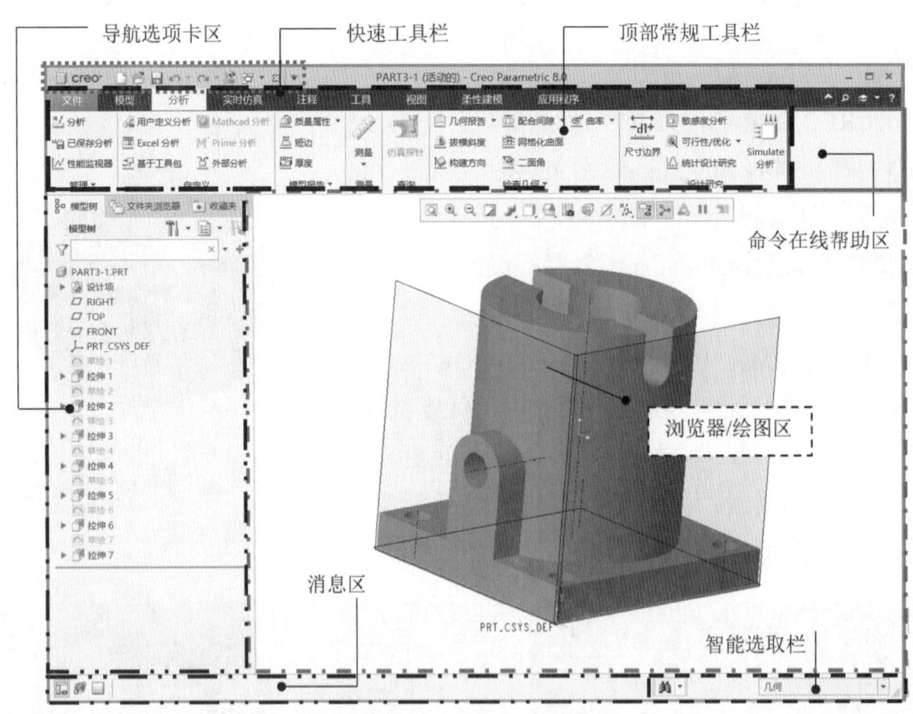

图 1-1-9　Creo 8.0 界面

技巧

浏览器/绘图区占用Creo窗口的同一区域，单击出现在该区域左侧或右侧拆分条的中部，可在两者之间切换；拖动拆分条可以将两者同时显示出来。

1. 浏览器 / 绘图区

（1）浏览器用来访问网络页面和 Creo 模型文件。

（2）绘图区用来显示模型和图形元素。

2. 工具栏

（1）快速工具栏位于主界面的顶部，用于显示当前正在运行的 Creo 应用程序名称和打开的文件名等信息。

（2）顶部常规工具栏位于快速工具栏的下方，单击菜单项将打开对应的下拉菜单的各种操作按钮，但调用不同的模块，菜单栏的内容会有所不同。

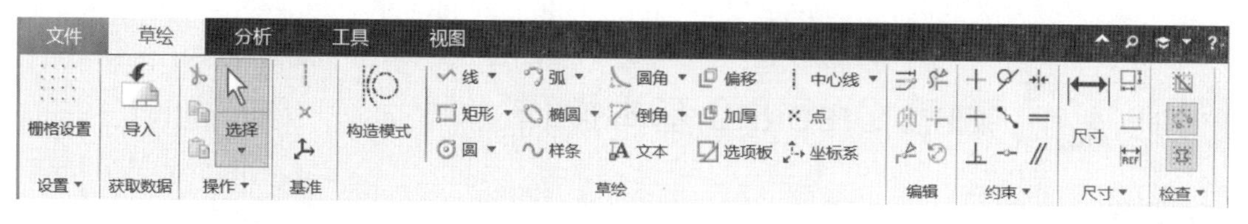

图 1-1-10　草绘模式下的工具栏

图 1-1-11　零件模式下的工具栏

图 1-1-12　组件模式下的工具栏

图 1-1-13　制造模式下的工具栏

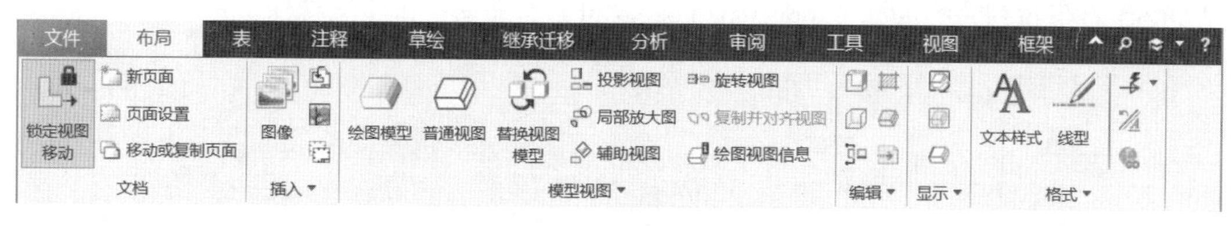

图 1-1-14　工程图模式下的工具栏

3. 导航选项卡区

（1）模型树用来进行各种特征的显示，包括特征类型标识、特征名称等。可以帮助用户快速直观地了解模型的特征构成和创建时用到的工具。

（2）文件夹浏览器用来显示常用文件夹以及文件夹树。

（3）收藏夹用于创建个人收藏夹和组织收藏夹。

4. 消息区

消息区用来显示用户操作的相关信息，包括操作后的结果和工具按钮的操作提示等信息，从而更快地掌握操作要领。

提示

由于Creo涵盖功能模块较多，此处只介绍本教材案例涉及的部分工具栏的模式。

草绘模式新增了绘图草绘新工具集，用于创建非参数化草绘，如直线、弧、矩形、圆、椭圆、样条和点。新工具的直观拖动行为与即时尺寸定义相结合，可提高可用性；尺寸工具栏有助于设置尺寸标注和参考，减少了应用设计更改所需的时间。

零件模式是产品设计的基础，可以通过基于实体特征的建模从概念草绘创建零件，还可通过直接、直观的图形操作创建和修改零件。

组件模式提供了基本的装配工具，可以将零件装配到装配模式中，还可以在装配模式中创建零件。

制造模式用于生成数控加工相关文件，可以设置并运行NC（数控）机床、创建装配过程序列、创建材料清单等。

绘图模式用于创建三维建模模型的二维工程图，同时可以注释工程图，标注尺寸及使用层来管理不同项目的显示。

文件类型介绍

5. 智能选取栏

用于在面对由众多特征构成的复杂模型时无法顺利选取目标对象的情况，可以通过设置上拉列表来限制选取对象类型。

任务 1.2 熟悉 Creo 8.0 基本操作

任务目标

（1）熟练掌握文件的基本操作步骤。

（2）学习使用三键鼠标的基本操作步骤。

资源环境

（1）Creo 8.0。

（2）超星学习通课程导学案例。

1.2.1 文件基本操作

1. 新建文件

（1）单击“新建”按钮，弹出如图 1-2-1 所示的“新建”对话框。

（2）在“类型”和“子类型”选项组中，选择相关的功能模块单选按钮，默认类型为“零件”模块，子类型为“实体”模块。

（3）在“文件名”文本框中输入文件名。

（4）取消选中“使用默认模板”复选框。单击“确定”按钮，弹出“新文件选项”对话框，如图 1-2-2 所示。

（5）在下拉列表中选择“mmns_part_solid_abs”，单击“确定”按钮。

讨论

图标	含义

图 1-2-1 “新建”对话框

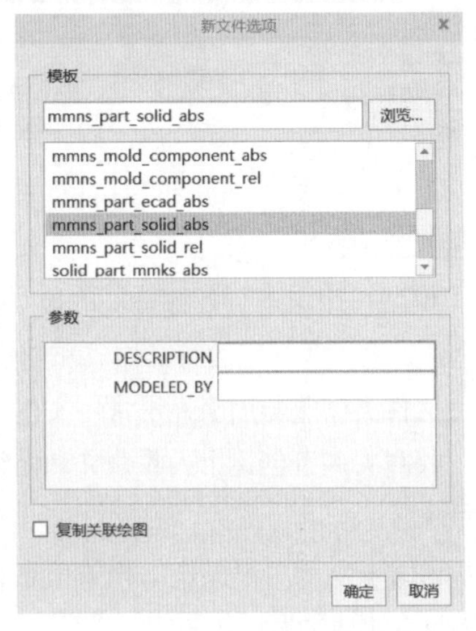

图 1-2-2 “新文件选项”对话框

2. 打开文件

（1）单击“打开”按钮，弹出“文件打开”对话框。

（2）选择要打开文件所在的文件夹，在“文件名”列表框选中该文件，单击“预览”按钮，如图 1-2-3 所示。

（3）单击“打开”按钮。

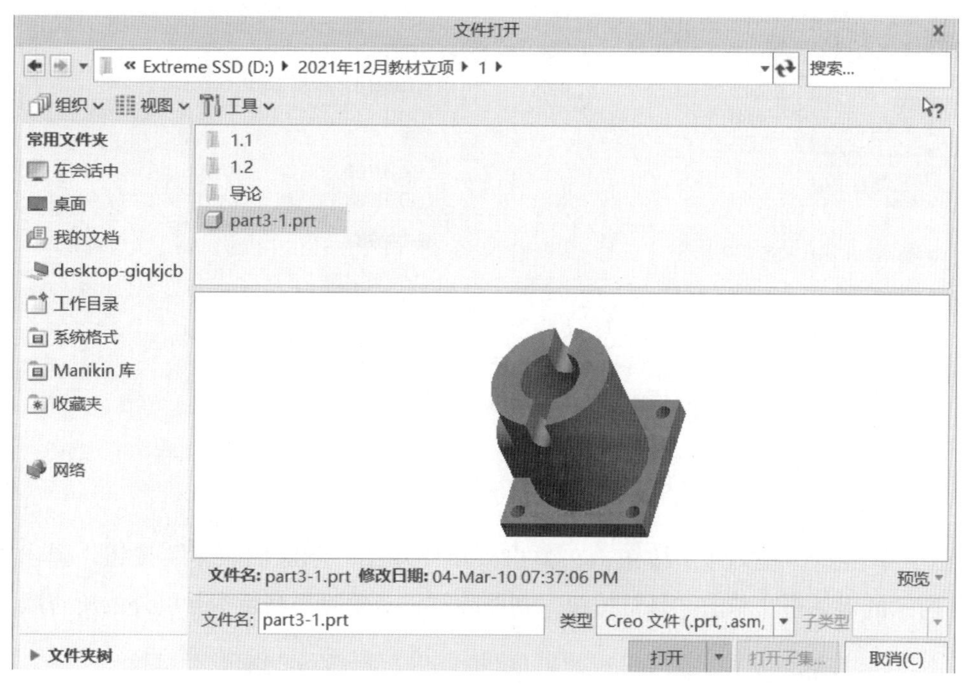

图 1-2-3　“文件打开”对话框

笔记

3. 保存文件

（1）单击“保存”按钮，弹出“保存对象”对话框，如图 1-2-4 所示。指定文件保存的路径，单击“确定”按钮。

（2）单击“保存副本”按钮后，将弹出“保存副本”对话框，如图 1-2-5 所示。在“新文件名”文本框中，输入新文件名。单击“类型”下拉列表框，选择文件保存的类型。单击“确定”按钮。

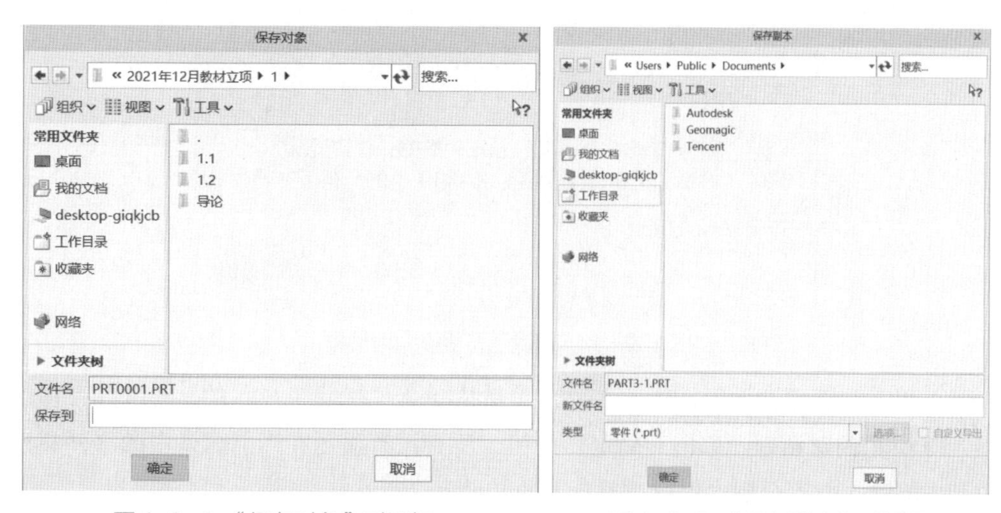

图 1-2-4　“保存对象”对话框　　　图 1-2-5　“保存副本”对话框

技巧

保存副本中可以生成通用文件格式，如“.Igs”“.stp”“.stl”“.obj”等，满足多文件转换的需要。

笔记

（3）单击“保存备份”按钮后，将弹出“备份”对话框，如图 1-2-6 所示。修改备份文件的路径，单击“确定”按钮。

（4）单击“镜像零件”按钮后，将弹出“镜像零件”对话框，如图 1-2-7 所示。从当前模型创建镜像新零件，单击“确定”按钮。

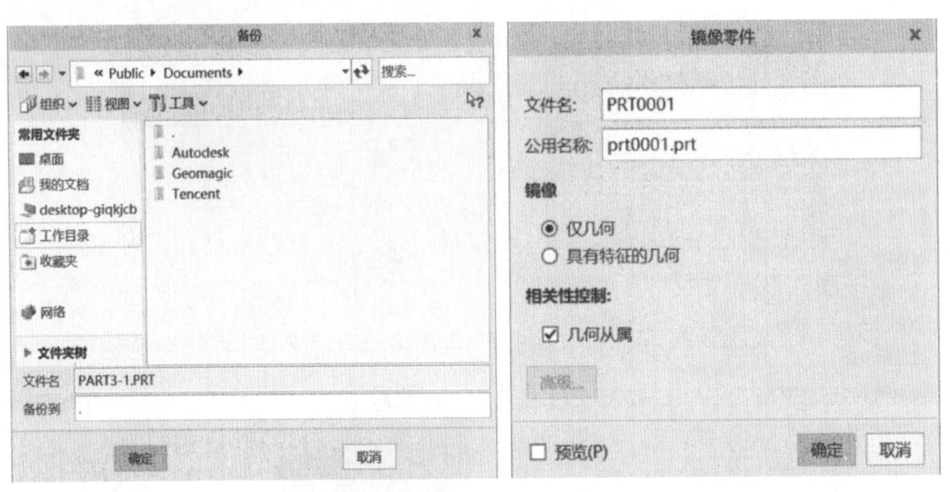

图 1-2-6 “备份”对话框　　图 1-2-7 “镜像零件”对话框

4. 删除文件

（1）单击“管理文件”按钮，在弹出菜单中单击“删除旧版本”按钮，弹出如图 1-2-8 所示的对话框。单击“是”按钮，则删除指定对象除最高版本号以外的所有版本。

图 1-2-8 “删除旧版本”对话框

（2）单击“管理文件”按钮，在弹出菜单中单击“删除所有版本”按钮，弹出如图 1-2-9 所示的对话框。单击“是”按钮，则从磁盘删除指定对象的所有版本。

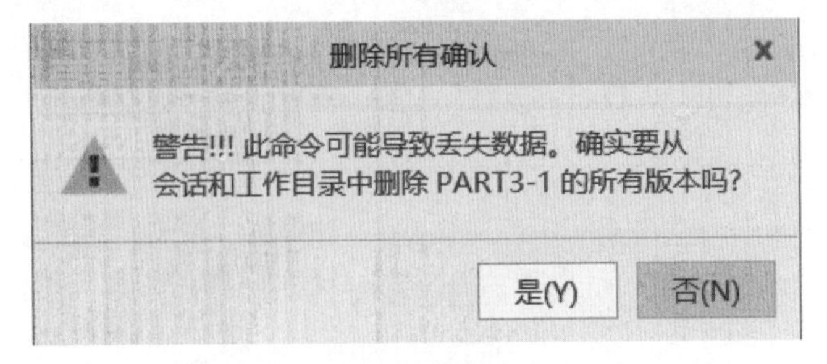

图 1-2-9 “删除所有版本”对话框

讨论

删除与拭除的区别是什么?

（3）单击“管理会话”按钮，在弹出菜单中单击“拭除未显示的”按钮，弹出如图 1-2-10 所示的对话框。单击“确定”按钮，所有没有显示在当前窗口中的零件文件将从内存中删除，但不会删除保留在磁盘上的文件。

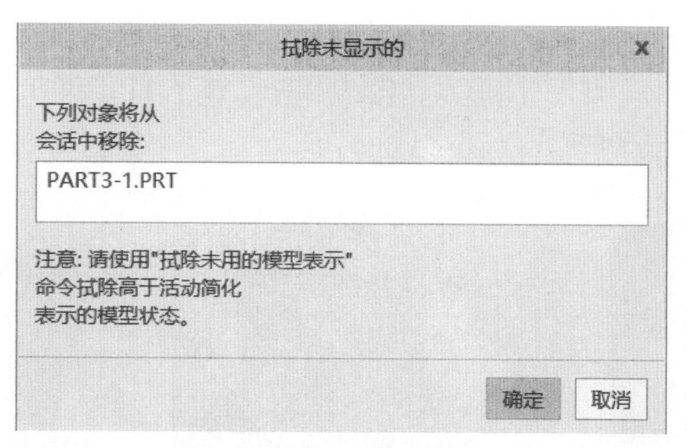

图 1-2-10 “拭除未显示的”对话框

笔记

5. 退出文件

（1）单击“退出”按钮，系统弹出“确认”对话框，如图 1-2-11 所示，提示用户保存文件。单击“是”按钮，将会退出 Creo，同时清除所有在进程中的文件。

讨论

退出与关闭的区别是什么?

图 1-2-11 “确认”对话框

（2）单击“文件”按钮，在下拉菜单中单击“关闭”按钮，或者单击快捷工具栏的“关闭”按钮，将会关闭窗口并将对象保留在当前进程中。

1.2.2 模型视图操作

1. 利用三键鼠标调整视图

（1）视图缩放。视图的缩放可通过滚动鼠标的中键实现，向前滚动模型缩小，向后滚动模型放大。按 Ctrl 键 + 鼠标中键，上下移动鼠标，缩放视图效果和滚动中键相同，如图 1-2-12 所示。

提示

本教材涉及的操作均在使用滑轮型鼠标的情况下完成。

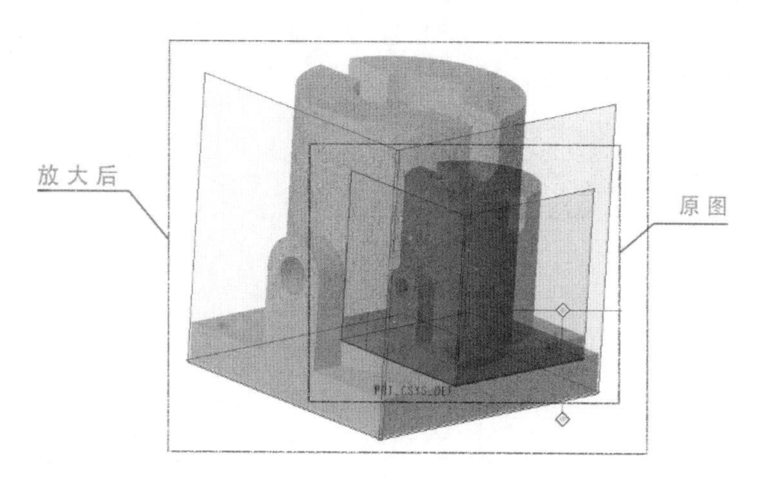

图 1-2-12 视图缩放

笔记

（2）视图旋转。按住鼠标中键，移动鼠标，就可以在立体空间内绕单击位置旋转视图。按 Ctrl 键 + 鼠标中键，左右移动鼠标，可以在二维平面内绕单击位置旋转视图。图 1-2-13 是视图旋转的三种状态。

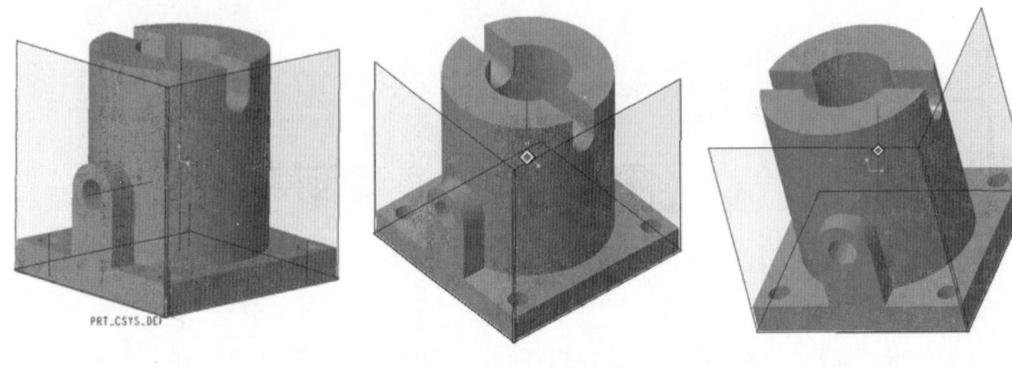

图 1-2-13　视图旋转

（3）视图平移。可以按 Shift 键 + 鼠标中键，移动鼠标平移视图，如图 1-2-14 所示。

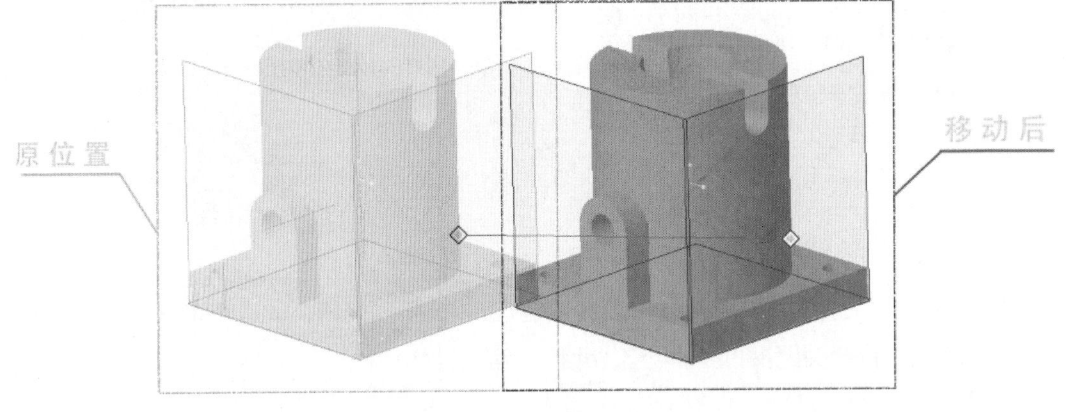

图 1-2-14　视图平移

技巧

在重定向按钮中还包括以下6种常见视图显示方式：

BACK
BOTTOM
FRONT
LEFT
RIGHT
TOP

2. 利用工具按钮调整视图

（1）“重新调整”按钮可以调整缩放级别，以全屏显示对象。

（2）“放大”按钮可以放大几何目标，以查看几何的更多细节。

（3）“缩小”按钮可以缩小几何目标，以获得更多相关几何的透视图。

（4）“重定向”按钮可以配置模型方向的首选项，输入“视图名称”，单击“参考一”为“曲面 :F6(拉伸 _1)”，单击“参考 2”为“曲面 :F8(拉伸 _2)”，如图 1-2-15 所示。视图调整效果如图 1-2-16 所示。

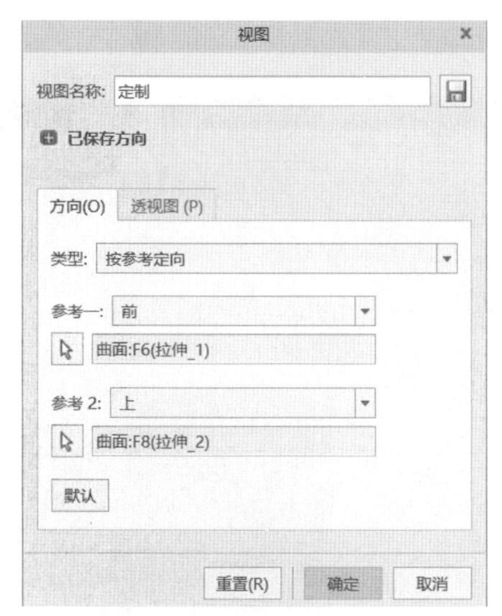

图 1-2-15 “视图”对话框

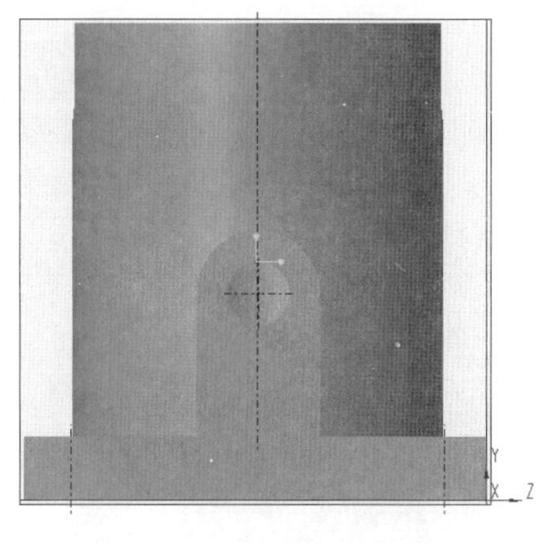
图 1-2-16 视图调整效果

（5）单击“透视图”选项卡，输入视图名称，调整“焦距”为 50，“目视距离”为 2.000，“图像缩放”为 1.000，如图 1-2-17 所示。透视图效果如图 1-2-18 所示。

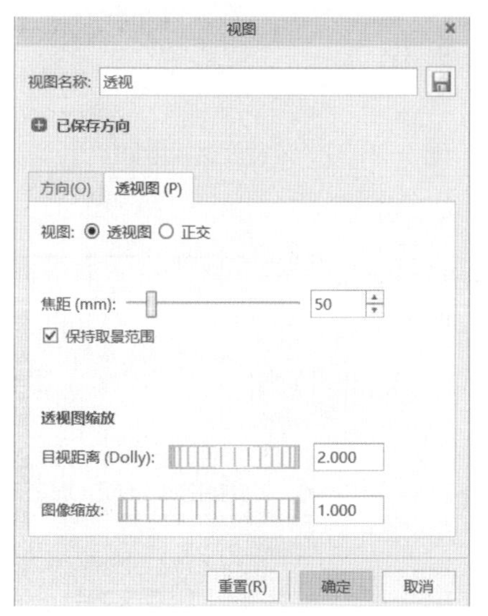

图 1-2-17 “透视图”选项卡

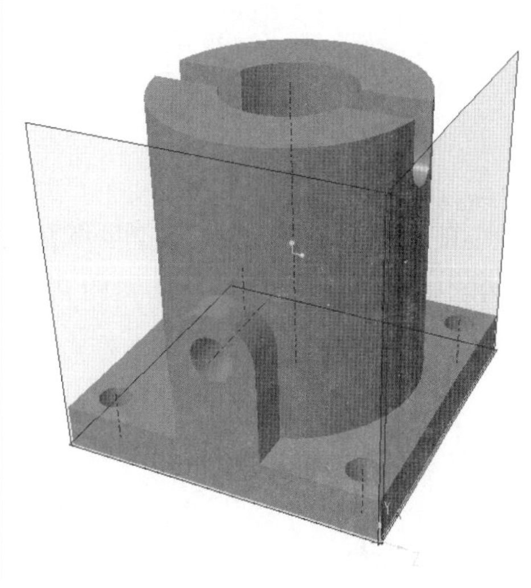
图 1-2-18 透视图效果

3. 利用菜单命令调整视图

（1）单击顶部工具栏中的“视图”选项卡，其中就包含了“可见性”“外观”“方向”“模型显示”等工具条，如图 1-2-19 所示。“方向”工具条中的“重新调整”“放大”“缩小”等按钮与前述功能相同。

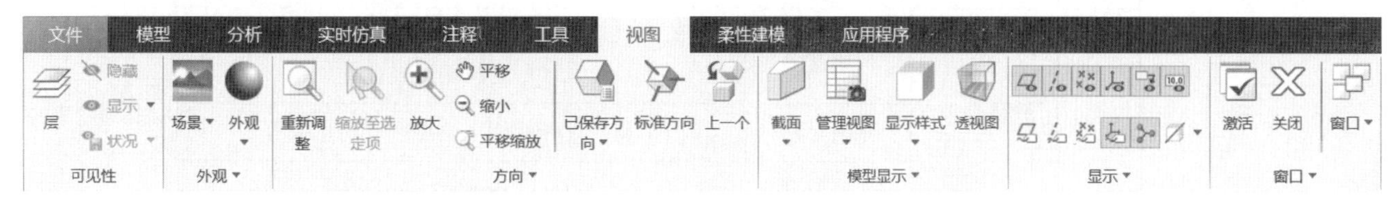

图 1-2-19 “视图”选项卡

（2）单击“截面”下拉菜单的“X 方向”按钮，设置“偏移”值为 75.00（见图 1-2-20），用以显示 X 截面的视图效果（见图 1-2-21），单击“透视图”按钮，显示效

讨论

图标 含义

技巧

“显示样式”按钮包括以下6种常见视图显示样式。

果如图 1-2-22 所示。

图 1-2-20 “截面”选项卡

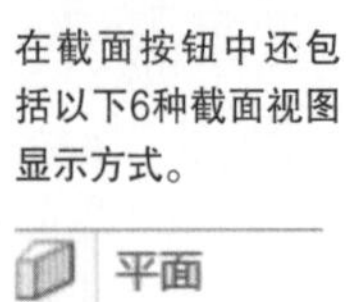

技巧

在截面按钮中还包括以下6种截面视图显示方式。

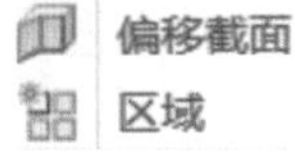

- 平面
- X 方向
- Y 方向
- Z 方向
- 偏移截面
- 区域

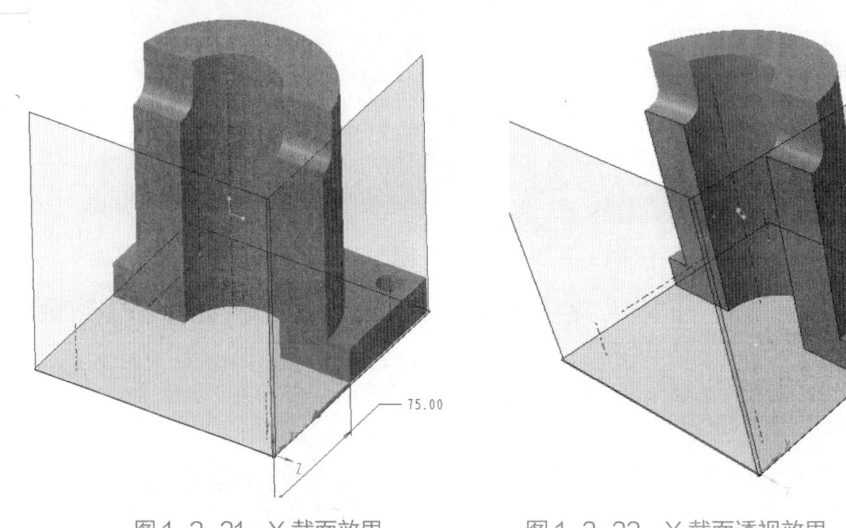

图 1-2-21　X 截面效果　　图 1-2-22　X 截面透视效果

（3）单击“窗口”按钮，选择要激活的窗口，在下拉菜单中可以勾选需要进行编辑的文件，如图 1-2-23 所示。

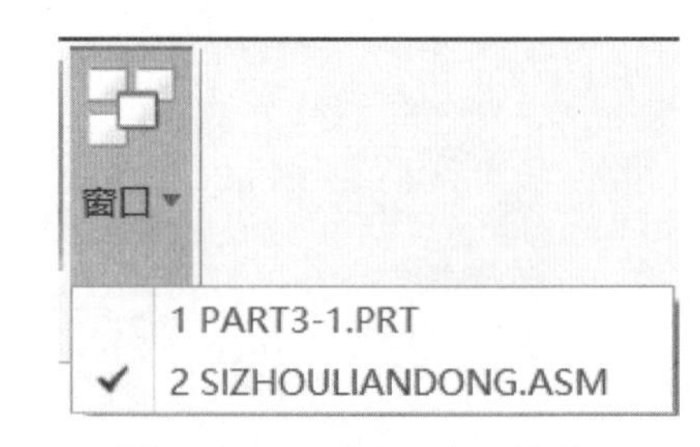

图 1-2-23 “窗口”下拉选项

项目小结

通过本项目可以完成以下命令的学习，如表 1-2-1 所示。

表 1-2-1　本项目可完成的命令学习总结

序号	项目模块			备注
1	软件介绍	功能介绍	草绘、建模、曲面设计、运动学设计、仿真加工设计、增材制造设计等	任务 1.1
		界面介绍	工具栏、导航栏、绘图区、消息区等	
		文件类型	“.sec”“.prt”“.asm”等	
2	常用操作	文件操作	新建、打开、保存、删除等	任务 1.2
		鼠标操作	移动、缩放、旋转等	任务 1.2

笔记

工业之美

现代工业设计是集科学和艺术为一体的综合性的设计方法，“工业设计体现在民机设计上，就是运用工业设计的理念和方法来设计飞机。”一般而言，从飞机的外观到内部设施等一切涉及乘客使用及肉眼可见的地方，几乎都是民机工业设计需要考虑的范畴，都需要通过“艺术和美”的工业设计手法使之既能满足使用者对其功能性的要求，又能满足人们审美的精神需要。

作为中国“智造”的新名片，C919 飞机（见图 1-2-24）美观的外形和新颖的设计概念让它拥有二十余项相关专利，斩获各类工业设计奖项。

图 1-2-24 C919 飞机

（资料来源：《民机设计师诠释 C919 大飞机的“工业之美”》，搜狐网，2018 年 02 月 23 日。）

模拟测试

一、单选题

1. 以下选项中，不属于 Creo 十大基本模块类型的是（　　）。

　A. 零件　　B. 组件　　C. 特征　　D. 制造

2. 以下对 Creo 文件删除描述正确的是（　　）。

　A. 删除处于进程中的文件　　B. 删除硬盘中的文件

　C. 删除文件多余的版本　　D. 删除文件的旧版本

3. 以下对 Creo 文件拭除描述正确的是（　　）。

　A. 删除处于进程中的文件　　B. 删除硬盘中的文件

　C. 删除文件多余的版本　　D. 删除文件的旧版本

笔记

4. 平移视图可以按住（　　）键 + 鼠标中键实现。

A.Ctrl　　B.Shift　　C.Alt　　D.Del

5. 在设计过程中，为什么分析零件非常重要？（　　）

A. 有助于确定要创建的特征类型和数目，以及创建它们的顺序

B. 有助于创建更容易维护的零件和能实现设计意图的零件

C. 有助于选择一个花费时间最少的创建零件的方法

D. 以上均是

二、多选题

1. Creo 的建模准则有（　　）。

A. 基于特征　　B. 全尺寸约束

C. 尺寸驱动　　D. 全数据相关

2. 以下对 Creo 的保存命令描述正确的是（　　）。

A. 以同一个文件名存储文件

B. 新版的文件并不会覆盖旧版的文件

C. 自动保存新版次的文件

D. 文件可以存储成“.iges”“.stl”等其他格式

3. 以下对 Creo 的保存副本命令描述正确的是（　　）。

A. 以新文件名存储文件

B. 新版的文件并不会覆盖旧版的文件

C. 将文件存于目前的工作目录或者使用者指定的目录之下

D. 文件可以存储成“.iges”“.stl”等其他格式

4. 以下对 Creo 的备份命令描述不正确的是（　　）。

A. 备份只能将文件保存到当前目录

B. 备份可以以相同的文件名命名，也可以以不同的文件名命名

C. 在备份目录中会延续备份对象以前的版本

D. 如果备份绘图文件，Creo 不会在指定目录中保存所有从属文件

5. 以下对 Creo 的坐标系作业描述正确的是（　　）。

A. 计算草图面积属性

B. 在有限元分析时放置载荷和约束

C. 在组装零件时定位

D. 使用加工模块时为刀具轨迹提供制造操作的参照

项目 2 法兰盘实体设计

项目概述

法兰盘是机械设计中广泛使用的盘套类零件之一，其内部沿轴向均匀分布数个固定螺栓孔和数根加强筋，主要起到支撑、轴向定位、密封等作用。本项目主要从创建法兰盘实体特征的筋特征、孔特征以及阵列特征的实际操作特点进行讲述。

目标导航

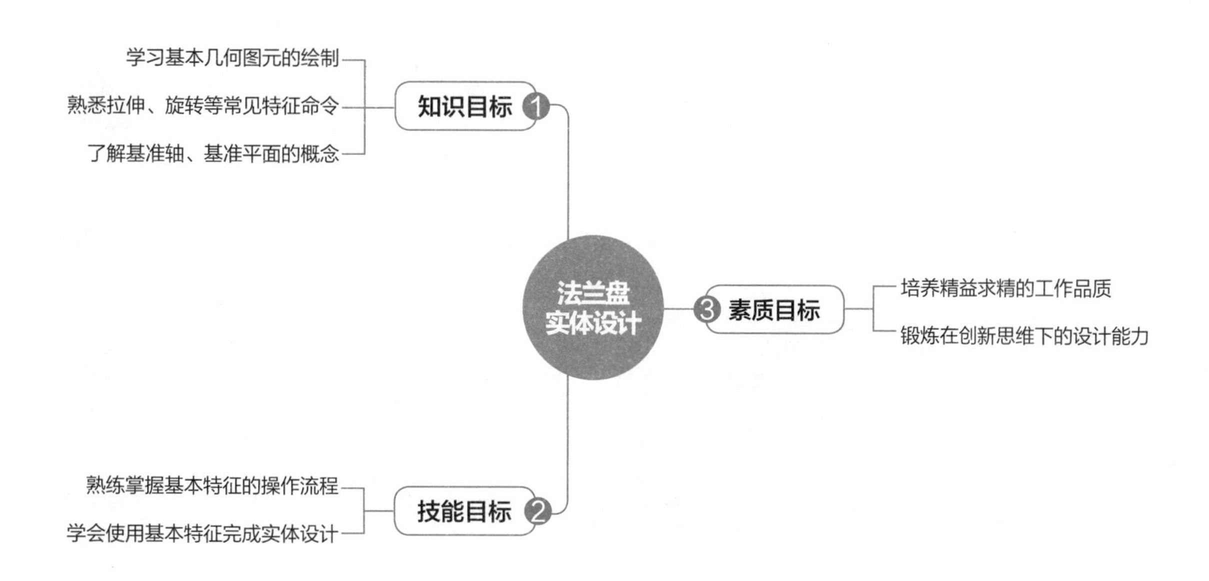

项目导图

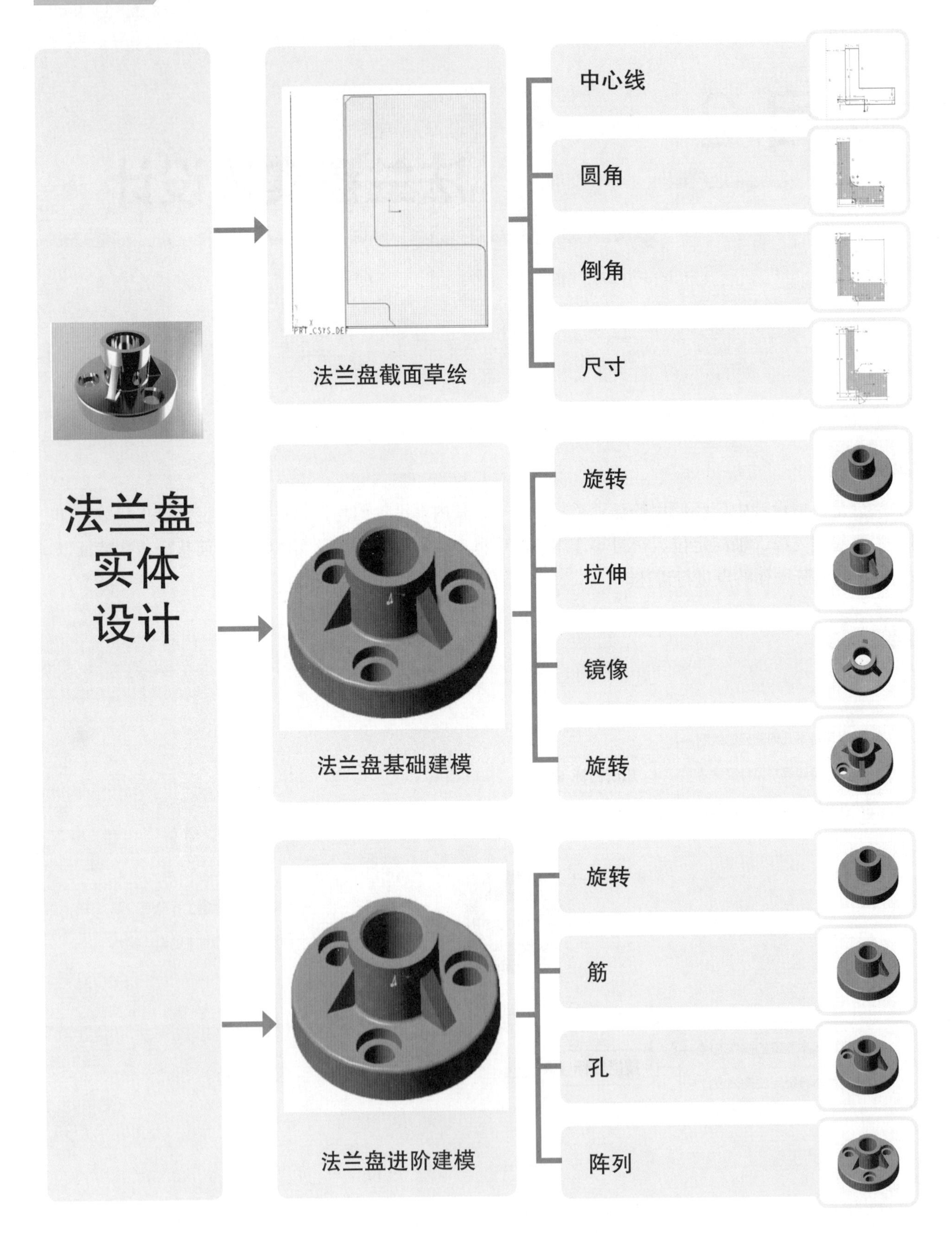
法兰盘
实体
设计
法兰盘截面草绘
中心线
圆角
倒角
尺寸
法兰盘基础建模
旋转
拉伸
镜像
旋转
法兰盘进阶建模
旋转
筋
孔
阵列

任务 2.1　法兰盘截面草绘

任务目标

（1）熟练掌握直线、圆、圆弧的绘制方法。

（2）学会使用修剪、圆角、倒角等命令，掌握其操作步骤。

（3）了解部件结构特点和工作原理。

资源环境

（1）Creo 8.0。

（2）超星学习通法兰盘案例。

> **技巧**
>
> 系统草绘模式默认的背景为浅灰色，可以将其背景修改为其他颜色，方法：
>
> 单击主菜单中的“文件”下拉菜单中的“选项”按钮，在“系统外观”中，单击“图形”，修改“背景”颜色。

2.1.1　基本几何图元的绘制及编辑

1. 进入草绘模式

（1）单击“新建”按钮，或者执行“文件”→“新建”命令，系统弹出“新建”对话框，如图 2-1-1 所示。

（2）单击“类型”选项组中的“草绘”按钮，在“文件名”文本框中输入文件名（如 S2-1，系统默认的文件名为 s2d0001），然后单击“确定”按钮，进入“草绘”界面，如图 2-1-2 所示。在此环境下直接绘制二维草图，并以扩展名“.sec”保存文件。此类文件可以导入到零件模块的草绘环境中，作为实体造型的二维截面；也可导入到工程图模块，作为二维平面图元。

图 2-1-1　“新建”对话框

图 2-1-2　“草绘”界面

2. 绘制基本几何图元

（1）单击顶部工具栏中的“线”按钮，在草绘区内单击，确定直线的起点。移动鼠标，草绘区显示一条“橡皮筋”线，在适当位置单击，确定直线段的终点，系统在起点与终点之间创建一条直线段。移动鼠标，草绘区接着上一段线又显示一条“橡皮筋”线，

再次单击，创建另一条首尾相接的直线段。直至单击鼠标中键。

（2）单击顶部工具栏中的“中心线”按钮，在草绘区内单击，确定中心线通过的一点。移动鼠标，在适当位置单击，确定中心线通过的另一点，系统通过两点创建一条中心线。重复以上步骤可绘制另一条中心线。单击鼠标中键，结束命令。

（3）参照法兰盘的外形轮廓创建草绘轮廓，如图 2-1-3 所示。系统会自动产生弱尺寸约束。

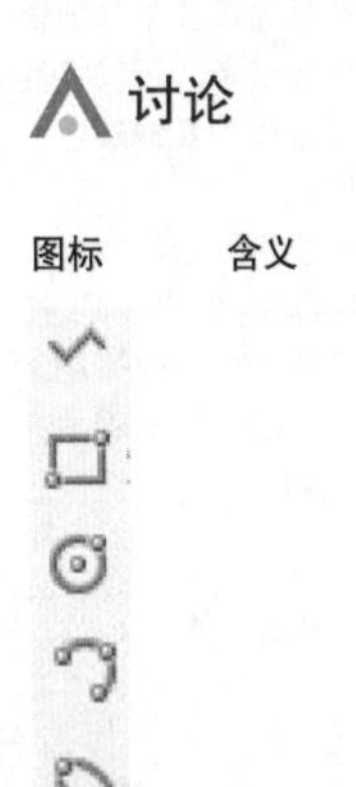

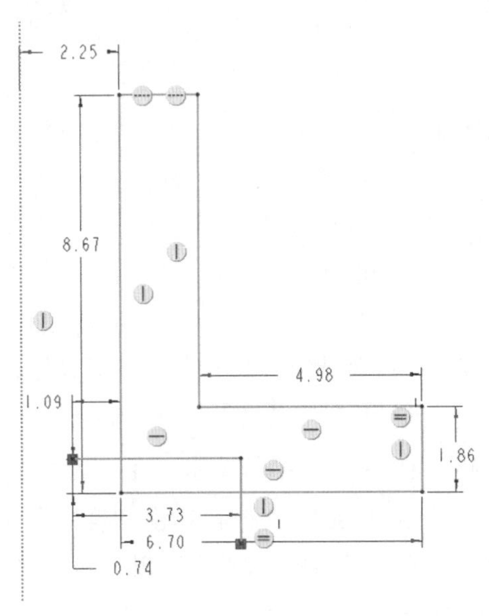

图 2-1-3　草绘轮廓

2.1.2　高级几何图元的绘制及编辑

1. 动态修剪图元

（1）在顶部工具栏中，单击“删除段”按钮，执行修剪的“删除段”命令。

（2）单击选取需要修剪的图元，系统将其显示红色后，随即删除该图元。

（3）参照法兰盘的外形轮廓删除多余线段，如图 2-1-4 所示。

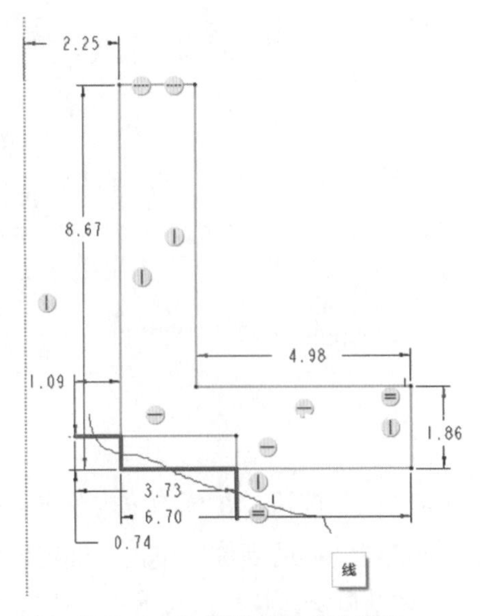

图 2-1-4　删除草图多余线段

2. 绘制圆角

（1）在草绘器中，单击“圆角”按钮，执行“圆角”命令。

（2）系统提示“选取两个图元”时，分别在两个图元上单击，单击两个图元的位置点1、点2，系统自动创建圆角。

（3）系统再次提示“选取两个图元”时，继续选取两个图元，创建另一个圆角。直至单击鼠标中键，结束命令。

（4）参照法兰盘的圆角轮廓创建圆角结构，如图2-1-5所示。

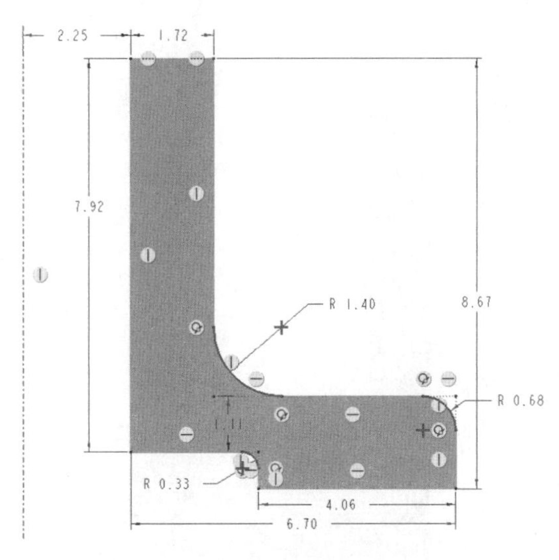

图2-1-5 绘制圆角结构

3. 绘制倒角

（1）在草绘器中，单击“倒角”按钮，执行“倒角”命令。

（2）系统提示“选取两个图元”时，分别在两个图元上单击，单击两个图元的位置点1、点2，系统自动创建倒角。

（3）系统再次提示“选取两个图元”时，继续选取两个图元，创建另一个倒角。直至单击鼠标中键，结束命令。

（4）参照法兰盘的倒角轮廓创建倒角结构，如图2-1-6所示。

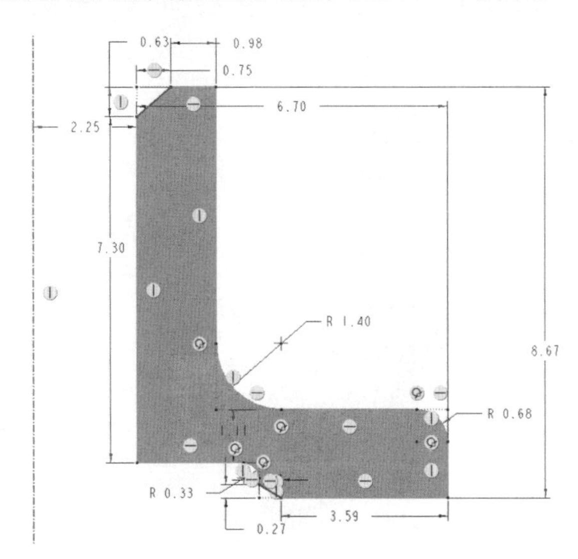

图2-1-6 绘制倒角结构

提示

利用“圆角”命令可以在选取的两个图元之间自动创建圆角过渡，这两个图元可以是直线、圆和样条曲线。

讨论

图标	含义

2.1.3 草图的几何约束及尺寸标注

1. 线性尺寸的标注

（1）在草绘器中，单击“↦”按钮，单击需要标注的图元。移动鼠标，在适当位置单击鼠标中键，确定尺寸的放置位置。

（2）单击“↖”按钮或执行其他命令，结束尺寸标注。

（3）已经存在的弱尺寸，可通过双击草图来修改尺寸，生成强尺寸，完成线性尺寸标注，如图 2-1-7 所示。

技巧

弱尺寸：绘制几何图元时系统会自动为其标注弱尺寸，以完全定义草图。但弱尺寸标注的基准无法预测，且有些弱尺寸往往不是用户所需要的，不能满足设计要求。

强尺寸：能完成精确的二维草图，且能根据设计要求控制尺寸。在设置几何约束条件后，应该手动标注所需要的尺寸，即标注强尺寸。根据具体尺寸数值对各尺寸加以修改，系统便能再生出最终的二维草图。

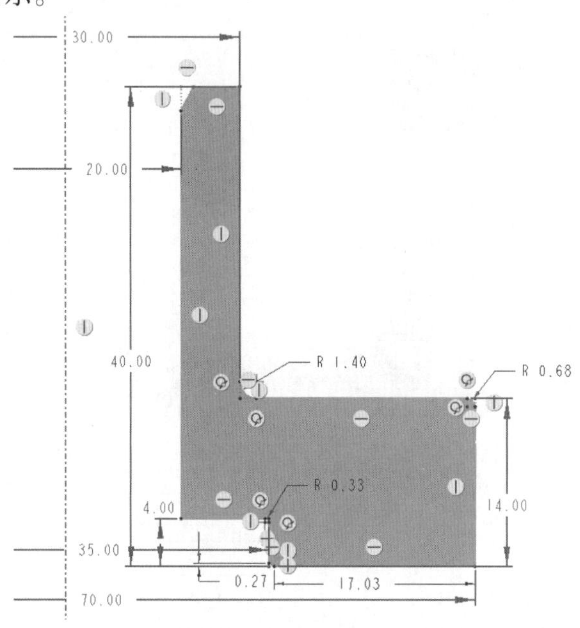

图 2-1-7 线性尺寸标注

2. 圆角尺寸的标注

（1）在草绘器中，单击“↦”按钮，单击选取需要标注直径或半径的圆或圆弧。移动鼠标，以鼠标中键单击尺寸位置。

（2）单击“↖”按钮或执行其他命令，结束尺寸标注。

（3）已经存在的弱尺寸，可通过双击草图来修改尺寸，完成圆角尺寸标注，如图 2-1-8 所示。

技巧

单击选择圆角尺寸，弹出快捷菜单，选择“直径”按钮，可以实现半径与直径尺寸标注的转换。

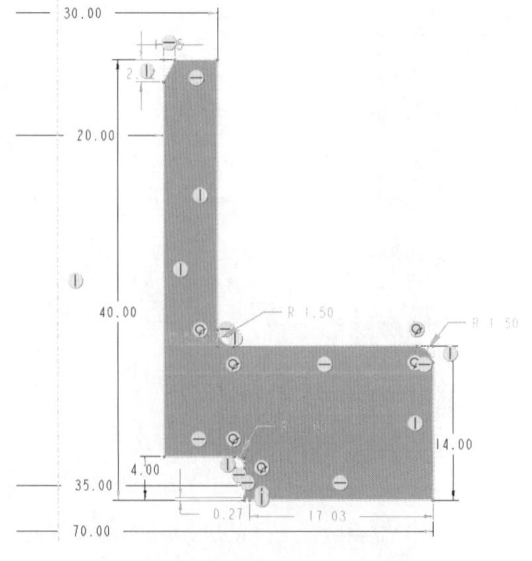

图 2-1-8 圆角尺寸标注

3. 角度尺寸的标注

（1）在草绘器中，单击“⟷”按钮，分别通过单击选取需要标注角度的两条非平行直线，用鼠标中键单击尺寸位置。

（2）单击“↖”按钮或执行其他命令，结束尺寸标注。

（3）已经存在的弱尺寸，可通过双击草图来修改尺寸，完成角度尺寸标注，如图 2-1-9 所示。完成后保存法兰盘草图。

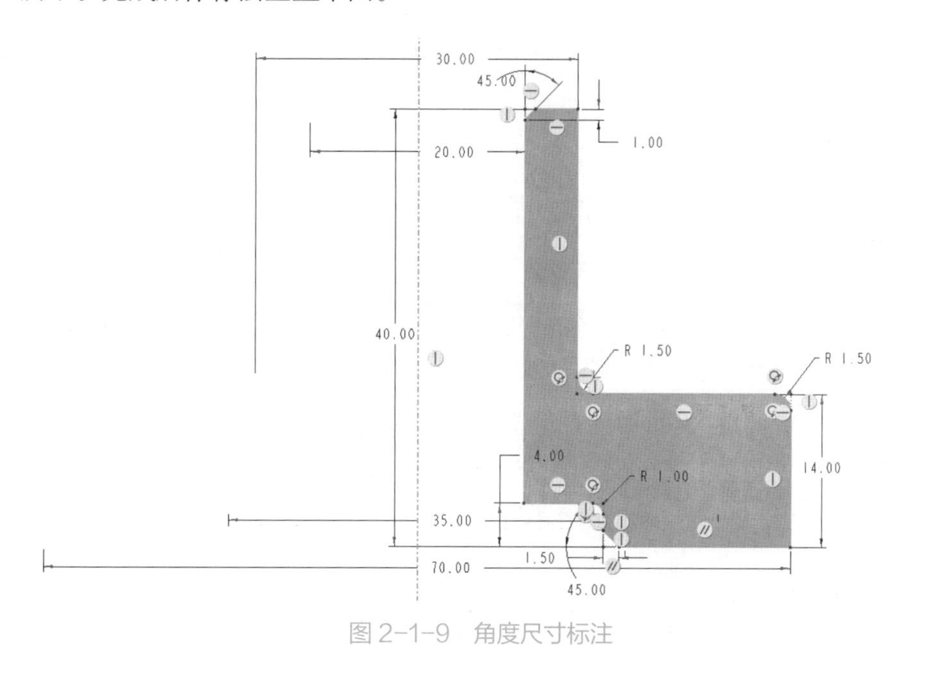

图 2-1-9 角度尺寸标注

讨论

图标 含义

2.1.4 实体模型中的草图创建

1. 从零件模块进入草绘环境

（1）创建新文件时，在“新建”对话框中的“类型”选项组内选择“零件”，进入零件建模环境。

（2）单击“基准”工具栏中的草绘工具“∿”，进入“草绘”环境，绘制二维截面，可以供实体造型时选用。

（3）创建某个三维特征命令中，系统提示“选取一个草绘”时，进入草绘环境，此时所绘制的二维截面属于所创建的特征。

（4）用户也可以将零件模块在草绘环境下绘制的二维截面保存为副本，以扩展名“.sec”保存为单独的文件，以供创建其他特征时使用。

2. 导入草图

（1）选择绘制完成的法兰盘草图，按“Ctrl+C”组合键（快捷键）进行复制。

（2）在“新建”对话框中的“类型”选项组内选择“零件”，进入零件建模环境。修改名称为“falanpan”，取消勾选“使用默认模板”，如图 2-1-10 所示。

（3）在弹出的“新文件选项”菜单中，选择“ mmns_part_solid_abs”，单击“确定”按钮，如图 2-1-11 所示。

讨论

图标　　含义

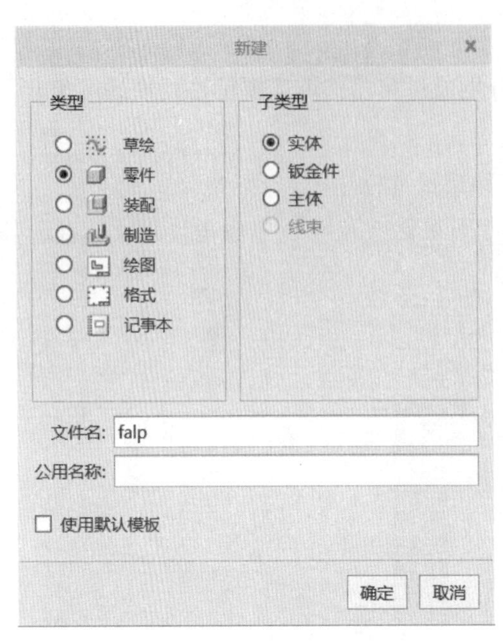

图 2-1-10　“新建”对话框

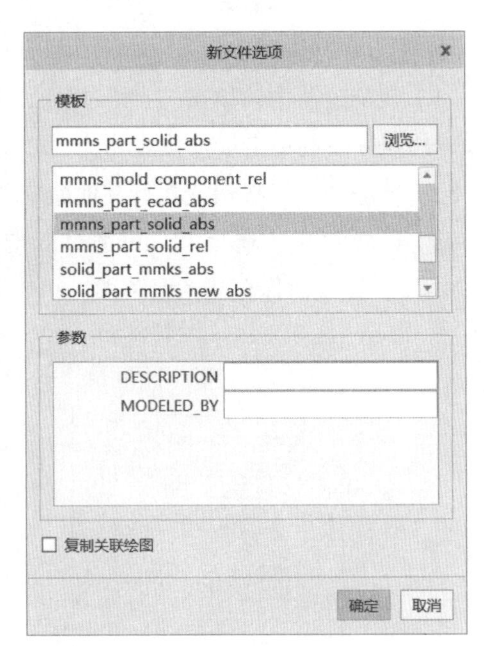

图 2-1-11　“新文件选项”菜单

（4）单击“基准”工具栏中的草绘工具“”，进入“草绘”环境，在弹出的“草绘”菜单中单击“FRONT”基准面作为草绘平面。按“Ctrl+V”组合键进行粘贴，修改位置坐标，修改比例大小为 1，如图 2-1-12 所示。

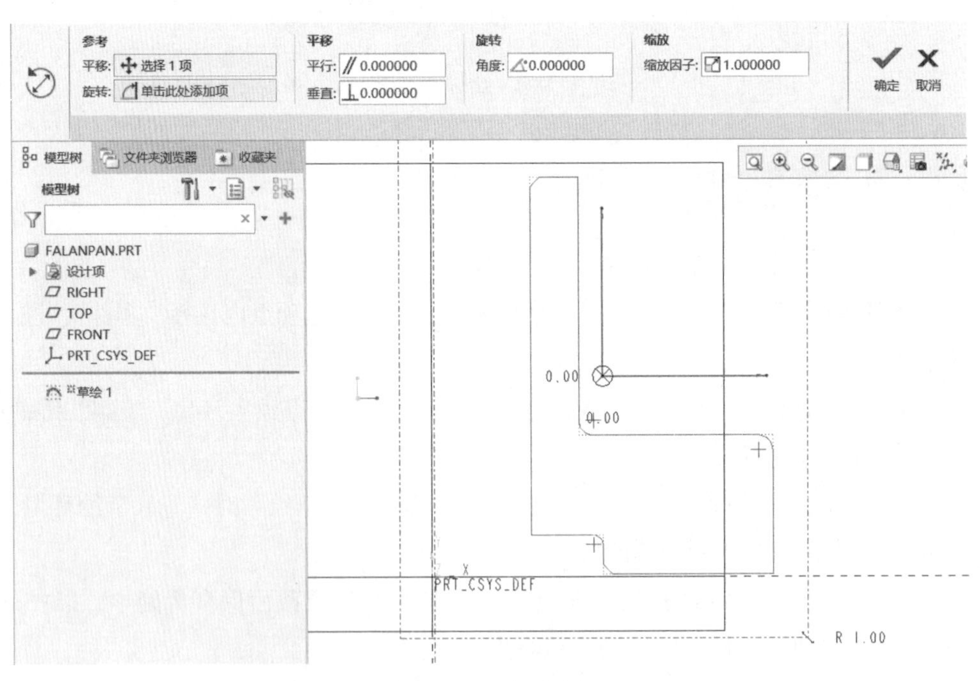

图 2-1-12　粘贴草图

任务 2.2　法兰盘基础建模

任务目标

（1）熟练掌握三维实体建模的基本方法。

（2）学会使用拉伸、旋转、基准、镜像等命令，掌握其操作步骤。

（3）了解部件结构特点。

资源环境

（1）Creo 8.0。

（2）超星学习通法兰盘案例。

说明

本书三维模型均使用图纸通软件进行展示。

法兰盘基础建模

法兰盘三维模型

特征及模型树

2.2.1　特征及模型树

1. 特征

（1）特征是组成 Creo 模型的基本单元。创建模型时，设计者总是采用搭积木的方式在模型上依次添加新的特征，比如拉伸一个圆柱体是一个特征，在圆柱体上打一个孔又是一个特征，将圆柱体边缘倒角也是一个特征，如图 2-1-1 所示。

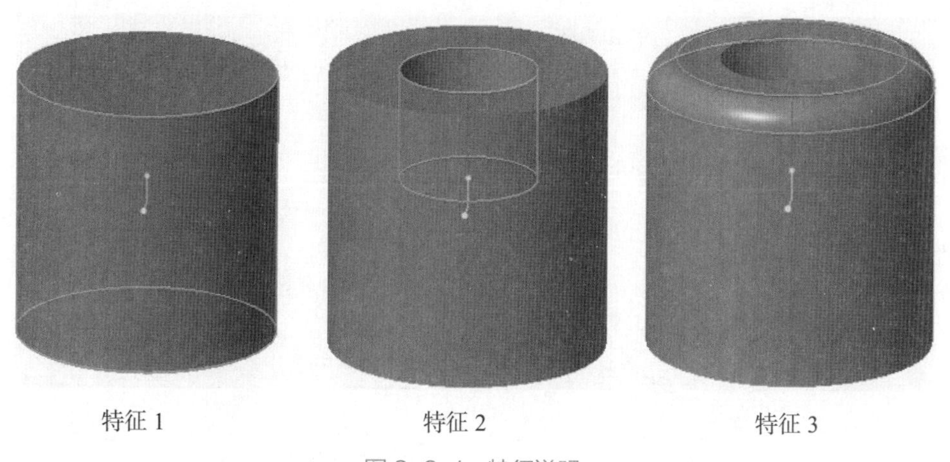

图 2-2-1　特征说明

（2）Creo 在实体建模中创建特征的方法很多，比如拉伸、旋转、混合、扫描等。决定一个模型到底用什么样的特征创建方法，要先对模型的结构进行分析，然后再考虑如何去创建特征。选择创建实体特征的方法合理与否，直接关系到模型设计的复杂程度、可修改性甚至设计的成败。

2. 模型树

（1）模型树是一个功能强大的辅助设计工具，通过模型树，用户可以了解产品建模的顺序和特征之间的“父子”关系，还可以直接在模型树上进行编辑，如图 2-2-2 所示。

（2）在“设置”选项卡中，有“树过滤器”“树列”“样式树”和“保存模型树”等设置项目，如图 2-2-3 所示。

（3）在“树过滤器”选项卡中单击“特征”选项，弹出的“模型树项”菜单中含有“常规”“缆”“管道”“NC”“模具 / 铸造”“机构”“仿真”等特征类型，如图 2-2-4 所示。

笔记

图 2-2-2　模型树

图 2-2-3　“设置”选项卡

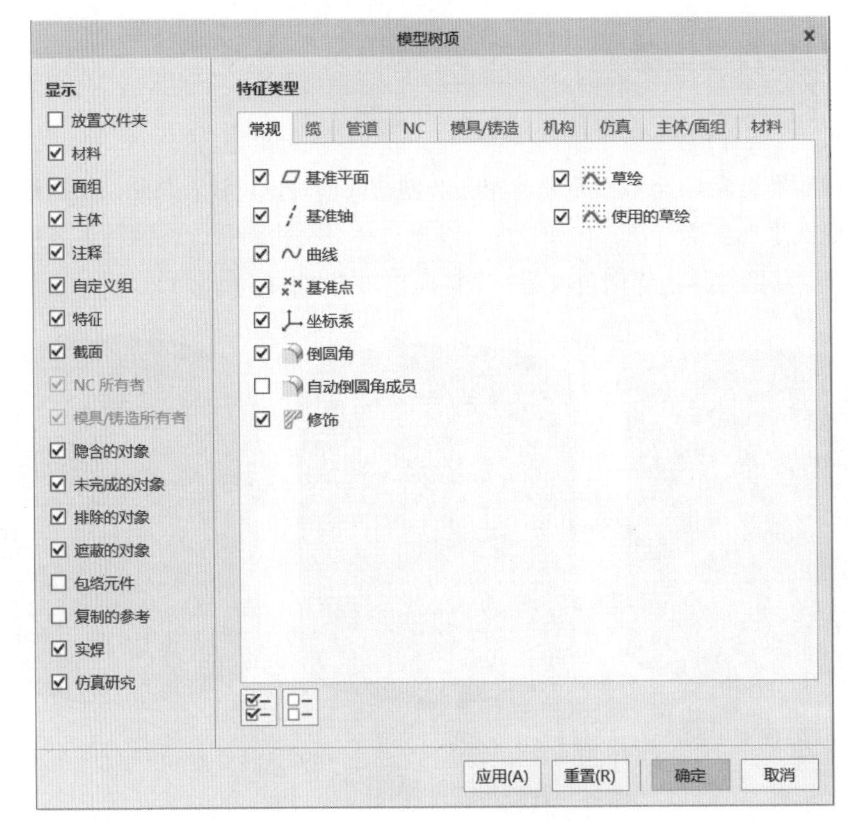

图 2-2-4　“模型树项”菜单

讨论

图标　　含义

技巧

“隐含”与“删除”不同，被“删除”的对象通常是不可恢复的，但“隐含”的对象却可以恢复并重新显示。

在键盘上按下“Ctrl”键，然后选择若干个相关联的特征，再选择“组”选项，将选定的若干个特征组成一个局部组。用户可以对该局部组进行统一操作，如镜像和阵列等。

3. 模型树的应用

（1）模型树是特征、基准、对象等的综合管理器，在模型树中可以直接对特征进行删除、隐含、编辑、定义等操作。

（2）在模型树中选择要编辑的特征，然后右击，弹出快捷菜单，可以对特征进行删除、创建组、隐含、重命名、编辑等操作。

2.2.2　形状特征创建

1. 拉伸特征

拉伸特征是将二维特征截面沿垂直于草绘平面的一个方向或相对的两个方向拉伸所生成的实体特征，如图 2-2-5 所示。

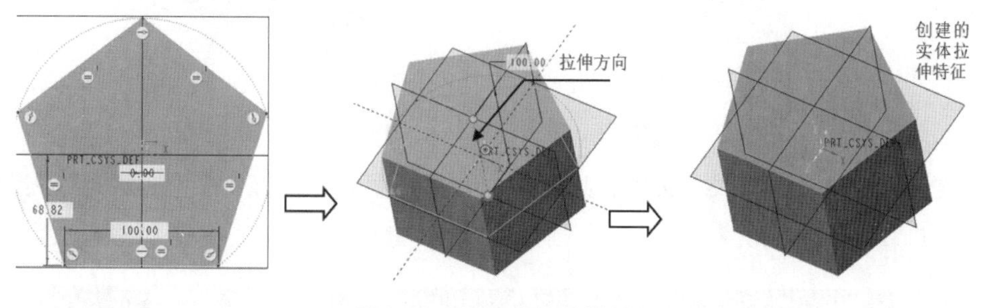

图 2-2-5　实体拉伸特征

（1）在零件模式中，单击“拉伸”按钮，打开“拉伸特征”操控板，如图 2-2-6 所示。

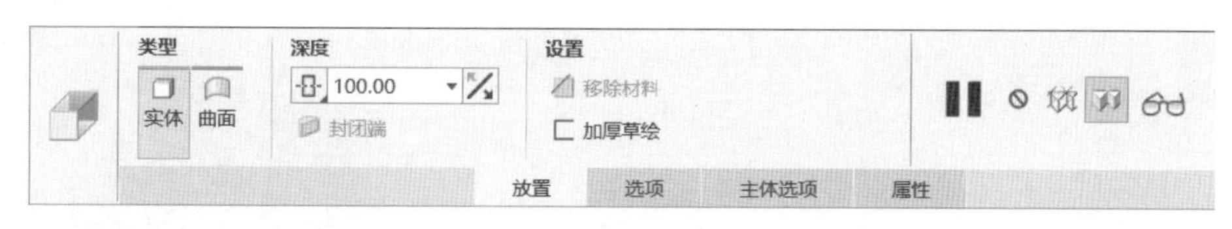

图 2-2-6 “拉伸特征”操控板

（2）单击“放置”按钮，在弹出的下滑面板中，单击“定义…”按钮（图 2-2-7），弹出“草绘”对话框。

（3）选择“TOP：F2(基准平面)”为草绘平面，“RIGHT：F1(基准平面)”为参考平面，参考平面方向为向右（此为默认设置），如图 2-2-8 所示。单击“草绘”按钮，进入草绘模式。

图 2-2-7 “放置”下滑面板

图 2-2-8　选择参考平面

（4）草绘二维特征截面并修改草绘尺寸值，如图 2-2-9 所示，待重新生成草绘截面后，单击“确定”按钮，回到零件模式，如图 2-2-10 所示。

笔记

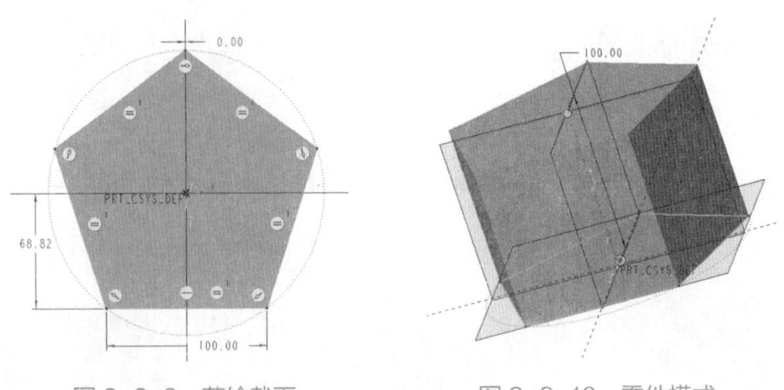

图 2-2-9　草绘截面　　　　图 2-2-10　零件模式

（5）在“拉伸特征”操控板中，指定拉伸特征深度的方法为“盲孔”(此为默认设置)，输入“深度值”为 80.00，如图 2-2-11 所示，单击“确定”按钮。

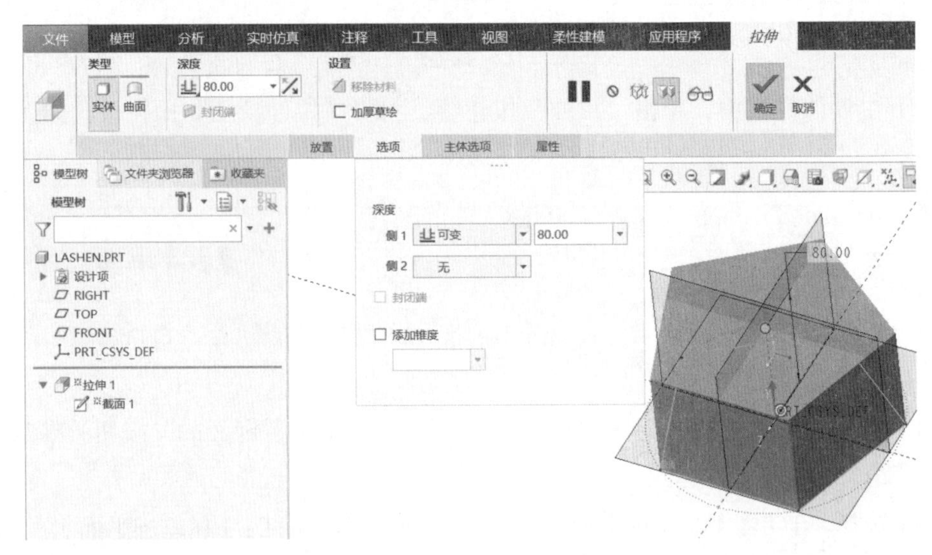

图 2-2-11　“拉伸特征”操控板

2. 旋转特征

旋转特征是将二维特征截面绕中心轴旋转生成的特征，具有轴对称性（即沿中心线剖开，在中心轴两侧的截面呈对称状态），如图 2-2-12 所示。

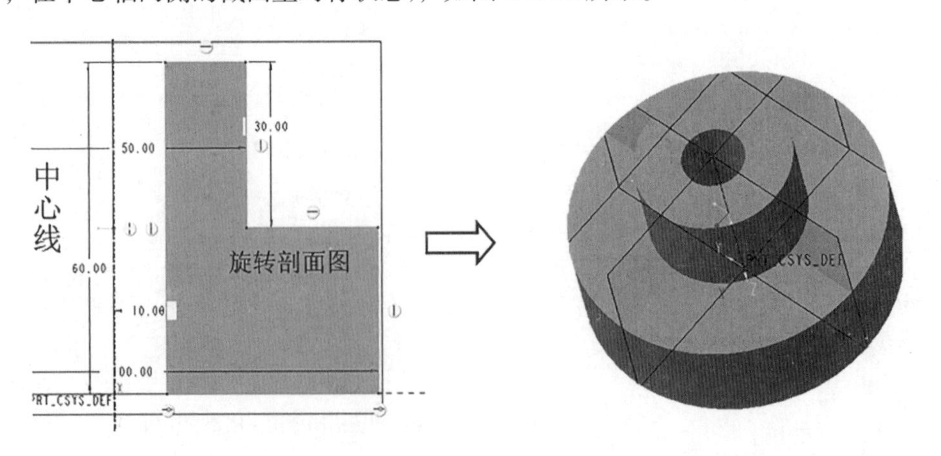

图 2-2-12　实体旋转特征

（1）在零件模式中，单击“旋转”按钮，打开“旋转特征”操控板，如图 2-2-13 所示。

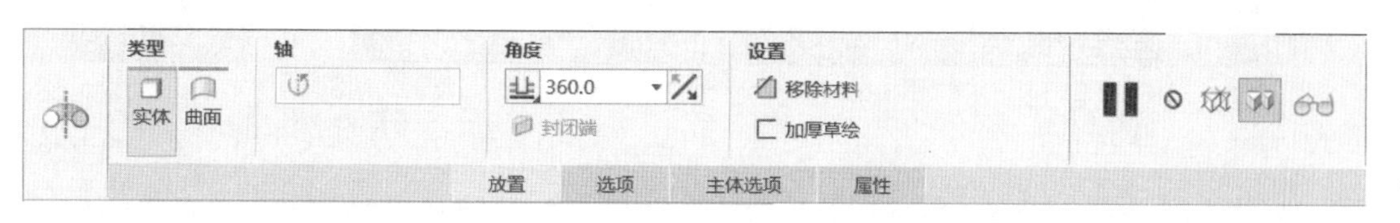

图 2-2-13 “旋转特征”操控板

（2）单击“放置”按钮，在弹出的下滑面板中，单击“定义…”按钮（图 2-2-14），弹出“草绘”对话框。

（3）选择“RIGHT：F1(基准平面)”为草绘平面，“TOP：F2(基准平面)”为参考平面，参考平面方向为向左（此为默认设置），如图 2-2-15 所示。单击“草绘”按钮，进入草绘模式。

讨论

图标　含义

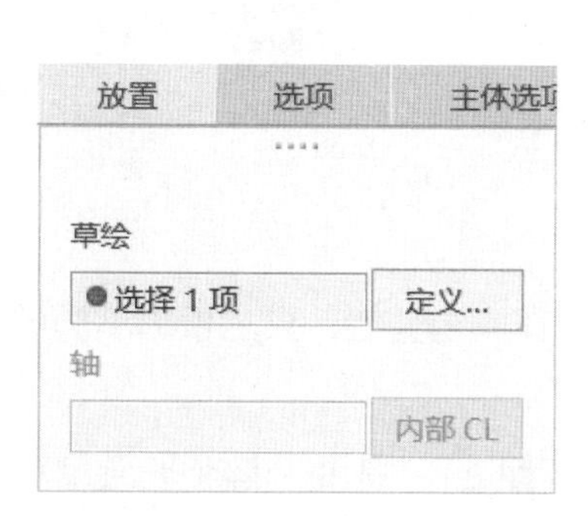

图 2-2-14 “放置”下滑面板

图 2-2-15 选择参考平面

（4）草绘二维特征截面并修改草绘尺寸值，如图 2-2-16 所示，待重新生成草绘截面后，单击“确定”按钮，回到零件模式，如图 2-2-17 所示。

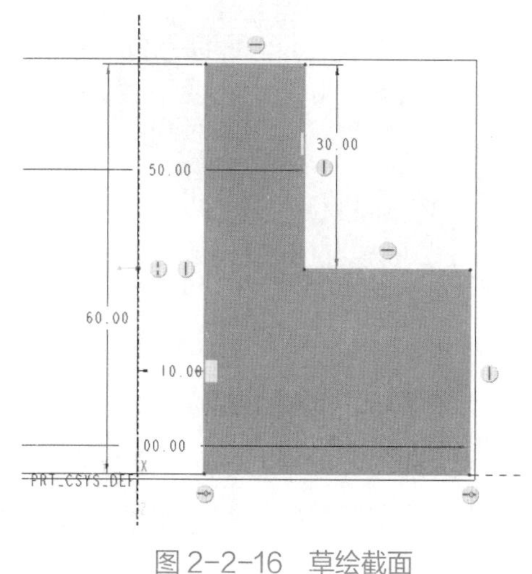

图 2-2-16 草绘截面

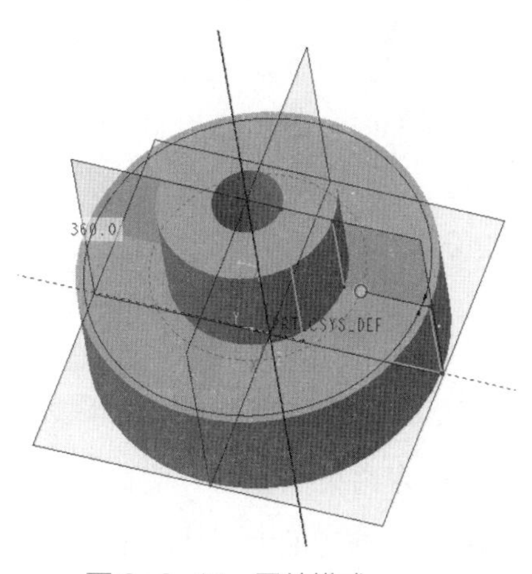

图 2-2-17 零件模式

（5）在“旋转特征”操控板中，指定“变量”方式，即从草绘平面以指定的角度值旋转（此为默认设置），选择“侧 1 变量”值为 180.0，“侧 2 变量”值为 90.0，如图 2-2-18 所示，单击“确定”按钮。

笔记

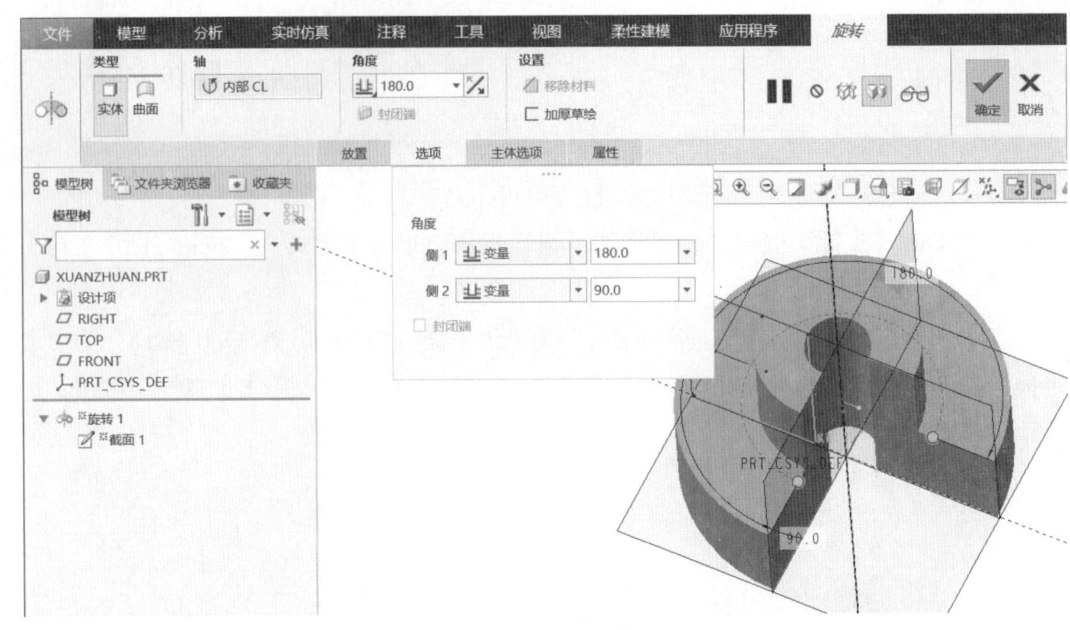

图 2-2-18 “旋转特征”操控板

基准平面

3. 基准平面特征

创建基准平面的方式有很多种，但操作过程非常类似，只是根据不同的约束条件选择不同的参考对象。

（1）单击基准工具栏中的“基准平面”按钮▱，弹出“基准平面”对话框，如图 2-2-19 所示。在模型中单击如图 2-2-20 所示的平面，作为基准平面的参考。

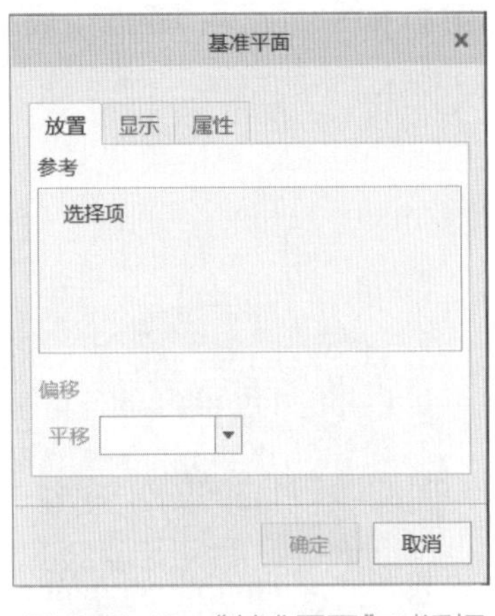

图 2-2-19 “基准平面”对话框

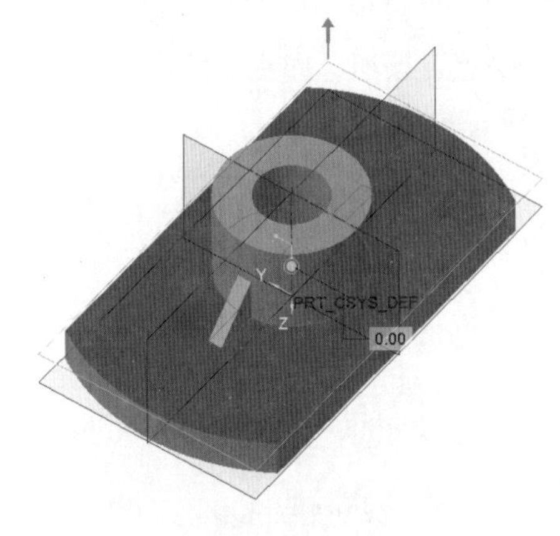

图 2-2-20 选择参照平面

提示

创建基准平面的常见方法如下：

- 通过一平面创建基准平面
- 通过三点创建基准平面
- 通过两条直线创建基准平面
- 通过一点与一面创建基准平面
- 通过两点与一面创建基准平面
- 通过一直线和一平面创建基准平面

（2）设置约束类型为“偏移”模式（此为默认选项），并输入平移偏距值为 50.00，如图 2-2-21 所示。单击“基准平面”对话框中的“确定”按钮，完成基准平面的创建，如图 2-2-22 所示。

图 2-2-21　设置"偏移"模式

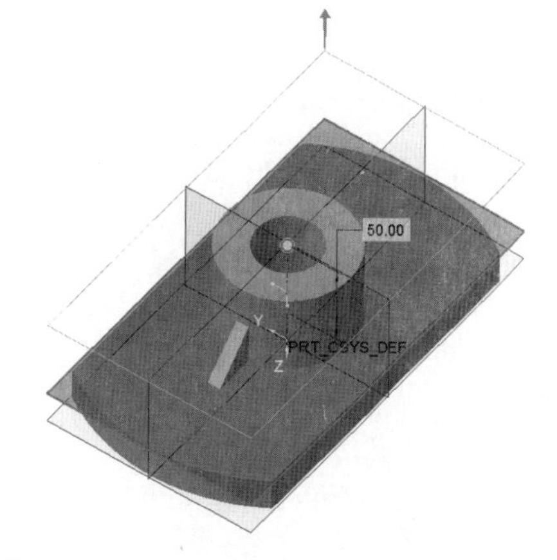

图 2-2-22　通过一平面创建基准平面

笔记

4. 镜像特征

镜像特征用于创建与源特征相互对称的特征模型，该特征模型的形状和大小与源特征相同，即源特征副本。

（1）在模型中单击用来镜像复制的源特征，单击"编辑"菜单管理器中的"镜像"按钮，弹出"镜像平面"菜单，如图 2-2-23 所示。

（2）根据系统提示，单击要选择的平面将其作为镜像平面。单击"确定"按钮，完成镜像特征的创建，如图 2-2-24 所示。

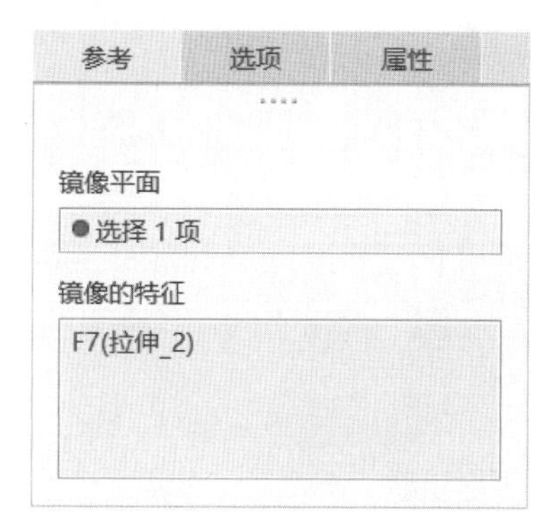

图 2-2-23　"镜像平面"菜单

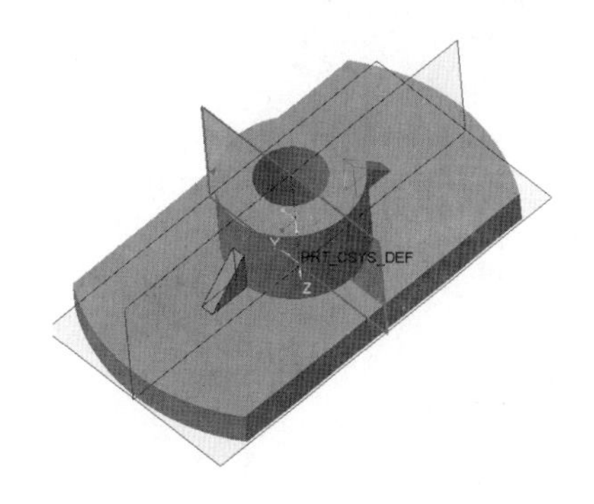

图 2-2-24　镜像特征

2.2.3　法兰盘基础创建

1. 进入零件设计环境

（1）在"文件"主菜单中单击"新建"选项或在顶部工具栏单击"新建"按钮，打开"新建"对话框，然后单击取消"使用默认模板"的勾选，如图 2-2-25 所示。

（2）单击对话框中的"确定"按钮。在打开的"新文件选项"对话框的模版列表中选取"mmns_part_solid_abs"选项，如图 2-2-26 所示。

思考

在模板列表中，“mmns_part_solid_abs”与“mmns_part_solid_rel”的区别是什么？

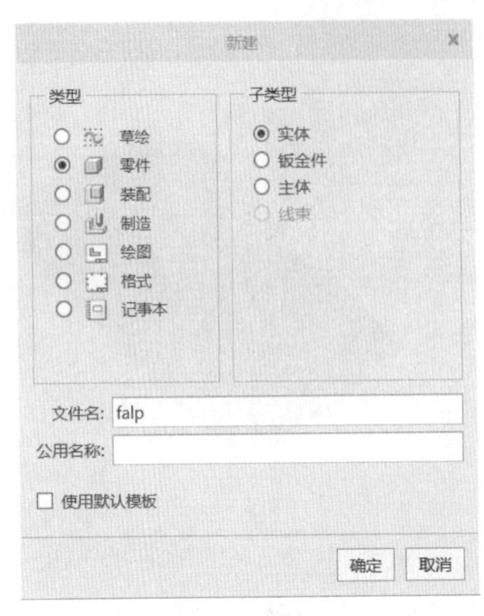

图 2-2-25 “新建”对话框

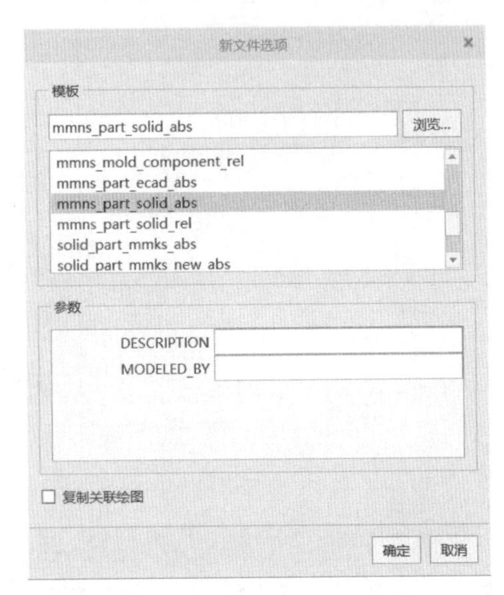

图 2-2-26 “新文件选项”对话框

（3）完成以上操作后，在该对话框中单击“确定”按钮，进入“零件设计”界面，如图 2-2-27 所示。

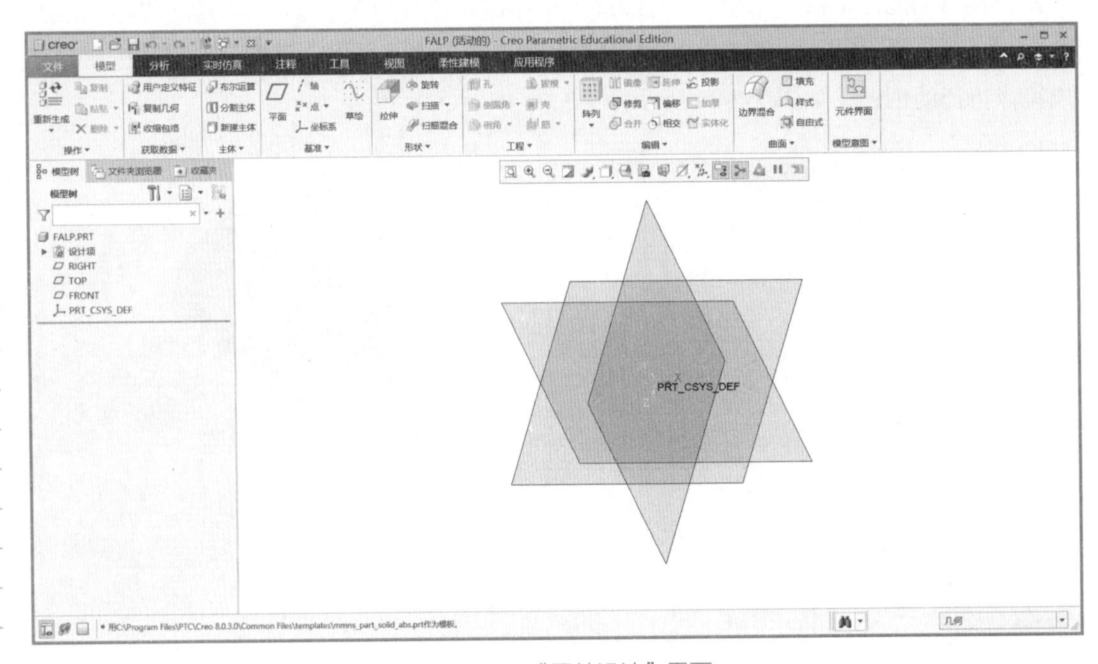

图 2-2-27 “零件设计”界面

2. 创建旋转特征 1

（1）单击“旋转”按钮，系统在“设计”界面顶部打开“旋转设计”操控板。在“放置”下滑面板中单击“定义 ...”按钮，在弹出的“草绘”对话框中，单击“RIGHT：F1(基准平面)”作为草绘平面，使用默认的参考平面放置草绘平面，如图 2-2-28 所示，完成后单击“草绘”按钮。

（2）单击顶部工具栏的“导入”按钮进入“打开”对话框，选取上一阶段保存好的草绘图，如图 2-2-29 所示，单击“打开”。

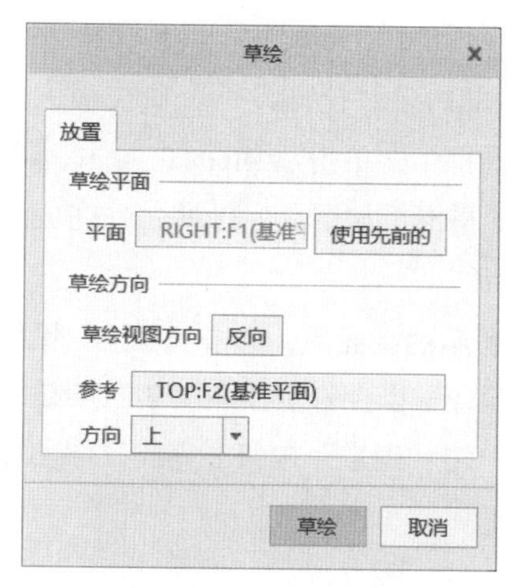

图 2-2-28 “草绘”对话框

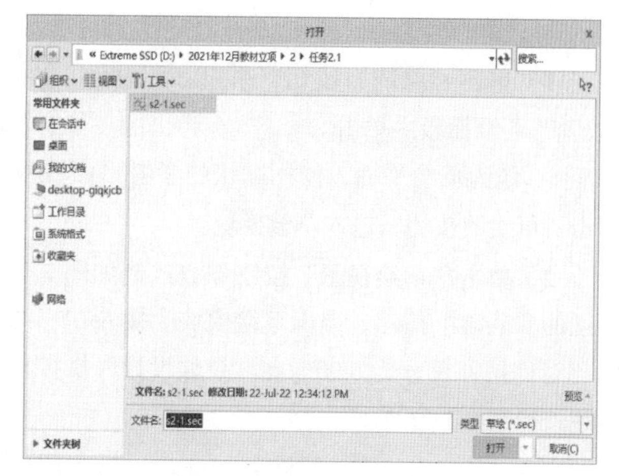
图 2-2-29 “打开”对话框

（3）进入草绘模块，单击“草绘视图”按钮，在绘图区空白处单击，调整比例为 1，创建如图 2-2-30 所示的轮廓，单击上方的“确定”按钮✔，回到草绘模式，修改轮廓尺寸，如图 2-2-31 所示。

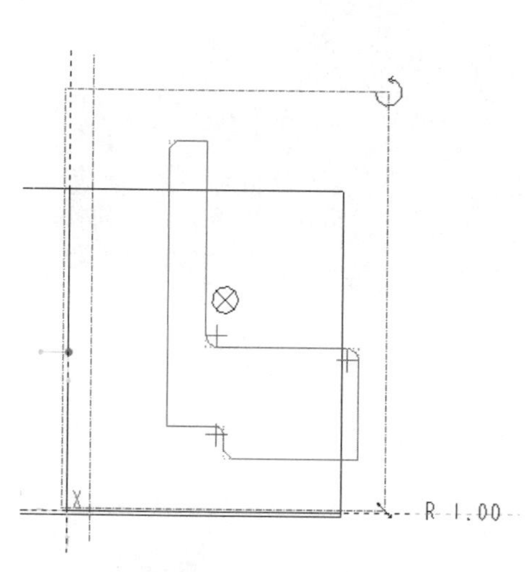

图 2-2-30 创建轮廓

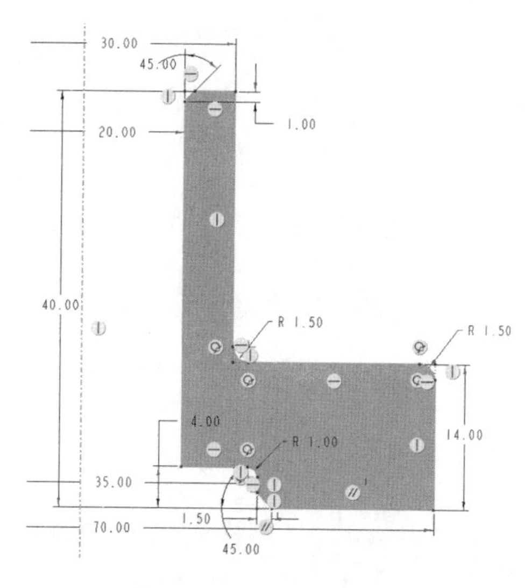

图 2-2-31 修改轮廓尺寸

（4）单击“草绘”操控板上的“确定”按钮✔，回到“旋转设计”操控板，参数默认，单击“确定”按钮✔，完成旋转操作，生成如图 2-2-32 所示的实体模型。

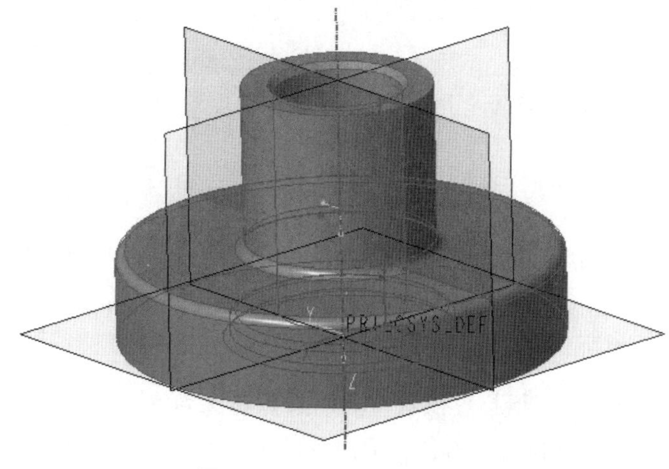
图 2-2-32 旋转实体模型

笔记

技巧

草绘截面必须是封闭图形，可通过单击 进行颜色填充，来验证是否为封闭图形。

笔记

3. 创建拉伸特征

（1）单击“拉伸”按钮，系统在“设计”界面顶部打开“拉伸设计”操控板，在“放置”下滑面板中单击[定义...]，在弹出的“草绘”对话框中，单击“RIGHT：F1(基准平面)”作为草绘平面，使用默认的参考平面放置草绘平面，如图 2-2-33 所示，完成后单击“草绘”按钮，进入草绘模块。

（2）单击“草绘视图”按钮，绘制如图 2-2-34 所示的截面图，单击“草绘”操控板上的“确定”按钮，退出草绘模块。接着在“拉伸设计”操控板上按照图 2-2-35 设置两侧对称拉伸尺寸为 6.00。在“拉伸设计”操控板上单击“确定”按钮，完成拉伸实体创建，如图 2-2-36 所示。

图 2-2-33 “草绘”对话框

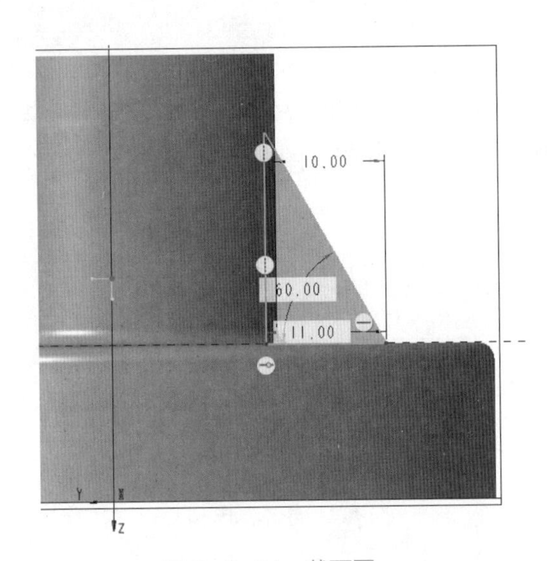

图 2-2-34 截面图

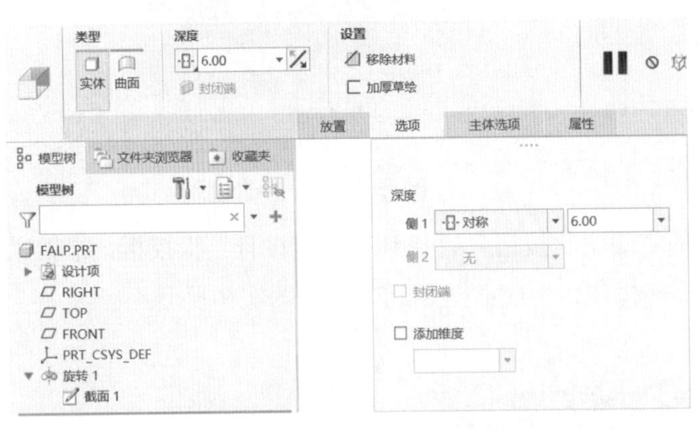

图 2-2-35 “拉伸设计”操控板

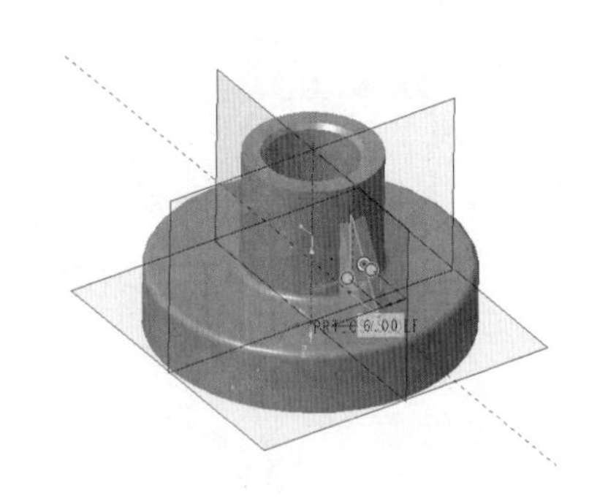

图 2-2-36 拉伸实体

提示

拉伸的截面应进入实体内部，避免结构出现间隙。

技巧

一条轴线和一个平面可产生带有夹角的基准平面。

4. 绘制基准平面

（1）单击基准工具栏中的“基准平面”按钮，弹出“基准平面”对话框，在模型中单击“RIGHT：F1(基准平面)”，按住 Ctrl 键，单击“A_1(轴)”。基准平面的选择如图 2-2-37 所示。

（2）设置约束类型为“偏移”模式，输入旋转角度为 60.0，如图 2-2-38 所示。单击“基准平面”对话框中的“确定”按钮，完成基准平面的创建。

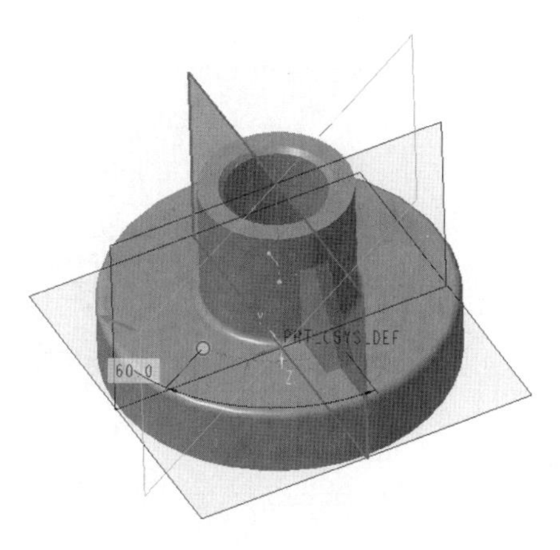

图 2-2-37　选择参考平面

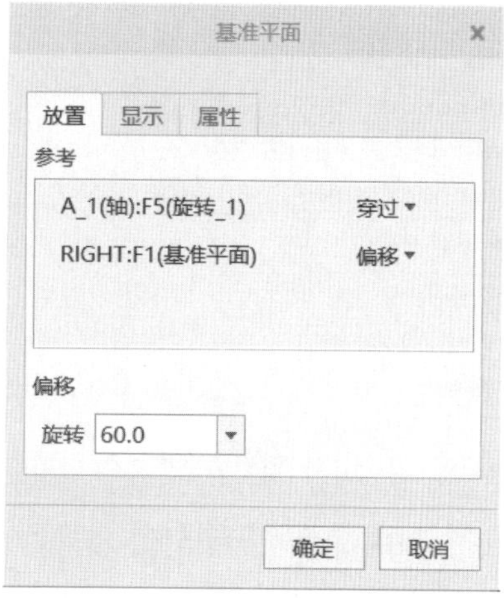

基准平面
放置　显示　属性
参考
A_1(轴):F5(旋转_1)　穿过
RIGHT:F1(基准平面)　偏移
偏移
旋转 60.0
确定　取消

图 2-2-38　设置“偏移”模式

笔记

5. 创建镜像特征 1

（1）在模型树中先单击被镜像的拉伸特征，再单击“编辑”菜单管理器中的“镜像”按钮，弹出“镜像平面”菜单，单击“DTM1”平面作为镜像平面。单击“确定”按钮，效果如图 2-2-39 所示。

（2）再次单击“镜像”按钮，弹出“镜像平面”菜单，单击“RIGHT：F1(基准平面)”作为镜像平面。单击“确定”按钮，效果如图 2-2-40 所示。

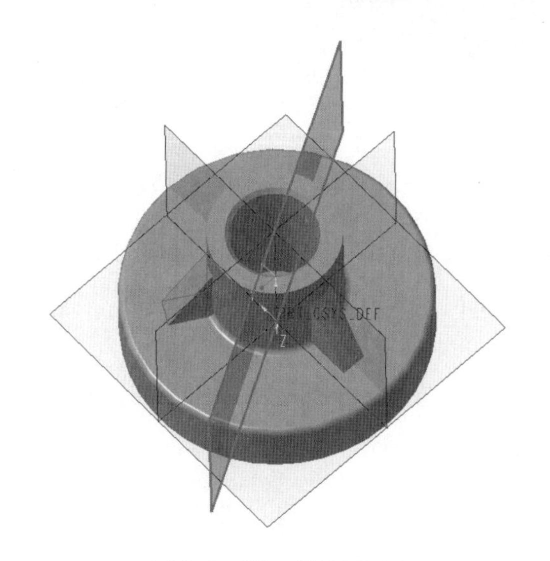

图 2-2-39　镜像平面 1

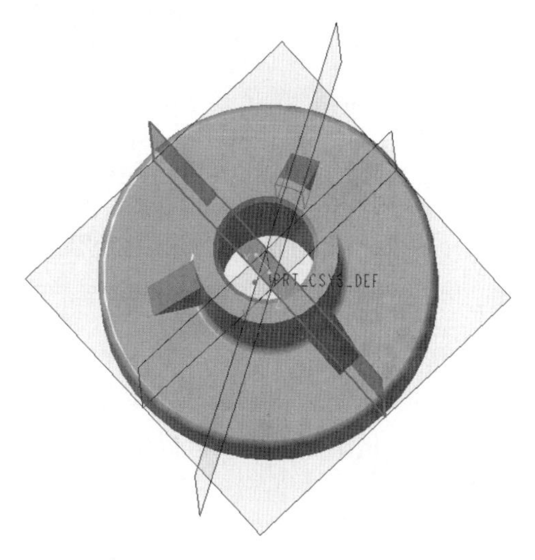

图 2-2-40　镜像平面 2

提示

先单击被镜像的特征，“镜像”按钮才能高亮显示，否则为灰色显示，不能使用镜像功能。

6. 创建旋转特征 2

（1）单击“旋转”按钮，系统在“设计”界面顶部打开“旋转设计”操控板，在“放置”下滑面板中单击“定义...”按钮，在弹出的“草绘”对话框中，单击“RIGHT：F1(基准平面)”作为草绘平面，使用默认的参考平面放置草绘平面，如图 2-2-41 所示，完成后单击“草绘”按钮，进入草绘模块。

（2）单击“草绘视图”按钮，绘制如图 2-2-42 所示的草图。单击“草绘”操控板上的“确定”按钮，回到旋转菜单，单击“移除材料”按钮，在“旋转设计”操控板上单击“确定”按钮，生成如图 2-2-43 所示的旋转实体模型。

笔记

草绘
放置
草绘平面
平面 RIGHT:F1(基准平 使用先前的
草绘方向
草绘视图方向 反向
参考 TOP:F2(基准平面)
方向 左
草绘 取消

图 2-2-41 “草绘”对话框

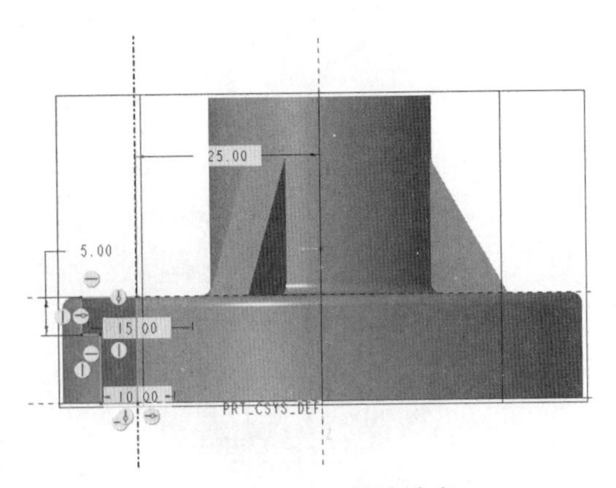

图 2-2-42 草绘轮廓

提示

旋转特征的草图注意对称尺寸的标注。

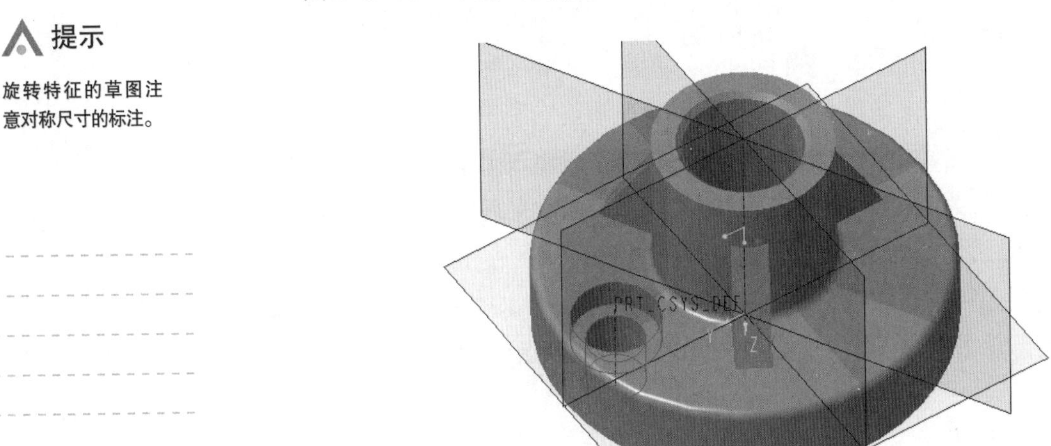

图 2-2-43 旋转实体模型 2

7. 创建镜像特征 2

（1）在模型树中先单击被镜像的旋转特征，再单击“编辑”菜单管理器中的“镜像”按钮，弹出“镜像平面”菜单，单击“ DTM1”平面作为镜像平面。单击“确定”按钮，效果如图 2-2-44 所示。

（2）再次单击“镜像”按钮，弹出“镜像平面”菜单，单击“ RIGHT：F1(基准平面)”作为镜像平面。单击“确定”按钮，效果如图 2-2-45 所示。

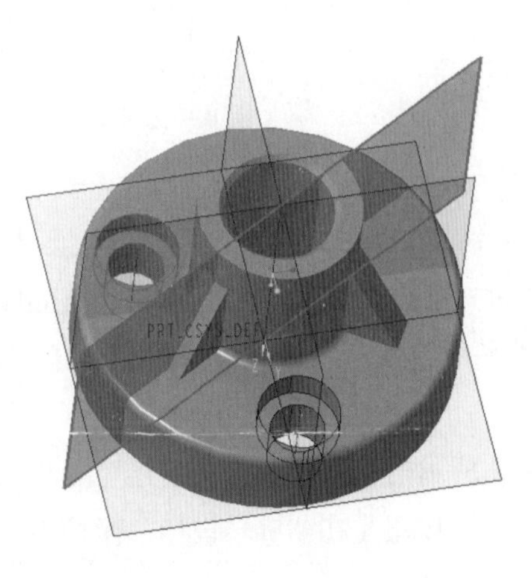

图 2-2-44 镜像平面 3

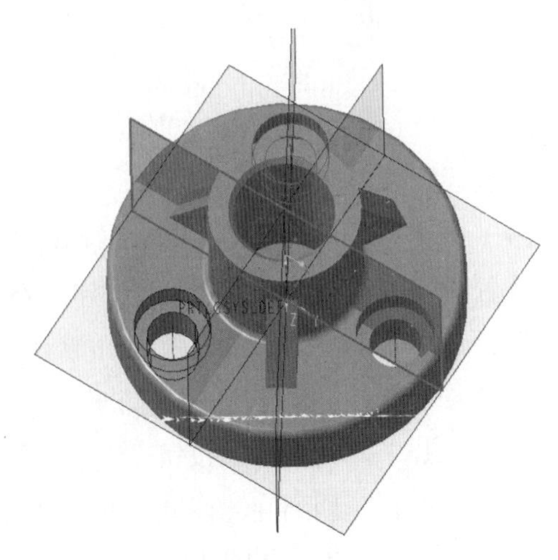

图 2-2-45 镜像平面 4

任务 2.3　法兰盘进阶建模

任务目标

（1）熟练使用拉伸、旋转命令的操作方法。

（2）学会使用圆角、倒角、筋、孔、阵列等命令，掌握其操作步骤。

（3）练习使用不同的方法建立目标三维模型。

资源环境

（1）Creo 8.0。

（2）超星学习通法兰盘案例。

2.3.1　工程特征创建

1. 创建圆角特征

圆角特征是将三维实体的棱边进行圆滑过渡处理的修饰特征，如图 2-3-1 所示。

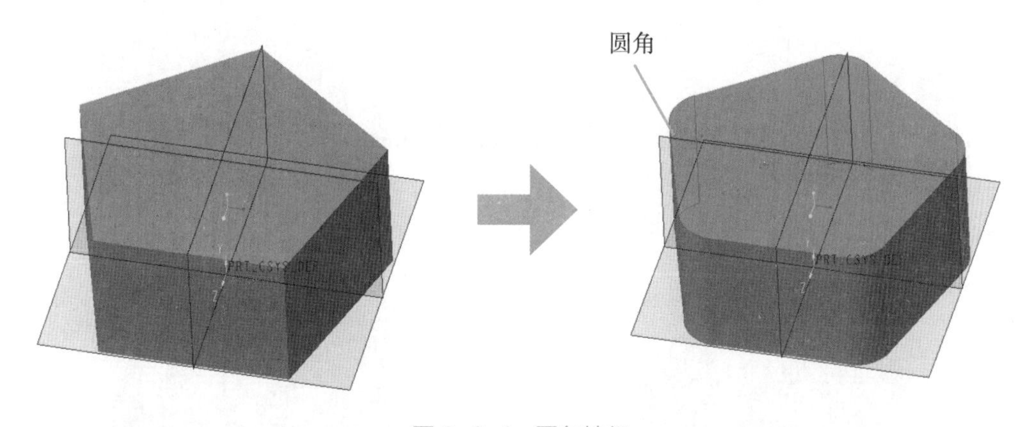

图 2-3-1　圆角特征

（1）在零件模式中，单击“倒圆角”按钮，打开“圆角特征”操控板，如图 2-3-2 所示。

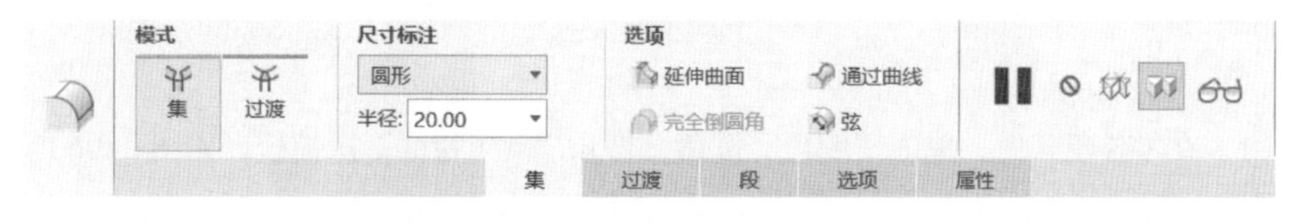

图 2-3-2　“圆角特征”操控板

（2）单击“集”按钮，选择绘图区需要倒圆角的棱边，如图 2-3-3 所示，选取多个元素需要按住键盘上的 Ctrl 键。在弹出的下滑面板中，被选择的元素出现在“参考”选项卡中，修改其圆角半径，如图 2-3-4 所示。

讨论

图标	含义
圆形	
圆锥	
C2 连续	
D1 x D2 圆锥	
D1 x D2 C2	

笔记

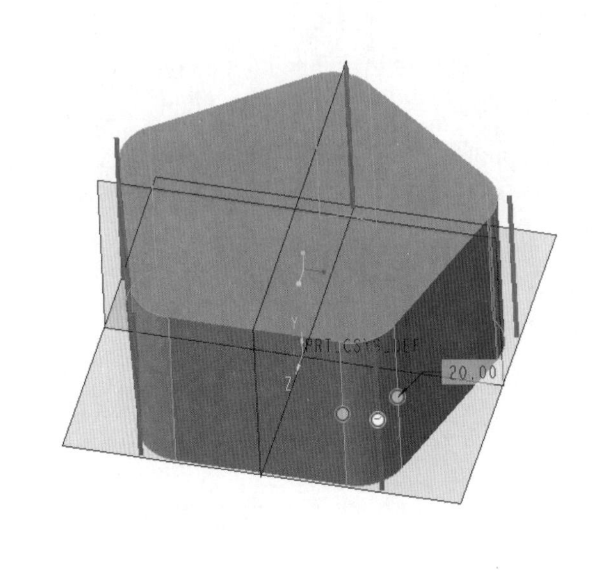

图 2-3-3　圆角选择

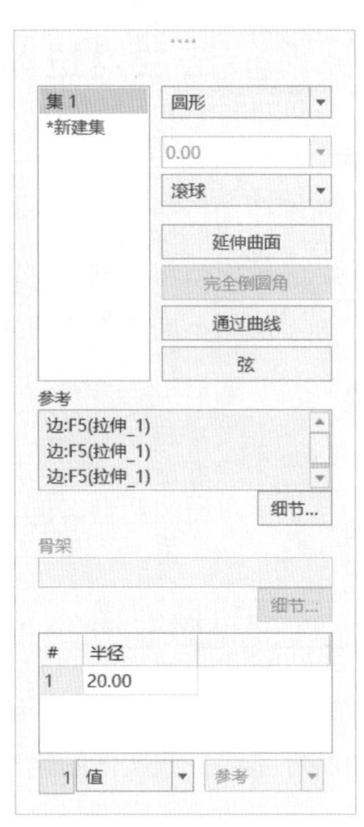

图 2-3-4　修改圆角半径

2. 创建倒角特征

倒角特征是将三维实体的棱边进行边角过渡处理的修饰特征，如图 2-3-5 所示。

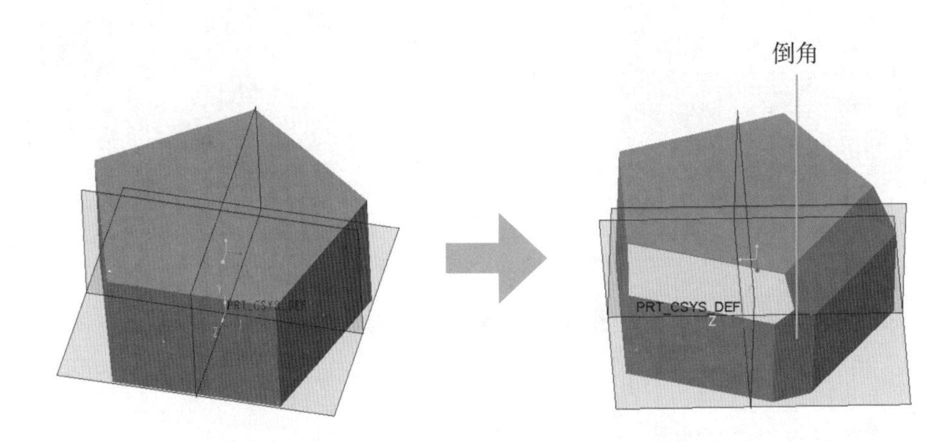

图 2-3-5　倒角特征

讨论

图标　　含义

（1）在零件模式中，单击“倒角”按钮，打开“倒角特征”操控板，如图 2-3-6 所示。

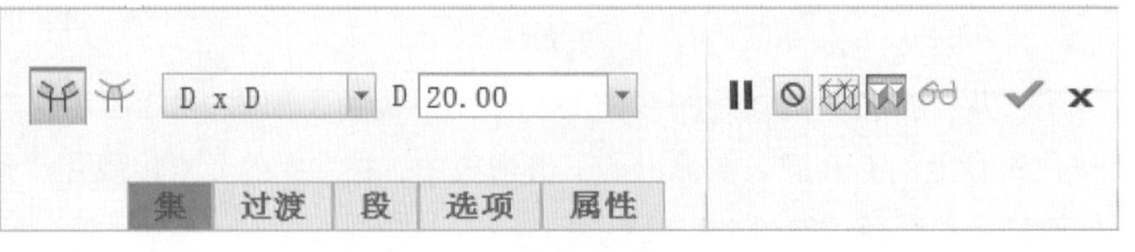

图 2-3-6　“倒角特征”操控板

（2）单击“集”按钮，选择绘图区需要倒角的棱边，选取多个元素需要按住键盘上的 Ctrl 键，如图 2-3-7 所示。在弹出的下滑面板中，被选择的元素出现在“参考”选项卡中，修改其倒角半径，如图 2-3-8 所示。

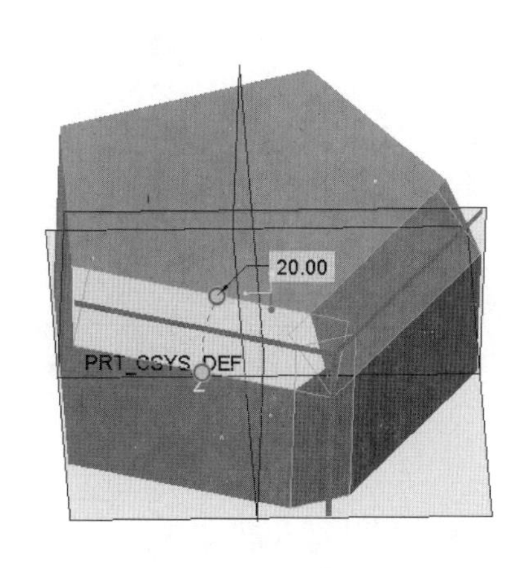

图 2-3-7　选择被倒角的棱边

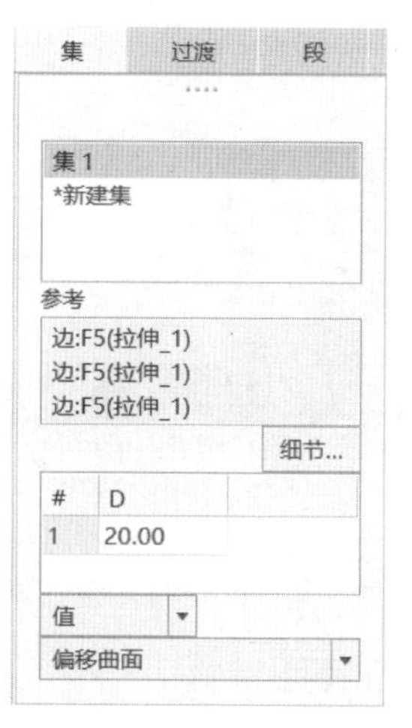

图 2-3-8　修改倒角半径

思考

" " 与 " " 按钮的区别是?

3. 创建筋特征

筋特征用于连接实体曲面的薄翼或腹板伸出项，通常用来加固设计中的零件，也常用来防止出现不需要的折弯，以轮廓筋特征为例，如图 2-3-9 所示。

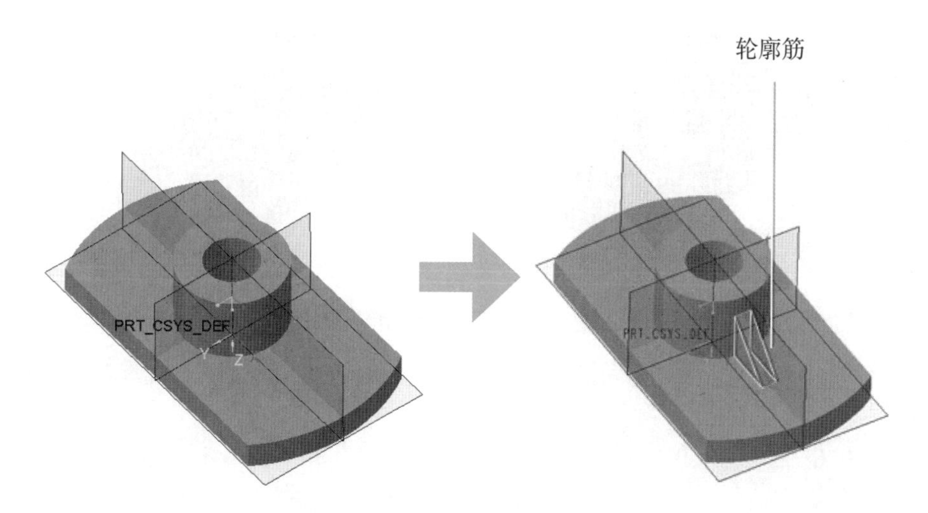

图 2-3-9　轮廓筋特征

思考

" " 与 " " 按钮的区别是?

（1）在零件模式中，单击"筋"按钮右侧的下拉三角，单击"轮廓筋"按钮，"筋特征"操控板如图 2-3-10 所示。

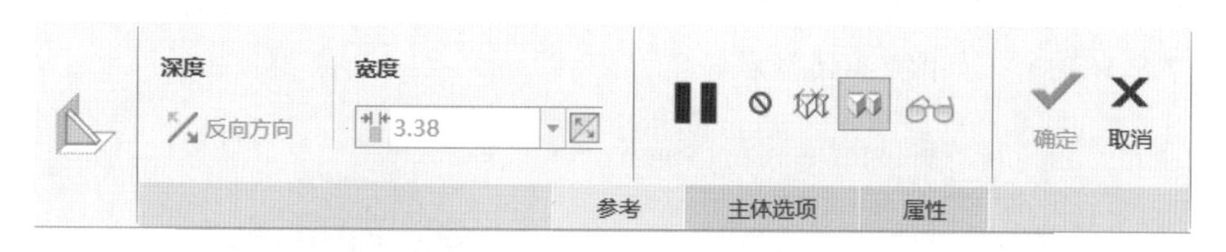

图 2-3-10　"筋特征"操控板

（2）单击"参考"下滑面板中的"定义"按钮，单击"RIGHT：F1(基准平面)"为草绘平面，接受系统默认的 TOP 基准平面为参考平面，单击"草绘"按钮，进行草绘模式，绘制如图 2-3-11 所示的截面直线，绘制时注意必须使截面直线与相邻两图元相交。

（3）单击"草绘"操控板上的"确定"按钮，回到"筋特征"操控板。输入筋的"厚度值"为 12.00，单击"确定"按钮，完成筋特征的创建，如图 2-3-12 所示。

笔记

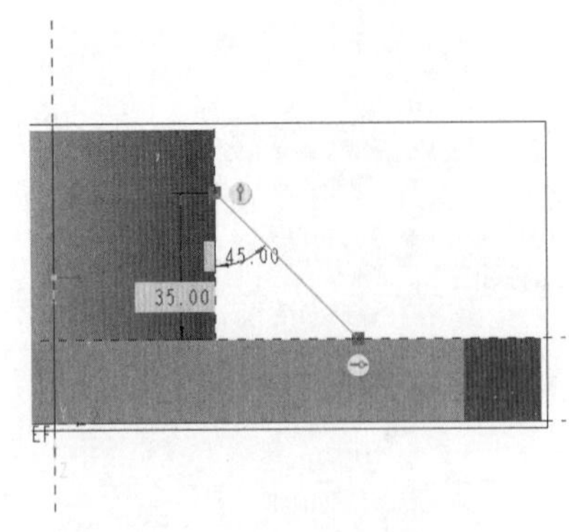

图 2-3-11　绘制草图

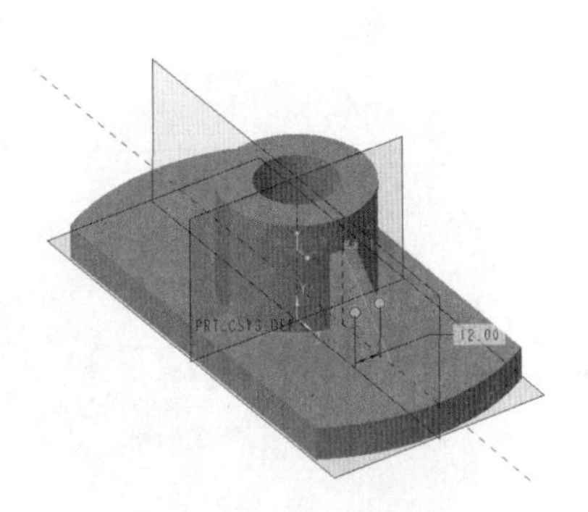

图 2-3-12　筋特征

4. 创建孔特征

孔特征是在模型上切除实体材料后留下的中空回转结构，系统提供了单一直径的直孔、草绘非标准孔、标准螺纹孔。以简单孔特征为例，如图 2-3-13 所示。

简单孔

图 2-3-13　简单孔特征

讨论

图标	含义

（1）在零件模式中，单击“孔”按钮，打开“孔特征”操控板，如图 2-3-14 所示。

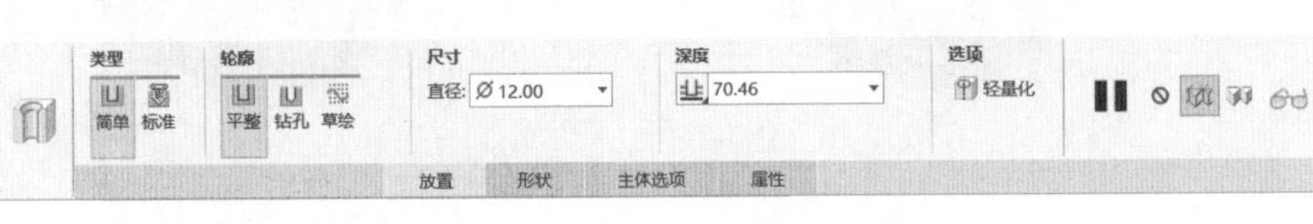

图 2-3-14　“孔特征”操控板

（2）在该操控板中，单击“创建简单孔”按钮（此为默认设置），弹出如图 2-3-15 所示的“放置”下滑面板，在“放置”参照收集器中单击模型的上表面，按住 Ctrl 键，单击“A_1(轴)”，如图 2-3-16 所示。

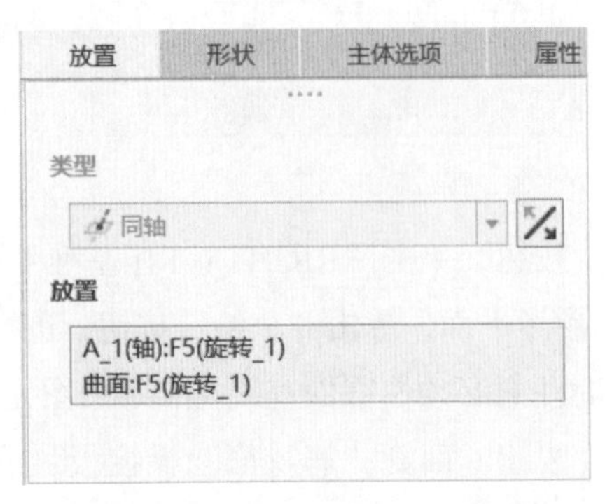

图 2-3-15　“放置”下滑面板

图 2-3-16　简单孔特征

2.3.2　阵列特征创建

阵列特征是指按照一定的规律创建多个特征副本，具有重复性、规律性和高效率的特点。以轴阵列特征为例，如图 2-3-17 所示。

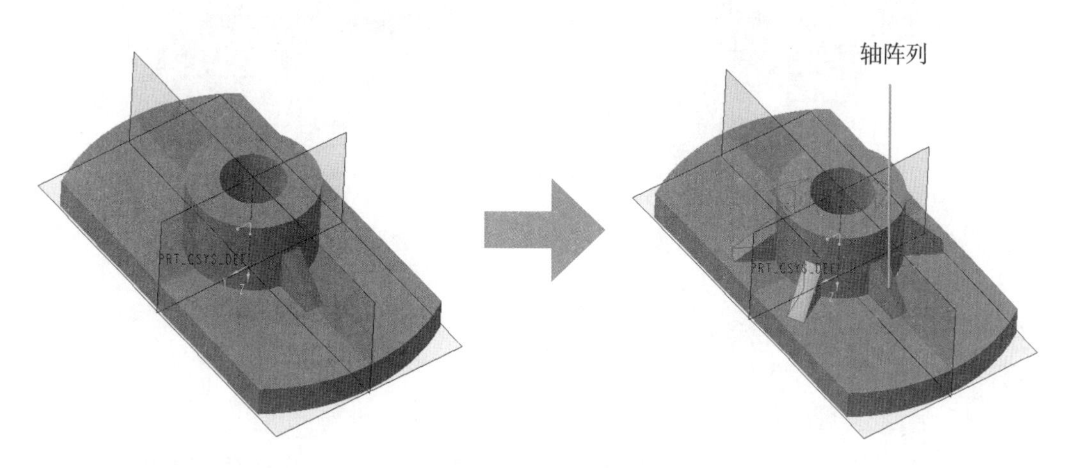

图 2-3-17　轴阵列特征

（1）在零件模式中，单击“编辑特征”工具栏中的“阵列”按钮，打开“尺寸阵列”操控板，如图 2-3-18 所示。

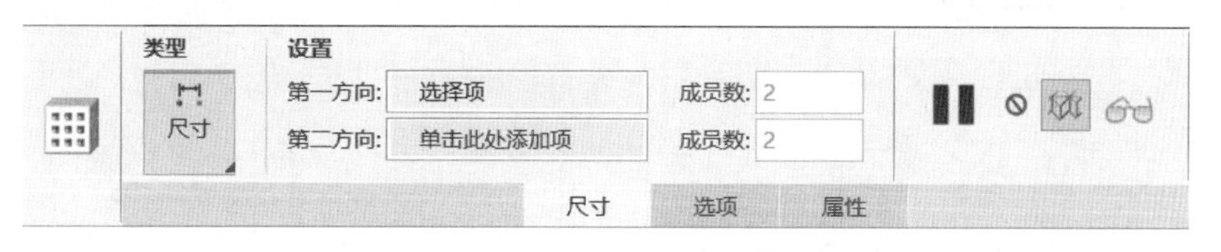

图 2-3-18　“尺寸阵列”操控板

（2）在阵列类型下拉列表中单击“轴”按钮，打开“轴阵列”操控板。在操控板的“轴”收集器中，单击“中心轴 A_1”，并在“设置”收集器的“第一方向成员”中输入数值 6，然后单击“角度范围”按钮，如图 2-3-19 所示。

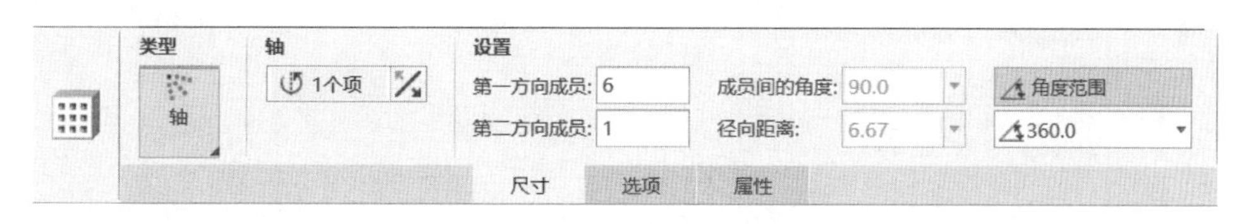

图 2-3-19　操控板修改参数

（3）此时模型如图 2-3-20 所示。单击“确定”按钮，完成轴阵列的创建，完成后的效果如图 2-3-21 所示。

讨论

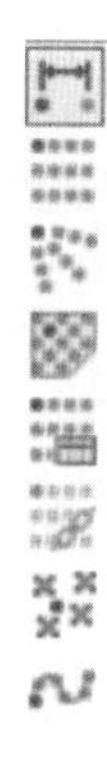

图标	含义

笔记

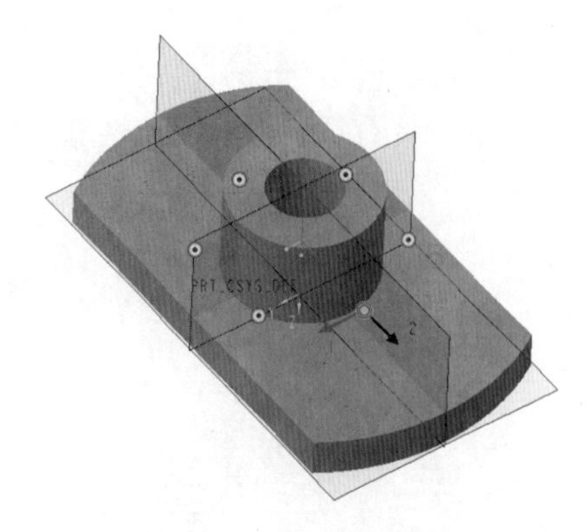

图 2-3-20 参数修改后的阵列特征

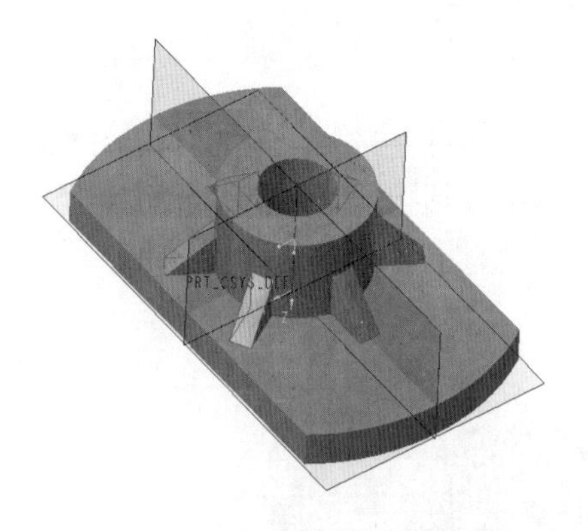

图 2-3-21 轴阵列效果展示

2.3.3 法兰盘进阶创建

1. 进入零件设计环境

（1）单击顶部工具栏“新建”按钮，打开对话框，然后单击取消“使用默认模板”的勾选，如图 2-3-22 所示。

（2）单击对话框中的“确定”按钮。在打开的“新文件选项”对话框的模板列表中选取“mmns_part_solid_abs”选项，如图 2-3-23 所示。

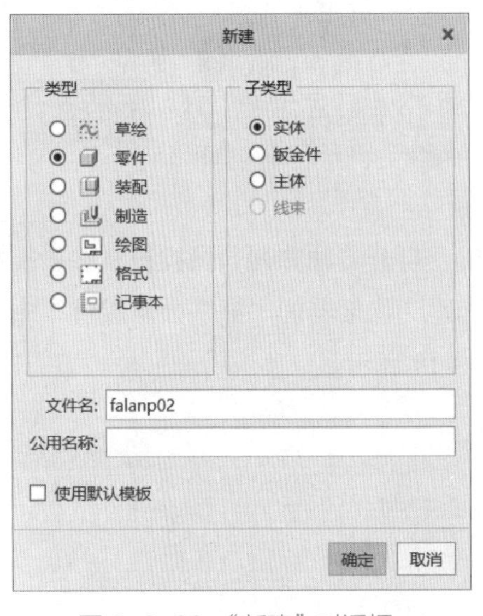

图 2-3-22 “新建”对话框

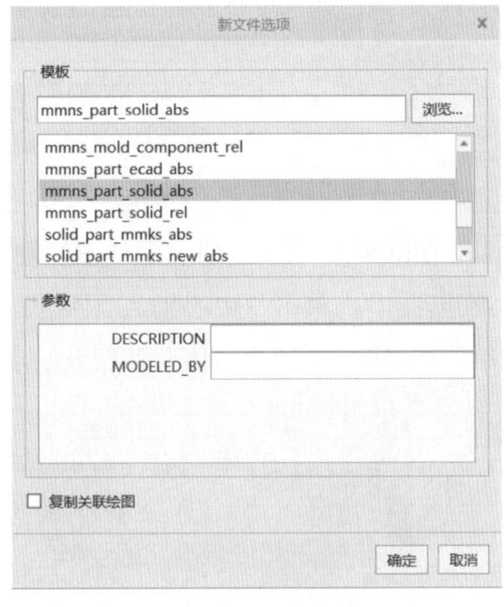

图 2-3-23 “新文件选项”对话框

（3）完成以上操作后在该对话框中单击“确定”按钮，进入零件设计环境。

2. 创建旋转特征

（1）单击“旋转”按钮，系统在“设计”界面顶部打开“旋转设计”操控板，在“放置”下滑面板中单击 定义... 按钮，在弹出的“草绘”对话框中，单击“RIGHT：F1(基准平面)”作为草绘平面，使用默认的参考平面放置草绘平面，如图 2-3-24 所示，完成后单击“草绘”按钮，进入草绘模块。

（2）单击“草绘视图”按钮，绘制如图 2-3-25 所示的截面。单击“草绘”操控板上的“确定”按钮，回到“旋转”菜单。

图 2-3-24　“草绘”对话框

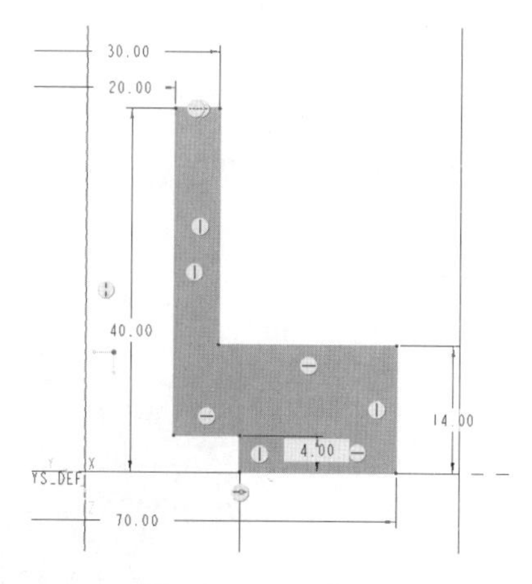

图 2-3-25　截面

> **技巧**
>
> 草绘截面必须是封闭图形，若是不能填充，则可以通过“显示开放端”和“重叠几何”按钮进行检查。

（3）使用默认参数，单击“确定”按钮，形成如图 2-3-26 所示的旋转实体模型。

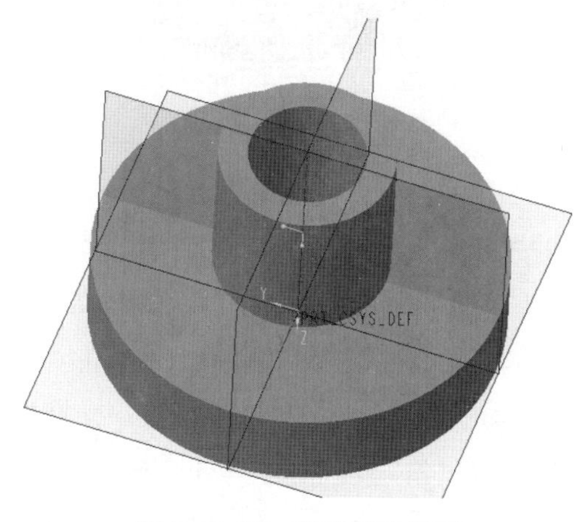

图 2-3-26　旋转实体模型

3. 创建圆角特征

（1）单击“倒圆角”按钮，打开“圆角特征”操控板。按 Ctrl 键并单击绘图区如图 2-3-27 所示的棱边，修改圆角半径为 1.5 mm。

（2）单击“倒圆角”按钮，打开“圆角特征”操控板。单击绘图区如图 2-3-28 所示的棱边，修改圆角半径为 1 mm。

> **技巧**
>
> 如出现多组不同半径的圆角也可通过“集”菜单进行分组操作。
>
> 集　过渡
>
> 集 1
> 集 2
> *新建集

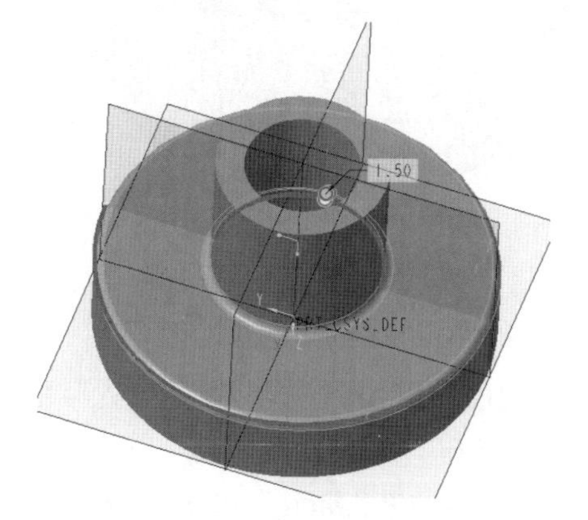

图 2-3-27　圆角特征 1

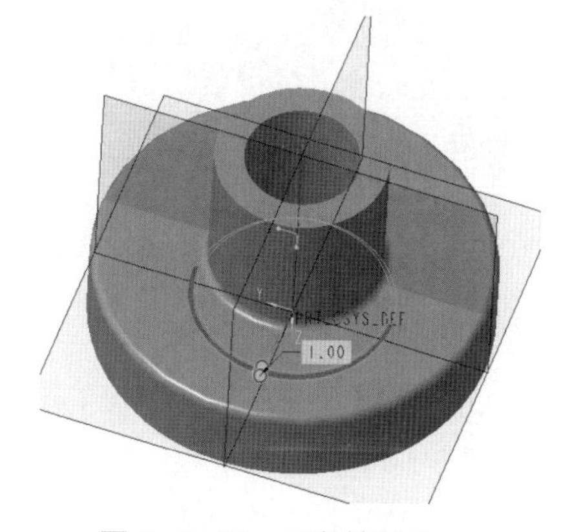

图 2-3-28　圆角特征 2

笔记

4. 创建倒角特征

单击“倒角”按钮，打开“倒角特征”操控板。按 Ctrl 键并单击绘图区如图 2-3-29 所示的棱边，修改倒角 D 为 1 mm。

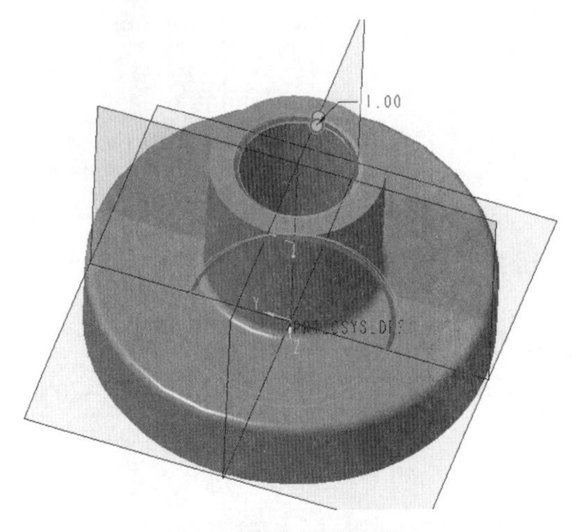

图 2-3-29　倒角特征

5. 创建筋特征

提示

在筋特征中，轮廓线为单边直线，单击箭头可控制填充方向。

（1）单击“轮廓筋”按钮，单击“参考”下滑面板中的“定义”按钮，单击“RIGHT：F1(基准平面)”为草绘平面，接受系统默认的基准平面为参考平面，单击“草绘”按钮，进入草绘模式。

（2）绘制如图 2-3-30 所示的截面直线，单击“草绘”操控板上的“确定”按钮，回到“筋”操控板。输入筋的“厚度值”为 6.00，单击“确定”按钮，完成筋特征的创建，如图 2-3-31 所示。

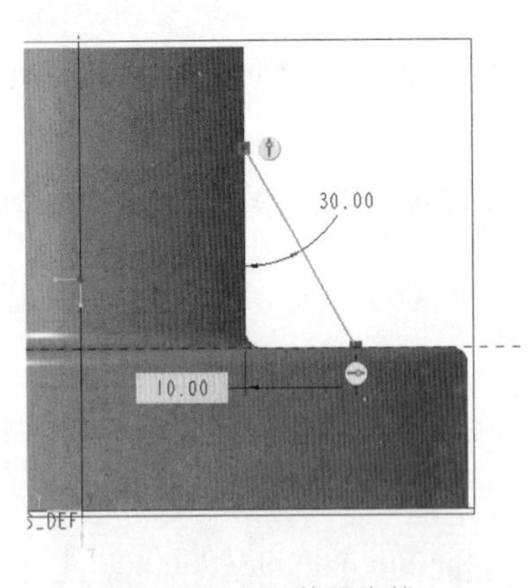

图 2-3-30　截面直线

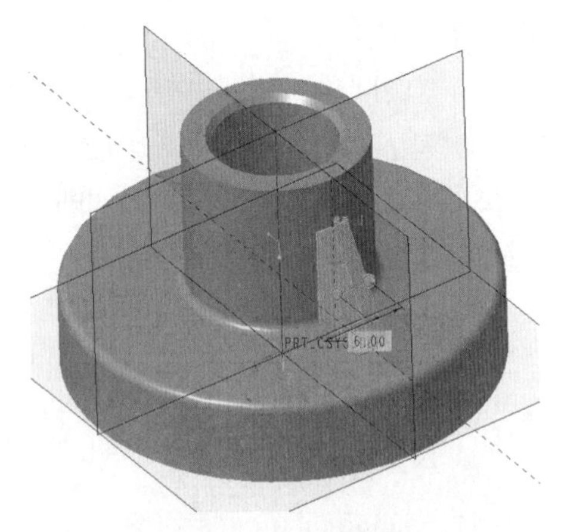

图 2-3-31　筋特征

6. 创建孔特征

提示

在“钻孔”模式中，除沉孔结构外，也可以添加沉头孔。

（1）在零件模式中，单击“孔”按钮，打开“孔特征”操控板。在“放置”下滑面板设置如图 2-3-32 所示的参数。

（2）在操控板中单击“ 钻孔”按钮以及“ 沉孔”按钮，单击“形状”，在下滑面板中修改如图 2-3-33 所示的相关参数，单击“ 确定”按钮，获得如图 2-3-34 所示的孔特征。

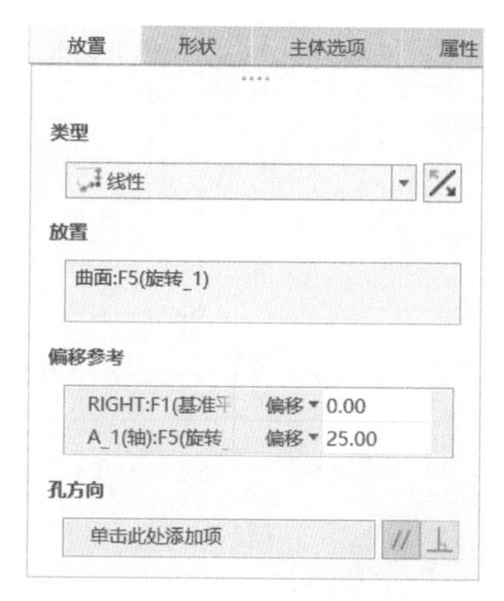

图 2-3-32　“放置”下滑面板

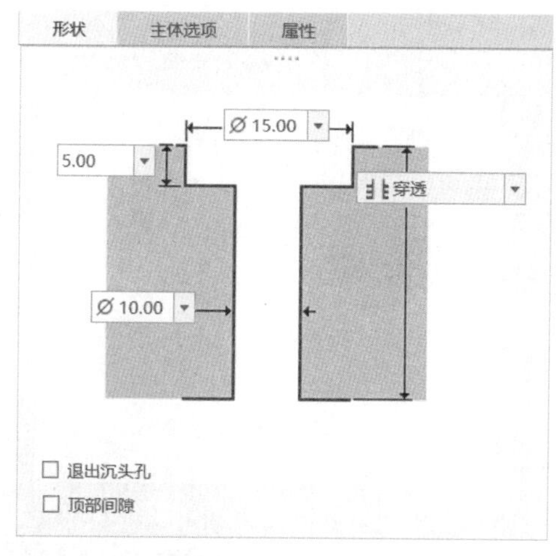

图 2-3-33　“形状”下滑面板中的相关参数

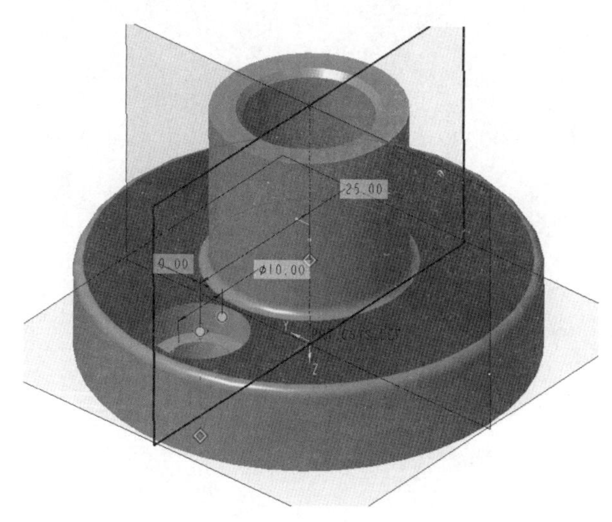

图 2-3-34　孔特征

笔记

提示

多个特征的阵列操作必须使用“组”命令完成，否则只能实现单个特征的阵列操作。

7. 创建阵列特征

（1）在模型树中，按住 Ctrl 键，单击轮廓筋 1 与孔 1 按钮，弹出快捷菜单，单击“分组”按钮，如图 2-3-35 所示。

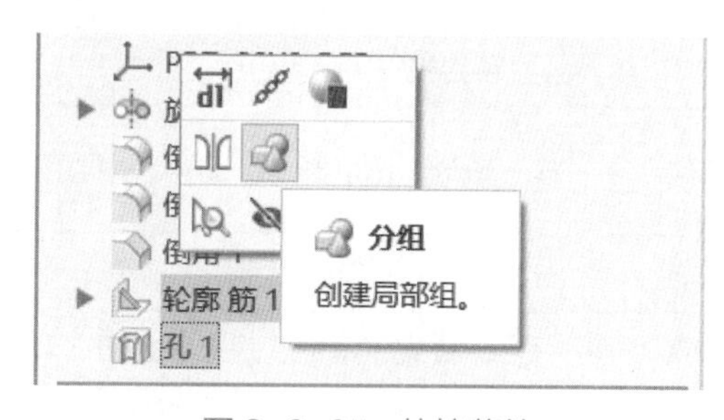

图 2-3-35　快捷菜单

（2）单击组LOCAL_GROUP 按钮，单击“编辑特征”工具栏中的“阵列”按钮，在阵列类型下拉列表中单击“轴”按钮，打开“轴阵列”操控板。

（3）在操控板的“轴”收集器中单击“中心轴 A_1”，并在“设置”收集器的“第一方向成员”中输入数值 3，然后单击“角度范围”按钮，如图 2-3-36 所示。单击“确定”按钮，完成的轴阵列实体效果如图 2-3-37 所示。

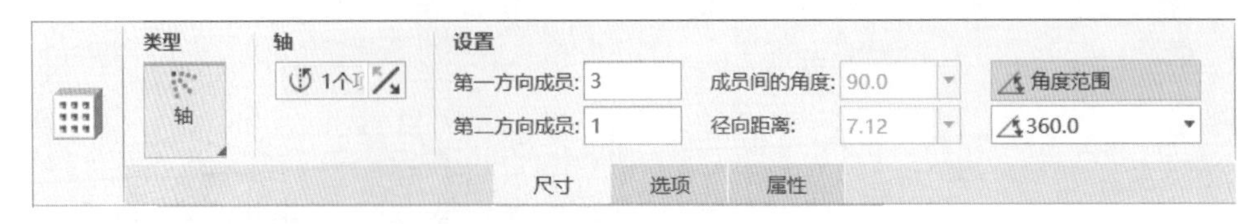

图 2-3-36　修改参数

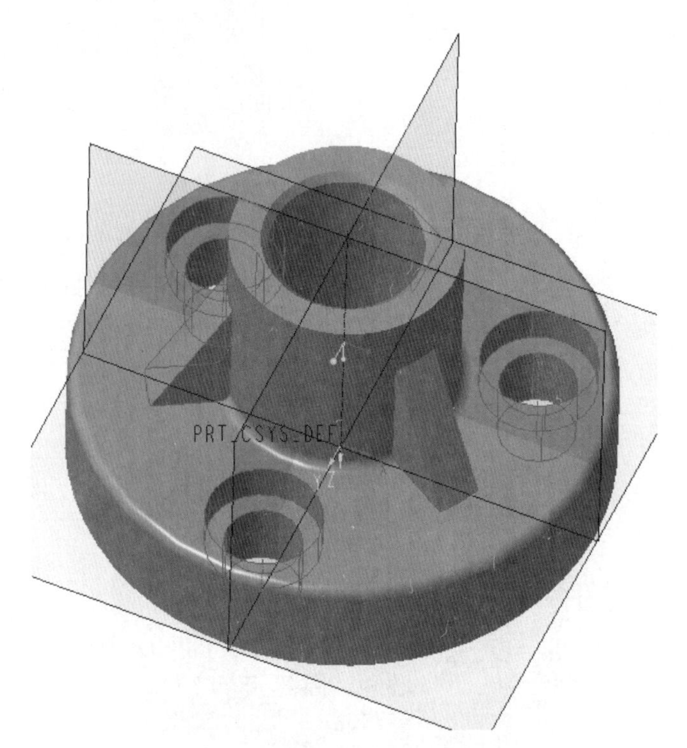

图 2-3-37　轴阵列实体效果

项目小结

通过本项目可以完成以下命令的学习，如表 2-3-1 所示。

表 2-3-1　本项目可完成的命令学习总结

序号	项目模块			备注
1	法兰盘截面草绘	草绘	线、矩形、圆、圆角、倒角、中心线、选项板	任务 2.1
		编辑	修改、删除段、镜像	
		约束	竖直、水平、垂直、相切、对称	
		尺寸	尺寸、参考	
2	法兰盘建模	形状	拉伸、旋转	任务 2.2
		工程	孔、倒圆角、倒角、筋	任务 2.3
		编辑	阵列、镜像	任务 2.3
		基准	基准平面、基准轴	任务 2.2

笔记

精工之美

Creo 7.0 版本之后，新建模板文件中有两个同样单位的选择“abs”和“rel”。abs（absolute）——绝对精度，选择“mmns_part_solid_abs”模板新建的实体模型是一个默认设置绝对精度值为 0.01 的实体模型；rel（relative）——相对精度，选择“mmns_part_solid_rel”模板新建的实体模型是一个默认设置相对精度值为 0.0012 的实体模型。

精度不仅对零部件设计极其重要，对制造加工来说也是一个极其重要的指标，包括零件加工后其尺寸、位置、形状等实际几何参数与理想几何参数的符合度。我国航空发动机精密磨削技术人员队伍的洪家光团队就掌握了完整的核心技术，将航空发动机滚轮精度提高到惊人的 0.003 毫米。因此，机械设计与制造的过程是精益求精的体现。

（资料来源：《漂亮！中国小伙攻克世界难题，打破西方技术垄断获奖 800 万 》，骞小飞，2021 年 11 月 16 日，有删改。）

模拟测试

单选题

1. 零件设计工作台所设计的零件，在操作系统下以（　　）扩展名文件形式存储。

A. *.prt　　B. *.sec

C. *.asm　　D. *.drw

2. 在草图设计时，一个草图中几何图元至少要有（　　）个固定约束。

A.0　　B.1

C.2　　D.3

3. 若要变更原有特征的属性和参照，应使用（　　）操作。

A. 修改　　B. 重新排序

C. 重定义　　D. 设置注释

4.（　　）几何约束可以相当于应用草图工具面板中的“镜像”工具。

A. 相等　　B. 共线

C. 镜像　　D. 对称

5. 为什么说零件的基础特征非常重要？（　　）

A. 因为它是零件的最后一个特征　　B. 因为它是零件创建体积的特征

C. 因为它总是零件上最大的特征　　D. 因为它是零件中唯一的非参数化特征

6. 参考面与绘图面的关系是（　　）。

A. 平行　　B. 垂直

C. 相交　　D. 无关

笔记

7. 以下（　　）选项不属于旋转特征的旋转角度定义方式。

A. 可变的　　B. 特殊角度（90° 的倍数）

C. 至平面　　D. 穿过下一个

8.（　　）特征可以使用螺纹孔标注。

A. 孔特征　　B. 拉伸孔

C. 旋转孔　　D. 扫描孔

9.（　　）不能作为镜像平面。

A. 工作平面　　B. 模型平面

C. 原始坐标系工作平面　　D. 曲面平面

10. 两个曲面之间必须满足什么条件，才能进行倒角或倒圆角？（　　）

A. 曲面必须在同一平面上　　B. 曲面必须邻近并重叠

C. 曲面必须邻近并可能有间隙　　D. 曲面必须邻近并有共同的边界

草绘演练

注意：完成的图形应包含必要的尺寸以及约束条件，不得出现欠约束以及过约束的情况。

1. 根据以下图形，完成二维草绘的练习。

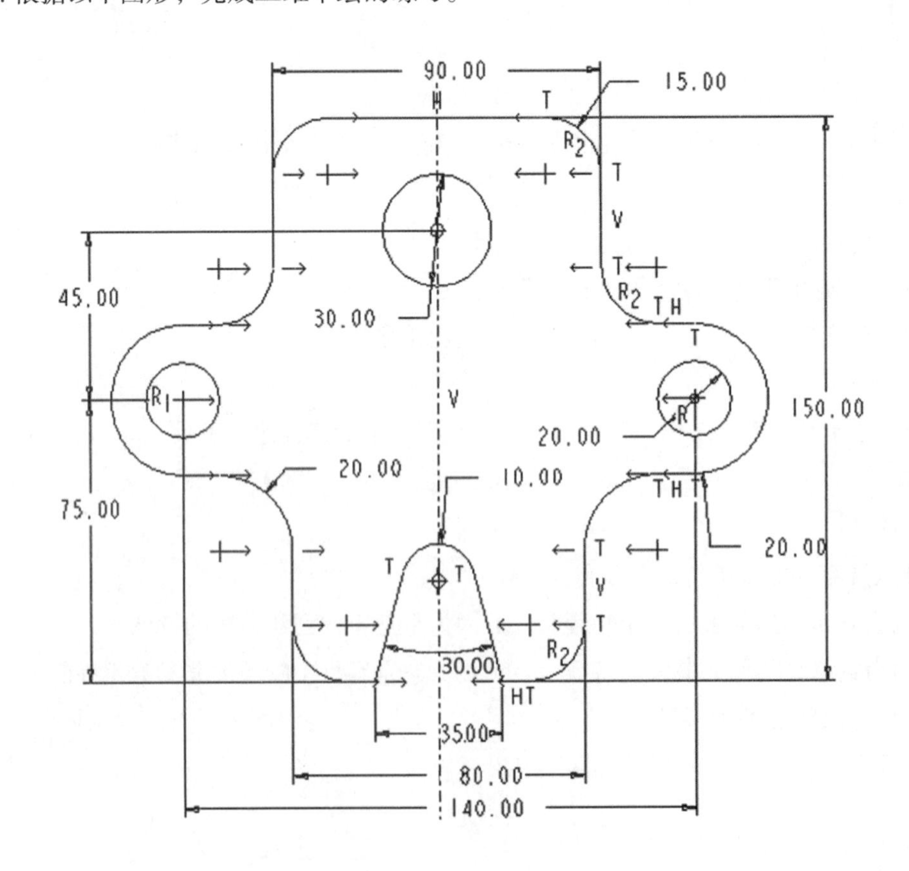

2. 根据以下图形，完成二维草绘的练习。

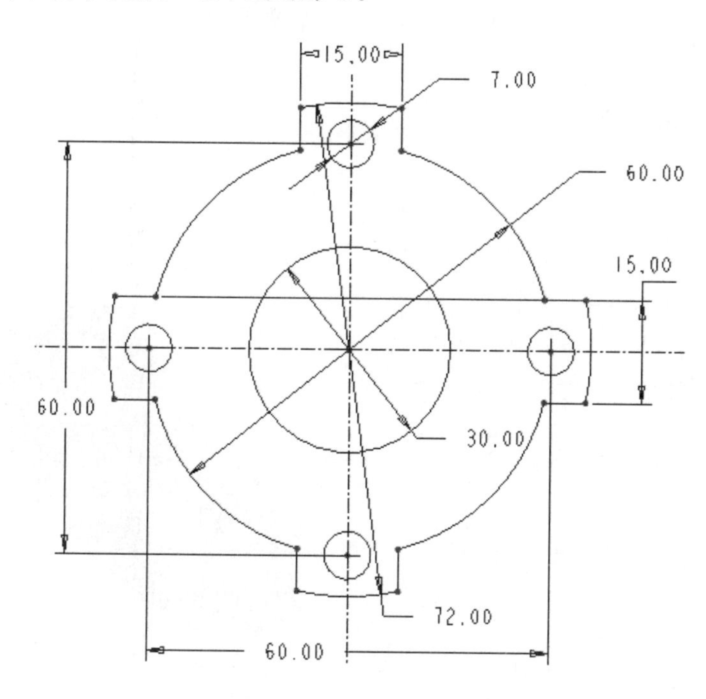

笔记

草绘演练2

3. 根据以下图形，完成二维草绘的练习。

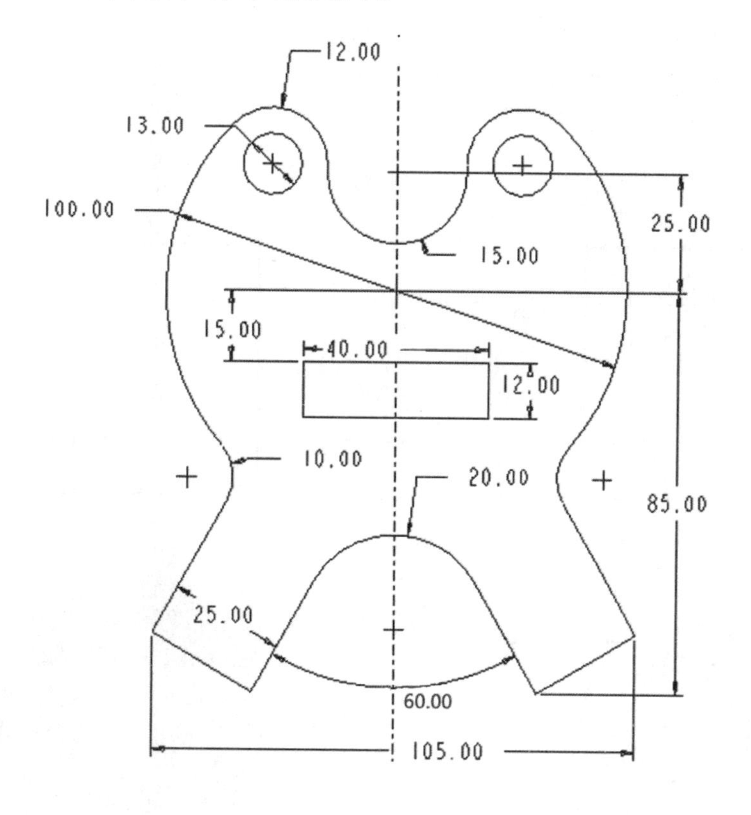

草绘演练3

笔记

实体演练

实体演练1

1. 根据以下图形，完成三维实体模型的创建。

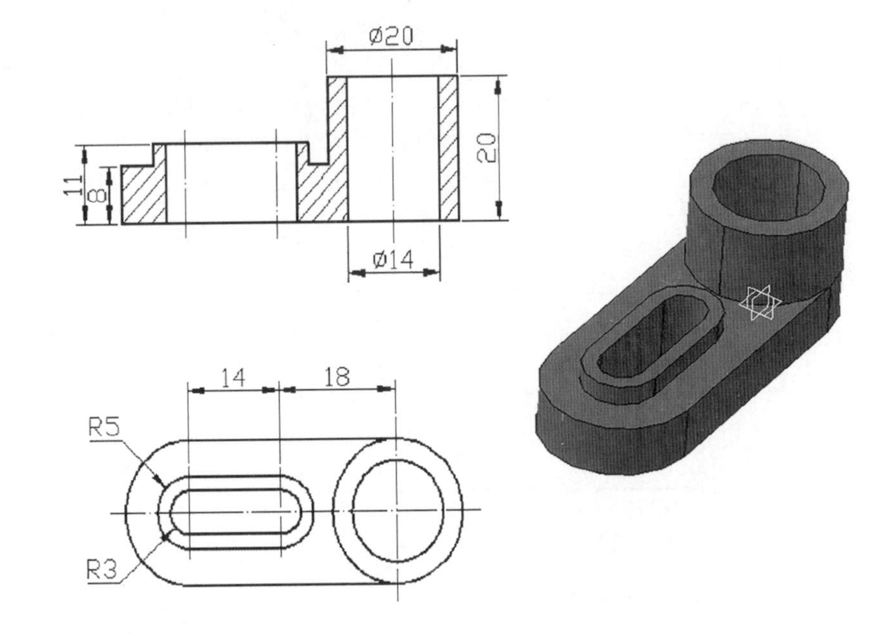

实体演练2

2. 根据以下图形，完成三维实体模型的创建。

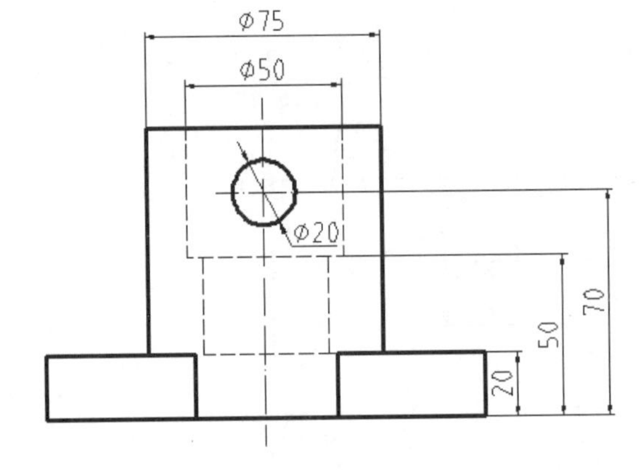

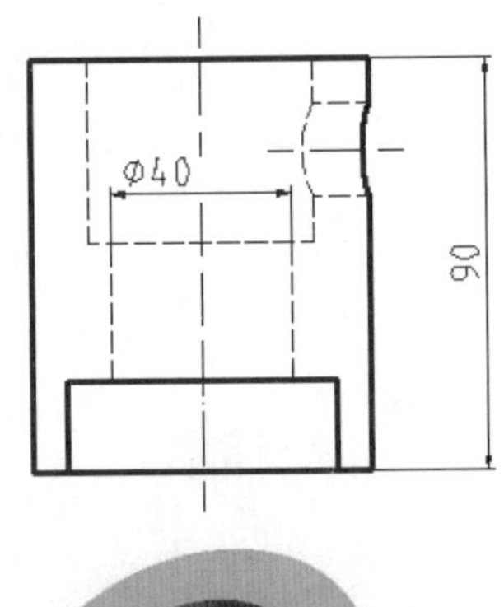

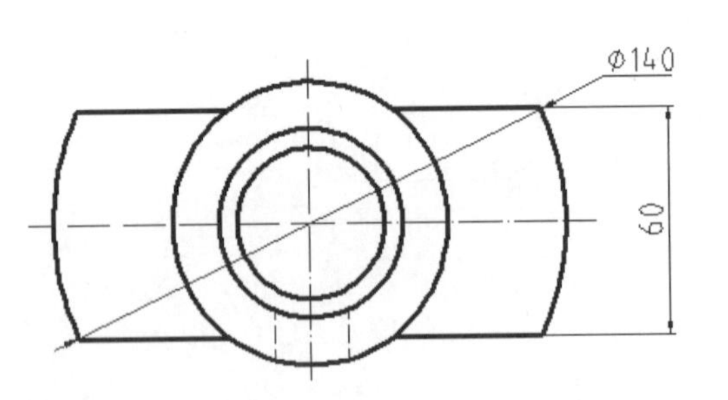

3. 根据以下图形，完成三维实体模型的创建。

笔记

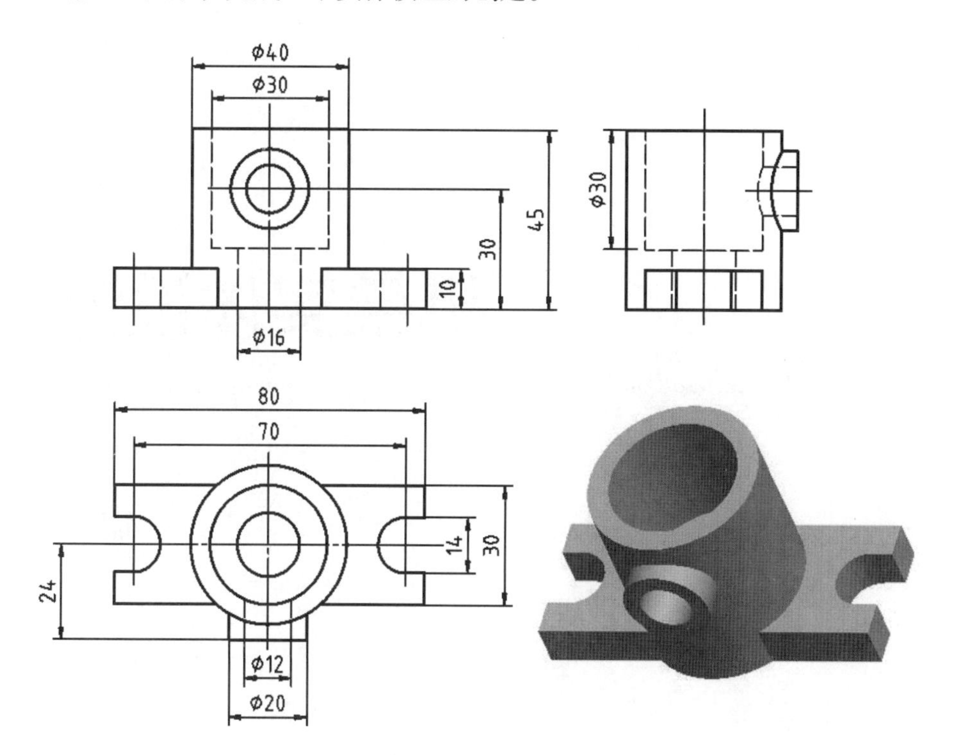

实体演练3

4. 根据以下图形，完成三维实体模型的创建。

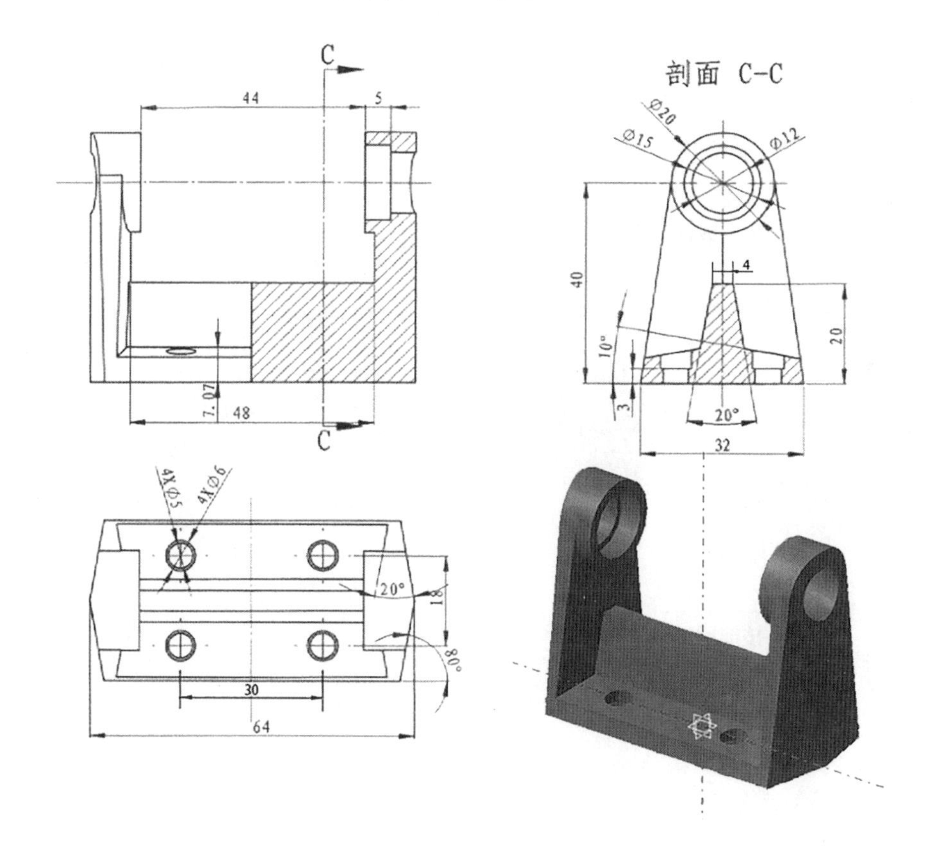

实体演练4

项目 3 机架实体设计

项目概述

机架是机械设计中广泛使用的基础零件之一，主要起到支承机器中的零部件并保证各个零部件间保持正确的工作关系的作用。本项目从机架实体的相关基准特征的创建以及拉伸命令的进阶操作特点进行讲述。

目标导航

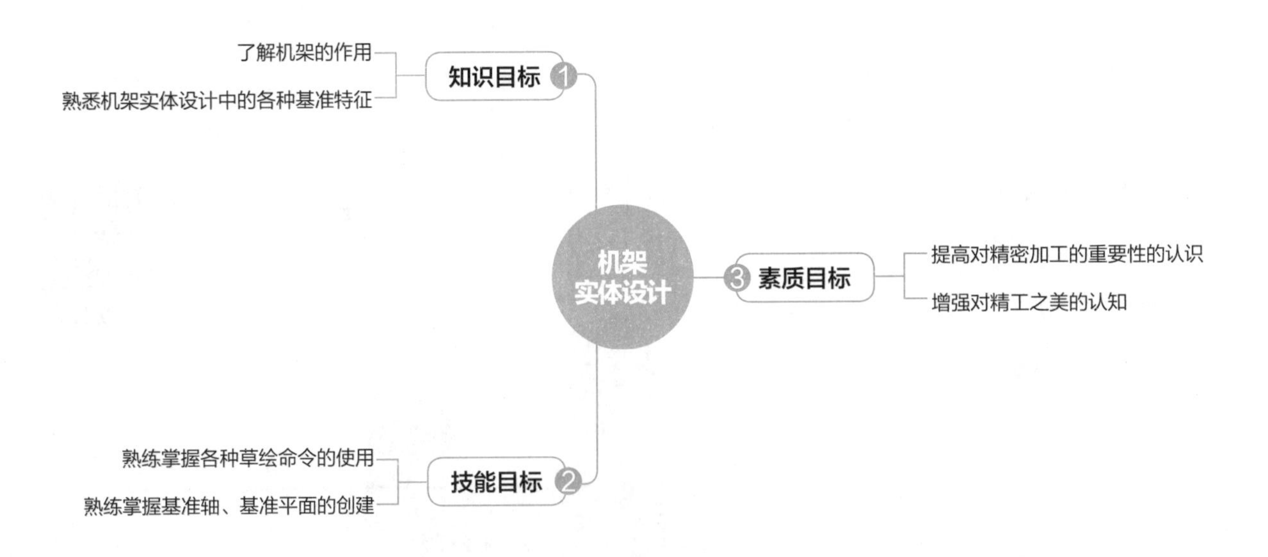

项目导图

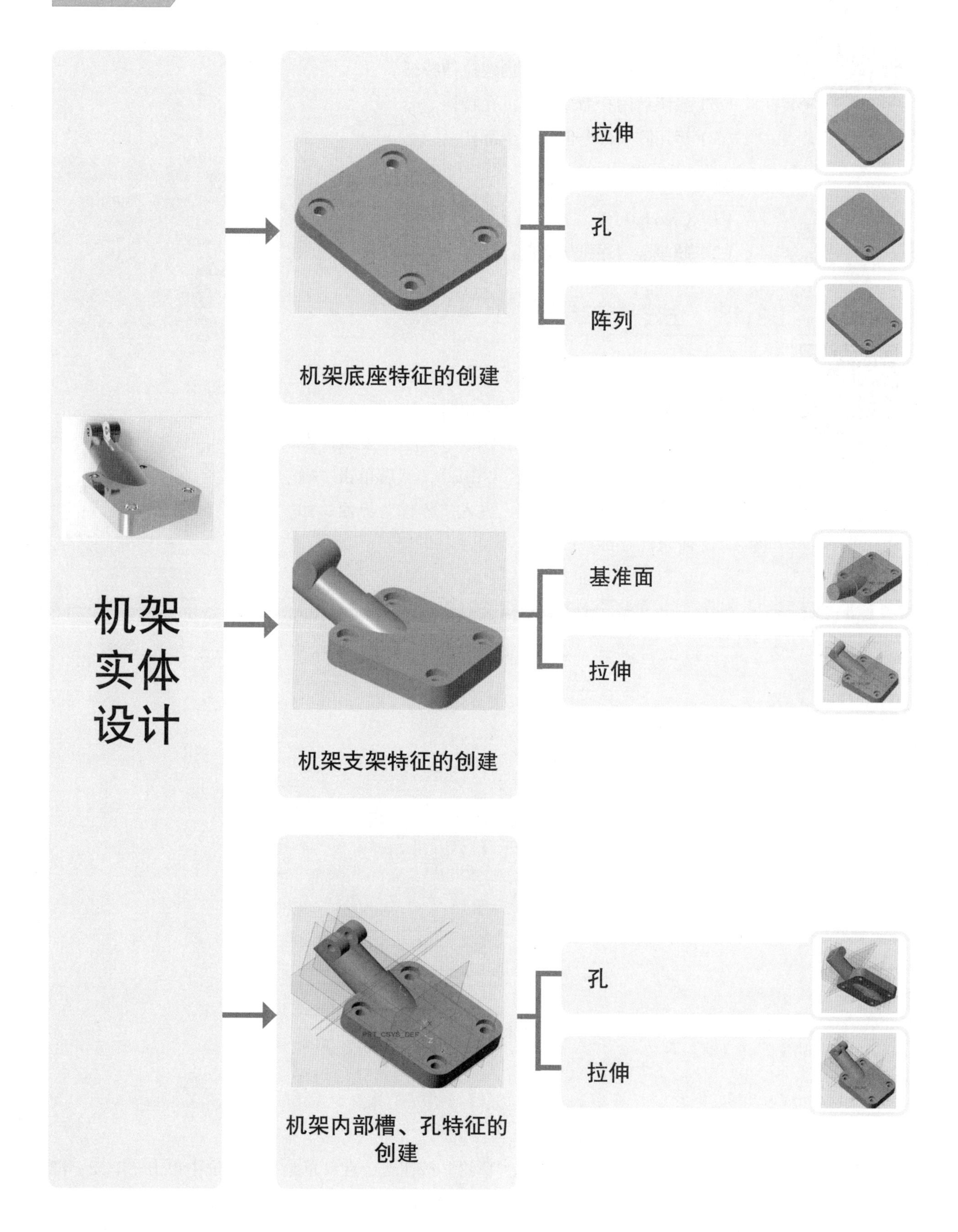

任务 3.1 机架底座特征的创建

机架三维模型

任务目标

（1）熟练绘制底座草图，创建拉伸特征。

（2）熟练运用孔命令创建沉孔特征。

（3）运用阵列命令创建 4 个沉孔。

资源环境

（1）Creo 8.0。

（2）超星学习通机架案例。

3.1.1 创建机架草绘

（1）单击“新建”按钮，或者执行“文件”→“新建”命令，弹出“新建”对话框，如图 3-1-1 所示。

（2）单击“类型”选项组中的“零件”按钮，在“文件名”文本框中输入文件名“jijia”，然后单击“确定”按钮，新建“零件”文件，进入“零件”界面，如图 3-1-2 所示。

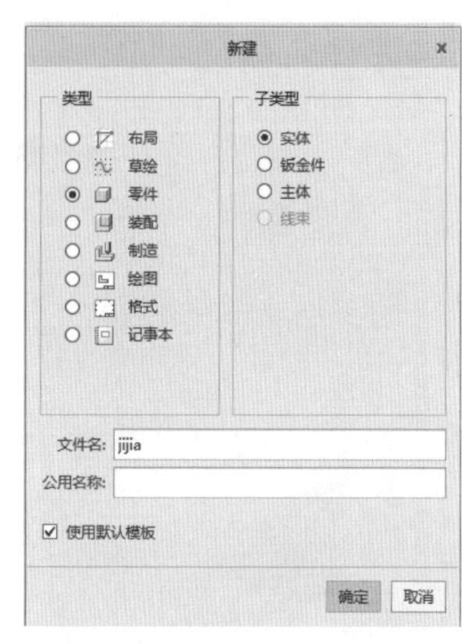

图 3-1-1 “新建”对话框

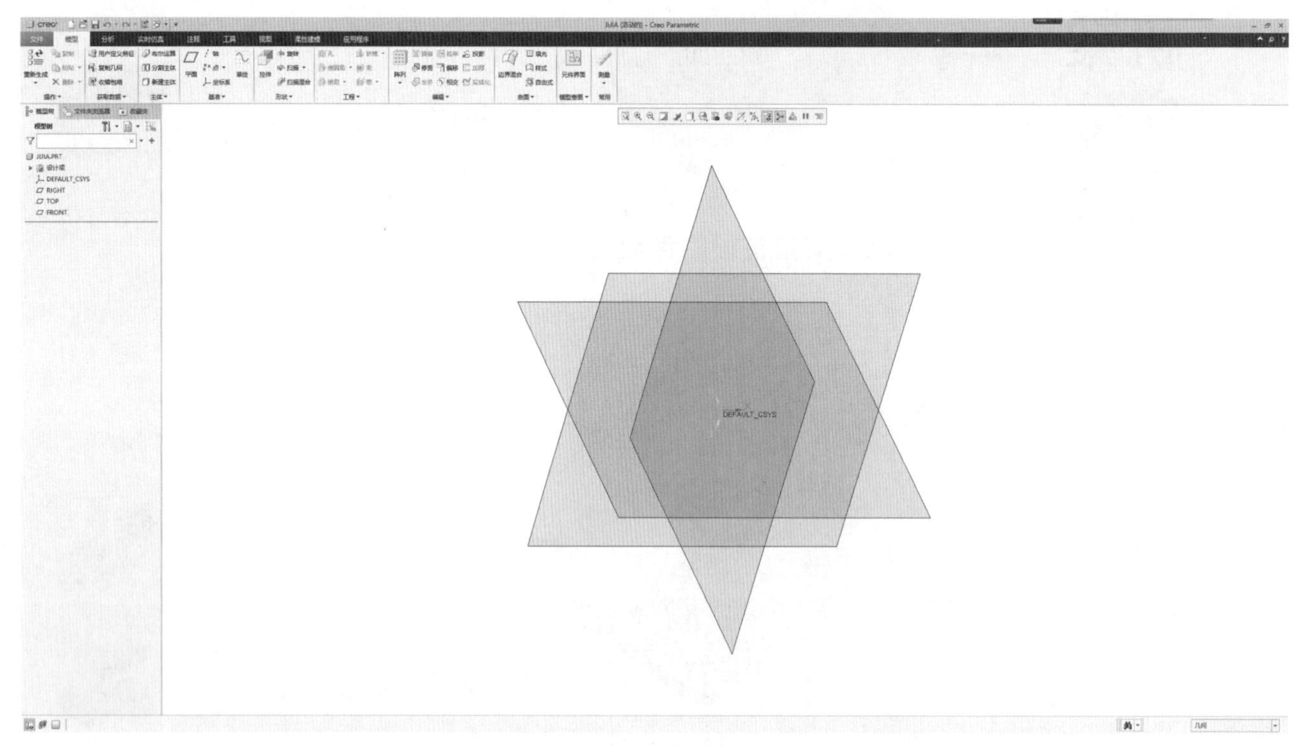

图 3-1-2 “零件”界面

思考

在绘制零件时，应使用的单位是？

（3）单击上方工具栏中的“草绘”按钮，在“草绘”对话框中单击“TOP：F3(基准平面)”作为草绘平面，如图 3-1-3 所示。然后单击“确定”按钮，进入“草绘”界面，如图 3-1-4 所示。

图3-1-3 “草绘”对话框

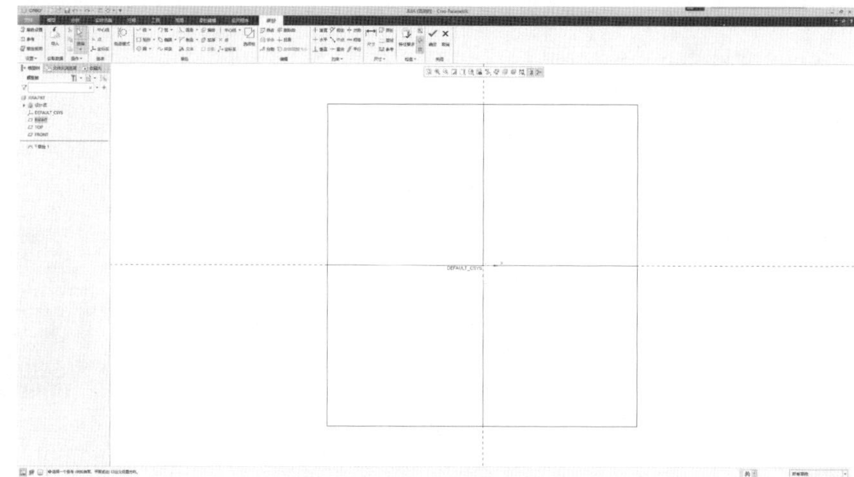

图3-1-4 “草绘”界面

（4）在草绘界面中，单击⟷标注尺寸，完成机架轮廓的创建，如图3-1-5所示。单击“确定”，退出“草绘”界面。

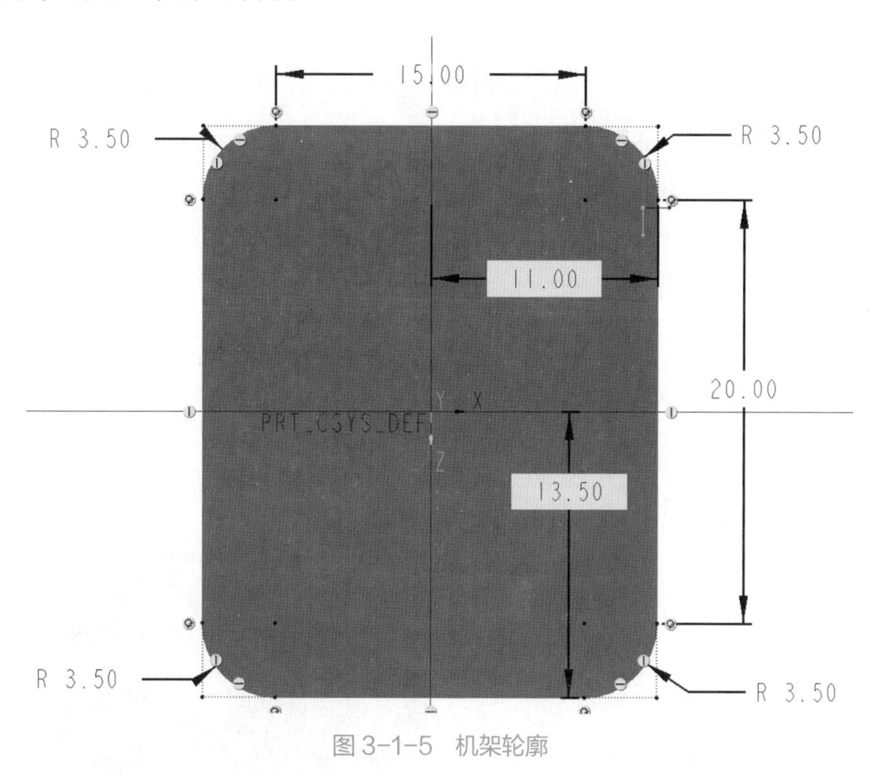

图3-1-5 机架轮廓

提示

创建拉伸特征的前提：
1.选择封闭的草绘。
2.确定拉伸方式和深度。

3.1.2 创建机架底座实体特征

（1）选择上一步所绘制的草图，在零件模式中，单击“拉伸”按钮，打开“拉伸特征”操控板，如图3-1-6所示。

（2）在“拉伸特征”操控板中，指定拉伸特征深度的方法为“可变拉伸”（此为默认设置），输入“深度值”为5.00，如图3-1-7所示，单击“确定”按钮。

3-1-6 “拉伸特征”操控板

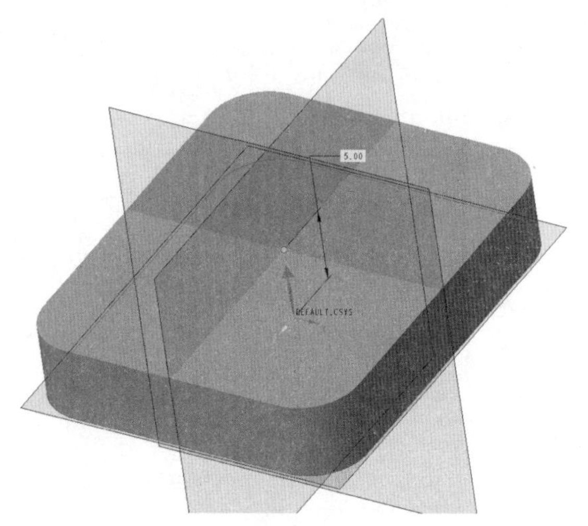

3-1-7 设置机架底座拉伸特征

3.1.3 创建机架底座沉孔特征

1. 创建沉孔特征

（1）单击上方工具栏中的“孔”按钮，打开“孔特征”操控板，如图 3-1-8 所示。

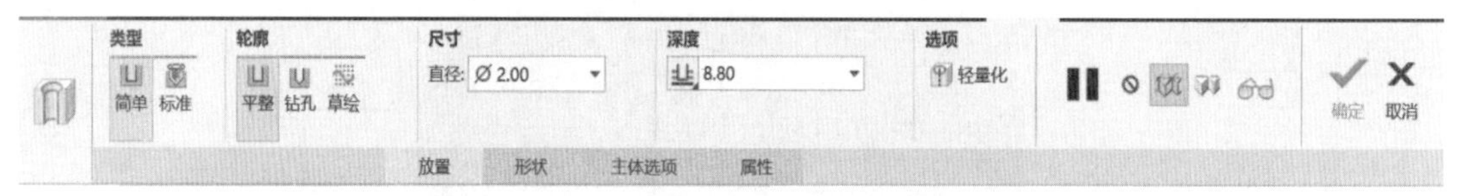

图 3-1-8 “孔特征”操控板

（2）单击“孔特征”操控板中的“放置”模块，选择底座的上表面作为沉孔的放置平面，如图 3-1-9 所示。

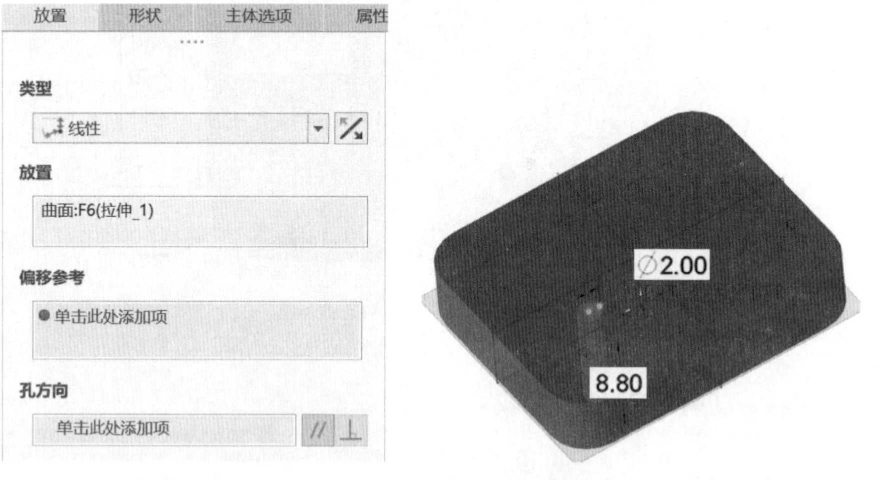

图 3-1-9 设置孔特征放置平面

（3）单击“放置”对话框中的“偏移参考”模块，按“Ctrl+ 鼠标左键”组合键，选择“FRONT：F3(基准平面)”和“RIGHT：F1(基准平面)”作为偏移参考面，如图 3-1-10 所示。修改孔与两个偏移参考平面的距离，确定沉孔位置，如图所示 3-1-11。

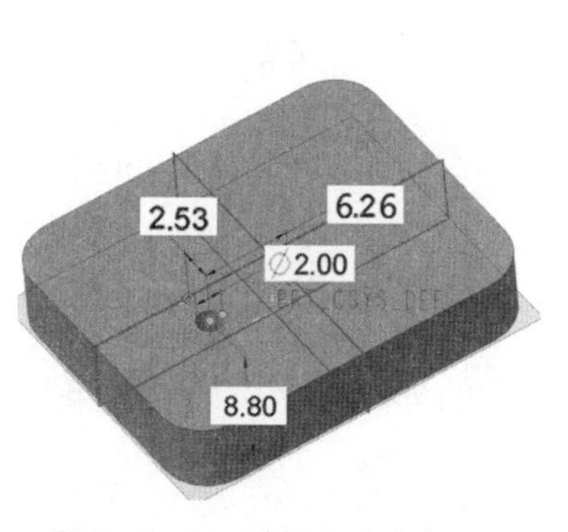

图 3-1-10　选择偏移参考平面

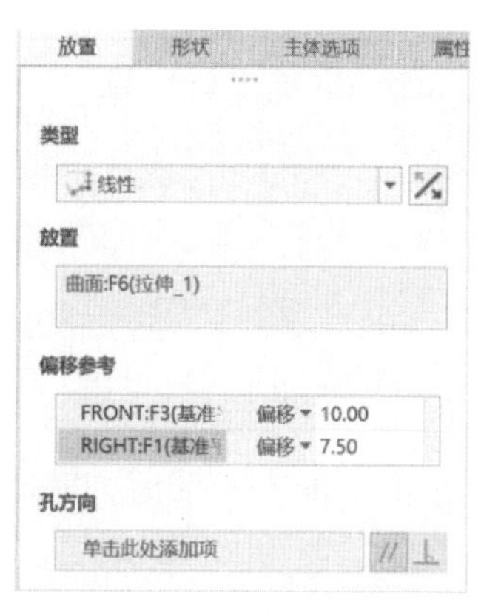

图 3-1-11　确定沉孔位置

（4）在“孔特征”操控板中，单击“轮廓”中的“钻孔”，单击“钻孔”中的“沉孔”，确定孔的类型，如图 3-1-12 所示。

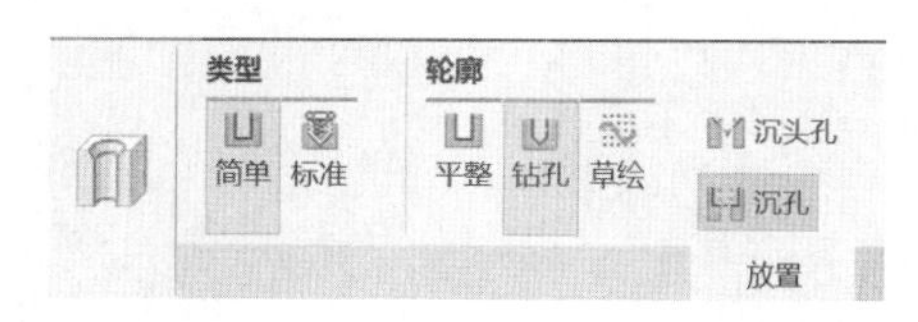

图 3-1-12　确定孔的类型

（5）单击“孔特征”操控板中的“形状”模块，修改沉孔尺寸，如图 3-1-13 所示。

（6）单击上方工具栏的“确定”按钮，退出孔特征创建模式。创建的沉孔特征如图 3-1-14 所示。

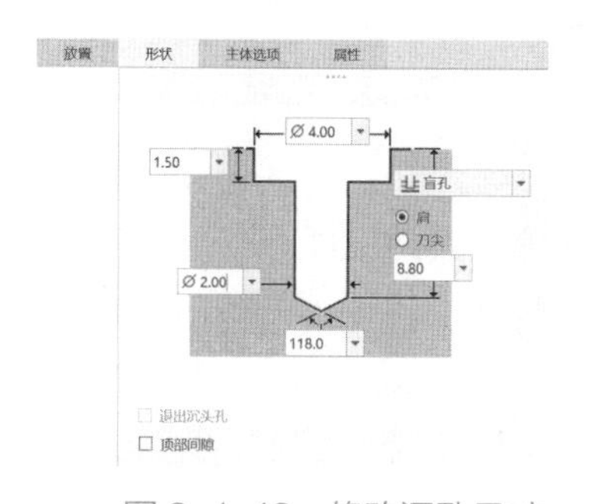

图 3-1-13　修改沉孔尺寸

图 3-1-14　沉孔特征

2. 创建其他沉孔特征

（1）在零件模式下，单击左侧模型树中刚创建的沉孔特征，在上方工具栏单击“▦阵列”按钮，打开“阵列特征”操控板，如图 3-1-15 所示。

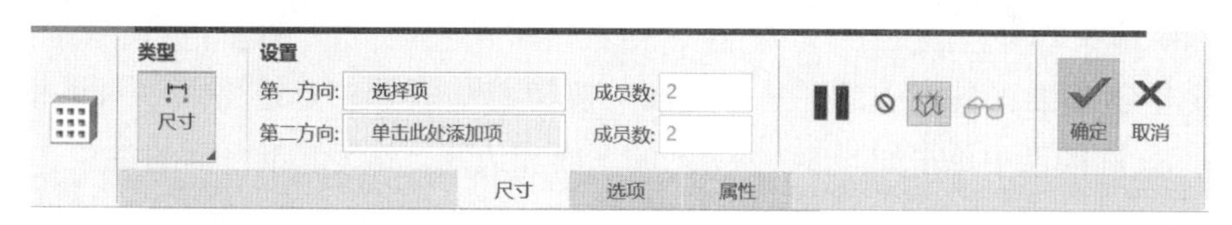

图 3-1-15　“阵列特征”操控板

（2）单击“类型”，选择“方向阵列”。单击第一方向的“选择项”按钮，单击软件内坐标系的 X 轴作为阵列第一方向，成员数输入 2，间距输入 15.00。单击第二方向的“选择项”按钮，单击软件内坐标系的 Z 轴作为阵列第二方向，成员数输入 2，间距输入 20.00，如图 3-1-16 所示。

笔记

提示

若想创建一个标准孙，可使用Creo内置的“标准孔”命令，如“ISO”“UNC”“UNF”。

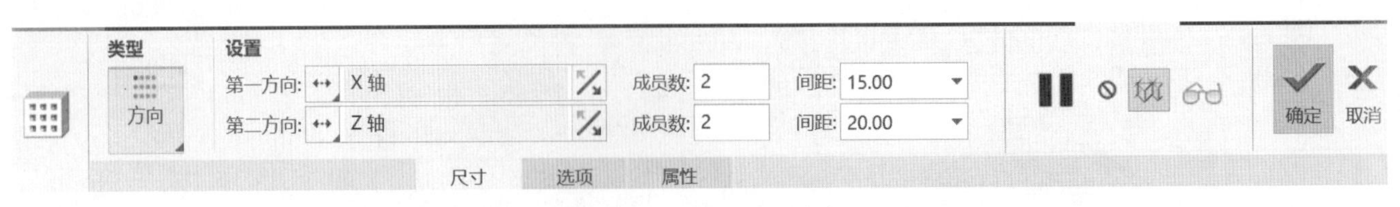

图 3-1-16　设置阵列方向

（3）创建的阵列特征如图 3-1-17 所示。

（4）单击“确定”按钮，完成机架底座及沉孔的创建，完成后的效果如图 3-1-18 所示。

提示

尺寸阵列和方向阵列区别：

尺寸阵列：需选取驱动尺寸，并指定这些尺寸的增量变化及阵列中特征实体数。

方向阵列：需选取面、线、轴来定义方向，同时也可以使用特征尺寸增量来控制阵列实体的形状及位置变化。

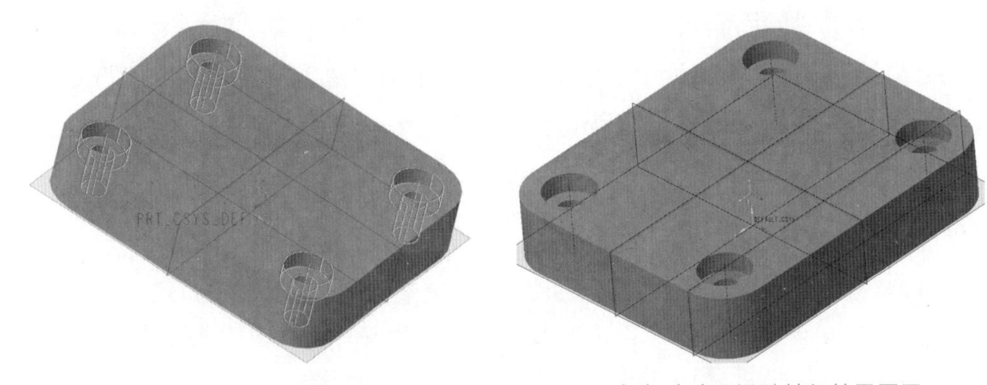

图 3-1-17　阵列特征　　　图 3-1-18　机架底座及沉孔特征效果展示

支架特征创建

任务 3.2　机架支架特征的创建

任务目标

（1）掌握各类拉伸命令的区别与不同，在建模中灵活应用。

（2）熟练掌握基准平面命令，快速创建模型特征。

资源环境

（1）Creo 8.0。

（2）超星学习通机架案例。

3.2.1　创建支架草绘

1. 创建基准平面

（1）单击基准工具栏中的“基准平面”按钮▱，弹出“基准平面”对话框，如图 3-2-1 所示。在模型中单击如图 3-2-2 所示的平面和边线，作为基准平面的参考。

讨论

创建新平面的方式有哪些？

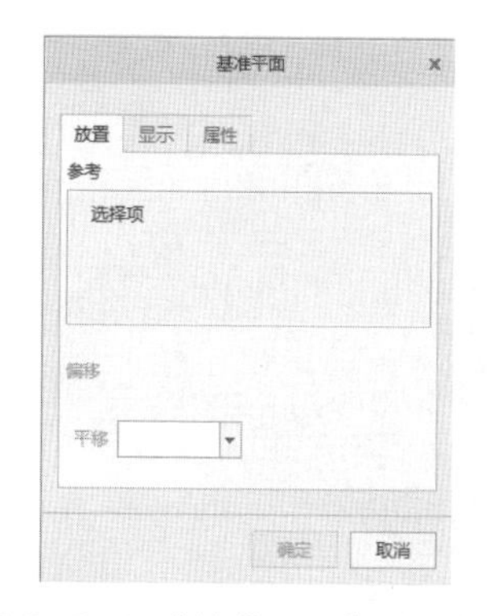

图 3-2-1 “基准平面”对话框

图 3-2-2 选择参考平面

（2）设置旋转角度为 20.0，与曲面的约束类型为“偏移”（此为默认设置），与边线的约束类型为“穿过”（此为默认设置），如图 3-2-3 所示。单击“基准平面”对话框中的“确定”按钮，完成基准平面 DTM1 的创建，如图 3-2-4 所示。

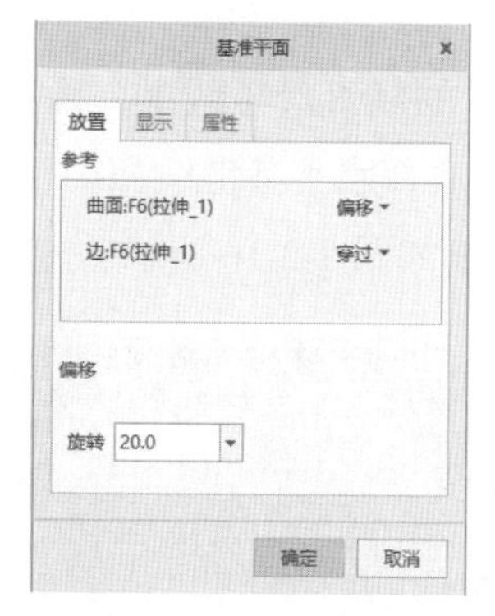

图 3-2-3 设置基准平面参数

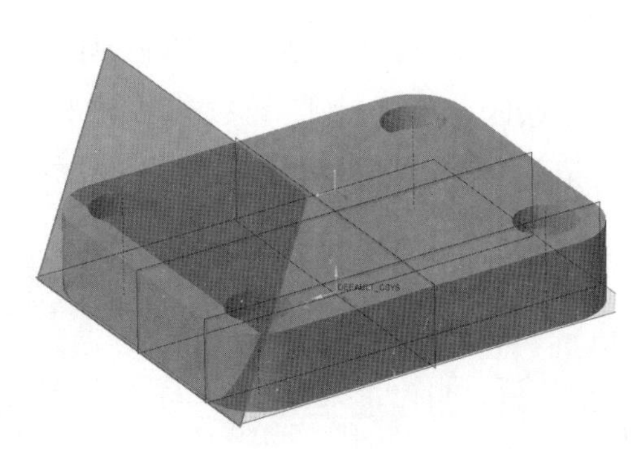

图 3-2-4 基准平面 DTM1

（3）单击基准工具栏中的“基准平面”按钮▱，弹出“基准平面”对话框，如图 3-2-5 所示。在模型中按 Ctrl 键并选择如图 3-2-6 所示的 DTM1 平面和边线，作为基准平面的参考。

图 3-2-5 “基准平面”对话框

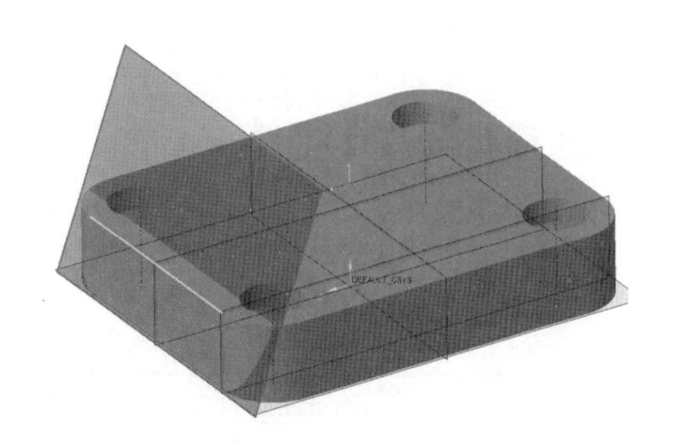

图 3-2-6 选取参考平面和参考线

（4）设置与曲面的约束类型为“平行”模式（此为默认选项），与边线的约束类型为“穿过”（此为默认设置），如图 3-2-7 所示。单击“基准平面”对话框中的“确定”按钮，完成基准平面 DTM2 的创建，如图 3-2-8 所示。

笔记

思考

参考平面的约束类型与所选参考对象有关，常见类型有偏移、平行、法向、中间平面、二等分线、相切等。

笔记

图 3-2-7　设置基准平面参数

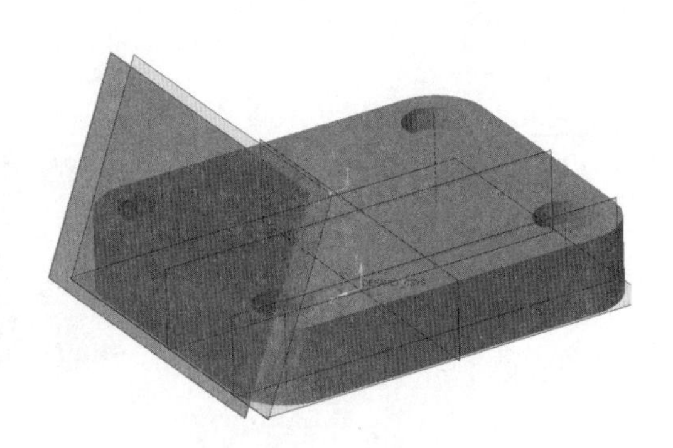

图 3-2-8　基准平面 DTM2

2. 绘制支架草图

（1）单击上方工具栏中的“草绘”按钮，单击上一步所绘制的平面 DTM1 作为草绘平面，然后单击“确定”按钮，进入草绘模式。单击上方菜单栏的“参考”按钮，选择如图 3-2-9 所示的参考线。

（2）单击顶部工具栏中“圆”按钮，单击草绘区的竖直参考线上，确定圆的圆心。移动鼠标，草绘区显示一个圆，继续移动鼠标至圆与底部水平参考线相切，单击鼠标中键，完成支架草绘轮廓的创建，修改圆的直径为 8.00，如图 3-2-10 所示。

提示

若绘制的圆形与底边没有相切，可以通过给圆和底边直线添加“相切”约束的方式实现相切。

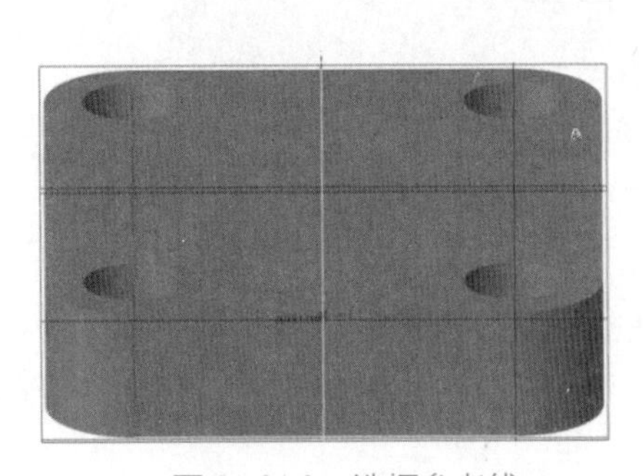

图 3-2-9　选择参考线

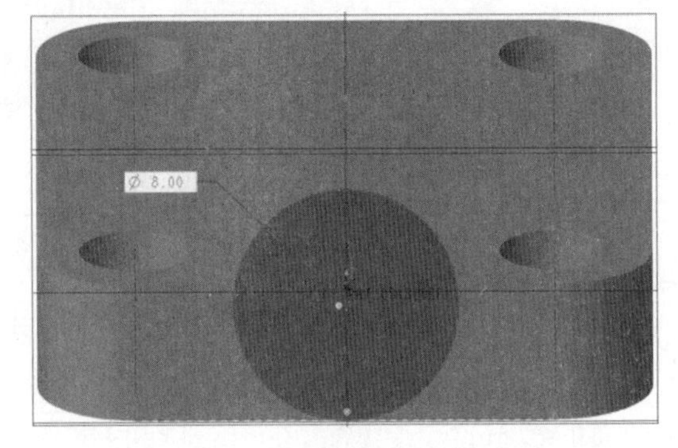

图 3-2-10　支架草绘轮廓

（3）单击上方工具栏的“确定”按钮，退出草绘模式。

讨论

图标	含义
⊥⊥	
⊟	
⊥⊥	
⊥⊥	
⊥⊥	
⊥⊥	

3.2.2　创建支架实体特征

（1）选择上一步所绘制的草图，在零件模式中，单击“拉伸”按钮，打开“拉伸特征”操控板，如图 3-2-11 所示。

3-2-11　“拉伸特征”操控板

（2）在“拉伸特征”操控板中，单击“选项”，指定侧 1 的拉伸特征深度的方法为“可变”(此为默认设置)，输入“深度值”为 15，如图 3-2-12 所示。

笔记

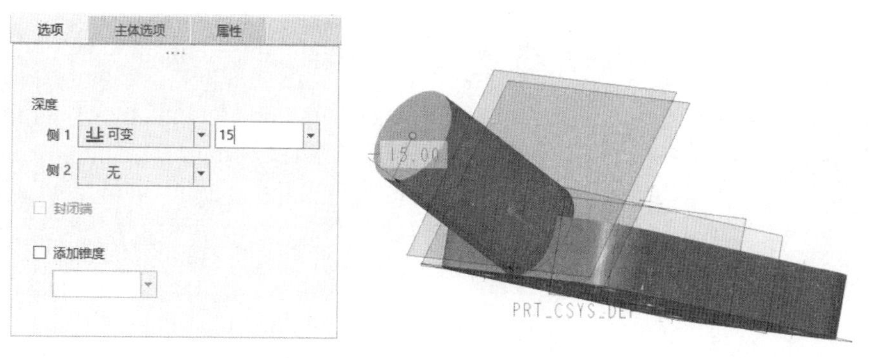

图 3-2-12　创建侧 1 拉伸特征

（3）指定侧 2 的拉伸特征深度的方法为“穿至”，单击底座上表面，如图 3-2-13 所示。

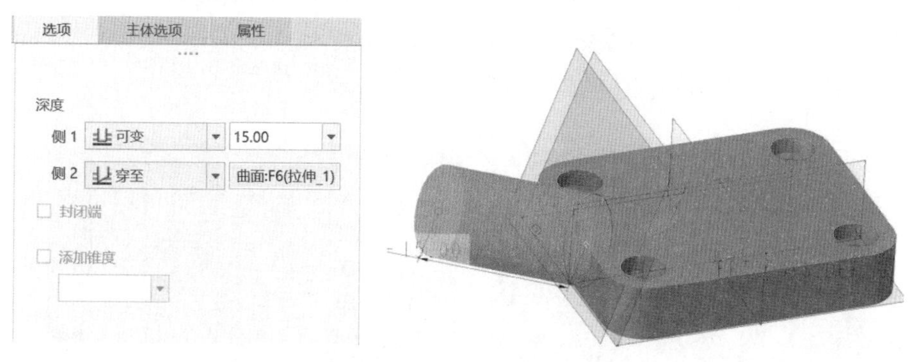

图 3-2-13　创建侧 2 拉伸特征

（4）单击“确定”按钮，退出拉伸模式。

3.2.3　创建支架辅助结构

1. 绘制支架辅助结构轮廓

（1）单击上方工具栏中的“草绘”按钮，单击所绘制的平面 DTM2 作为草绘平面，然后单击“确定”按钮，进入草绘模式。

（2）单击上方菜单栏的“参考”按钮，选择如图 3-2-14 所示的参考线。

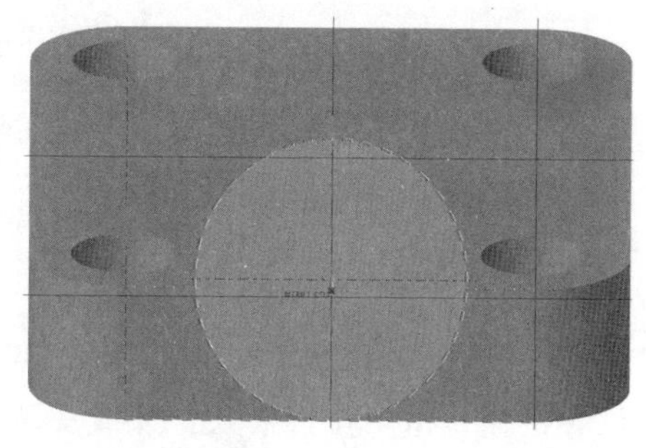

图 3-2-14　选择参考线

（3）单击顶部工具栏中“同心圆”按钮，单击草绘区的参考圆，移动鼠标，在草绘区合适位置再次单击，草绘区显示一个圆，单击鼠标中键，如图 3-2-15 所示。

（4）在草绘器中，单击 ⟷，修改大圆的尺寸为 9。

（5）单击顶部工具栏中的“线”按钮，在草绘区的参考线上单击，在穿过两个圆的水平位置再次单击，草绘区显示一条穿过两个圆的水平线，如图 3-2-16 所示。

笔记

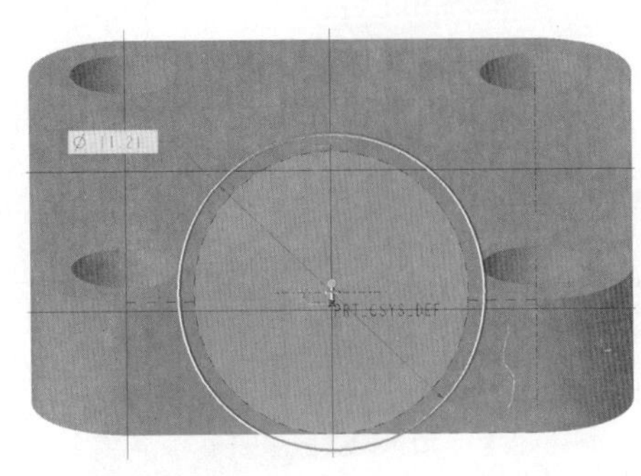

图 3-2-15　圆

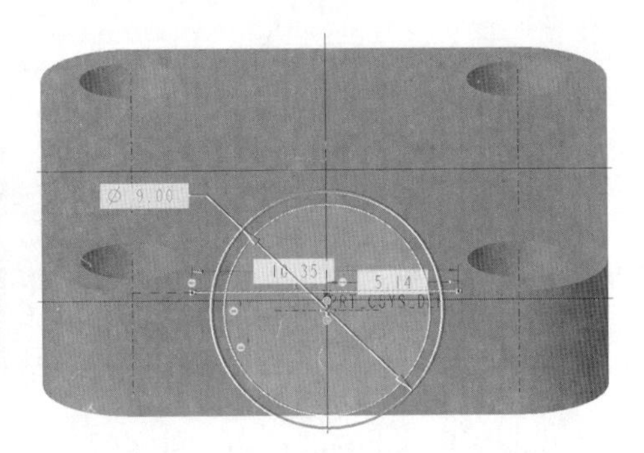

图 3-2-16　修改大圆的尺寸

2. 动态修剪图元

（1）在草绘器中，单击“删除段”按钮，修剪多余线段。单击选择需要修剪的图元，系统将其显示红色后，随即删除该图元，如图 3-2-17 所示。

（2）参考支架辅助结构创建的轮廓如图 3-2-18 所示。

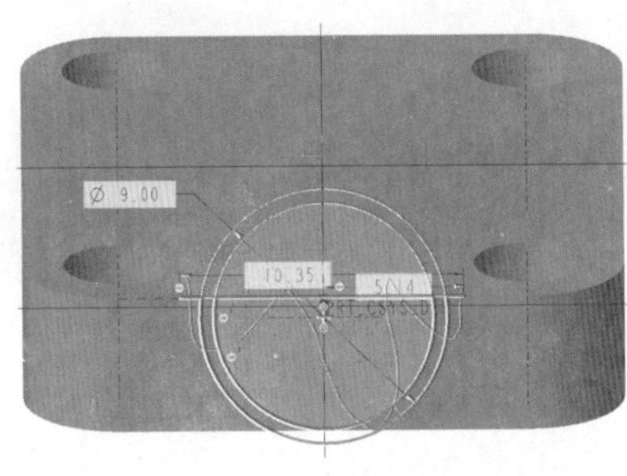

图 3-2-17　“删除段”草图

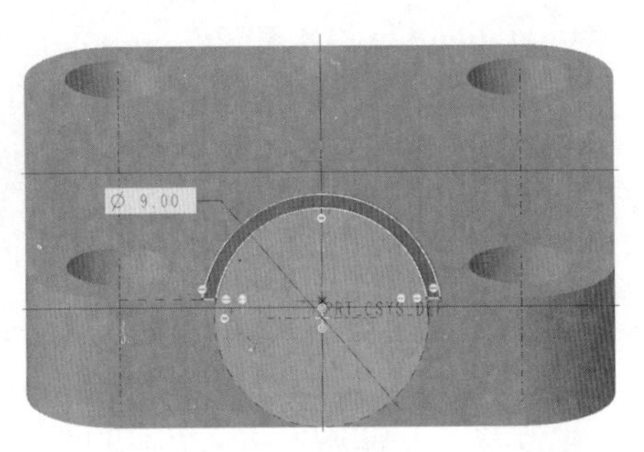

图 3-2-18　支架辅助结构轮廓

3. 创建支架辅助结构的实体特征

（1）选择上一步所绘制的草图，在零件模式中，单击“拉伸”按钮，在“拉伸特征”操控板中，指定拉伸特征深度的方法为“到下一个”，如图 3-2-19 所示。单击底座底面作为参考平面，如图 3-2-20 所示，单击✔按钮。

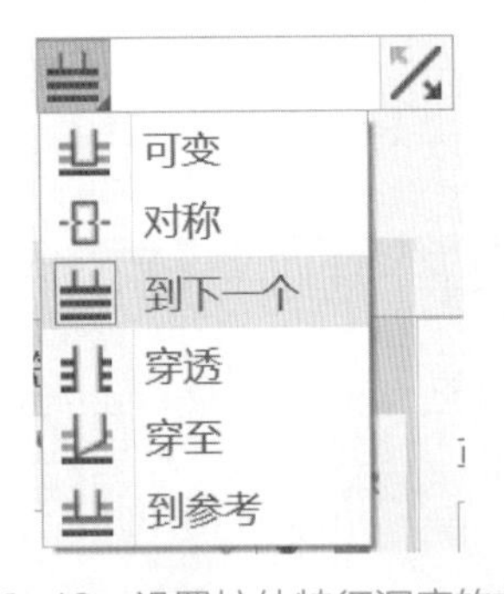

图 3-2-19　设置拉伸特征深度的方法

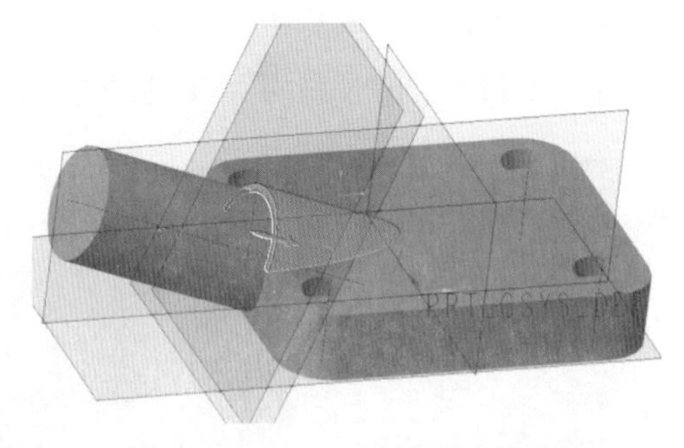

图 3-2-20　选择穿至平面

（2）单击✔按钮，退出拉伸模式，完成支架辅助结构的创建，如图 3-2-21 所示。

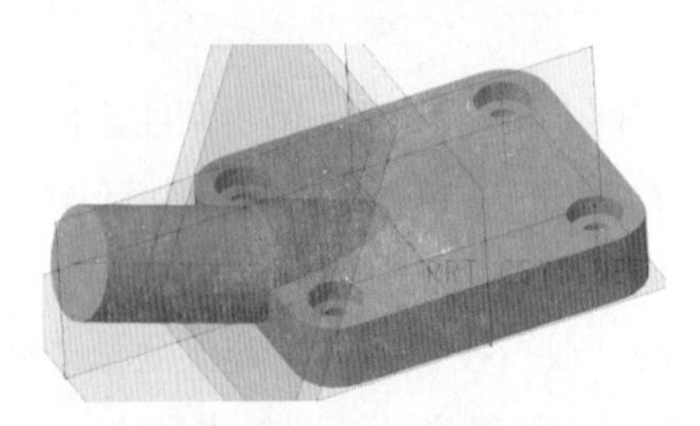

图 3-2-21　支架辅助结构

思考

1.强弱尺寸的区别是什么？
2.如何切换强弱尺寸？
3.如何锁定尺寸？

3.2.4　创建支架修饰结构

笔记

1. 创建基准平面

（1）单击基准工具栏中的“基准平面”按钮▱，弹出“基准平面”对话框，在模型单击“RIGHT：F1(基准平面)”，并按“Ctrl+ 鼠标左键”组合键，选择支架基础特征的顶点作为基准平面的参考，如图 3-2-22 所示。

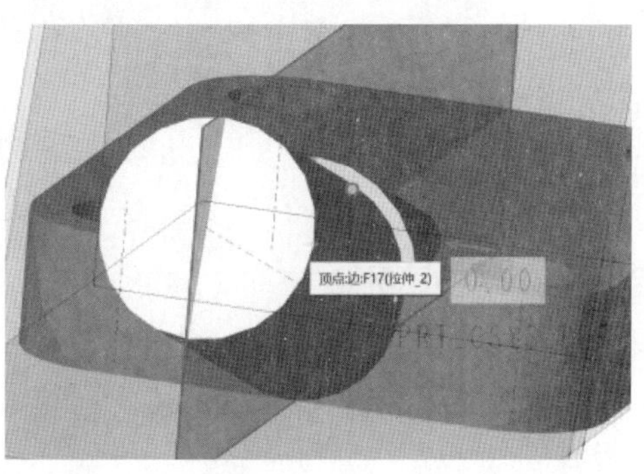

图 3-2-22　选择参考平面

（2）单击“基准平面”对话框中的“确定”按钮，完成基准平面 DTM3 的创建，如图 3-2-23 所示。

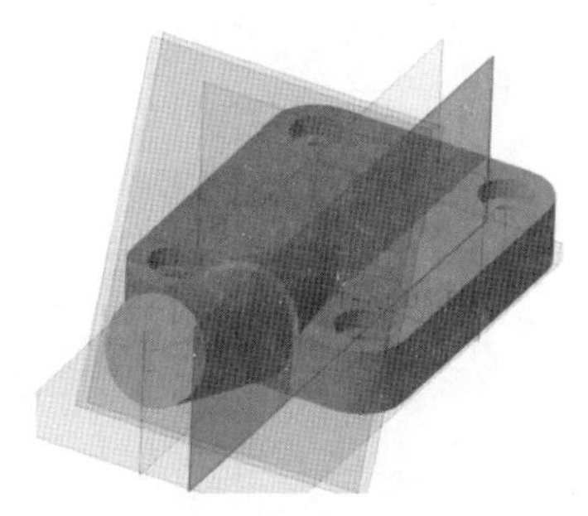

图 3-2-23　基准平面 DTM3

（3）单击基准工具栏中的“基准平面”按钮▱，弹出“基准平面”对话框，在模型上单击“RIGHT：F1(基准平面)”，并按“Ctrl+ 鼠标左键”组合键（快捷键），选择支架基础特征另一侧的顶点作为基准平面的参考，如图 3-2-24 所示。

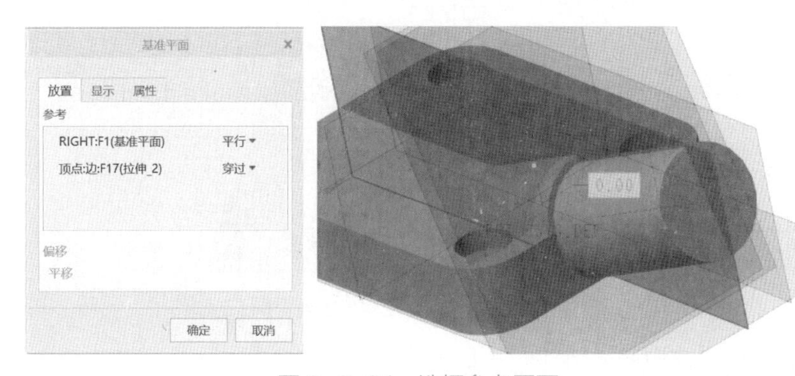

图 3-2-24　选择参考平面

提示

向默认方向的相反方向创建新平面的方式：
1.平移数值输入“-”；
2.直接拖动控制点到相反方向后，再输入平移数值。

（4）单击“基准平面”对话框中的“确定”按钮，完成基准平面 DTM4 的创建，如图 3-2-25 所示。

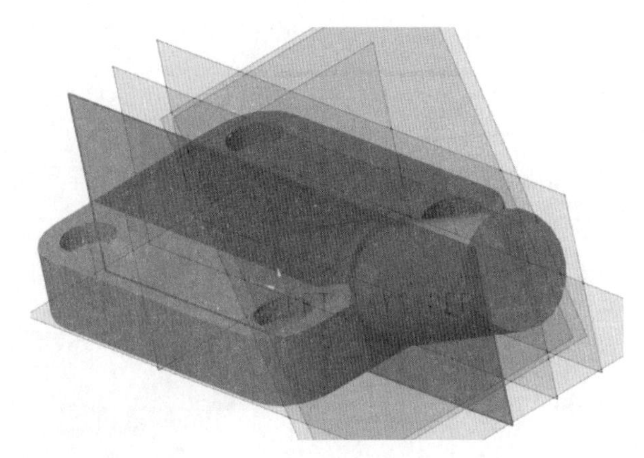

图 3-2-25　基准平面 DTM4

2. 绘制支架修饰结构轮廓

（1）单击上方工具栏中的“草绘”按钮，单击“RIGHT：F1(基准平面)”作为草绘平面，然后单击“确定”按钮，进入草绘模式。

（2）单击上方菜单栏的“参考”按钮，选择如图 3-2-26 所示的参考线。

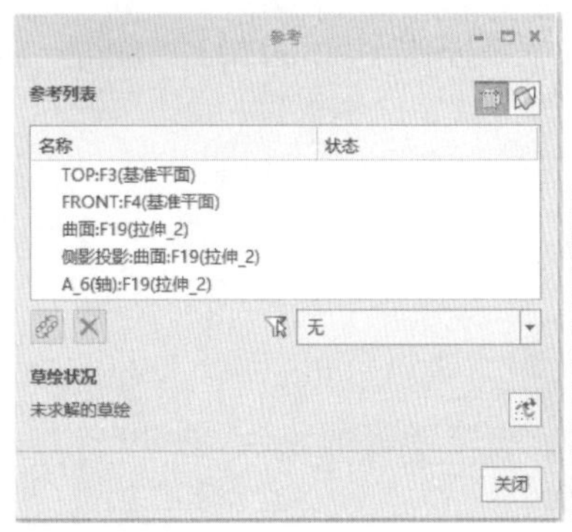

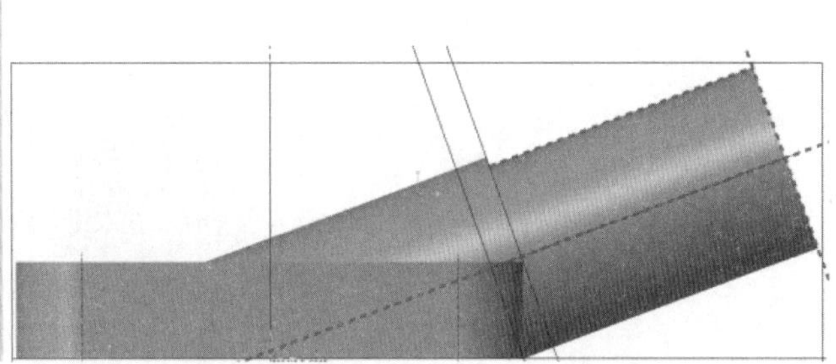

图 3-2-26　选择参考线

（3）单击顶部工具栏中“圆”按钮，在草绘区的上参考线上单击，确定圆的圆心。移动鼠标，草绘区显示一个“圆”，移动鼠标至圆与右侧竖直参考线相切，单击鼠标中键，参考支架修饰结构创建轮廓，设置其直径为 5.00，如图 3-2-27 所示。

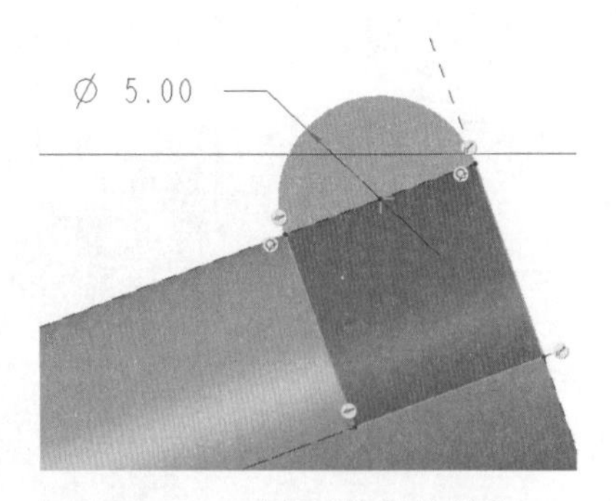

图 3-2-27　支架修饰结构轮廓

3. 创建支架修饰结构实体特征

（1）选择上一步所绘制的草图，在零件模式中，单击“拉伸”按钮，在“拉伸特征”操控板中，单击“选项”，指定侧 1 的拉伸特征深度的方法为“到参考”，选择 DTM3 平面，如图 3-2-28 所示。

笔记

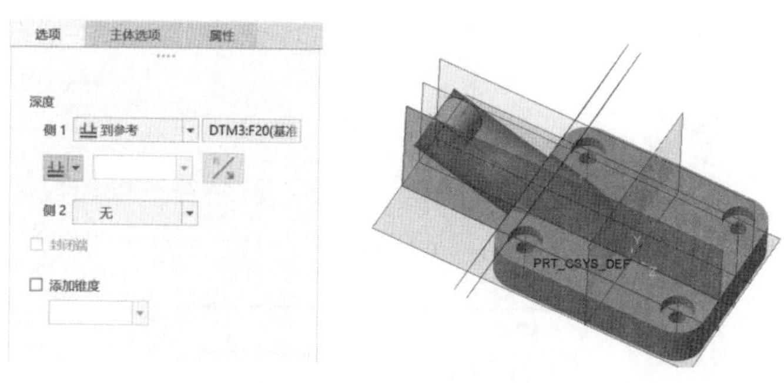

图 3-2-28　选择侧 1 拉伸参考面

（2）单击“选项”，指定侧 2 的拉伸特征深度的方法为“到参考”，选择 DTM4 平面，如图 3-2-29 所示。

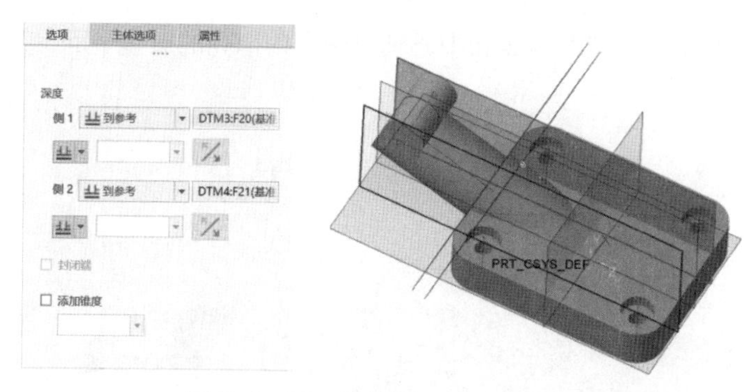

图 3-2-29　选择侧 2 拉伸参考面

（3）单击 ✔ 按钮，退出拉伸模式，完成支架修饰结构的创建，效果如图 3-2-30 所示。

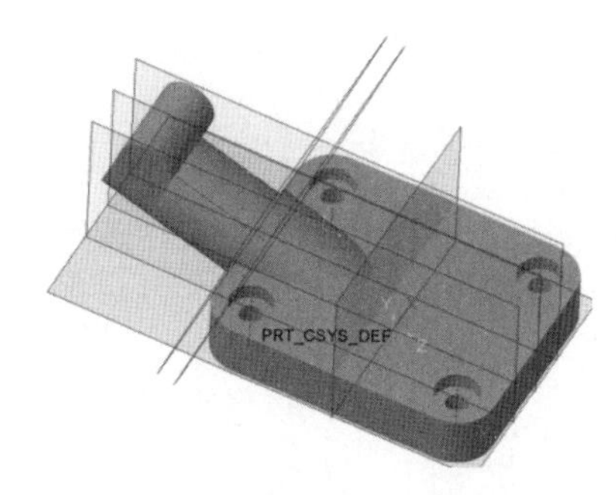

图 3-2-30　支架修饰结构效果

任务 3.3　机架内部槽、孔特征的创建

任务目标

（1）熟练掌握“草绘孔”命令的使用。

（2）灵活运用约束命令绘制草图。

（3）了解部件结构特点和工作原理。

资源环境

（1）Creo 8.0。

（2）超星学习通机架案例。

3.3.1 创建支架内部槽特征

笔记

1. 绘制支架内部槽轮廓

（1）单击上方工具栏中的“孔”按钮，打开“孔特征”操控板，在孔类型中依次选择“简单”→“草绘”按钮，如图 3-3-1 所示。

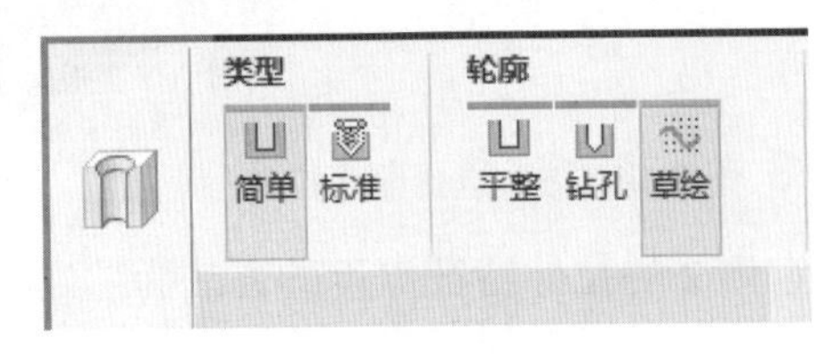

图 3-3-1 “孔特征”操控板

（2）按 Ctrl 键并单击支架上表面和中心轴，确定内部孔的放置平面，如图 3-3-2 所示。

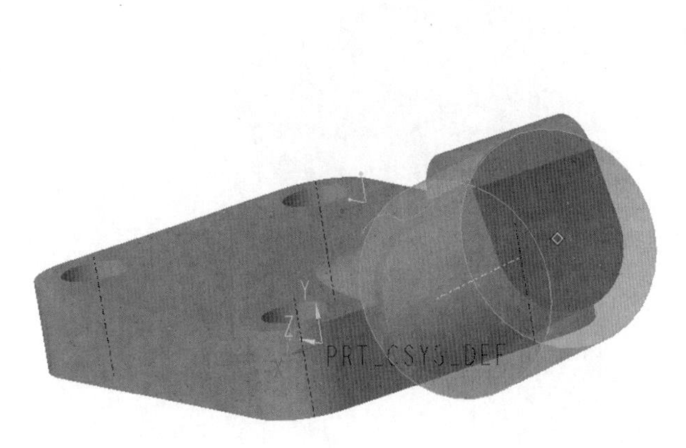

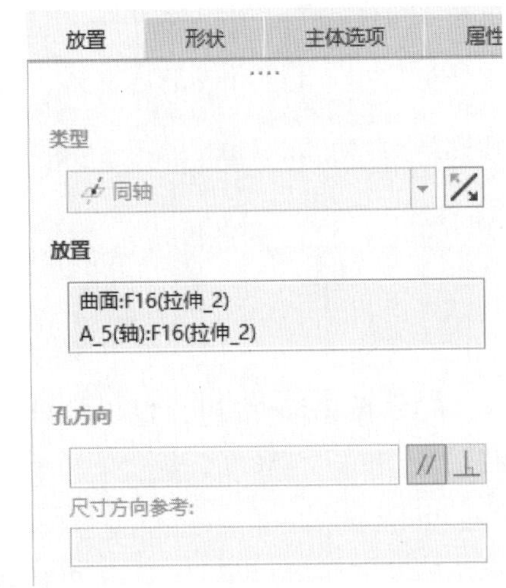

组图 3-3-2 确定内部孔的放置平面

（3）单击“尺寸”选项卡的“草绘”按钮，进入“草绘”模式，如图 3-3-3 所示。

图 3-3-3 “尺寸”选项卡

（4）单击顶部工具栏中“中心线”按钮，在任意位置绘制一条中心线。单击顶部工具栏中“线”按钮，参考支架内部槽的轮廓外形，在草绘区中创建支架内部槽轮廓，如图 3-3-4 所示。

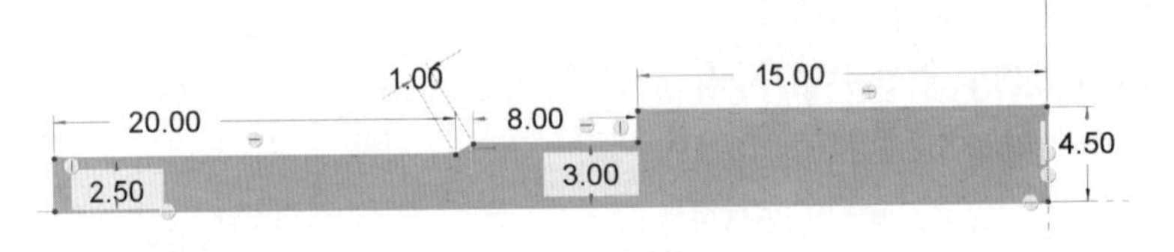

图 3-3-4 支架内部槽轮廓

讨论

图标 含义

讨论

草绘模式下两条中心线的区别：

草绘中心线

几何中心线

提示

因排版原因，此处草图用横向展示，实际操作中应创建纵向的草图。

（5）单击✔按钮，退出草绘模式，创建支架内部槽特征如图 3-3-5 所示，单击✔按钮，完成草绘孔的创建。

图 3-3-5 支架内部槽特征

2. 绘制支架内部槽修剪结构轮廓

（1）单击上方工具栏中的“草绘”按钮，单击“RIGHT：F1(基准平面)”作为草绘平面，然后单击“草绘”按钮，进入草绘模式。

（2）单击上方菜单栏的“参考”按钮，单击如图 3-3-6 所示的参考线。

（3）单击顶部工具栏中“斜矩形”按钮◇，在草绘区两条参考线的交点处单击，确定矩形的一个端点。移动鼠标，创建出一个矩形，单击鼠标中键结束。参考内部槽修剪结构的轮廓外形，修改内部槽修剪结构草图的尺寸，如图 3-3-7 所示。

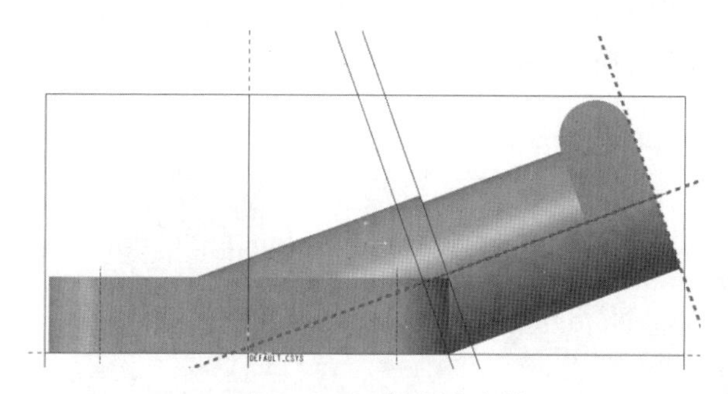

图 3-3-6 选择参考线

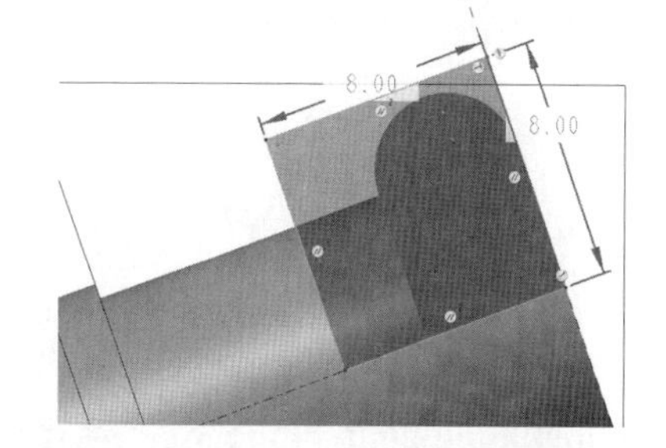

图 3-3-7 修改内部槽修剪结构草图的尺寸

3. 创建支架内部槽实体特征

（1）选择上一步所绘制的草图，在零件模式中，单击“拉伸”按钮，打开“拉伸特征”操控板，指定拉伸特征深度的方法为“对称”，输入“深度值”为 2.50，单击“移除材料”，如图 3-3-8 所示。

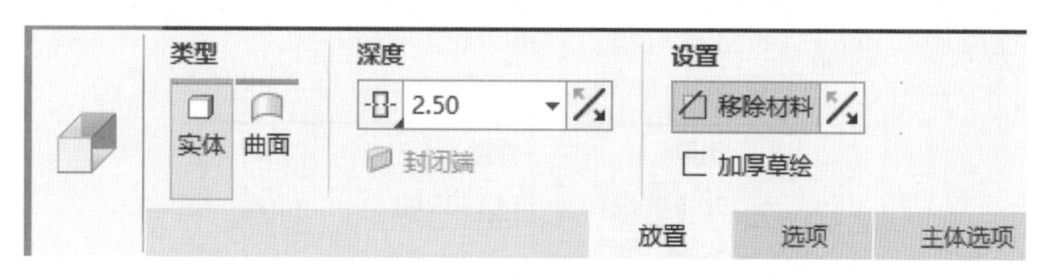

图 3-3-8 “拉伸特征”操控板

笔记

讨论

图标	含义
▱	
◇	
▣	
▱	

笔记

（2）单击“✓”按钮，退出拉伸模式，完成支架内部槽修剪结构特征，如图 3-3-9 所示。

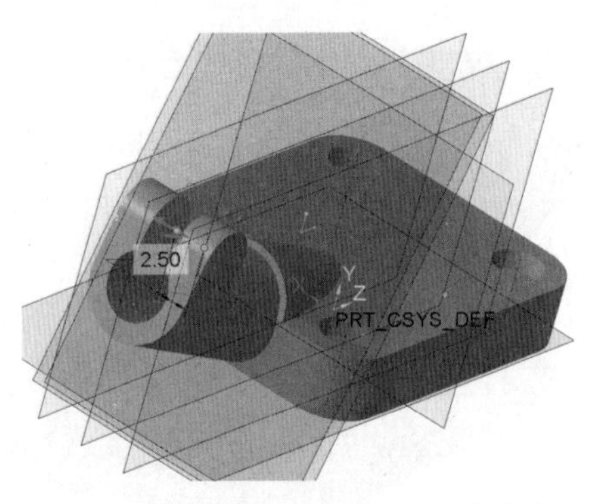

图 3-3-9　支架内部槽修剪结构特征

3.3.2　简单孔的创建

1. 绘制支架内部孔特征草绘

（1）单击上方工具栏中的“草绘”按钮，单击“RIGHT：F1(基准平面)”作为草绘平面，然后单击“草绘”按钮，进入草绘模式。

（2）单击上方菜单栏的“参考”按钮，单击如图 3-3-10 所示的参考线。

讨论

如何将所绘制的线段直接转化为构造线？

（3）单击顶部工具栏中“同心圆”按钮，在草绘区的参考圆上单击，确定同心圆的圆心。移动鼠标，在合适位置单击，确定圆的大小，创建出与参考圆同心的圆形，单击鼠标中键。修改机架支架内部孔结构草图的尺寸为 2，如图 3-3-11 所示。

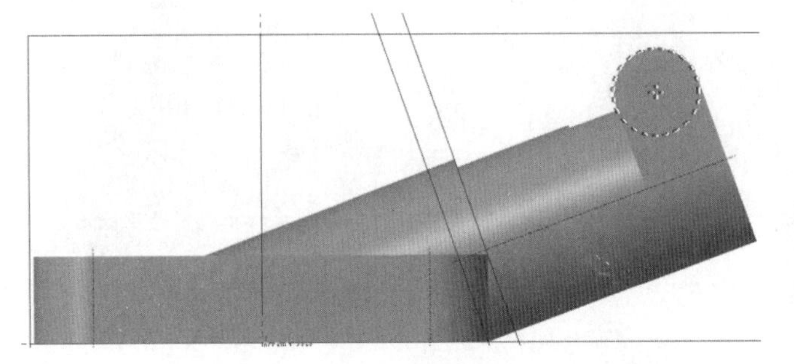

图 3-3-10　选择参考线

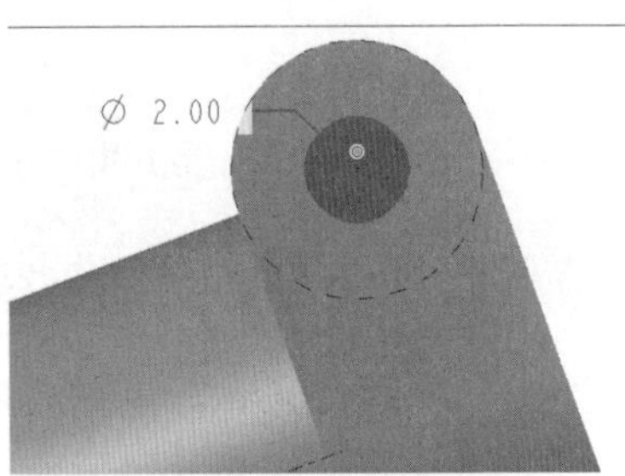

图 3-3-11　标注草绘尺寸

2. 创建支架内部孔实体特征

（1）选择上一步所绘制的草图，在零件模式中，单击“拉伸”按钮，打开“拉伸特征”操控板，指定拉伸特征深度的方法为“到参考”，输入“深度值”为 23.00 如图 3-3-12 所示。

3-3-12 “拉伸特征”操控板 1

（2）在“拉伸特征”操控板中，指定拉伸特征深度的方法为“对称”，输入“深度值”为 25.00，单击“移除材料”如图 3-3-13 所示。

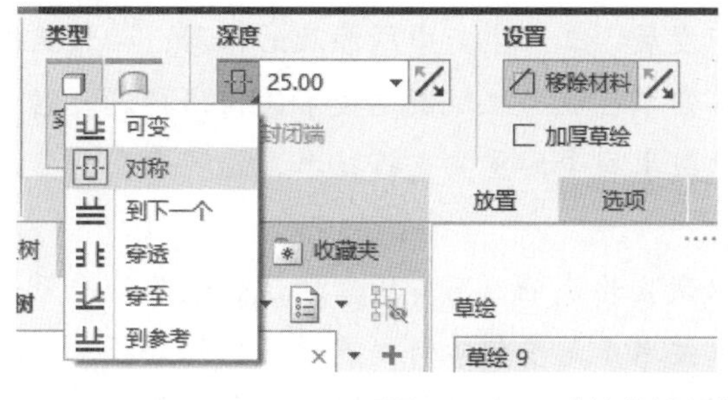

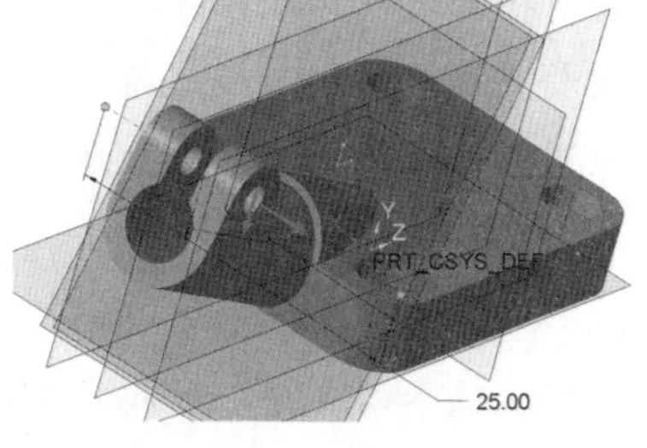

图 3-3-13 “拉伸特征”操控板 2

（3）单击✔按钮，退出拉伸模式，完成支架内部孔实体特征创建，如图 3-3-14 所示。

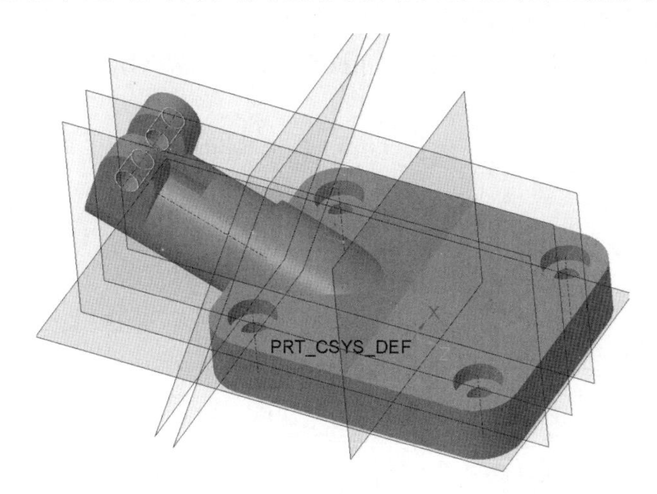

图 3-3-14　支架内部孔实体特征

项目小结

通过本项目可以完成以下命令的学习，如表 3-3-1 所示。

表 3-3-1　本项目可完成的命令学习总结

序号	项目模块			备注
1	草绘模块	草绘	线、矩形、圆、同心圆、中心轴	任务 3.1、3.2、3.3
1	草绘模块	编辑	修改、删除段	任务 3.1、3.2、3.3
1	草绘模块	约束	垂直、相切、对称、平行	任务 3.1、3.2、3.3
1	草绘模块	尺寸	尺寸、参考	任务 3.1、3.2、3.3
2	零件模块	形状	拉伸、旋转、孔	任务 3.1、3.3
2	零件模块	编辑	方向阵列	任务 3.1
2	零件模块	基准	基准平面、基准轴	任务 3.2

笔记

笔记

科技之美

随着科技的进步和社会经济的不断发展，工业生产中所涉及的仪器，必然呈现出精密化发展趋势。精密加工和超精密加工技术已成为机械制造技术的前沿标志。它代表着一个工业国家机械加工的水平，是现代技术战争的重要支撑技术，是现代高科技产业和科学技术的发展基础。

同时，现代科学技术的发展还要以试验为基础，而其所需的试验设备几乎无一不需要超精密加工技术的支撑。超精密加工技术是集多门学科发展的一门综合技术，除了涉及机械加工新技术外，还包括材料、测量、传感、光学、现代电子，计算机等诸多方面的高新技术。要想使我国在未来世界发展的舞台中占有举足轻重的地位，进一步提升超精密加工技术的发展速度已迫在眉睫。

（资料来源：《国内顶尖大咖齐聚！超精密加工技术发展现状与解析》，搜狐网，2021 年 11 月 16 日，有删改。）

模拟测试

单选题

1. 参考面与绘图面的关系是（　　）。

A. 平行　　B. 垂直

C. 相交　　D. 无关

2.（　　）可以使用螺纹孔标注。

A. 孔特征　　B. 拉伸孔

C. 旋转孔　　D. 扫描孔

3. 不论是创建旋转曲面特征还是旋转实体特征，旋转轴线必须是（　　）。

A. 中心线　　B. 直线

C. 样条曲线　　D. 以上说法都不对

4. 拉伸是沿着截面的（　　）方向移动截面。

A. 平行　　B. 垂直

C. 平行或垂直　　D. 平行和垂直

5. 对称拉伸方式，是在草绘的两侧以总拉伸深度的（　　）进行拉伸。

A. 1/2　　B. 1 倍

C. 2 倍　　D. 4 倍

6. 创建标准孔时，表示标准螺纹类型的是（　　）。

A. UNC　　B. UNC

C. ISO　　D. UFO

笔记

7. 创建倒圆角时，鼠标选择的对象是（　　）。

A. 实体　　B. 要倒角的边

C. 边上的点　　D. 曲面

8. 草绘圆孔特征中，截面圆形的旋转轴是（　　）。

A. 草绘中心线　　B. 草绘直线

C. 坐标轴　　D. 实体的一条边

9. 特征轴是（　　）。

A. 实体本身包含的特征　　B. 单独的特征

C. 可以重新定义　　D. 可以单独删除

10. 基准轴是（　　）。

A. 实体本身包含的特征　　B. 单独的特征

C. 不能重新定义　　D. 不能单独删除

实体演练

1. 根据以下图形，完成三维实体模型的创建。

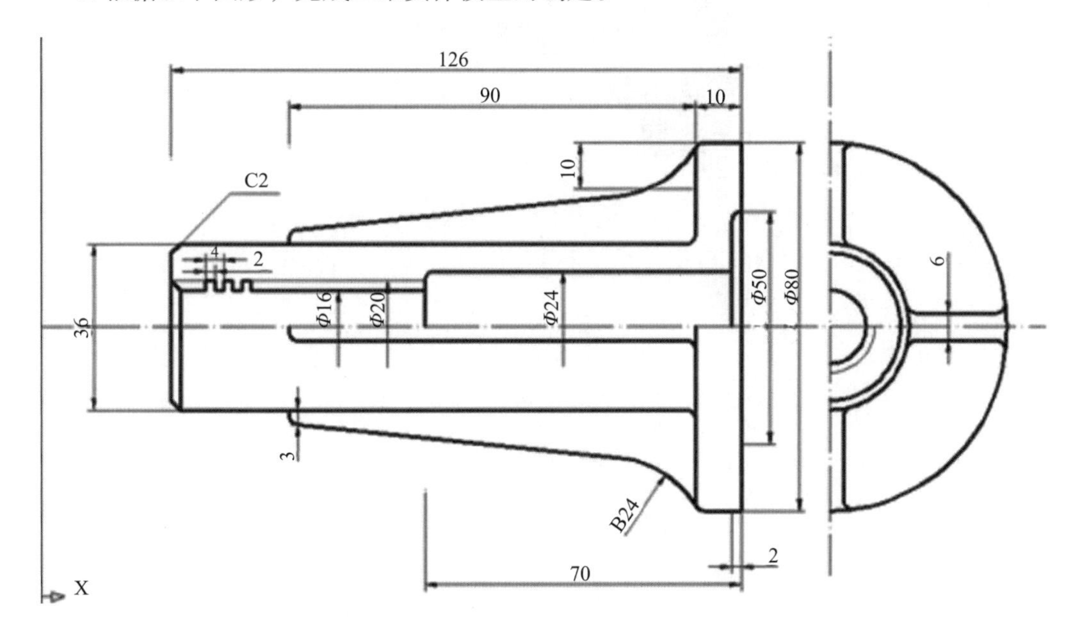

笔记

2. 根据以下图形，完成三维实体模型的创建。

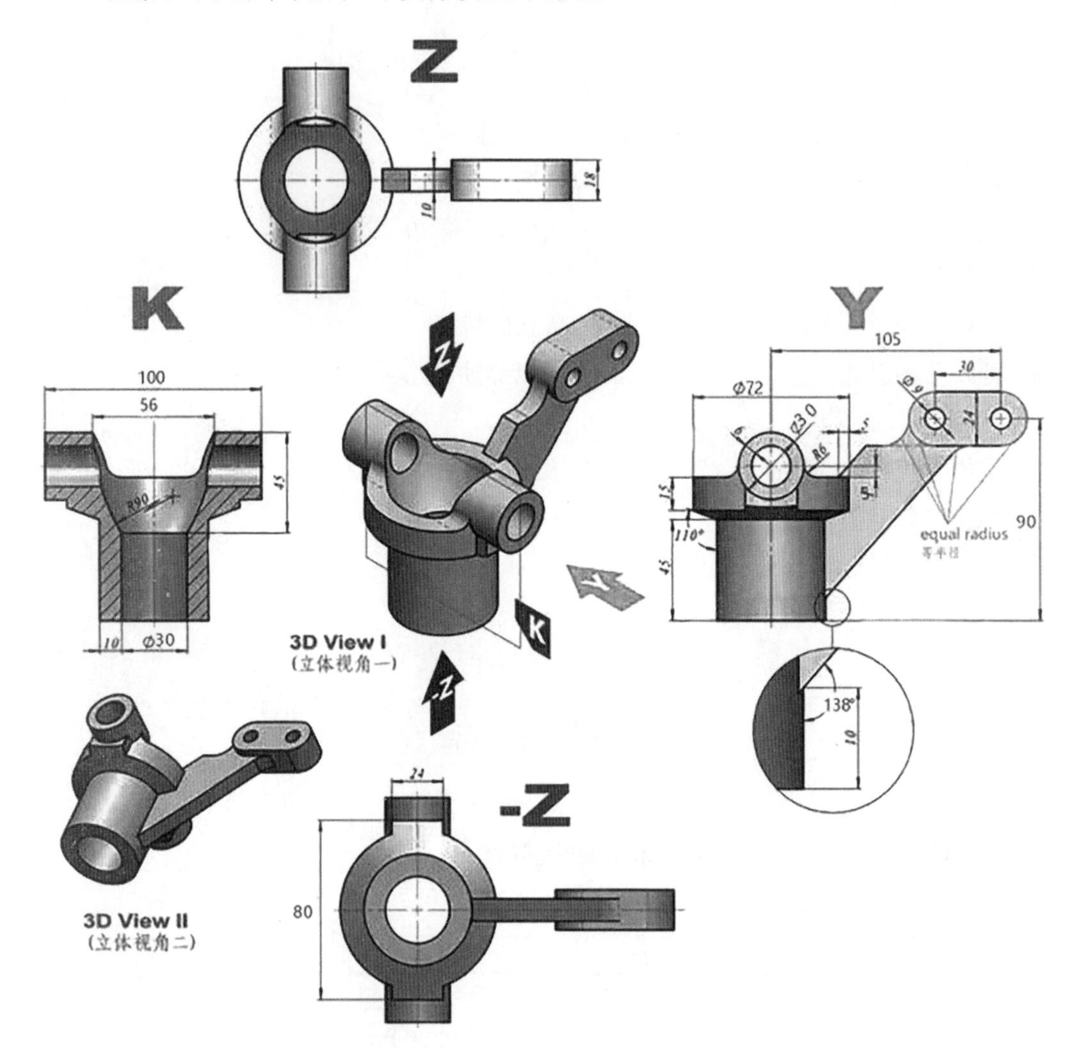

实体2视频

项目 4 进气装置的整体设计

项目概述

航空发动机最前端的进气装置在发动机中主要起到引导空气顺利进入压气机，减少气流的流动损失的作用。本项目主要目的是通过进气装置的整体设计让大家体验案例式的设计流程。

目标导航

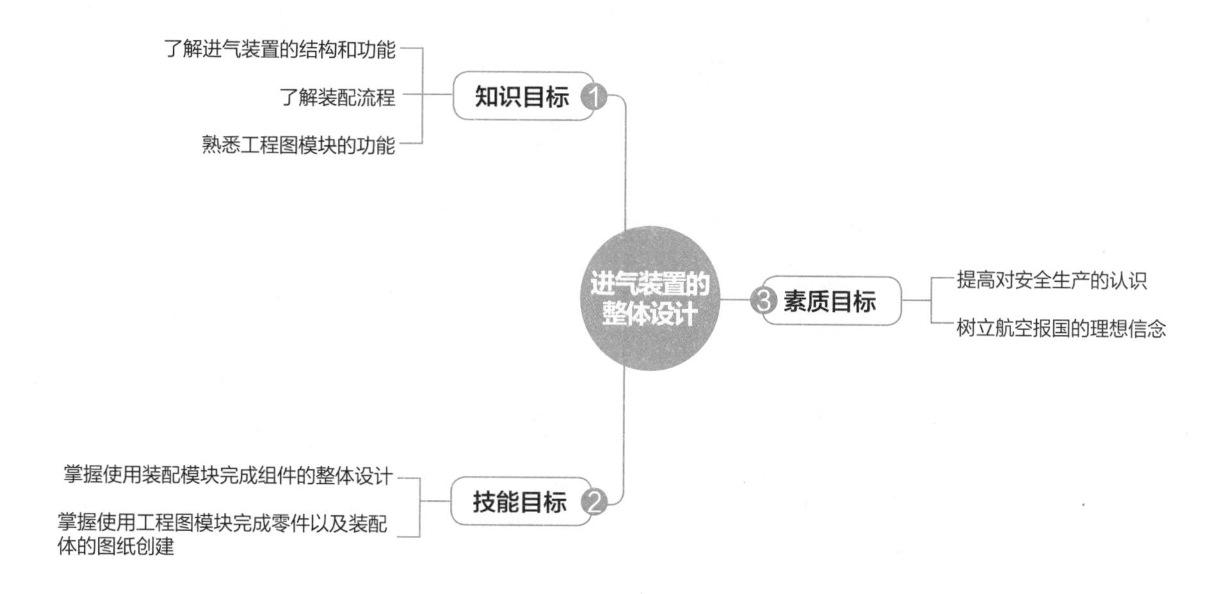

项目导图

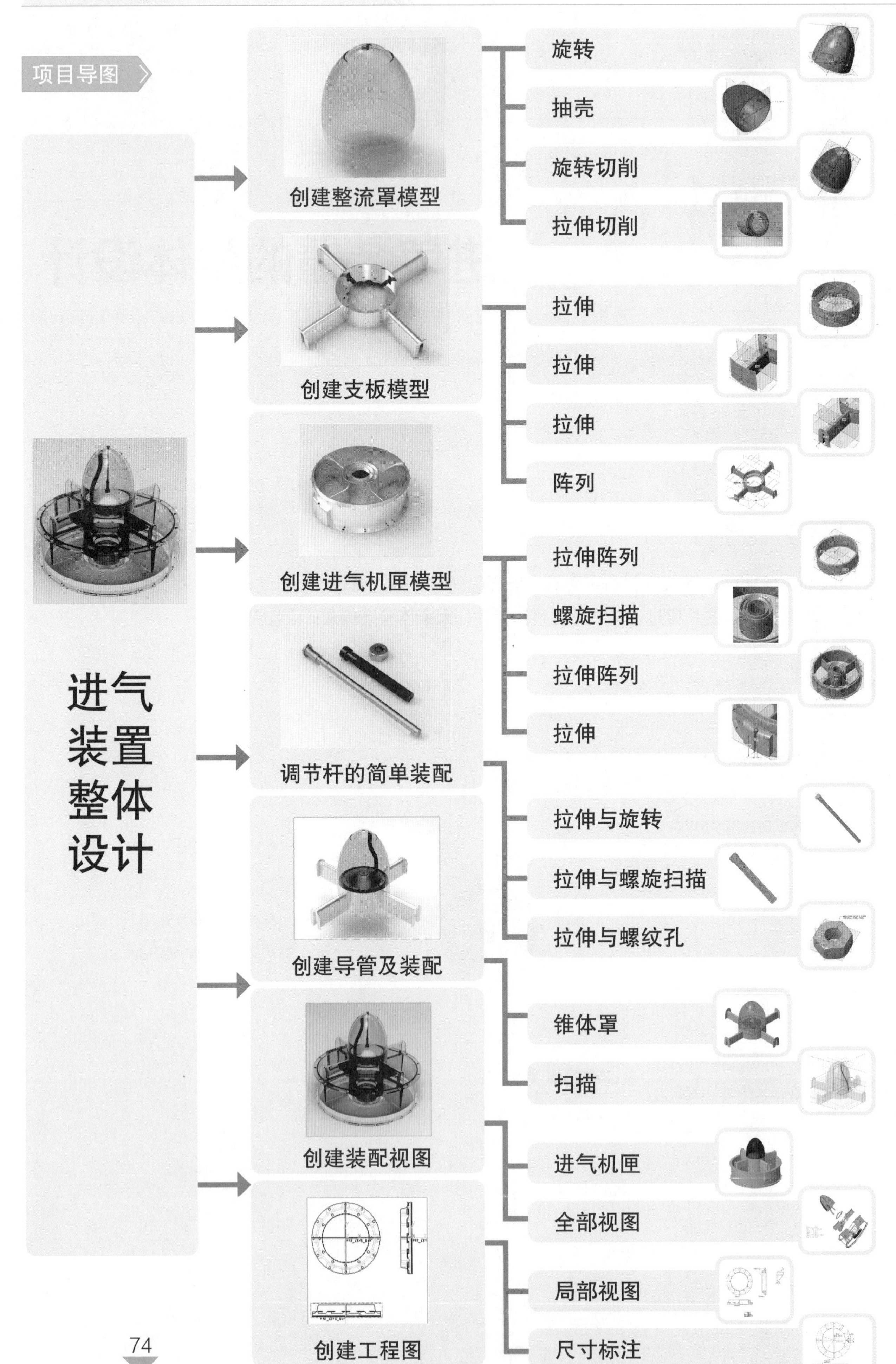
进气装置整体设计
创建整流罩模型
旋转
抽壳
旋转切削
拉伸切削
创建支板模型
拉伸
拉伸
拉伸
阵列
创建进气机匣模型
拉伸阵列
螺旋扫描
拉伸阵列
拉伸
调节杆的简单装配
拉伸与旋转
拉伸与螺旋扫描
拉伸与螺纹孔
创建导管及装配
锥体罩
扫描
创建装配视图
进气机匣
全部视图
创建工程图
局部视图
尺寸标注

任务 4.1　整流罩模型的创建

进气装置三维模型

整流罩三维模型

任务目标

（1）熟练掌握模型的二维草图的绘制方法。

（2）学会使用旋转、拉伸等特征建模，掌握其操作步骤。

（3）学会分析模型设计流程。

（4）了解部件结构特点和工作原理。

资源环境

（1）Creo 8.0。

（2）超星学习通整流罩案例。

4.1.1　创建基本实体

整流罩

1. 创建旋转特征

（1）单击“旋转”按钮，系统在“设计”界面顶部打开“旋转设计”操控板，在“放置”下拉菜单中单击“定义…”按钮，在弹出的“草绘”对话框（见图 4-1-1）中，单击“RIGHT：F1(基准平面)”作为草绘平面，使用默认的参考平面放置草绘平面。完成后，单击“草绘”按钮，进入草绘模块。

（2）单击“草绘视图”按钮，绘制如图 4-1-2 所示的草绘轮廓。单击“草绘操控板”上的“确定”按钮，回到“旋转设计”操控板，在“旋转设计”操控板上单击“确定”按钮，形成如图 4-1-3 所示的旋转实体模型。

技巧

曲面的首尾两端都需要进行约束，可添加相切辅助线进行创建。

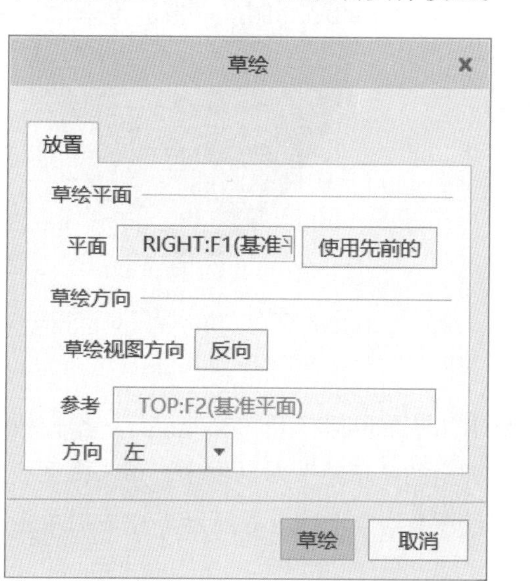

图 4-1-1　“草绘”对话框

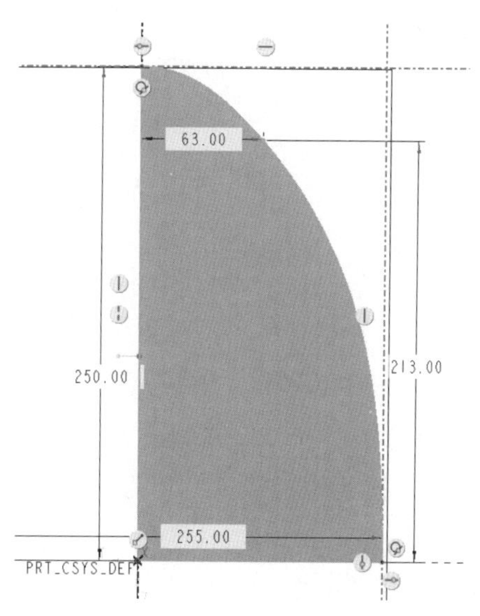

图 4-1-2　草绘轮廓

笔记

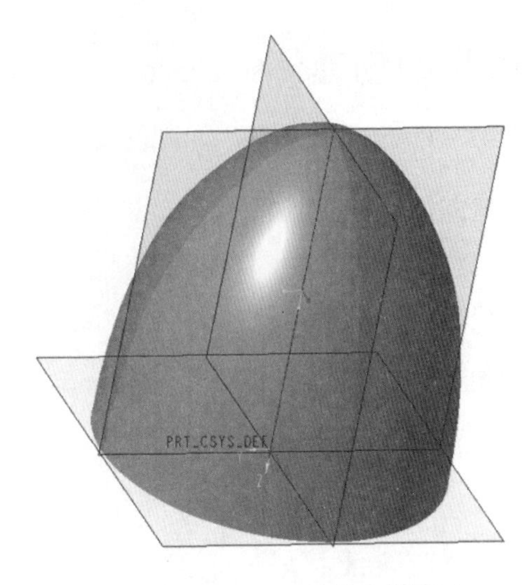

图 4-1-3 旋转实体模型

2. 创建抽壳特征

（1）单击“抽壳”按钮，系统在“设计”界面顶部打开“壳设计”操控板，在“参考”下拉菜单（见图 4-1-4）中的“移除曲面”中单击模型底表面。

（2）输入壳体的“厚度”值为 5.00，单击“确定”按钮，完成单一厚度抽壳特征的创建，如图 4-1-5 所示。

讨论

在抽壳特征中，移除曲面和非默认厚度分别代表什么含义？

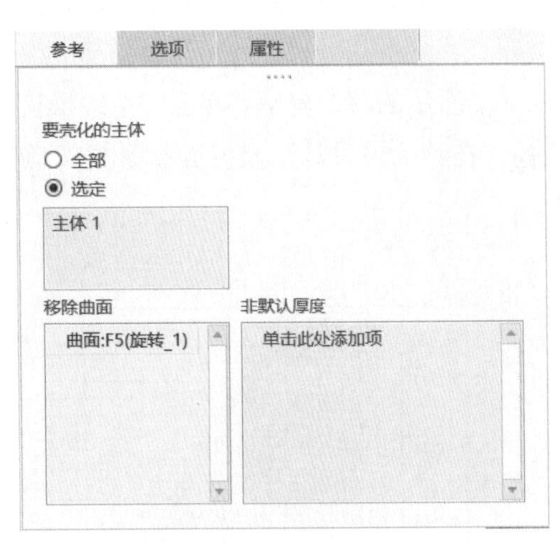

图 4-1-4 “参考”下拉菜单

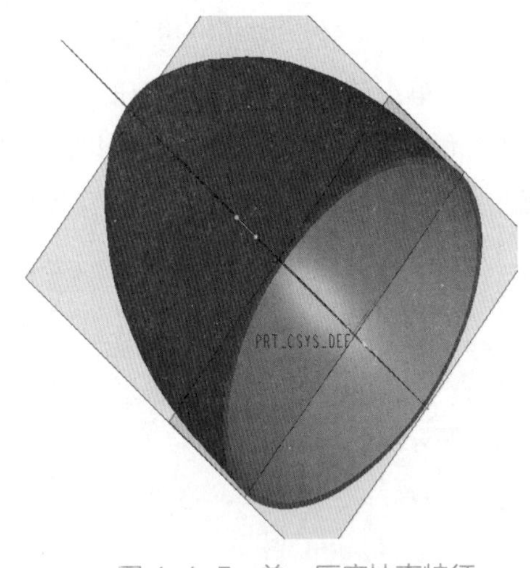

图 4-1-5 单一厚度抽壳特征

3. 创建拉伸特征

（1）单击“拉伸”按钮，系统在“设计”界面顶部打开“拉伸设计”操控板，在“放置”下拉菜单中单击“定义…”按钮，在弹出的“草绘”对话框中，单击模型底表面作为草绘平面，使用默认的参考平面放置草绘平面，如图 4-1-6 所示。完成后单击“草绘”按钮，进入草绘模块。

（2）单击“ 草绘视图”按钮，绘制如图 4-1-7 所示的截面，单击“草绘”操控板上的“ 确定”按钮，退出草绘模块。接着在“拉伸设计”操控板上设置“ 深度”尺寸为 40，完成以上操作以后，绘图区如图 4-1-8 所示。在“拉伸设计”操控板上单击“ 确定”按钮，完成拉伸实体创建。

笔记

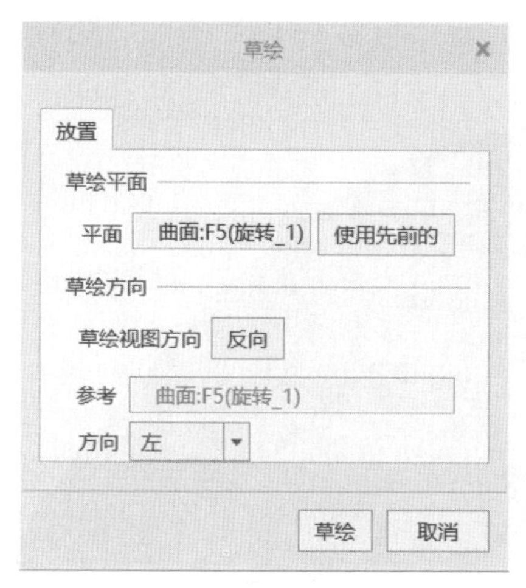

图 4-1-6　“草绘”对话框

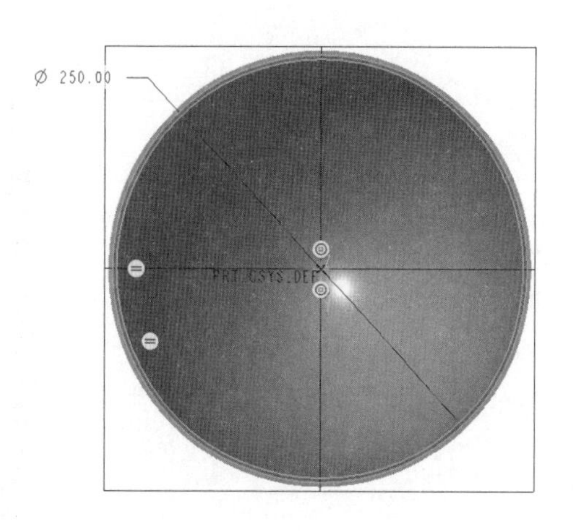

图 4-1-7　截面

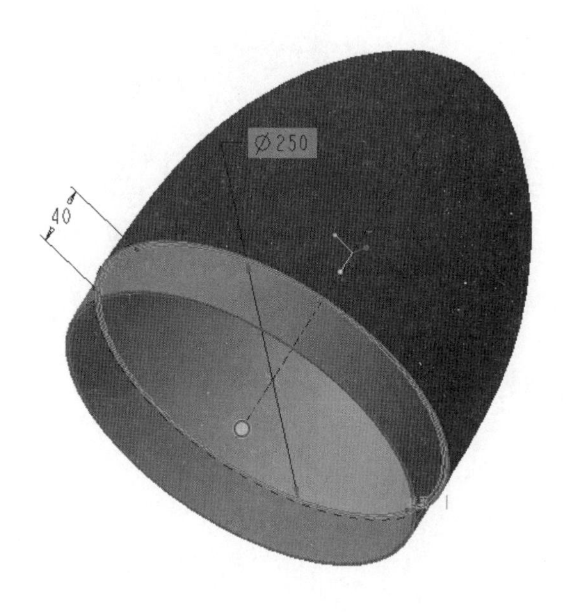

图 4-1-8　拉伸实体模型

4.1.2　创建结构特征

1. 创建旋转特征 1

（1）单击“旋转”按钮，系统在“设计”界面顶部打开“旋转设计”操控板，在“放置”下拉菜单中单击“定义…”按钮，在弹出的“草绘”对话框中，单击“RIGHT：F1(基准平面)”作为草绘平面，使用默认的参考平面放置草绘平面，如图 4-1-9 所示。完成后，单击“草绘”按钮，进入草绘模块。

（2）单击“草绘视图”按钮，绘制如图 4-1-10 所示的草绘轮廓。单击“草绘”操控板上的“确定”按钮，回到“旋转设计”操控板，在“旋转设计”操控板上单击“确定”按钮，生成如图 4-1-11 所示的旋转实体模型 1。

笔记

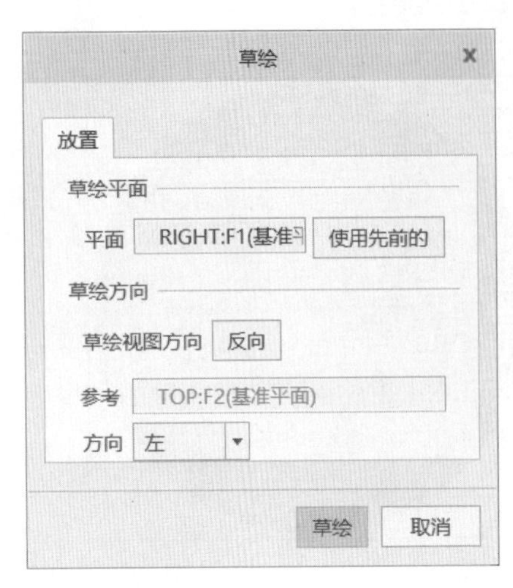

图 4-1-9 “草绘”对话框

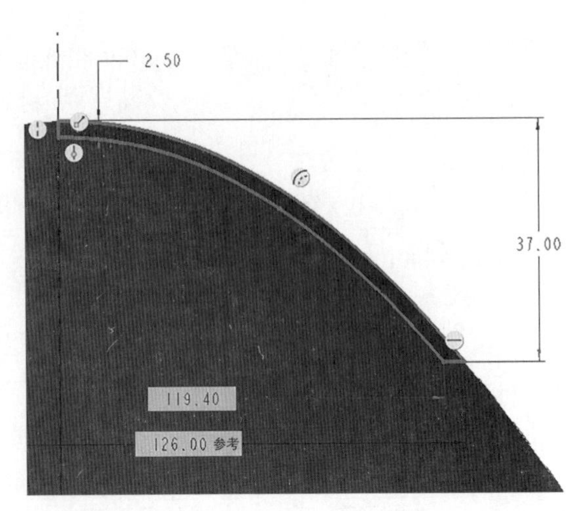

图 4-1-10 草绘轮廓

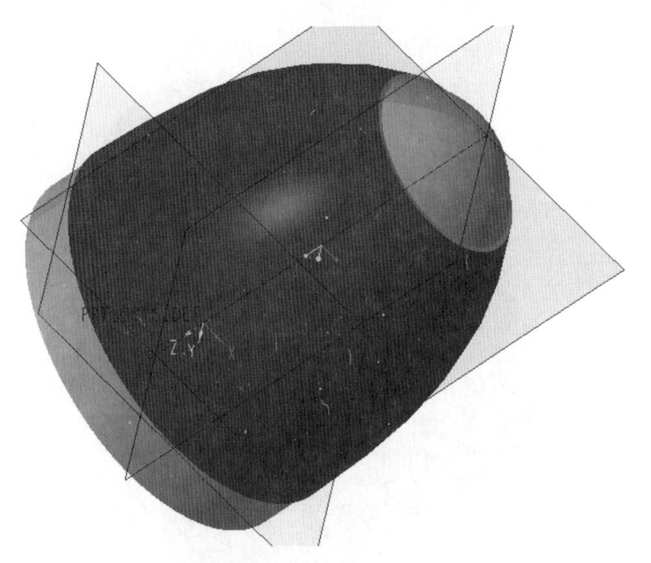

图 4-1-11 旋转实体模型

2. 创建旋转特征 2

（1）单击“旋转”按钮，系统在“设计”界面顶部打开“旋转设计”操控板，在“放置”下拉菜单中单击“定义…”按钮，在弹出的“草绘”对话框中，单击“RIGHT：F1(基准平面)”作为草绘平面，使用默认的参考平面放置草绘平面，如图 4-1-12 所示。完成后单击“草绘”按钮，进入草绘模块。

（2）单击“草绘视图”按钮，绘制如图 4-1-13 所示的草绘轮廓。单击“草绘”操控板上的“确定”按钮，回到“旋转设计”操控板，在“旋转设计”操控板上单击“确定”按钮，生成如图 4-1-14 所示的旋转实体模型。

笔记

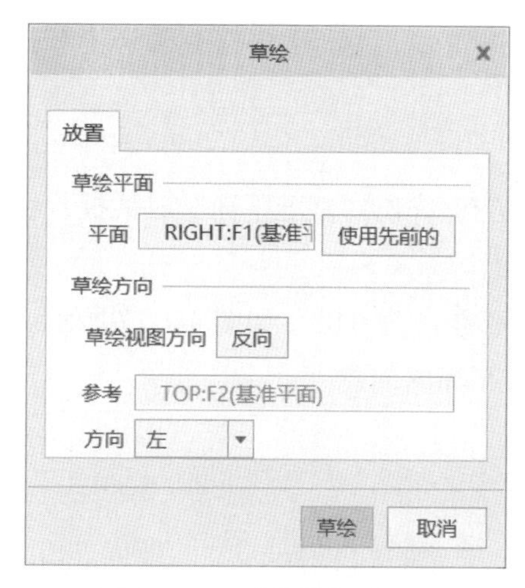

图 4-1-12 “草绘”对话框

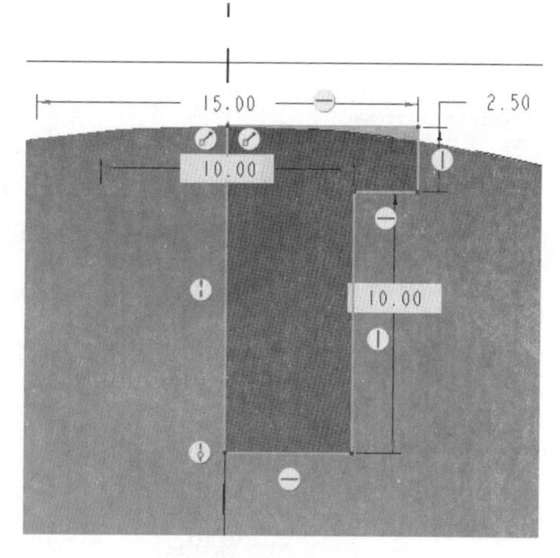

图 4-1-13　草绘轮廓

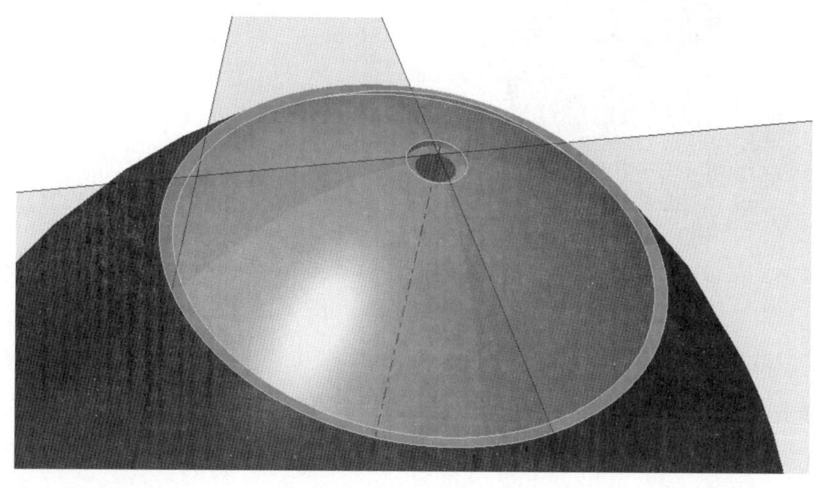

图 4-1-14　旋转实体模型

3. 创建圆角特征

（1）单击“倒圆角”按钮，打开“圆角特征”操控板。单击绘图区如图 4-1-15 所示的棱边。

（2）修改圆角半径为 1.00 mm，单击“确定”按钮。

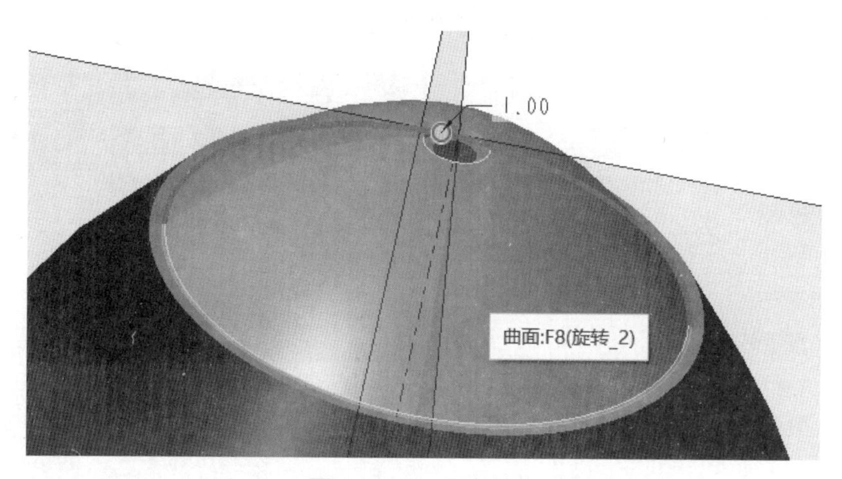

图 4-1-15　圆角特征

4.1.3 创建内部定位结构

笔记

1. 绘制基准平面

（1）单击基准工具栏中的“基准平面”按钮▱，弹出“基准平面”对话框，在模型中单击如图 4-1-16 所示的台阶平面，作为基准平面的参考。

（2）设置约束类型为“偏移”模式，输入平移距离为 0.00，如图 4-1-17 所示。单击“基准平面”对话框中的“确定”按钮，完成基准平面的创建。

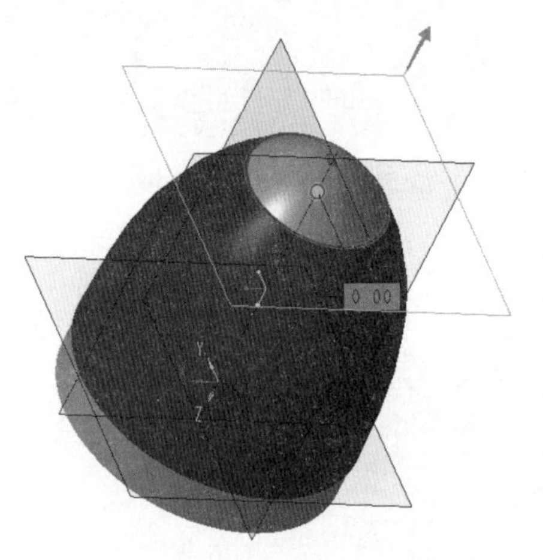

图 4-1-16 选择参考平面

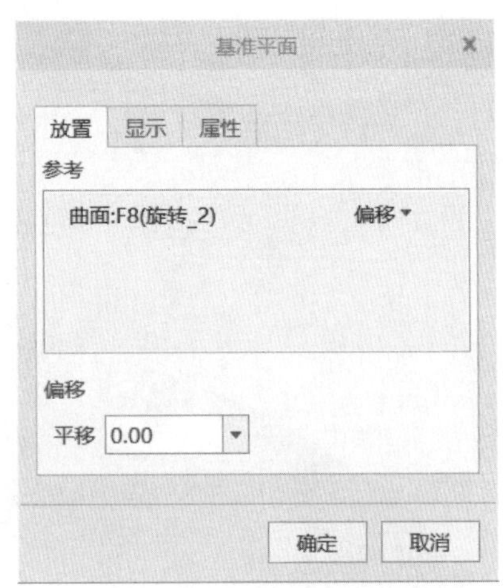

图 4-1-17 设置偏移参数

2. 创建拉伸特征 1

（1）单击“拉伸”按钮，系统在“设计”界面顶部打开“拉伸设计”操控板，在“放置”下拉菜单中单击“定义…”按钮，在弹出的“草绘”对话框中，单击上一步创建的基准平面，使用默认的参考平面放置草绘平面，如图 4-1-18 所示。完成后，单击“草绘”按钮，进入草绘模块。

（2）单击“草绘视图”按钮，绘制如图 4-1-19 所示的截面，单击“草绘”操控板上的“确定”按钮，退出草绘模块。接着在“拉伸设计”操控板上设置拉伸类型为“到参考”，单击内表面，完成以上操作以后，绘图区如图 4-1-20 所示。在“拉伸设计”操控板上单击“确定”按钮，完成拉伸实体的创建。

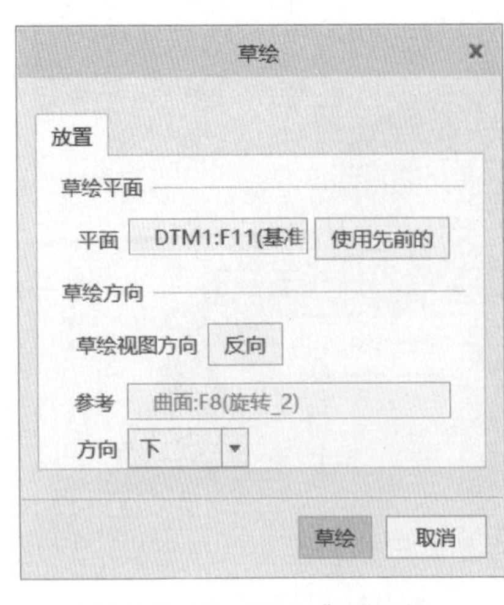

图 4-1-18 “草绘”对话框

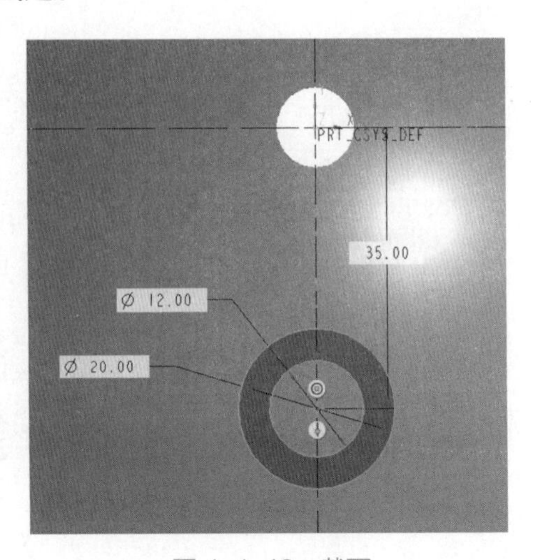

图 4-1-19 截面

提示

利用“到参考”命令可以在选取基准面，也可以选取模型表面（包括曲面）。

笔记

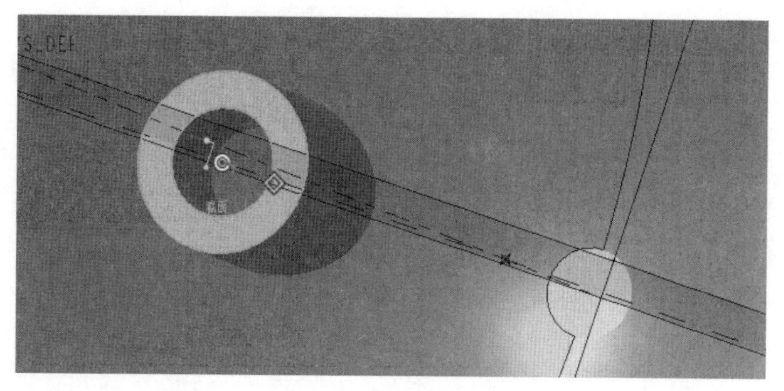

图 4-1-20　拉伸实体

3. 创建拉伸特征 2

（1）单击“拉伸”按钮，系统在“设计”界面顶部打开“拉伸设计”操控板，在“放置”下拉菜单中单击“定义…”按钮，在弹出的“草绘”对话框中，单击上一步模型底表面作为草绘平面，使用默认的参考平面放置草绘平面，如图 4-1-21 所示。完成后，单击“草绘”按钮，进入草绘模块。

（2）单击“ 草绘视图”按钮，绘制如图 4-1-22 所示的截面，单击“草绘”操控板上的“ 确定”按钮，退出草绘模块。接着在“拉伸设计”操控板上设置“ 深度”尺寸为 2.00，完成以上操作以后，绘图区如图 4-1-23 所示。在“拉伸设计”操控板上单击“ 确定”按钮，完成拉伸实体的创建。

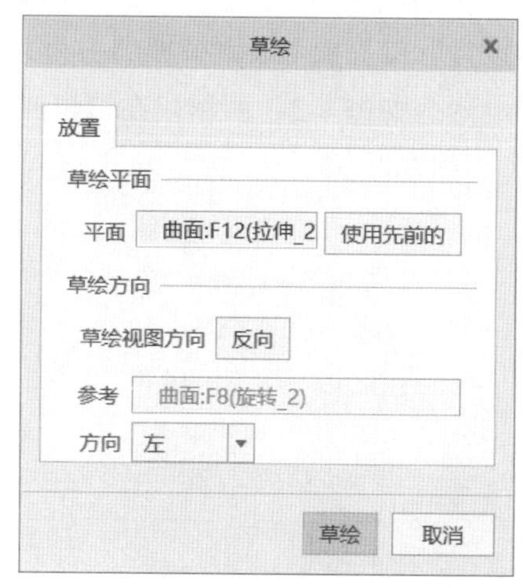

图 4-1-21 “草绘”话框

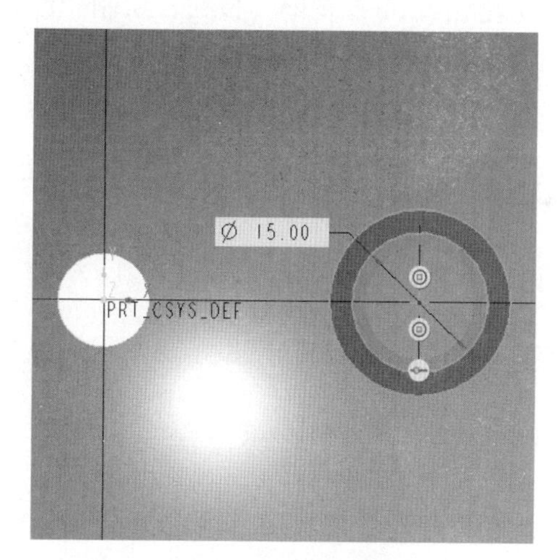

图 4-1-22　截面

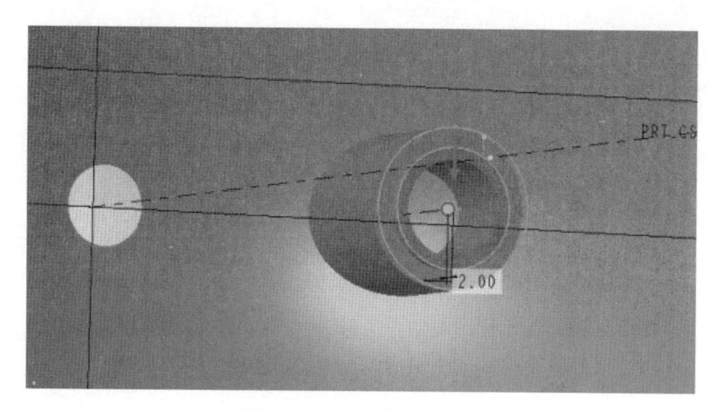

图 4-1-23　拉伸实体

任务 4.2 支板模型的创建

任务目标

（1）熟练使用拉伸与拉伸切削的建模方法。

（2）熟练掌握孔、阵列等命令的操作步骤。

（3）练习通过不同的途径建立目标三维模型。

资源环境

（1）Creo 8.0。

（2）超星学习通支板案例。

4.2.1 创建基本体特征

1. 创建拉伸特征

（1）单击“拉伸”按钮，系统在“设计”界面顶部打开“拉伸设计”操控板，在“放置”下拉菜单中单击“定义…”按钮，在弹出的“草绘”对话框中，单击模型底表面作为草绘平面，使用默认的参考平面放置草绘平面，如图 4-2-1 所示。完成后，单击“草绘”按钮，进入草绘模块。

（2）单击“ 草绘视图”按钮，绘制如图 4-2-2 所示的截面，单击“草绘”操控板上的“ 确定”按钮，退出草绘模块。接着在“拉伸设计”操控板上设置拉伸类型为“ 两侧对称拉伸”尺寸为 100.00，完成以上操作以后，绘图区如图 4-2-3 所示。在“拉伸设计”操控板上单击“ 确定”按钮，完成拉伸实体创建。

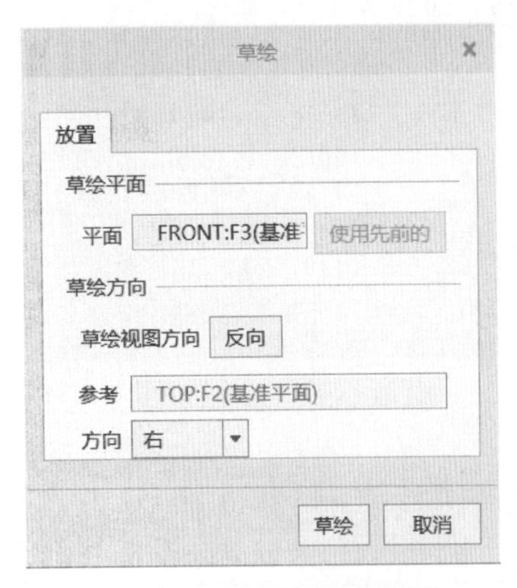

图 4-2-1 “草绘”对话框

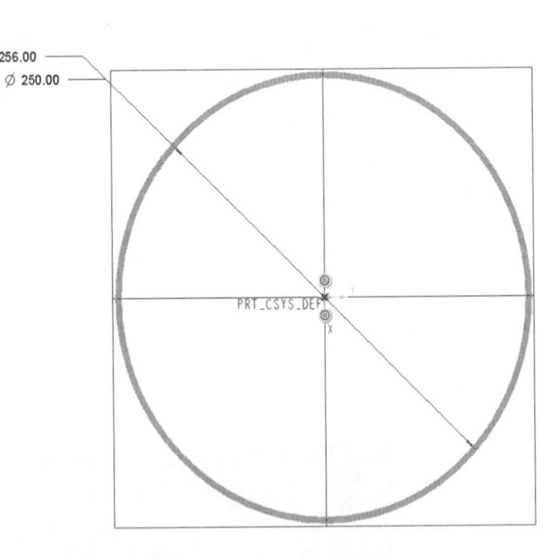

图 4-2-2 截面

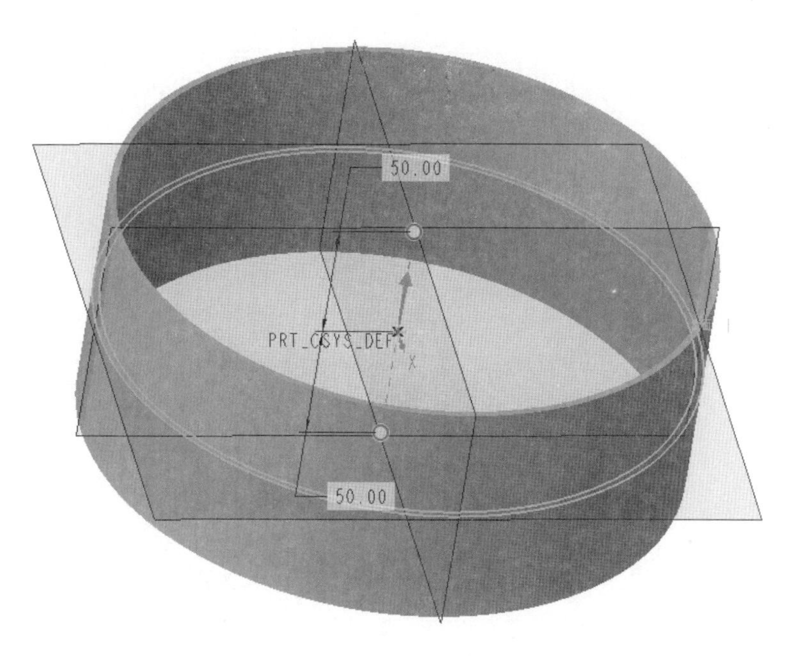

图 4-2-3　拉伸实体

笔记

2. 创建隔板实体

（1）单击“TOP：F2(基准平面)”，单击“拉伸”按钮，出现“拉伸”界面，进入草绘模块，单击“草绘视图”按钮。绘制如图 4-2-4 所示的单一结构草绘，通过镜像完成如图 4-2-5 所示的完整草绘，单击“确定”按钮，退出草绘模块。

讨论

在此环节的设计中，中间隔板还可以有什么创建方式？

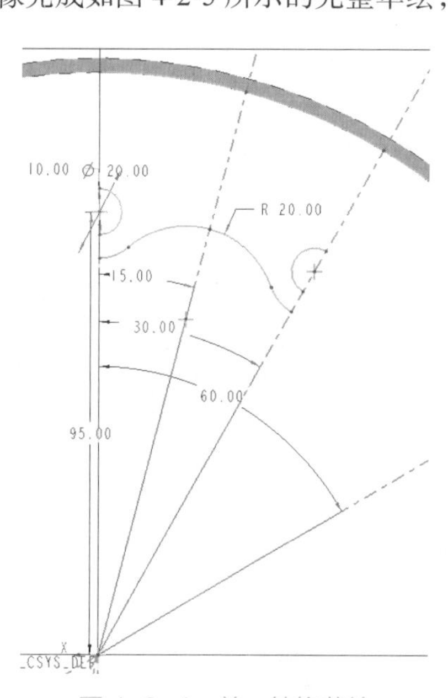

图 4-2-4　单一结构草绘

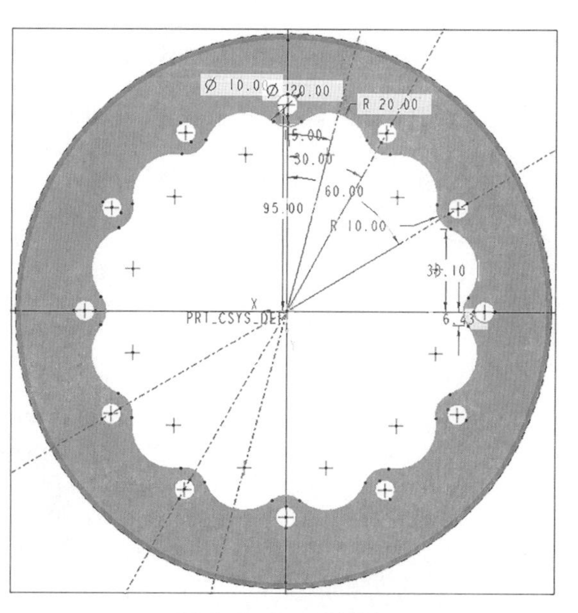

图 4-2-5　完整草绘

（2）接着在“拉伸设计”操控板上设置拉伸类型为“两侧对称拉伸”尺寸为 3.00，完成以上操作以后，绘图区如图 4-2-6 所示。在“拉伸设计”操控板上单击“确定”按钮，完成隔板实体的创建。

笔记

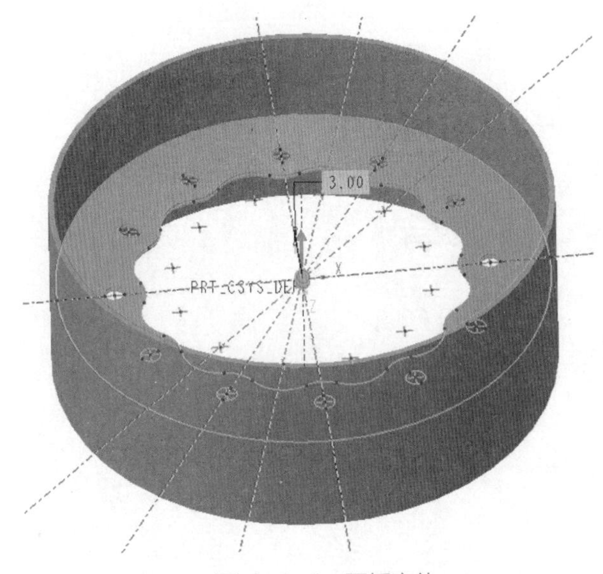

图 4-2-6 隔板实体

4.2.2 创建导向架实体

1. 创建外圈特征

（1）单击模型底表面，单击“拉伸”按钮，出现“拉伸”界面，进入草绘模块，单击“草绘视图”按钮。绘制如图 4-2-7 所示的草绘，单击“确定”按钮，退出草绘模块。

（2）在“拉伸设计”操控板上设置拉伸类型为“深度”，尺寸为 130.00，完成以上操作以后，绘图区如图 4-2-8 所示。在“拉伸设计”操控板上单击“确定”按钮，完成外壁实体的创建。

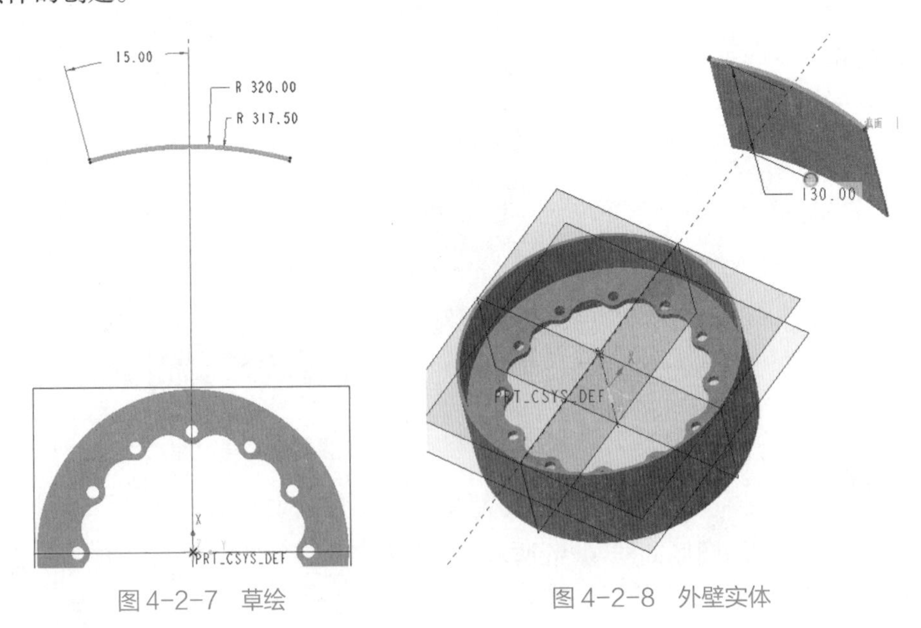

图 4-2-7 草绘

图 4-2-8 外壁实体

2. 创建连接特征

（1）单击基准工具栏中的“基准平面”按钮，弹出“基准平面”对话框，在模型中单击“ RIGHT : F1(基准平面)”，然后输入平移距离 200.00，如图 4-2-9 所示。单击

“基准平面”对话框中的“确定”按钮，完成 DTM1 基准平面的创建。

（2）单击 DTM1 平面，单击“ 拉伸”按钮，出现“拉伸”界面，进入草绘模块，单击“ 草绘视图”按钮。绘制如图 4-2-10 所示的草绘，单击“确定”按钮，退出草绘模块。

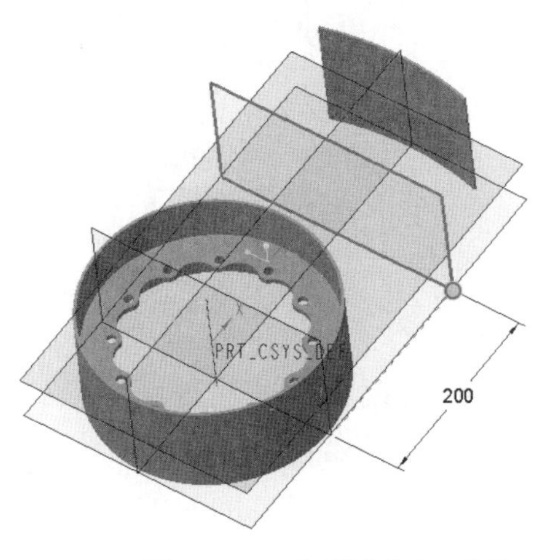

图 4-2-9　设置基准平面参数

图 4-2-10　草绘

（3）在“拉伸设计”操控板上设置拉伸类型为“双侧拉伸到指定平面”，如图 4-2-11 所示，完成以上操作以后，绘图区如图 4-2-12 所示。在“拉伸设计”操控板上单击“确定”按钮，完成连接架实体的创建。

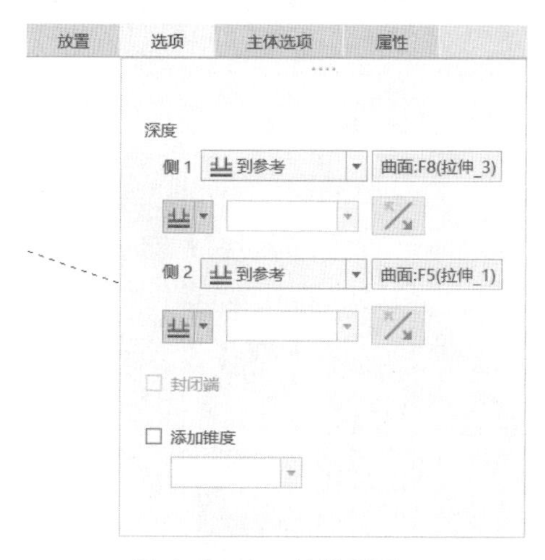

图 4-2-11　拉伸设置

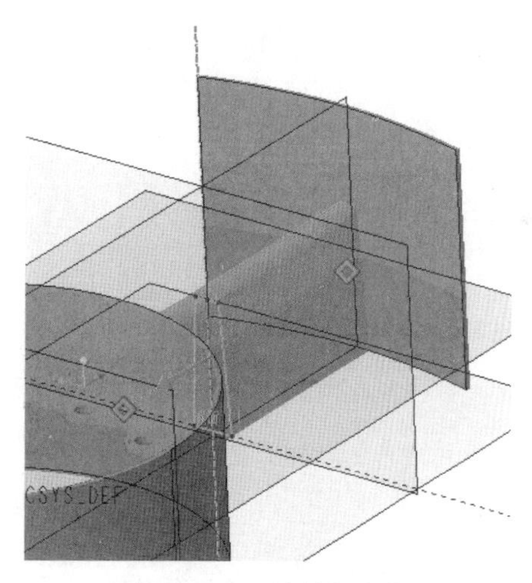

图 4-2-12　连接架实体

4.2.3　创建切削实体

1. 创建切削特征

（1）单击 DTM1 平面，单击“拉伸”按钮，出现“拉伸”界面，进入草绘模块，单击“草绘视图”按钮。绘制如图 4-2-13 所示的草绘，单击“确定”按钮，退出草绘模块。在“拉伸设计”操控板上设置拉伸类型为“深度”，尺寸为 135.00，完成以上操作以后，绘图区如图 4-2-14 所示。在“拉伸设计”操控板上单击“确定”按钮，完成切削特征 1 创建。

笔记

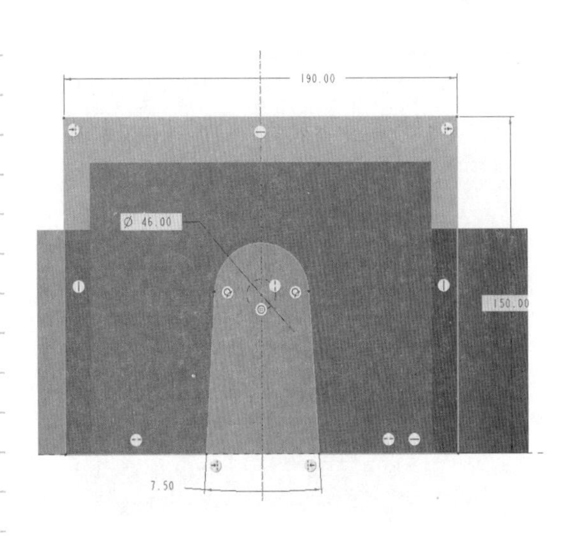

图 4-2-13　草绘

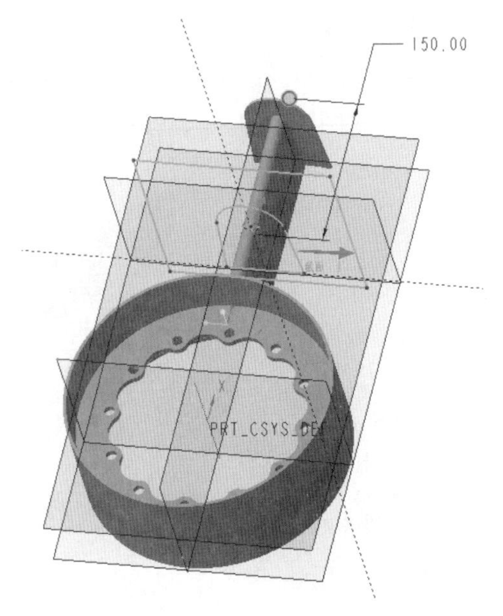

图 4-2-14　切削特征 1

（2）再次单击 DTM1 平面，单击“拉伸”按钮，出现“拉伸”界面。进入草绘模块，单击“草绘视图”按钮。绘制如图 4-2-15 所示的草绘，单击“确定”按钮，退出草绘模块。在“拉伸设计”操控板上设置拉伸类型为“两侧对称拉伸”，尺寸为 300.00，单击“移除材料”按钮，完成以上操作以后，绘图区如图 4-2-16 所示。在“拉伸设计”操控板上单击“确定”按钮，完成切削特征 2 创建。

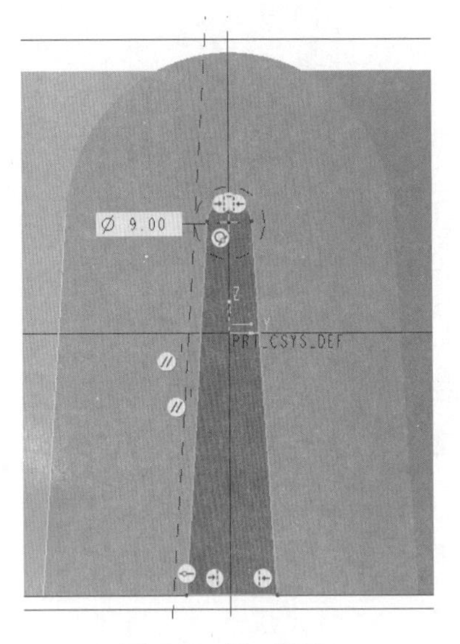

图 4-2-15　草绘

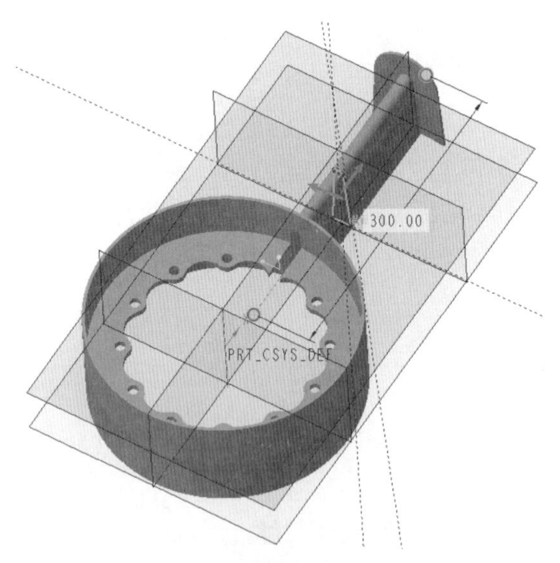

图 4-2-16　切削特征 2

讨论

在此环节中，支板和支板内部的切削能够一次创建完成吗？

2. 创建阵列特征

（1）按“ Ctrl+ 鼠标左键”组合键，选择以上五个特征，右击，在弹出的对话框（见图 4-2-17）中单击“分组”，使其成组打包。

（2）选取“组”，单击“编辑特征”工具栏中的“ 阵列”按钮，在阵列类型下拉列表中单击“ 轴”类型，打开“轴阵列”操控板。

（3）在操控板的“轴”收集器中单击“中心轴 A_1”，并在“设置”收集器中的“第一方向成员”输入数值 4，然后单击“ 角度范围”按钮，均分圆周。单击“ 确定”按钮，完成如图 4-2-18 所示的轴阵列实体效果。

笔记

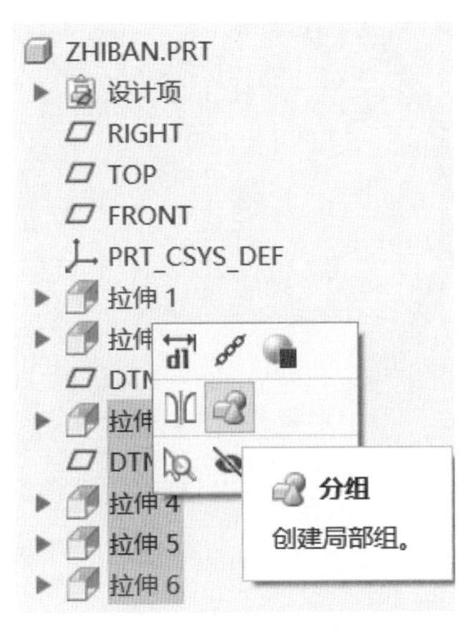

图 4-2-17　选择“分组”

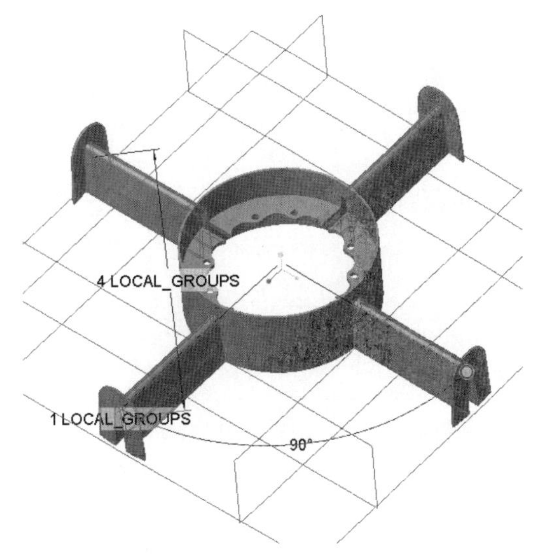

图 4-2-18　轴阵列实体效果

任务 4.3　进气机匣模型的创建

任务目标

（1）熟练使用拉伸、旋转的建模方法。

（2）熟练掌握孔、阵列等命令，掌握其操作步骤。

（3）掌握使用螺旋扫描的基本操作。

资源环境

（1）Creo 8.0。

（2）超星学习通进气机匣案例。

4.3.1　创建基本体

1. 创建拉伸特征

（1）单击“拉伸”按钮，系统在“设计”界面顶部打开“拉伸设计”操控板，在“放置”下拉菜单中单击“定义…”按钮，在弹出的“草绘”对话框中，单击“TOP：F2(基准平面)”作为草绘平面，使用默认的参考平面放置草绘平面，如图 4-3-1 所示。完成后，单击“草绘”按钮，进入草绘模块。

（2）单击“草绘视图”按钮，绘制如图 4-3-2 所示的截面，单击“草绘”操控板上的“确定”按钮，退出草绘模块。接着在“拉伸设计”操控板上设置“深度”尺寸为 10.00，完成以上操作以后，绘图区如图 4-3-3 所示。在“拉伸设计”操控板上单击“确定”按钮，完成拉伸实体创建。

笔记

图 4-3-1 “草绘”对话框

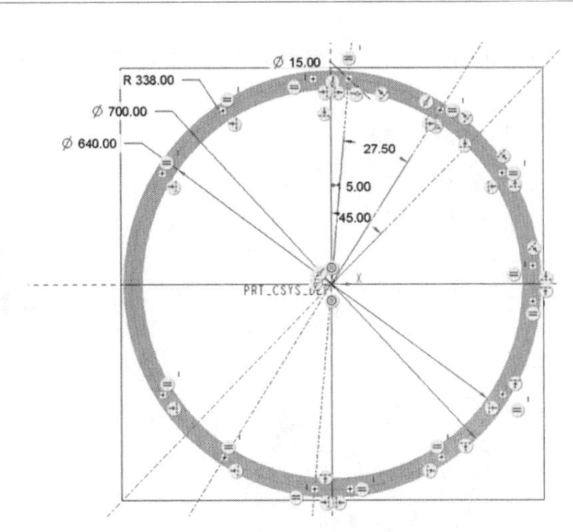

图 4-3-2 截面

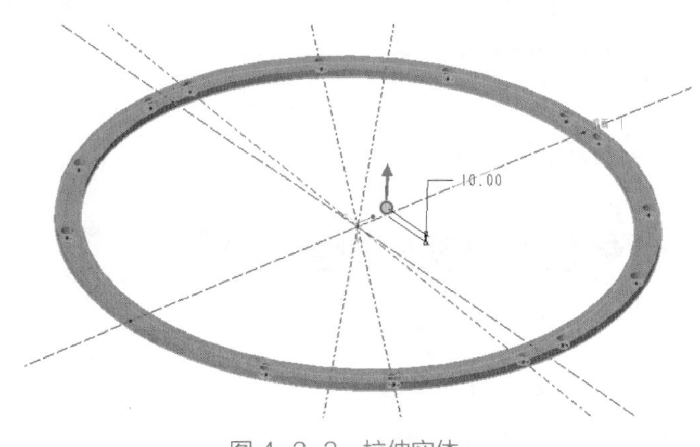

图 4-3-3 拉伸实体

2. 创建拉伸壁筒特征

（1）单击模型上表面，单击“拉伸”按钮，出现“拉伸”界面，进入草绘模块，单击“草绘视图”按钮。绘制如图 4-3-4 所示的草绘，单击“确定”按钮，退出草绘模块。

（2）在“拉伸设计”操控板上设置拉伸类型为“深度”，尺寸为 218.50，完成以上操作以后，绘图区如图 4-3-5 所示。在“拉伸设计”操控板上单击“确定”按钮，完成外壁实体创建。

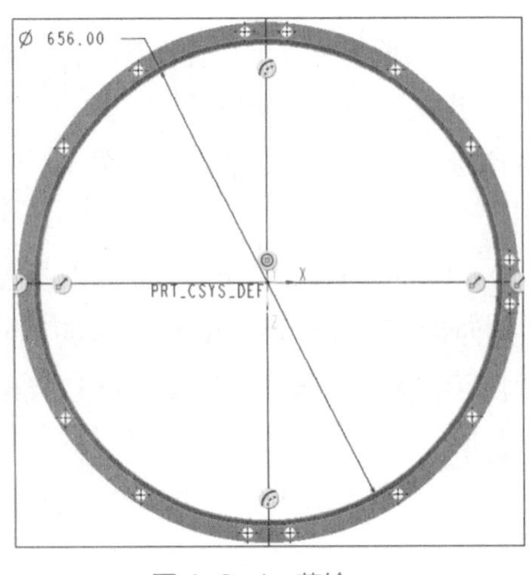

图 4-3-4 草绘

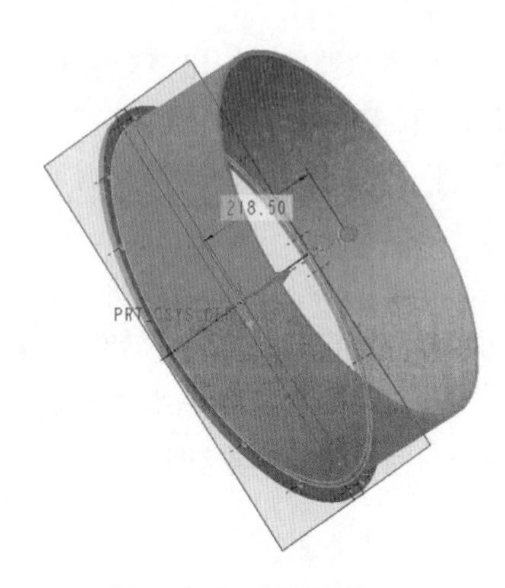

图 4-3-5 外壁实体

3. 创建隔板实体

（1）单击基准工具栏中的“基准平面”按钮▱，弹出“基准平面”对话框，在模型中单击底板的上表面，然后输入平移距离 190.00，如图 4-3-6 所示。单击“基准平面”对话框中的“确定”按钮，完成 DTM1 基准平面的创建。

（2）单击 DTM1 平面，单击“拉伸”按钮，出现“拉伸”界面，进入草绘模块，单击“草绘视图”按钮。绘制如图 4-3-7 所示的草绘，单击“确定”按钮，退出草绘模块。

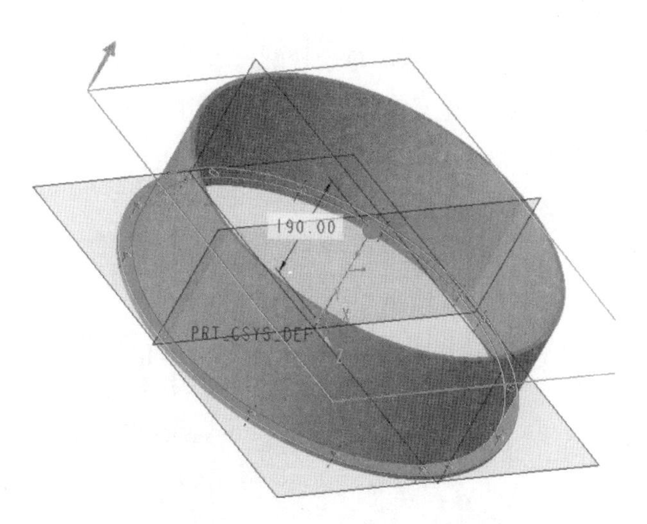

图 4-3-6　设置基准平面参数

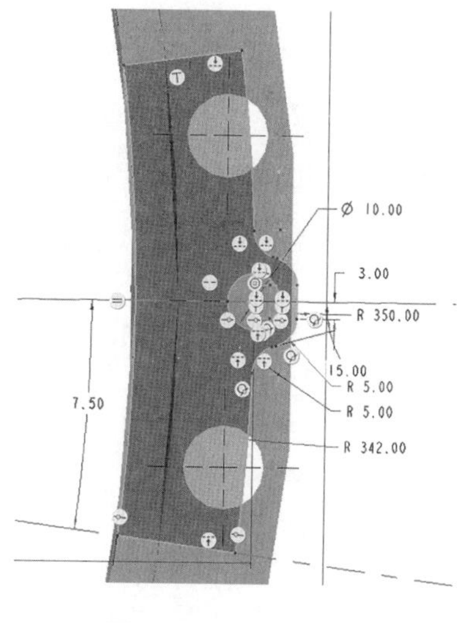

图 4-3-7　草绘

（3）在“拉伸设计”操控板上设置拉伸类型为“深度”，尺寸为 10.00，完成以上操作以后，绘图区如图 4-3-8 所示。在“拉伸设计”操控板上单击“确定”按钮，完成隔板拉伸实体创建。

（4）选取上一步的拉伸实体，单击“编辑特征”工具栏中的“ 阵列”按钮，在阵列类型下拉列表中单击“ 轴”类型，打开“轴阵列”操控板。在操控板的“轴”收集器中单击“中心轴 A_1”，并在“设置”收集器中的“第一方向成员”中输入数值 24，然后单击“ 角度范围”按钮，均分圆周。单击“ 确定”按钮，完成如图 4-3-9 所示的轴阵列实体效果。

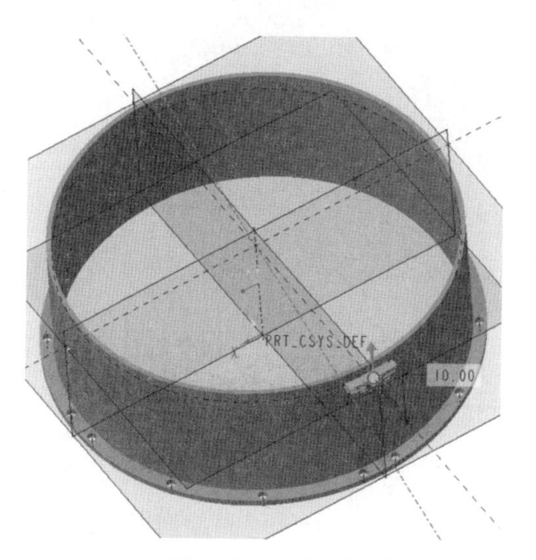

图 4-3-8　隔板拉伸实体

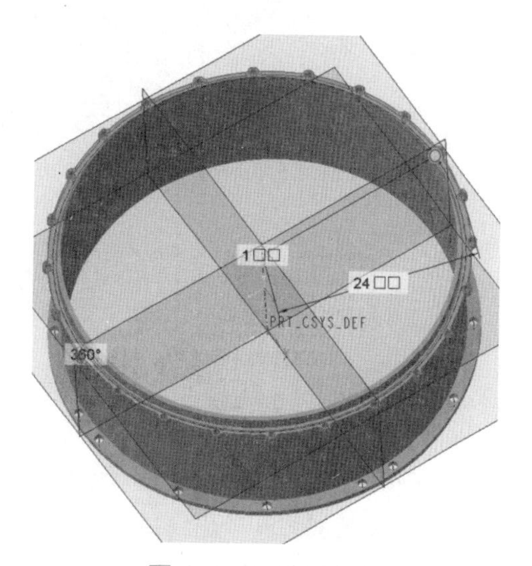

图 4-3-9　阵列实体效果

笔记

讨论

在此环节中，先创建一个隔板单元再进行阵列与先完成草绘镜像一圈有什么区别？

4.3.2 创建内部旋转特征

笔记

1. 创建旋转特征

（1）单击“旋转”按钮，系统在“设计”界面顶部打开“旋转设计”操控板，在“放置”下拉菜单中单击“定义…”按钮，在弹出的“草绘”对话框中，单击“RIGHT：F1(基准平面)”作为草绘平面，使用默认的参考平面放置草绘平面，如图 4-3-10 所示。完成后，单击“草绘”按钮，进入草绘模块。

（2）单击“草绘视图”按钮，绘制如图 4-3-11 所示的草绘轮廓。单击“草绘”操控板上的“确定”按钮，回到“旋转设计”操控板，在“旋转设计”操控板上单击“确定”按钮，形成如图 4-3-12 所示的旋转实体模型。

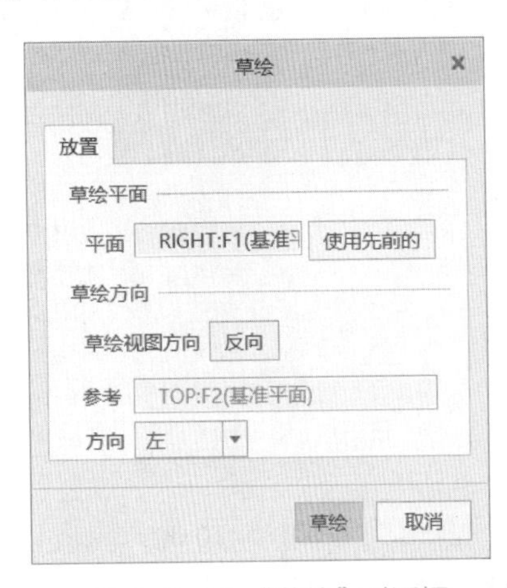

图 4-3-10 “草绘”对话框

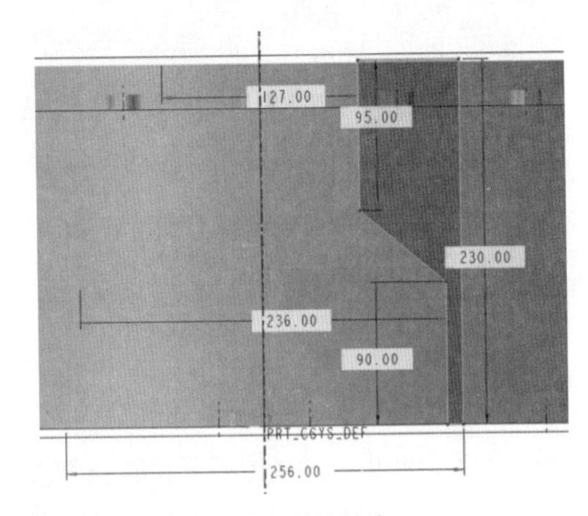

图 4-3-11 草绘轮廓

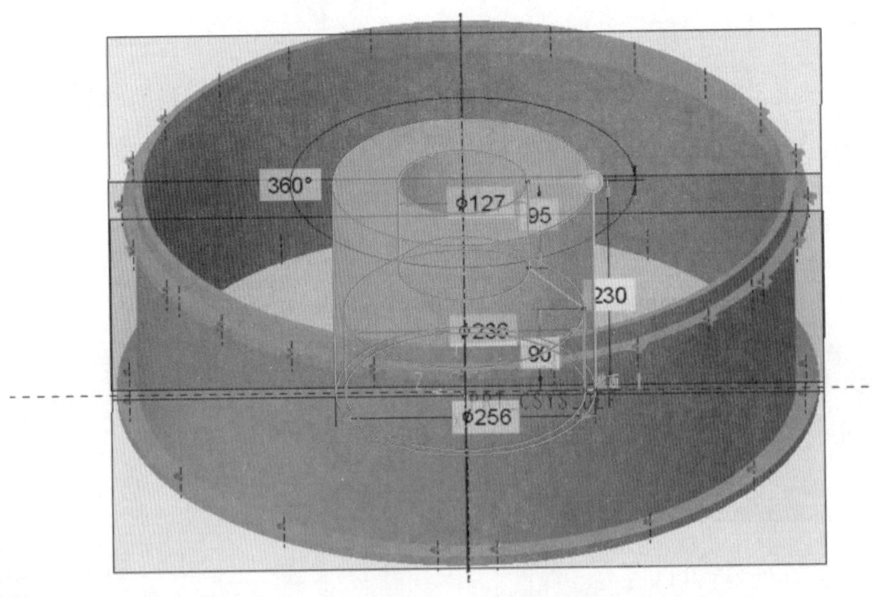

图 4-3-12 旋转实体模型

讨论

在此环节中，旋转实体和旋转切削步骤可否合并？有何区别？

2. 创建旋转切削特征

（1）单击“RIGHT：F1(基准平面)”作为草绘平面，单击“旋转”按钮，系统在“设计”界面顶部打开“旋转设计”操控板。进入草绘模块，单击“草绘视图”按钮，绘制如图 4-3-13 所示的草绘轮廓。

（2）单击“草绘”操控板上的“确定”按钮，回到“旋转设计”操控板，单击“移除材料”按钮，在“旋转设计”操控板上单击“确定”按钮，形成如图 4-3-14 所示的旋转实体模型。

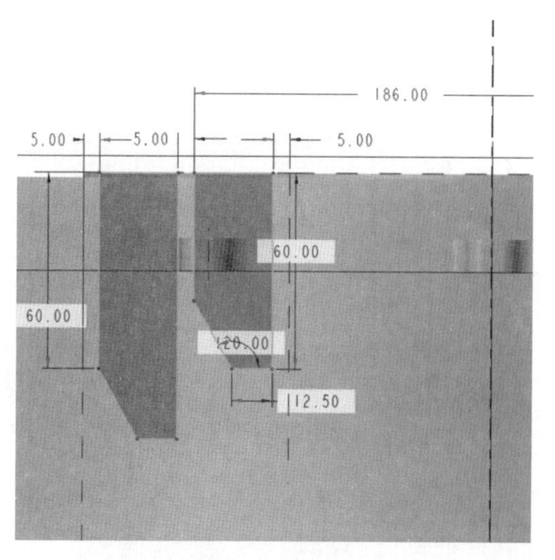

图 4-3-13　草绘轮廓

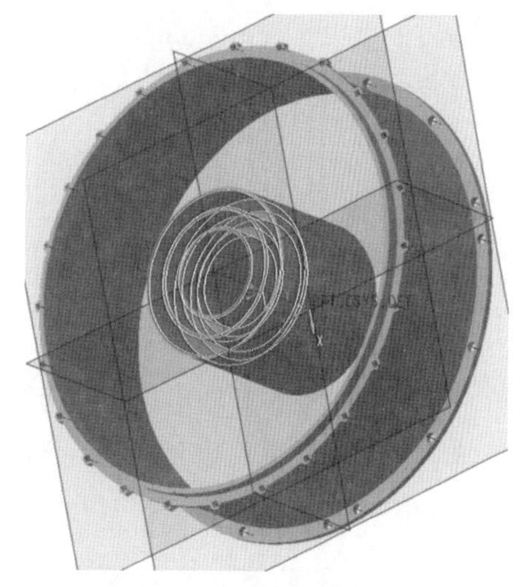

图 4-3-14　旋转实体模型

4.3.3　创建螺旋扫描

1. 创建扫描特征

（1）单击顶部工具栏中的“扫描”，在下拉菜单中选取“螺旋扫描”选项。在“螺旋轮廓”的菜单中单击“编辑”按钮，出现如图 4-3-15 所示的对话框单击“定义 ...”按钮，打开“草绘”对话框。单击“ RIGHT：F1(基准平面)”，使用默认选项，如图 4-3-16 所示，单击“草绘”按钮。

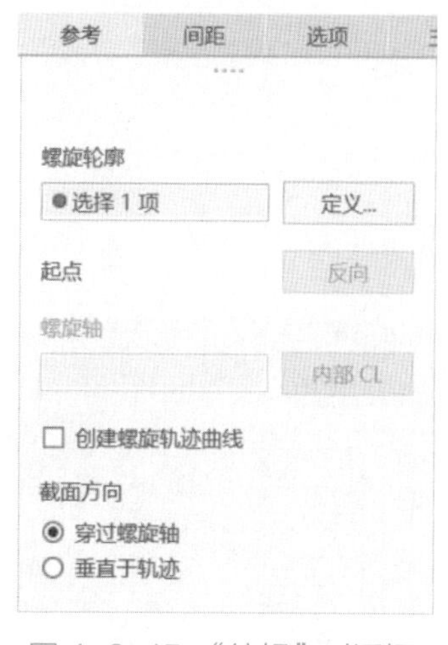

图 4-3-15　“编辑”对话框

图 4-3-16　“草绘”对话框

（2）绘制如图 4-3-17 所示的轮廓截面，选择“中心线”按钮，绘制旋转中心线。单击“线”按钮，绘制长度为 30.00 的直线，单击“确定”完成轨迹线绘制。在间距对话框中，输入节距值为 2.50，如图 4-3-18 所示。

笔记

螺旋扫描弹簧

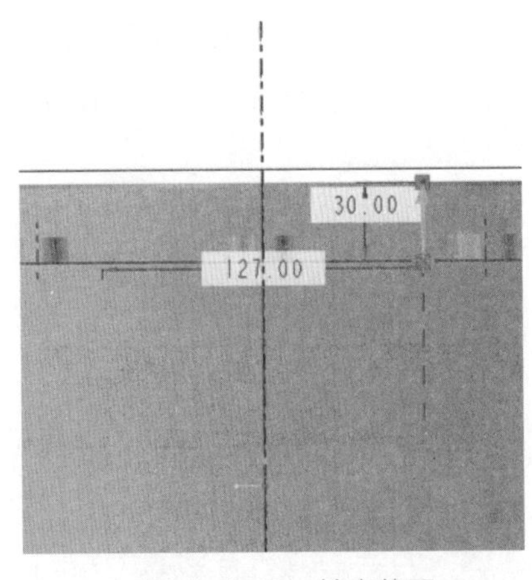
图 4-3-17　轮廓截面

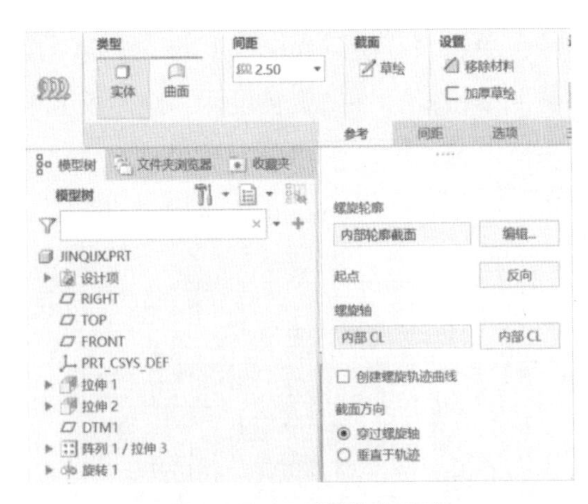
图 4-3-18　调整节距值

（3）单击草绘中“创建扫描截面”按钮，进入草绘界面，绘制如图 4-3-19 所示的截面，单击“确定”完成截面绘制。再次单击“确定”按钮，完成创建螺旋扫描实体 1 的操作，如图 4-3-20 所示。

讨论

螺纹的创建方法与弹簧的创建方法主要区别是什么？

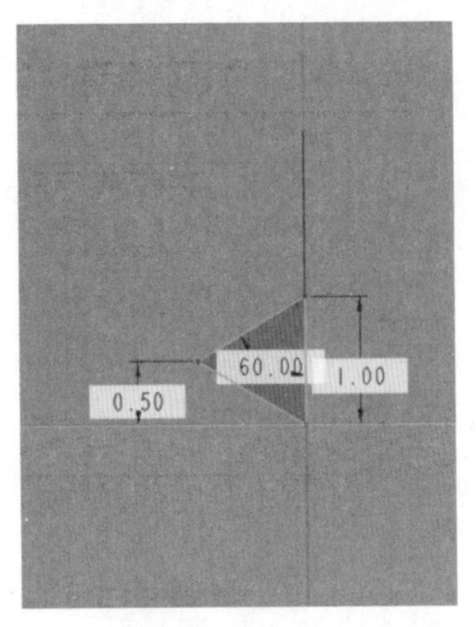
图 4-3-19　截面

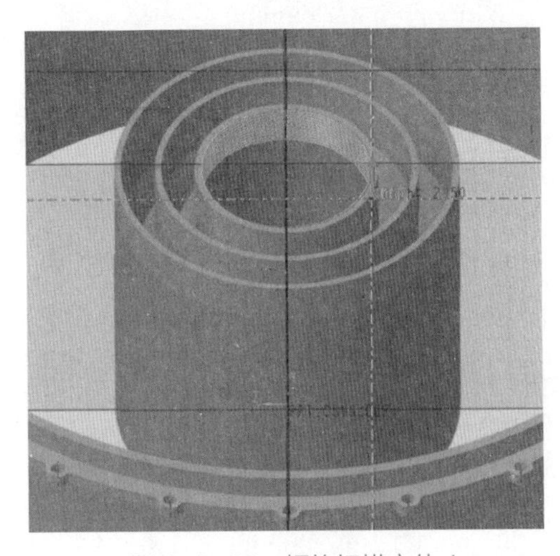
图 4-3-20　螺旋扫描实体 1

2. 创建其他扫描特征

（1）用同样的操作创建如图 4-3-21 所示的螺旋扫描实体 2。

（2）接着创建如图 4-3-22 所示的最外层螺旋扫描实体 3。

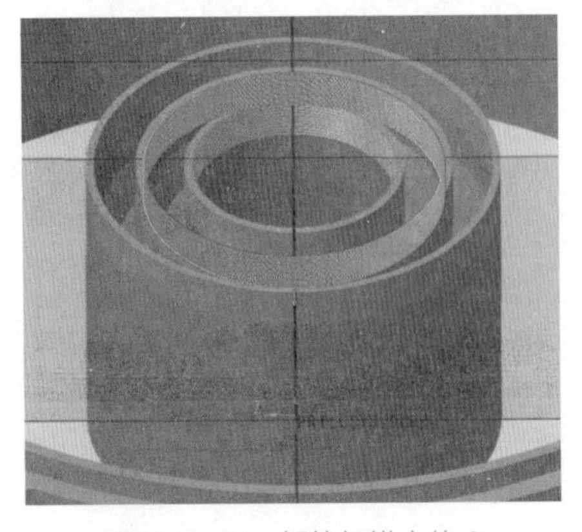
图 4-3-21　螺旋扫描实体 2

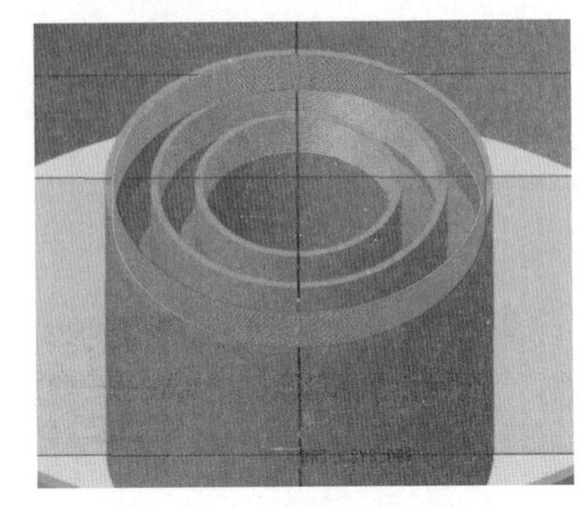
图 4-3-22　最外层螺旋扫描实体 3

4.3.4 创建连接结构

笔记

1. 创建拉伸特征

（1）单击基准工具栏中的“基准平面”按钮，弹出“基准平面”对话框，在模型中单击 FRONT 基准平面，然后输入平移距离 190.00，如图 4-3-23 所示。单击“基准平面”对话框中的“确定”按钮，完成 DTM2 基准平面的创建。

（2）单击 DTM2 平面，单击“拉伸”按钮，出现“拉伸”界面，进入草绘模块，单击“草绘视图”按钮。绘制如图 4-3-24 所示的草绘轮廓，单击“确定”按钮，退出草绘模块。

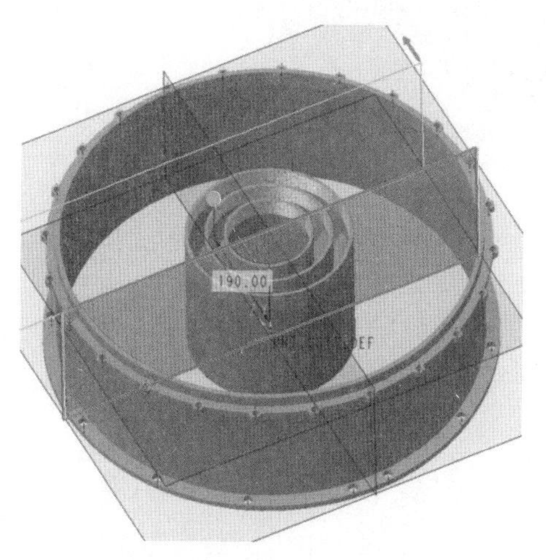

图 4-3-23　设置基准平面参数

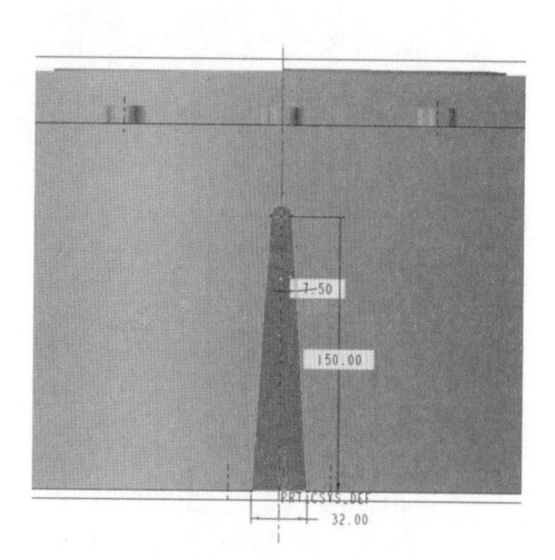

图 4-3-24　草绘轮廓

（3）在“拉伸设计”操控板上设置侧 1 拉伸类型为“穿至”，侧 2 拉伸类型为“到参考平面”，如图 4-3-25 所示，完成以上操作以后，绘图区如图 4-3-26 所示。在“拉伸设计”操控板上单击“确定”按钮，完成连接架实体创建。

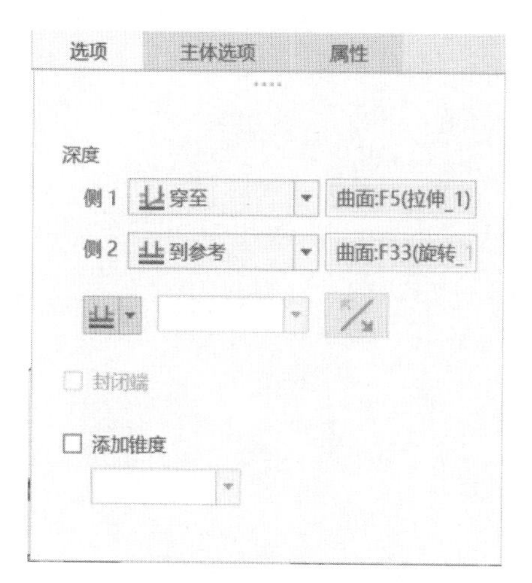

图 4-3-25　拉伸设置

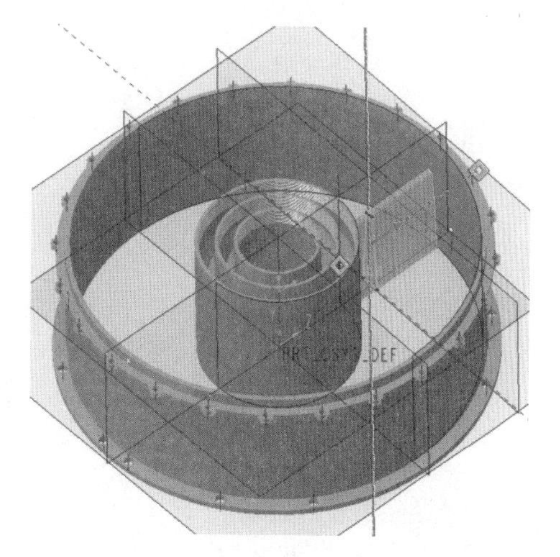

图 4-3-26　连接架实体

2. 创建阵列特征

（1）单击上一步的拉伸模型，单击“编辑特征”工具栏中的“阵列”按钮，在阵列类型下拉列表中单击“轴”按钮，打开“轴阵列”操控板。

（2）在操控板的“轴”收集器中单击“中心轴 A_1”，并在“设置”收集器中的“第

笔记

一方向成员”输入数值 4，然后单击“角度范围”按钮，均分圆周。单击“确定”按钮，完成如图 4-3-27 所示的轴阵列实体效果。

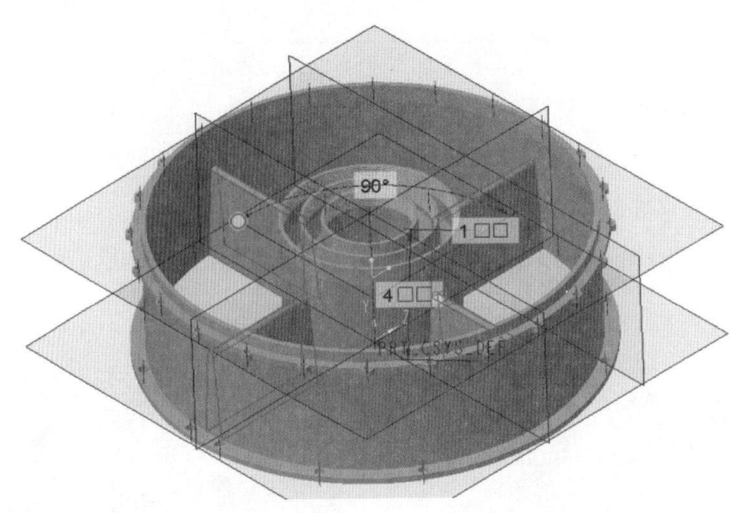

图 4-3-27　轴阵列实体效果

4.3.5　创建定位结构

1. 创建拉伸特征和圆角特征

（1）单击模型下表面，单击“拉伸”按钮，出现“拉伸”界面，进入草绘模块，单击“草绘视图”按钮。绘制如图 4-3-28 所示的草绘轮廓，单击“确定”按钮，退出草绘模块。

（2）在“拉伸设计”操控板上设置拉伸类型为“深度”，尺寸为 135.00，完成以上操作以后，绘图区如图 4-3-29 所示。在“拉伸设计”操控板上单击“确定”按钮，完成定位实体 1 创建。

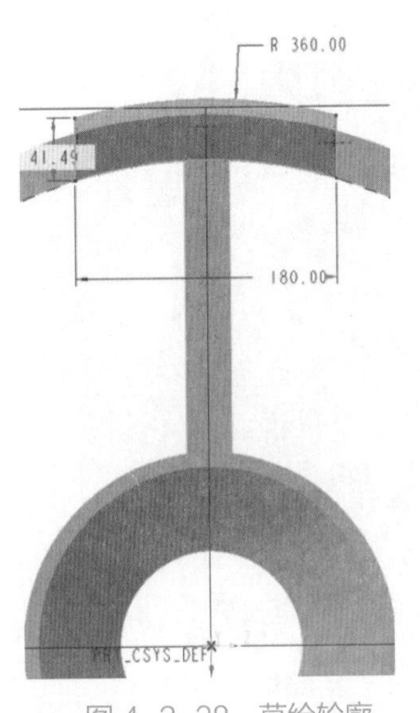

图 4-3-28　草绘轮廓

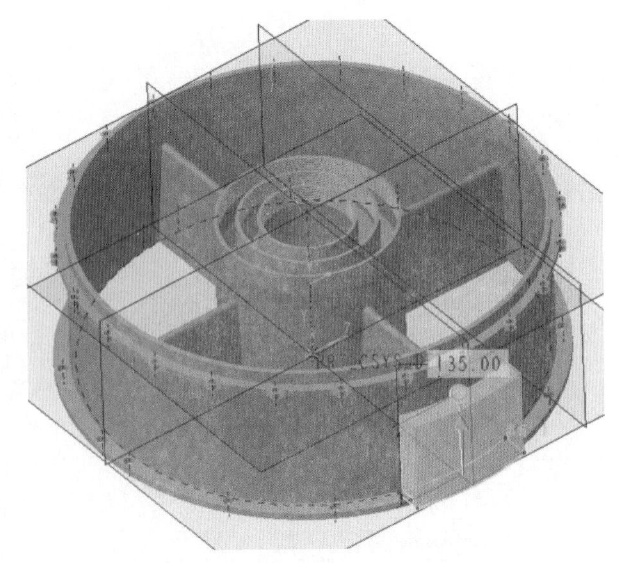

图 4-3-29　定位实体 1

（3）单击“倒圆角”按钮，打开“圆角特征”操控板。单击绘图区如图 4-3-30 所示的棱边，修改圆角半径为 20.00 mm。

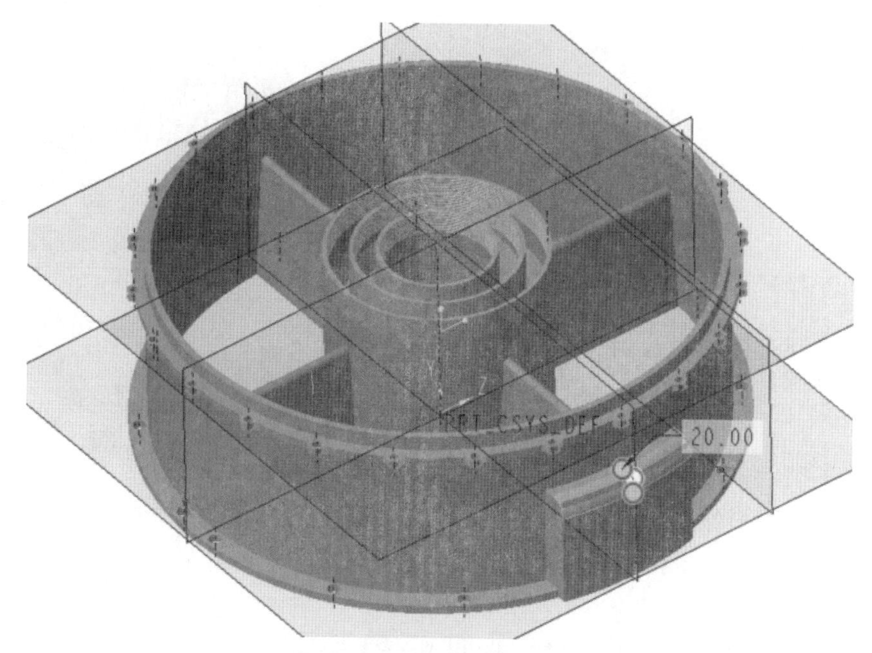

图 4-3-30　修改圆角尺寸

笔记

2. 创建拉伸特征和孔特征

（1）单击模型下表面，单击“拉伸”按钮，出现“拉伸”界面，进入草绘模块，单击“草绘视图”按钮。绘制如图 4-3-31 所示的草绘轮廓，单击“确定”按钮，退出草绘模块。

（2）在“拉伸设计”操控板上设置拉伸类型为“深度”，尺寸为 140.00，完成以上操作以后，绘图区如图 4-3-32 所示。在“拉伸设计”操控板上单击“确定”按钮，完成定位实体 2 创建。

讨论

进气机匣孔结构的主要功能是什么？

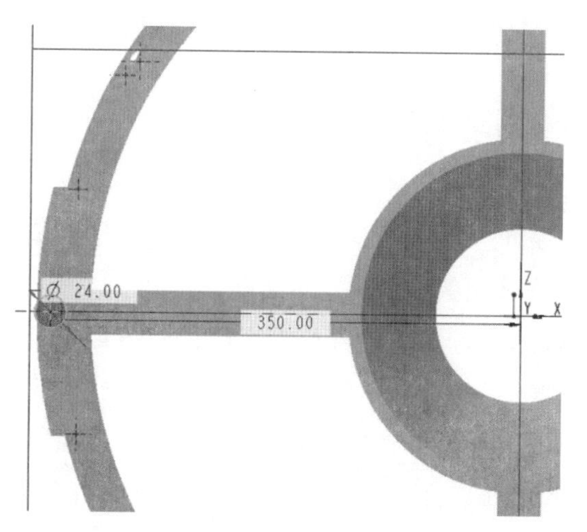

图 4-3-31　草绘轮廓

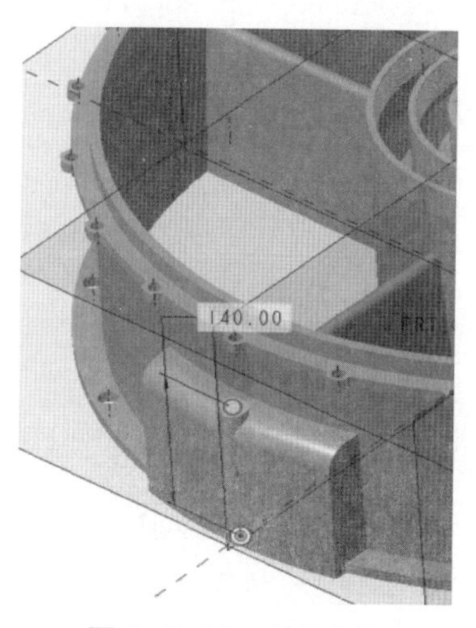

图 4-3-32　定位实体 2

（3）单击“孔”按钮，打开“孔特征”操控板。在“放置”对话框中，按住 Ctrl，单击圆台的上表面和圆柱轴，得到如图 4-3-33 所示的参考元素。

（4）单击“深度”按钮，在下拉菜单选择“穿透”选项，输入直径为 15.00。单击“确定”按钮，获得如图 4-3-34 所示的孔特征。

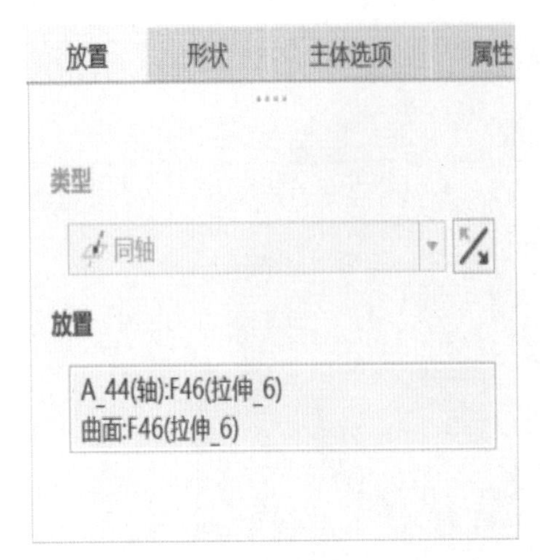

图 4-3-33 “放置”对话框

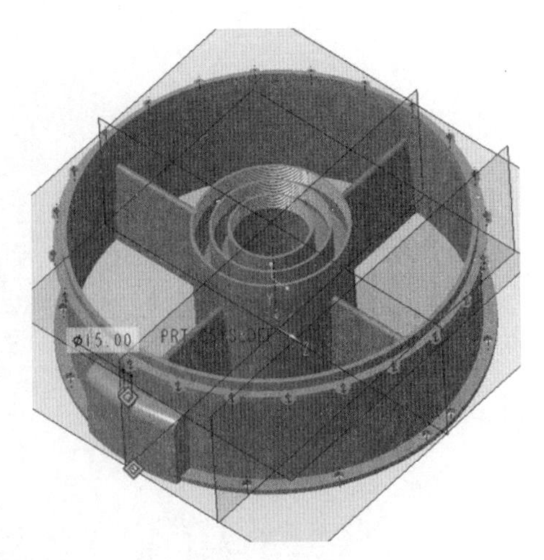

图 4-3-34 孔特征

任务 4.4 调节杆的创建及其简单装配

任务目标

（1）了解组件的装配方法。

（2）理解对齐、匹配等装配命令的含义。

（3）熟练掌握使用螺旋扫描命令创建螺纹的方法。

调节杆三维模型

资源环境

（1）Creo 8.0。

（2）超星学习通调节杆案例。

支撑杆微视频

4.4.1 创建支撑杆实体

1. 创建基础杆件

（1）单击“旋转”按钮，系统在“设计”界面顶部打开“旋转设计”操控板，在“放置”下拉菜单中单击“定义…”按钮，在弹出的“草绘”对话框中，单击“RIGHT：F1(基准平面)”作为草绘平面，使用默认的参考平面放置草绘平面，如图 4-4-1 所示。完成后，单击“草绘”按钮，进入草绘模块。

（2）单击“草绘视图”按钮，绘制如图 4-4-2 所示的草绘轮廓。单击“草绘”操控板上的“确定”按钮，回到“旋转设计”操控板，在“旋转设计”操控板上单击“确定”按钮，完成如图 4-4-3 所示的旋转实体模型。

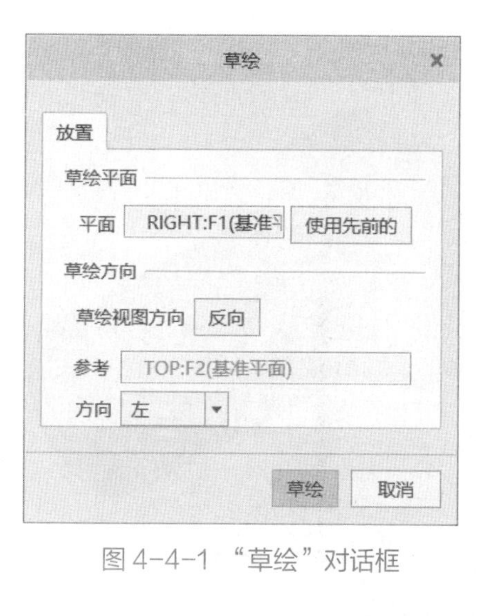

图 4-4-1 “草绘”对话框

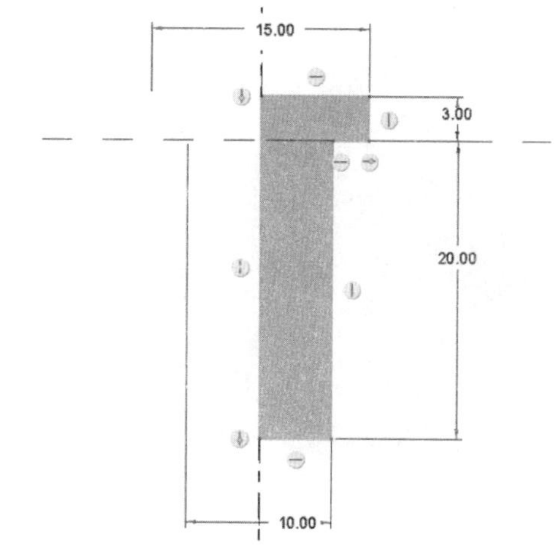

图 4-4-2 草绘轮廓

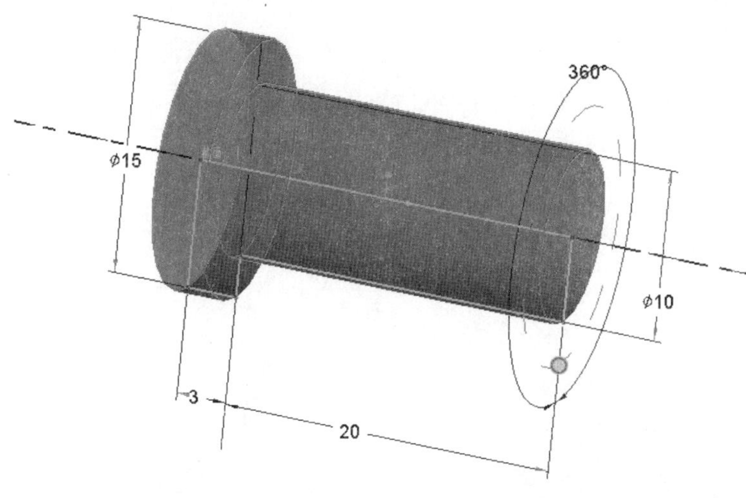

图 4-4-3 旋转实体模型

2. 创建十字槽

（1）单击模型上表面，单击“拉伸”按钮，出现“拉伸”界面，进入草绘模块，单击“草绘视图”按钮。绘制如图 4-4-4 所示的草绘轮廓，单击“确定”按钮，退出草绘模块。

（2）在“拉伸设计”操控板上设置拉伸类型为“深度”，尺寸为 1.00，单击“移除材料”按钮，完成以上操作以后，绘图区如图 4-4-5 所示。在“拉伸设计”操控板上单击“确定”按钮，完成十字槽创建。

笔记

笔记

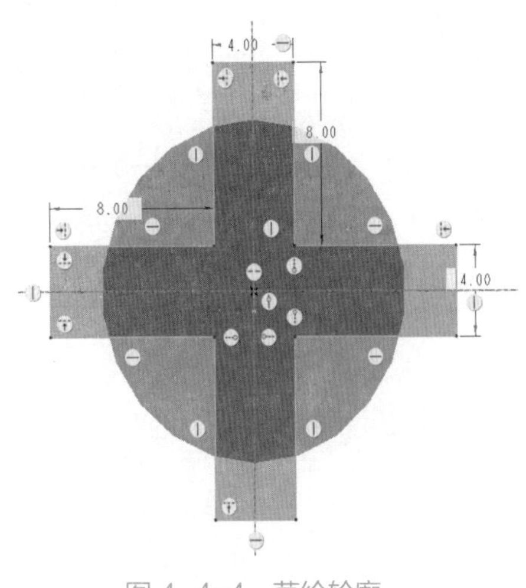

图 4-4-4 草绘轮廓

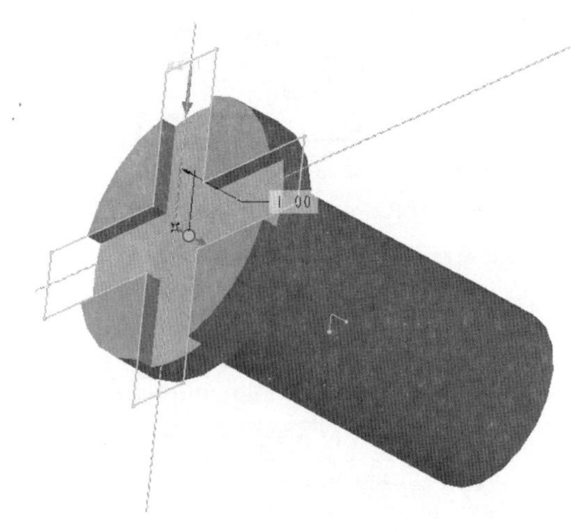

图 4-4-5 十字槽

3. 创建延长杆件

（1）单击模型下表面，单击“拉伸”按钮，出现“拉伸”界面，进入草绘模块，单击“草绘视图”按钮。绘制如图 4-4-6 所示的草绘轮廓，单击“确定”按钮，退出草绘模块。

（2）在“拉伸设计”操控板上设置“深度”尺寸为 155.00，完成以上操作以后，绘图区如图 4-4-7 所示。在“拉伸设计”操控板上单击“确定”按钮，完成延长杆件创建。

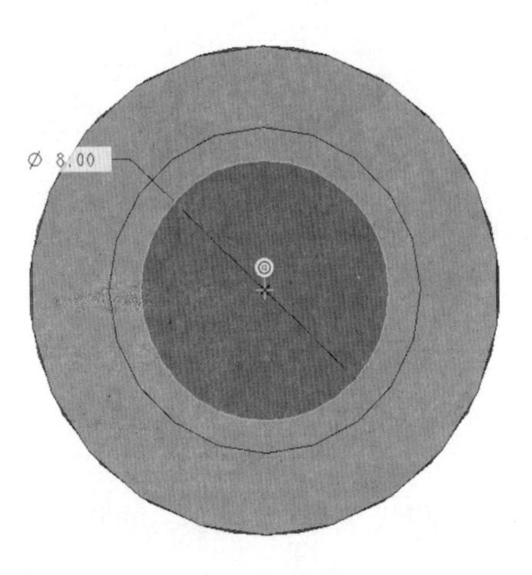

图 4-4-6 草绘轮廓

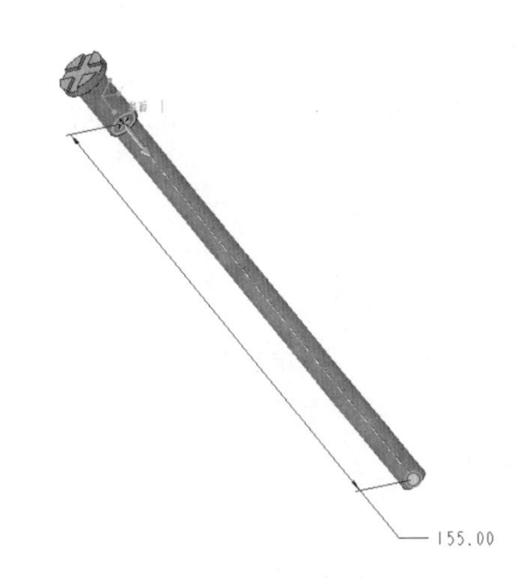

图 4-4-7 延长杆件

4. 创建杆件修饰

（1）单击“倒角”按钮，打开“倒角特征”操控板。单击绘图区如图 4-4-8 所示的棱边，修改倒角 D 为 1.00 mm。

（2）单击“ 倒圆角”按钮，打开“圆角特征”操控板。单击绘图区如图 4-4-9 所示的棱边，修改圆角半径为 1.00 mm。

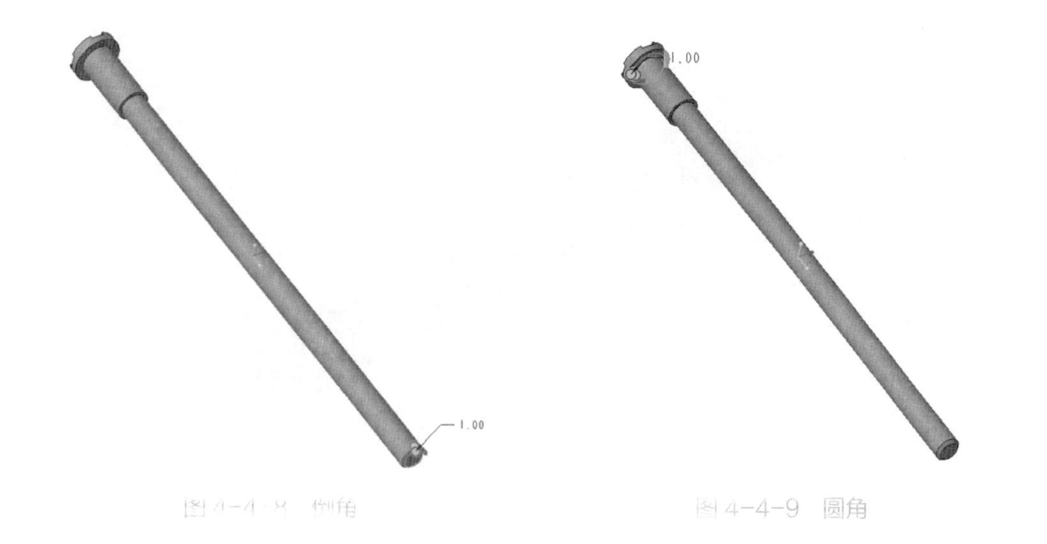

图 4-4-8　倒角　　　　图 4-4-9　圆角

笔记

4.4.2　创建螺纹杆实体

1. 创建基础杆件

（1）单击“旋转”按钮，系统在“设计”界面顶部打开“旋转设计”操控板，在“放置”下拉菜单中单击“定义…”按钮，在弹出的“草绘”对话框中，单击“RIGHT：F1(基准平面)”作为草绘平面，使用默认的参考平面放置草绘平面，如图 4-4-10 所示。完成后，单击“草绘”按钮，进入草绘模块。

（2）单击“草绘视图”按钮，绘制如图 4-4-11 所示的草绘轮廓。单击“草绘”操控板上的“确定”按钮，回到“旋转设计”操控板，在“旋转设计”操控板上单击“确定”按钮，完成如图 4-4-12 所示的旋转实体模型。

图 4-4-10　“草绘”对话框

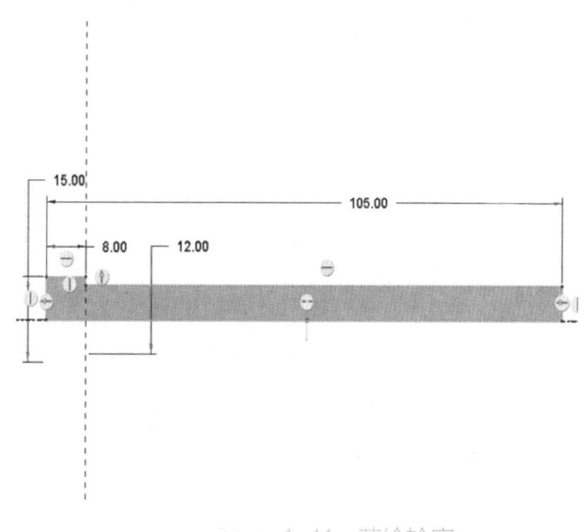

图 4-4-11　草绘轮廓

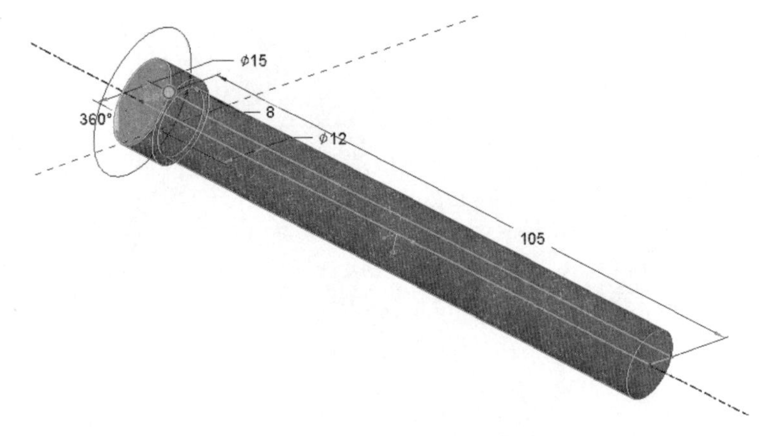

图 4-4-12　旋转实体模型

2. 创建孔特征

（1）单击“孔”按钮，打开“孔特征”操控板。在“放置”下滑面板，按住 Ctrl，单击圆台的上表面和圆柱轴，得到如图 4-4-13 所示的参考元素。

（2）设置“深度”尺寸为 15.00，输入直径为 8.00。单击“确定”按钮，获得如图 4-4-14 所示的孔特征。

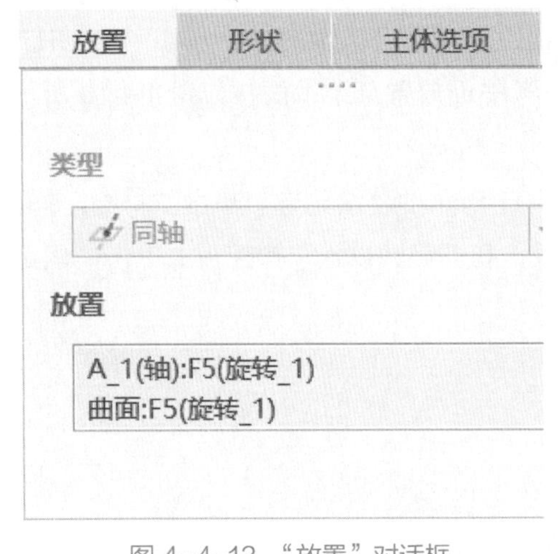

图 4-4-13　“放置”对话框

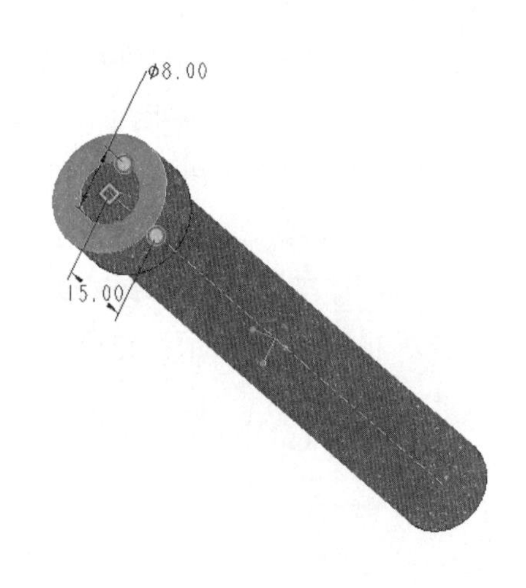

图 4-4-14　孔特征

3. 创建螺旋扫描

（1）单击顶部工具栏中的“扫描”，在下拉菜单选取“螺旋扫描”选项，在“螺旋轮廓”的菜单中单击“编辑”按钮，出现如图 4-4-15 所示的对话框，单击“定义 ...”按钮，打开“草绘”对话框。单击“RIGHT：F1（基准平面)”，使用默认选项，如图 4-4-16 所示，单击“草绘”按钮。

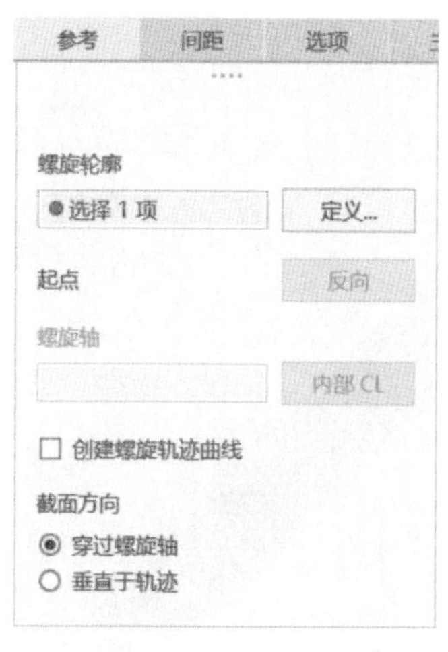

图 4-4-15 “编辑”对话框

图 4-4-16 “草绘”对话框

笔记

（2）绘制如图 4-4-17 所示的轮廓截面，选择“中心线”按钮，绘制旋转中心线。单击“线”按钮，绘制长度为 90.00 的直线；单击“圆锥”按钮，绘制退刀效果，单击“确定”完成轨迹线绘制。在间距对话框中，输入节距值为 1.50，单击“移除材料”按钮，如图 4-4-18 所示。

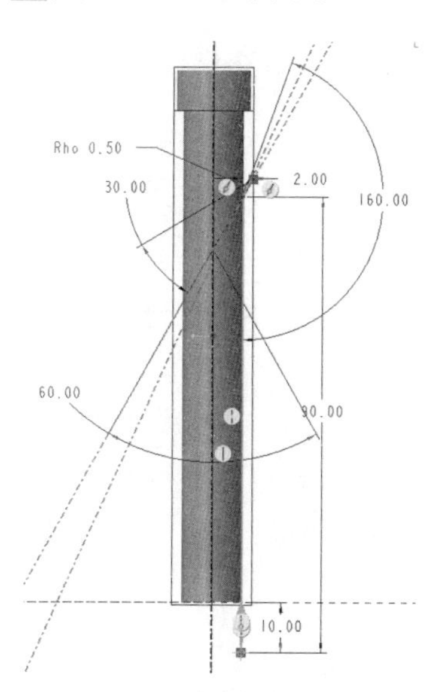

图 4-4-17 轮廓截面

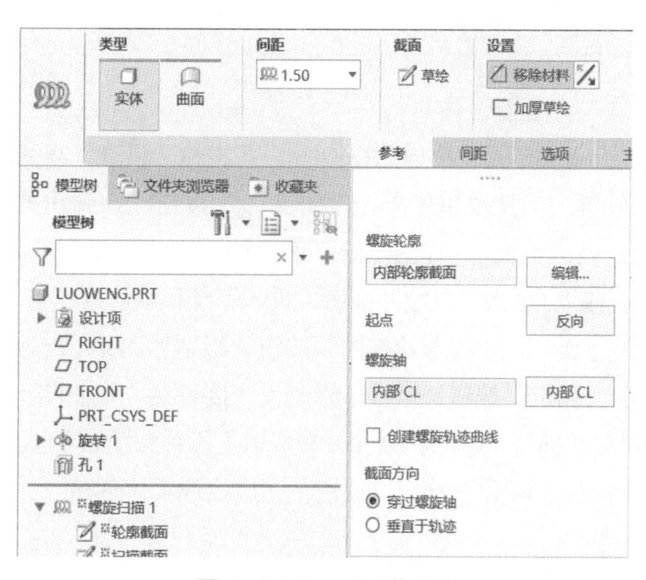

图 4-4-18 设置节距值

（3）单击“草绘”中的“创建扫描截面”按钮进入草绘界面，绘制如图 4-4-19 所示的截面，单击“确定”完成截面绘制。再次单击“确定”按钮，完成创建螺旋扫描实体的操作，如图 4-4-20 所示。

笔记

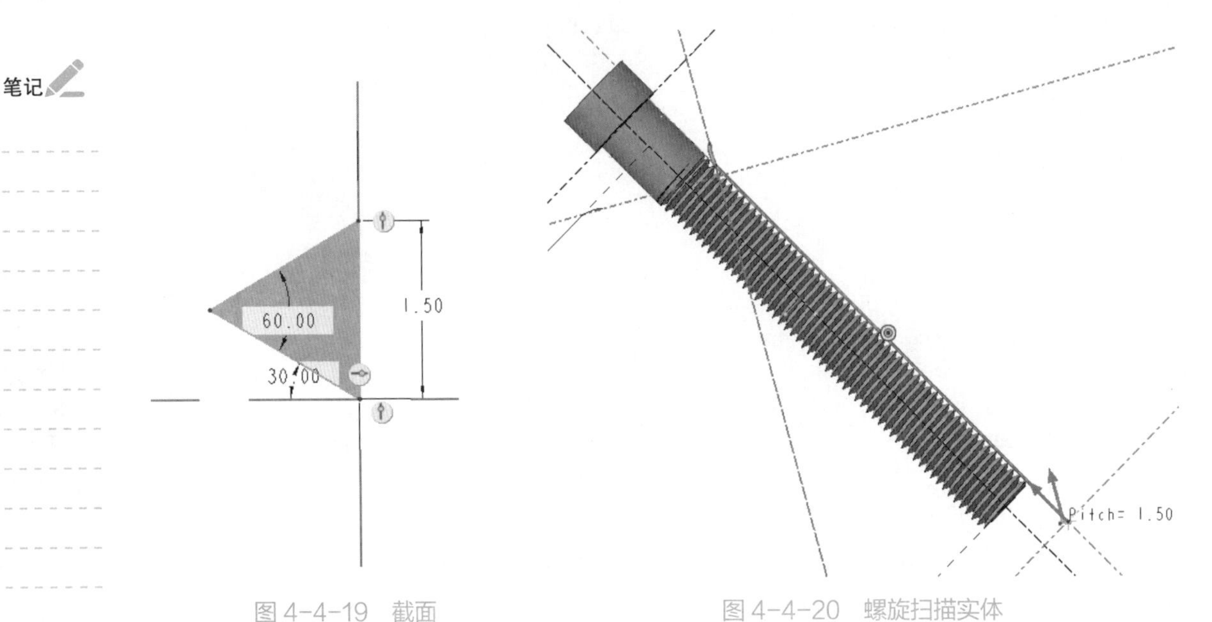

图 4-4-19　截面　　　　图 4-4-20　螺旋扫描实体

4.4.3　创建螺母

1. 创建基础体

（1）单击“拉伸”按钮，系统在“设计”界面顶部打开“拉伸设计”操控板，在“放置”下拉菜单中单击“定义…”按钮，在弹出的“草绘”对话框中，单击“TOP：F2(基准平面)”作为草绘平面，使用默认的参考平面放置草绘平面，如图 4-4-21 所示。完成后，单击“草绘”按钮，进入草绘模块。

（2）单击“草绘视图”按钮，绘制如图 4-4-22 所示的截面，单击“草绘”操控板上的“确定”按钮，退出草绘模块。接着在“拉伸设计”操控板上设置拉伸类型为“两侧对称拉伸”，尺寸为 10.00，完成以上操作以后，绘图区如图 4-4-23 所示。在“拉伸设计”操控板上单击“确定”按钮，完成拉伸实体创建。

图 4-4-21　“草绘”对话框

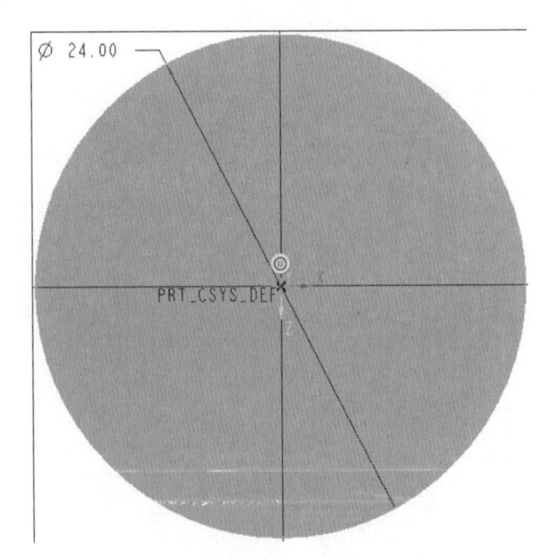

图 4-4-22　截面

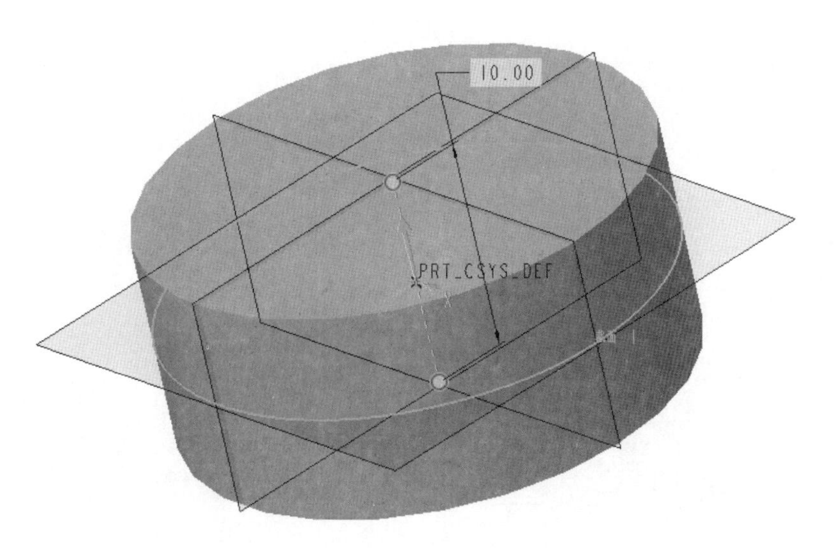

图 4-4-23　拉伸实体

（3）单击“倒圆角”按钮，打开“圆角特征”操控板。单击绘图区如图 4-4-24 所示的棱边，修改圆角半径为 2 mm。

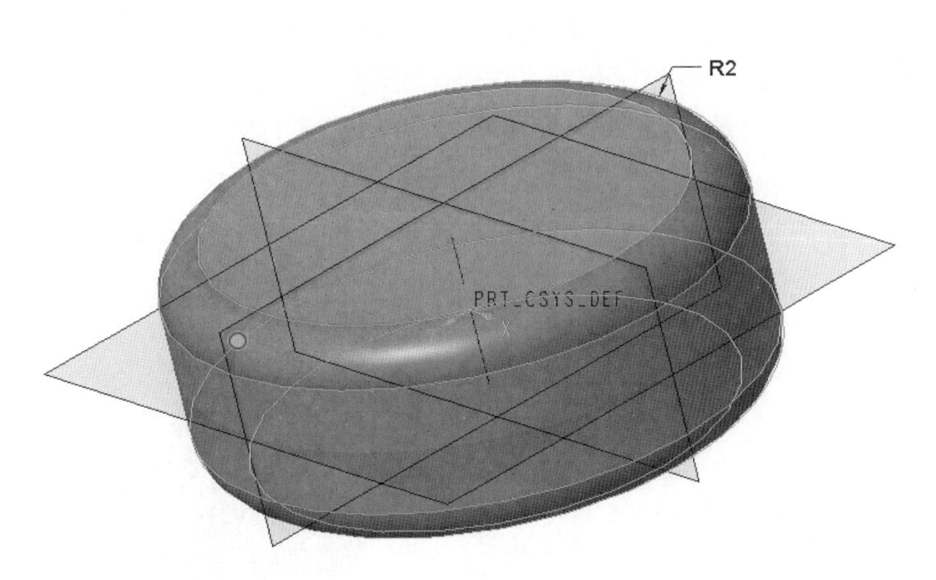

图 4-4-24　创建轮廓倒圆角

2. 创建六棱形特征

（1）单击“ TOP：F2(基准平面)”，单击“拉伸”按钮，出现“拉伸”界面，进入草绘模块，单击“草绘视图”按钮。绘制如图 4-4-25 所示的草绘轮轮廓，单击“确定”按钮，退出草绘模块。

（2）在“拉伸设计”操控板上设置拉伸类型为“两侧对称拉伸”，尺寸为 30.00，完成以上操作后，绘图区如图 4-4-26 所示。在“拉伸设计”操控板上单击“确定”按钮，完成外壁实体创建。

笔记

技巧

此处六边形可以通过“选项板”按钮来创建。

笔记 

思考

"选项板"按钮还可以创建什么形状呢？可以自行创建特有的图形吗？

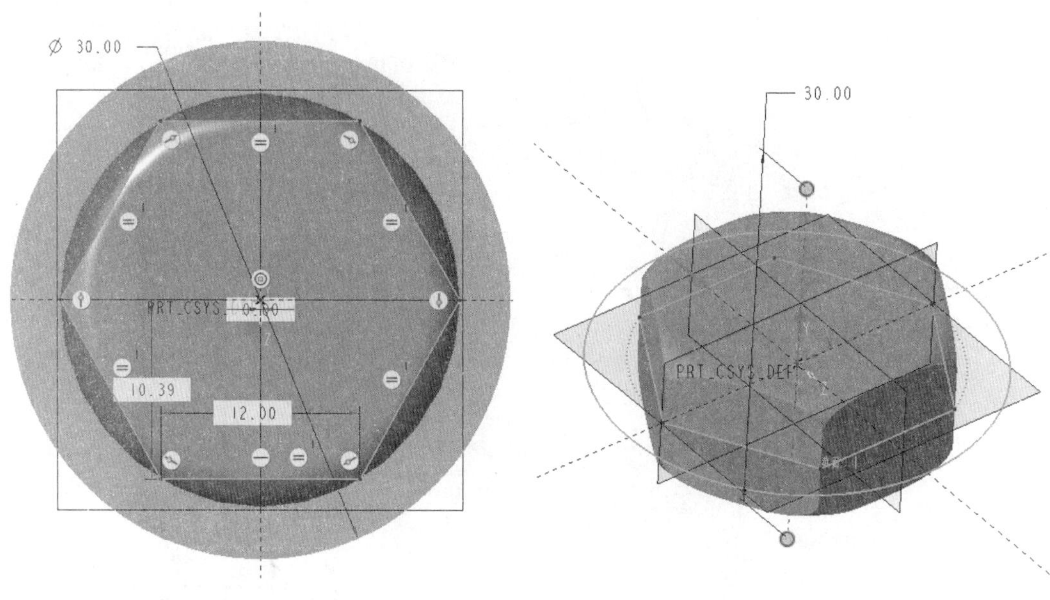

图 4-4-25　草绘轮廓　　　　图 4-4-26　外壁实体

讨论

M12×1.5的含义是什么？

3. 创建孔特征

（1）单击"孔"按钮，打开"孔特征"操控板。在"放置"对话框中，按住 Ctrl，单击圆台的上表面和圆柱轴，得到如图 4-4-27 所示的参考元素。

（2）单击"标准"按钮，系统默认"攻丝"选项。在"螺钉尺寸"下拉列表中单击"M12×1.5"，深度设置为"穿透"。单击"确定"按钮，获得如图 4-4-28 所示的孔特征。

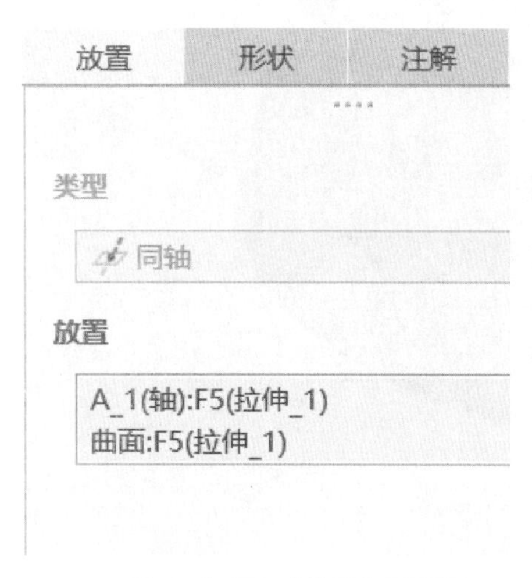

图 4-4-27 "放置"对话框

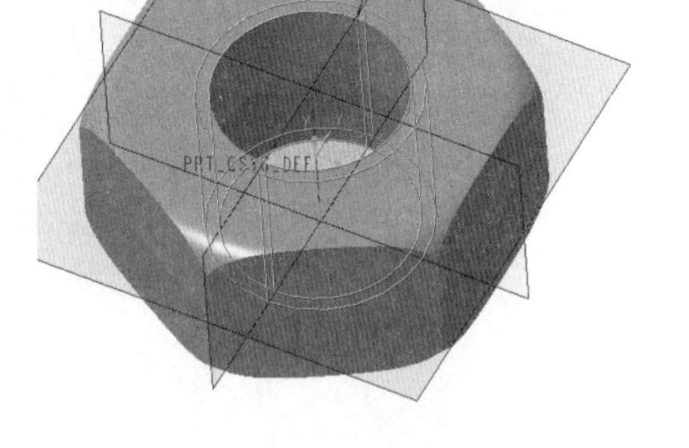

图 4-4-28　孔特征

4.4.4　简单装配

支撑杆套件装配

1. 创建螺杆装配

（1）单击顶部菜单中的"新建"按钮，单击"装配"类型的选择框，进入组件模块，工作界面如图 4-4-29 所示，勾选掉"使用默认模板"，修改文件名为" Tiaojielg"，单击"确定"按钮，创建装配模型。单击" mmns_asm_design_abs"模板，如图 4-4-30 所示，单击"确定"按钮，完成参数设置。

图 4-4-29　工作界面

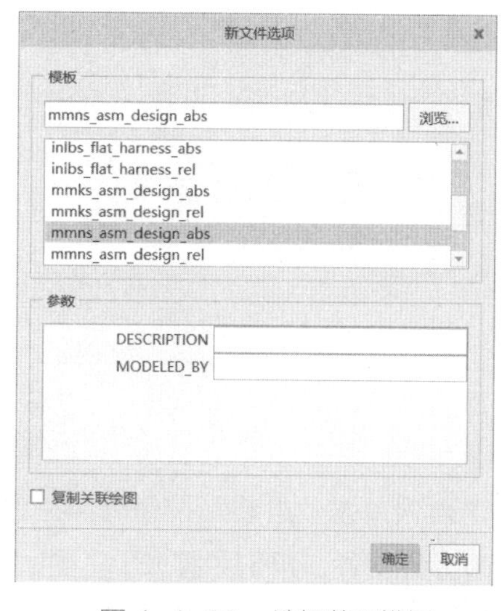

图 4-4-30　选择装配模板

（2）单击顶部工具栏的“组装”按钮，在弹出的“打开”对话框中选择名称为“Dinggan.PRT”的零件文件，单击“打开”。在如图 4-4-31 所示的“放置”菜单中，选择“默认”，系统显示完全约束。在“装配”操控板上单击“确定”按钮，完成支撑杆零件的装配操作，如图 4-4-32 所示。

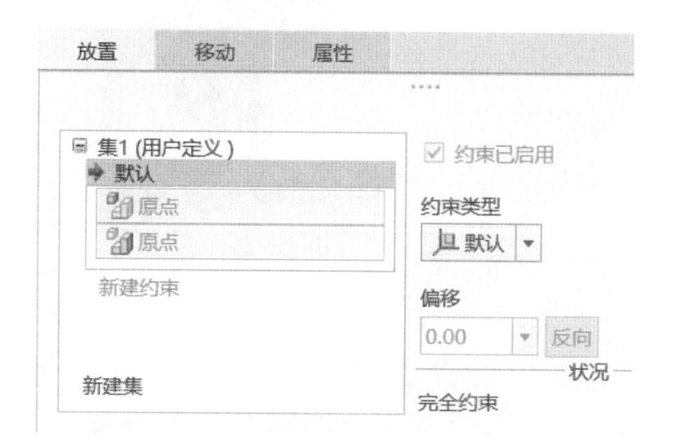

图 4-4-31　“放置”菜单

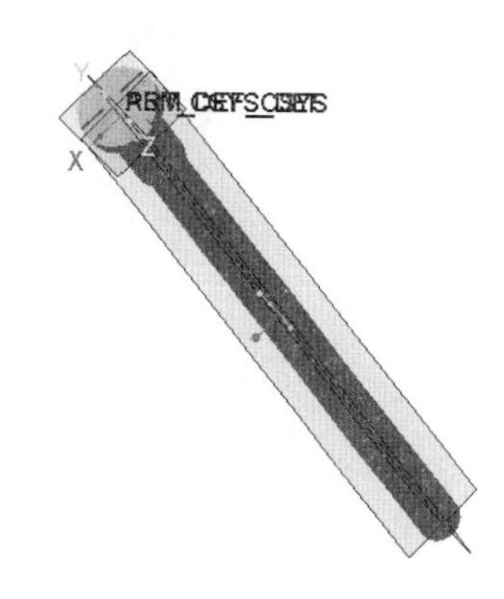
图 4-4-32　支撑杆零件装配完成展示

2. 创建螺母装配

（1）再次单击“组装”按钮，在弹出的“打开”对话框中选择名称为“Luoweng.PRT”的零件文件，单击“打开”。在如图 4-4-33 所示的“放置”菜单中，选择轴“重合”。在如图 4-4-34 所示的“放置”菜单中，选择面“重合”。在“装配”操控板上单击“确定”按钮，完成螺纹杆零件的装配操作。

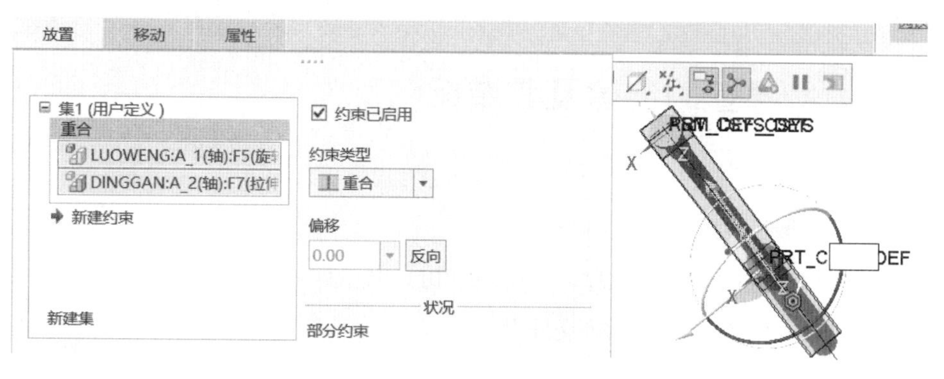

图 4-4-33　选择轴“重合”

笔记

提示

基本装配是指在完成各零件模型的制作之后，把它们按设计要求组装在一起，成为一个部件或产品。

思考

选择以下几种约束的条件是什么？

笔记 

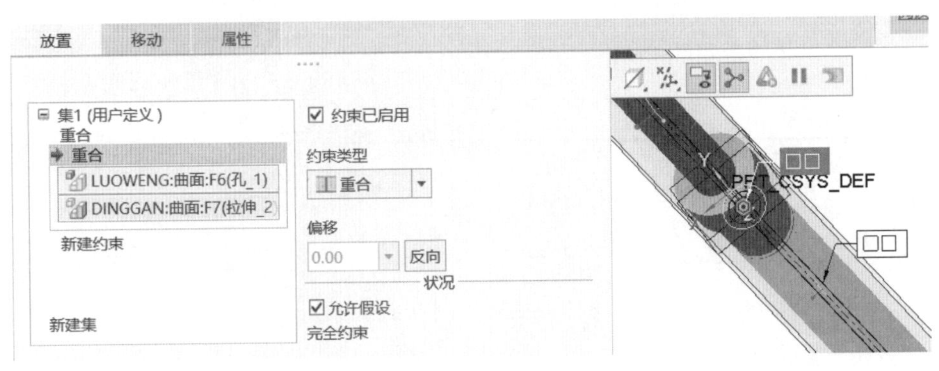

图 4-4-34　选择面“重合”

螺母可动装配

（2）再次单击“组装”按钮，在弹出的“打开”对话框中选择名称为“Luomu. PRT”的零件文件，单击“打开”。在如图 4-4-35 所示的“放置”菜单中，选择轴“重合”。在如图 4-4-36 所示的“放置”菜单中，选择距离偏距为 30.00。在装配操控板上单击“确定”按钮，完成螺母零件的装配操作。

技巧

螺母在螺纹杆上的旋合需要圆柱和槽两个约束配合完成。

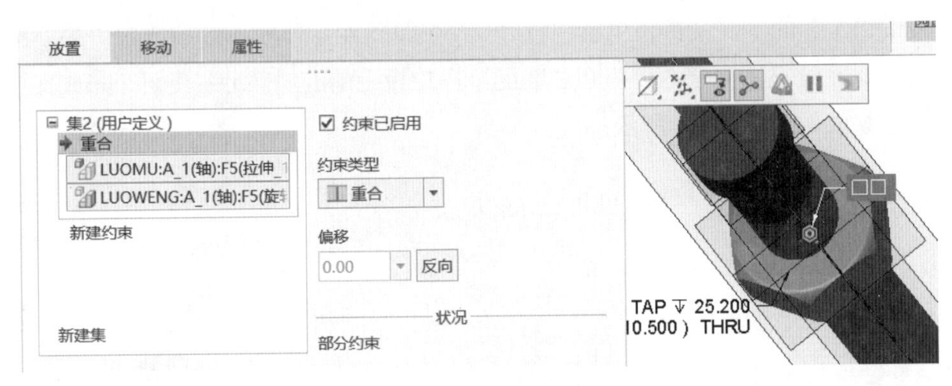

图 4-4-35　选择轴“重合”

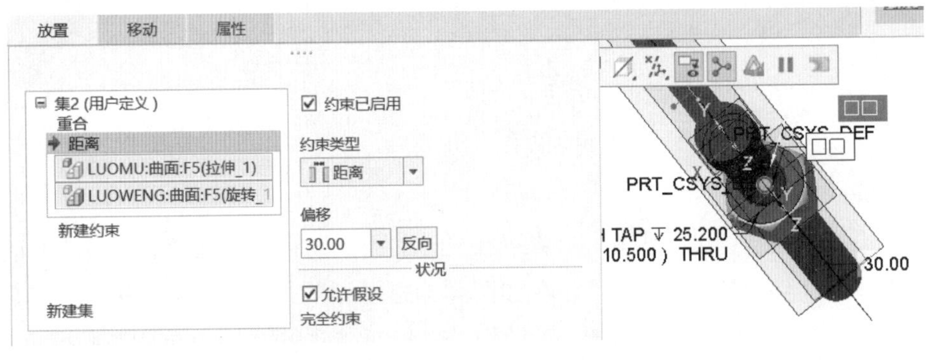

图 4-4-36　设置“距离偏距”

任务 4.5　导管的创建及其装配

任务目标

（1）熟练掌握组件的装配思路与方法。

（2）掌握扫描特征的操作步骤，了解运动仿真的设计目的。

（3）练习在装配模式下创建新零件。

资源环境

（1）Creo 8.0。

（2）超星学习通装配案例。

4.5.1　导管预装配

1. 创建基础装配

（1）单击顶部菜单中的“新建”按钮，单击“装配”类型的选择框，进入组件模块，工作界面如图 4-5-1 所示，勾选掉“使用默认模板”，修改文件名为“ Jinqizhuangzhi”，单击“确定”按钮，创建装配模型。单击“ mmns_asm_design_abs”模板，如图 4-5-2 所示，单击“确定”按钮，完成参数设置。

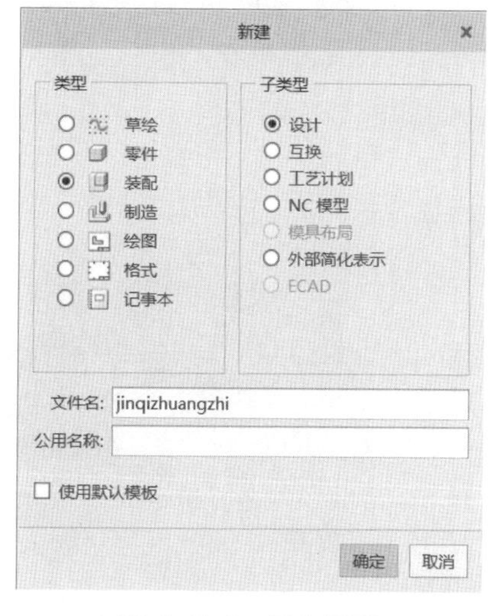

图 4-5-1　工作界面

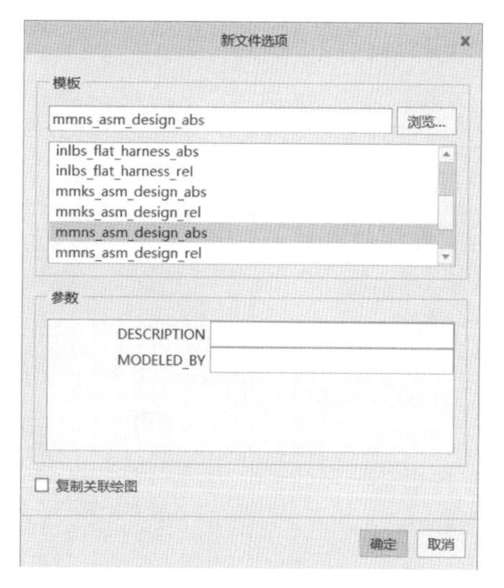

图 4-5-2　选择装配模板

（2）单击顶部工具栏的“组装”按钮，在弹出的“打开”对话框中选择名称为“ zhiban.PRT”的零件文件，单击“打开”。在如图 4-5-3 所示的“放置”菜单中，选择“默认”，系统显示完全约束。在“装配”操控板上单击“确定”按钮，完成支板零件的装配操作，如图 4-5-4 所示。

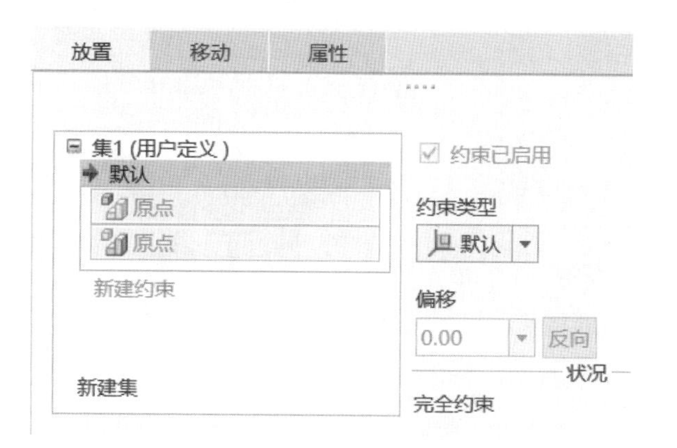

图 4-5-3　“放置”菜单

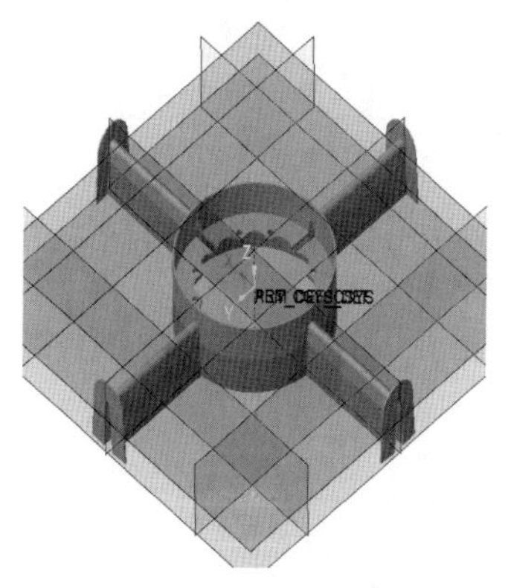

图 4-5-4　支板零件的装配完成展示

2. 创建其他装配

笔记

（1）单击“组装”按钮，在弹出的“打开”对话框中选择名称为“ Falanp”的零件文件，单击“打开”。在如图 4-5-5 所示的“放置”菜单中，选择轴“重合”。在如图 4-5-6 所示的“放置”菜单中，选择面“重合”。在“装配”操控板上单击“确定”按钮，完成法兰盘零件的装配操作。

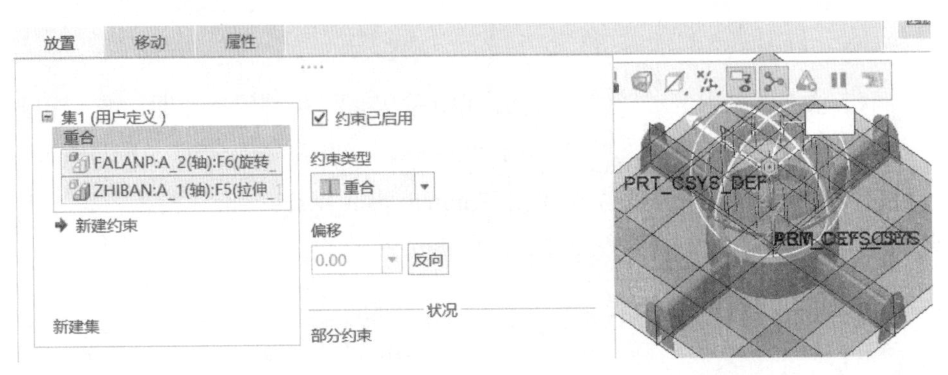

图 4-5-5　选择轴“重合”

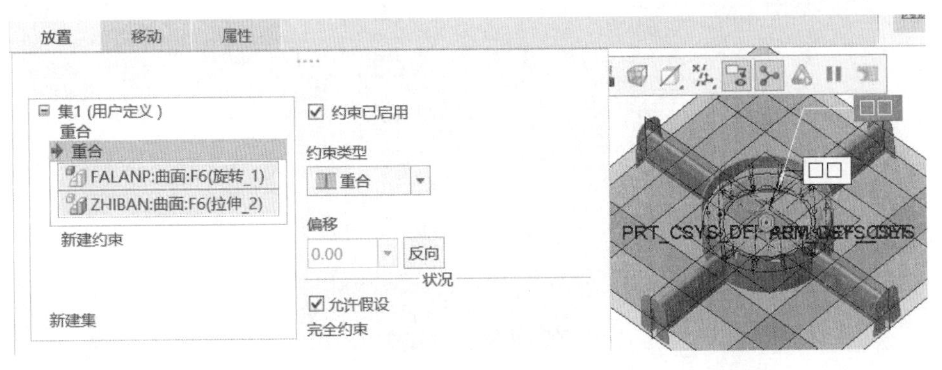

图 4-5-6　选择面“重合”

（2）再次单击“组装”按钮，在弹出的“打开”对话框中选择名称为“ Lianjb”的零件文件，单击“打开”。在如图 4-5-7 所示的“放置”菜单中，选择“轴重合”。在如图 4-5-8 所示的“放置”菜单中，选择“面重合”。在“装配”操控板上单击“确定”按钮，完成连接板零件的装配操作。

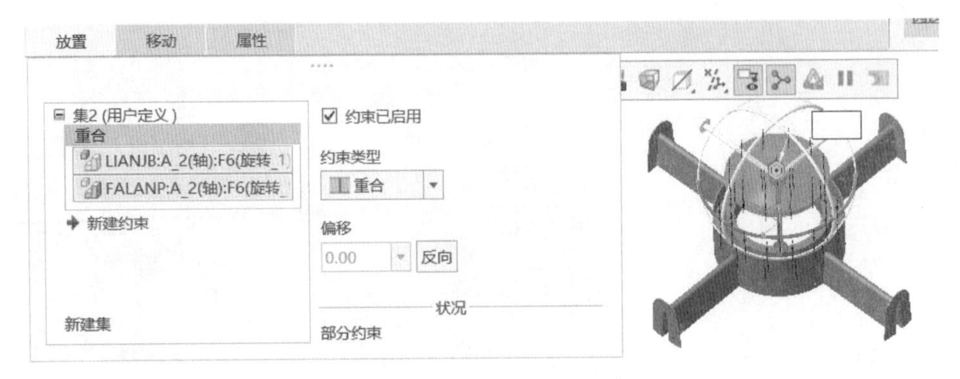

图 4-5-7　选择轴“重合”

图 4-5-8　选择“面重合”

（3）再次单击“组装”按钮，在弹出的“打开”对话框中选择名称为“Zhenglz”的零件文件，单击“打开”。在如图 4-5-9 所示的“放置”菜单中，选择轴“重合”。在如图 4-5-10 所示的“放置”菜单中，选择面“重合”。在“装配”操控板上单击“确定”按钮，完成整流罩零件的装配操作。

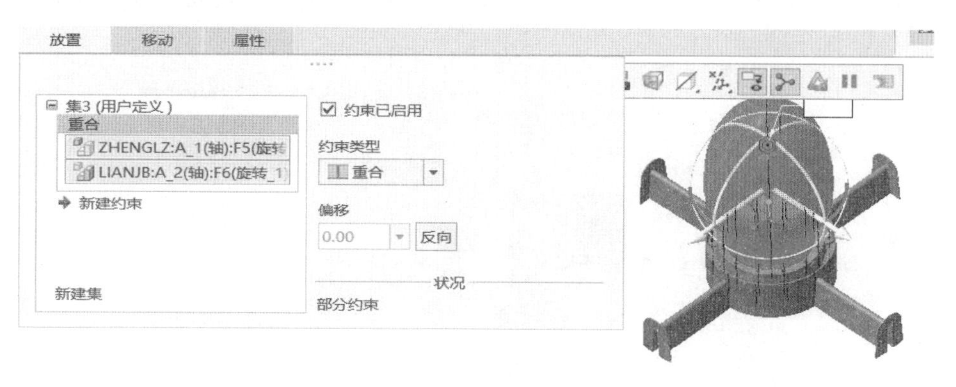

图 4-5-9　选择轴“重合”

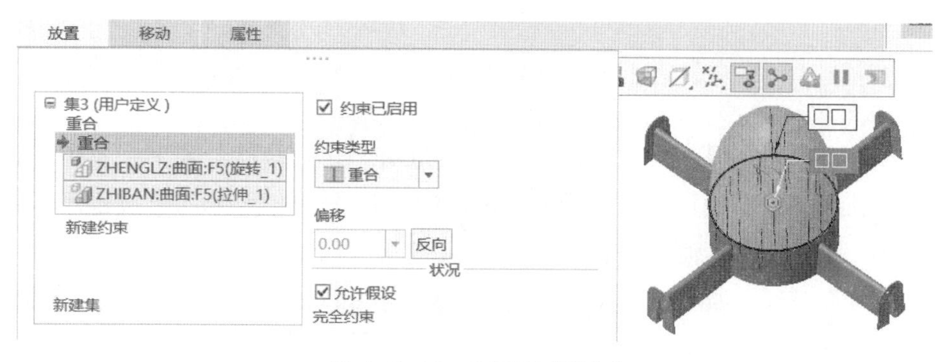

图 4-5-10　选择面“重合”

笔记

提示

由于零件存在遮挡，可以隐藏部分零件方便装配。

4.5.2　创建扫描导管

1. 创建装配模式下的元件

（1）单击顶部工具栏的“创建”按钮，弹出“创建元件”对话框，修改零件名称为“daoguan”，如图 4-5-11 所示。单击“确定”按钮，出现“创建选项”对话框，如图 4-5-12 所示，修改零件类型为“mmns_part_solid_abs”，单击“确定”按钮。

笔记

图 4-5-11 “创建元件”对话框

图 4-5-12 “创建选项”对话框

（2）在绘图区选择零件与装配体的坐标系，如图 4-5-13 所示进行重合，在“装配”操控板上单击“确定”按钮，完成导管零件的装配操作。右击零件名称，弹出快捷菜单，单击“激活”按钮，如图 4-5-14 所示。完成后在“线框显示模式”下拉菜单中单击“隐藏线”。

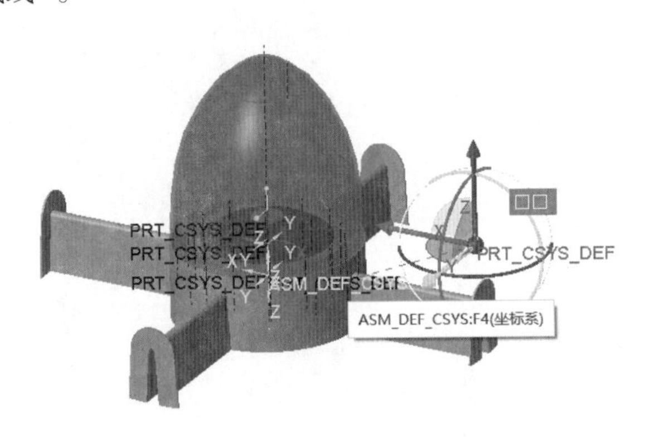

图 4-5-13 坐标系对齐

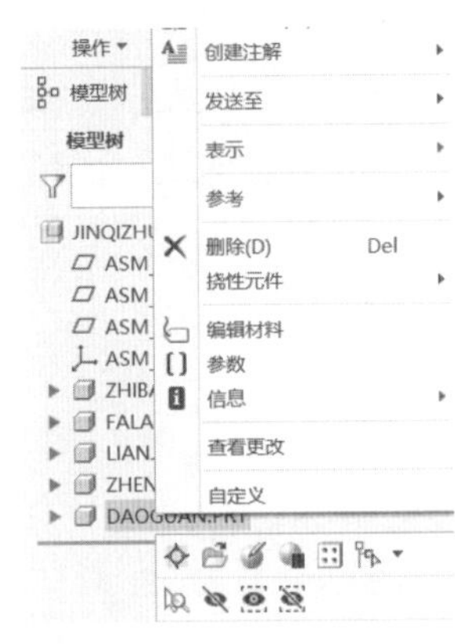

图 4-5-14 零件激活

2. 创建扫描特征

（1）单击顶部工具栏中的“草绘”按钮，在弹出的“草绘”菜单中单击“ASM_TOP:F2(基准平面)”，使用默认选项，如图 4-5-15 所示。单击“参考”按钮，单击“曲面 :F7(拉伸 _1)”“A_16(轴):F13(拉伸 _2)”“A_6(轴):F12(拉伸 _2)”“顶点 : 边 :F13(拉伸 _3)”作为参照线，如图 4-5-16 所示，绘图区显示如图 4-5-17 所示，在上面绘制如图 4-5-18 所示的轨迹线。

图 4-5-15 “草绘”菜单

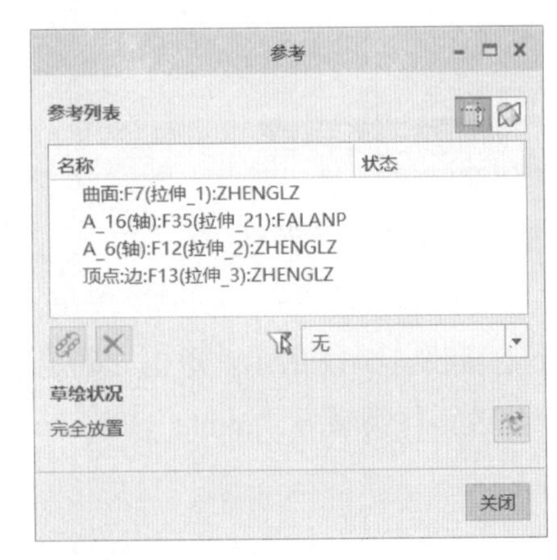

图 4-5-16 “参考”对话框

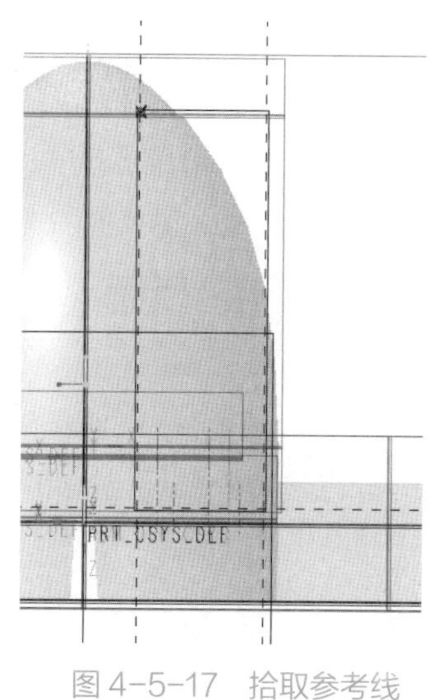

图 4-5-17　拾取参考线

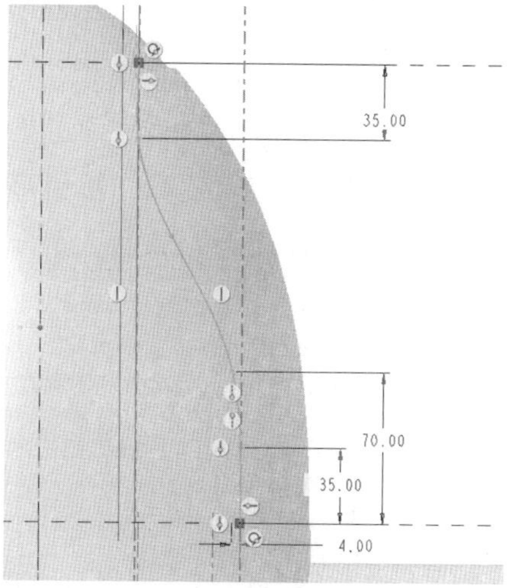

图 4-5-18　轨迹线

（2）隐藏除锥体罩之外的其他零件，单击顶部工具栏中的“扫描”按钮，在弹出的“截面”工具栏中单击“草绘”按钮。在绘制草图时，单击“投影”按钮，绘制如图 4-5-19 所示的图形，单击“确定”按钮完成草图创建，绘图区如图 4-5-20 所示。再次单击扫描工具栏的“确定”按钮完成扫描实体创建。

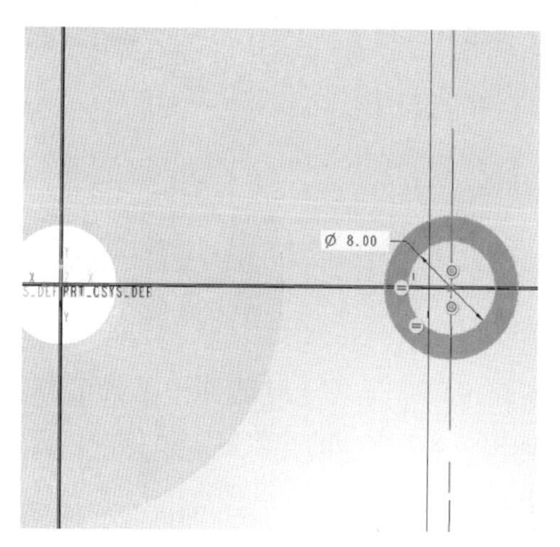

图 4-5-19　草绘截面

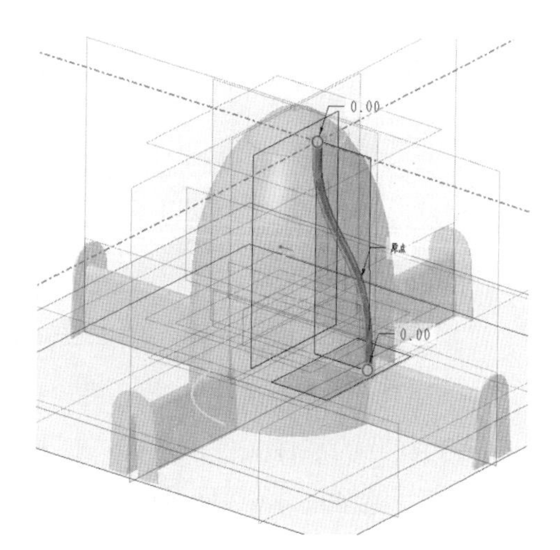

图 4-5-20　扫描实体

任务 4.6　装配视图的创建

任务目标

（1）熟练掌握组件的装配思路与方法。

（2）掌握视图的创建方法，理解视图表达的设计目的。

（3）练习创建多种视图的表达方式。

资源环境

（1）Creo 8.0。

（2）超星学习通装配案例。

笔记

4.6.1 创建总体装配

1. 创建简单装配

（1）单击顶部菜单中的“打开”按钮，在弹出的“文件打开”菜单中单击上个任务创建的“Jinqizhuangzhi”装配文件，单击“打开”按钮，如图 4-6-1 所示。

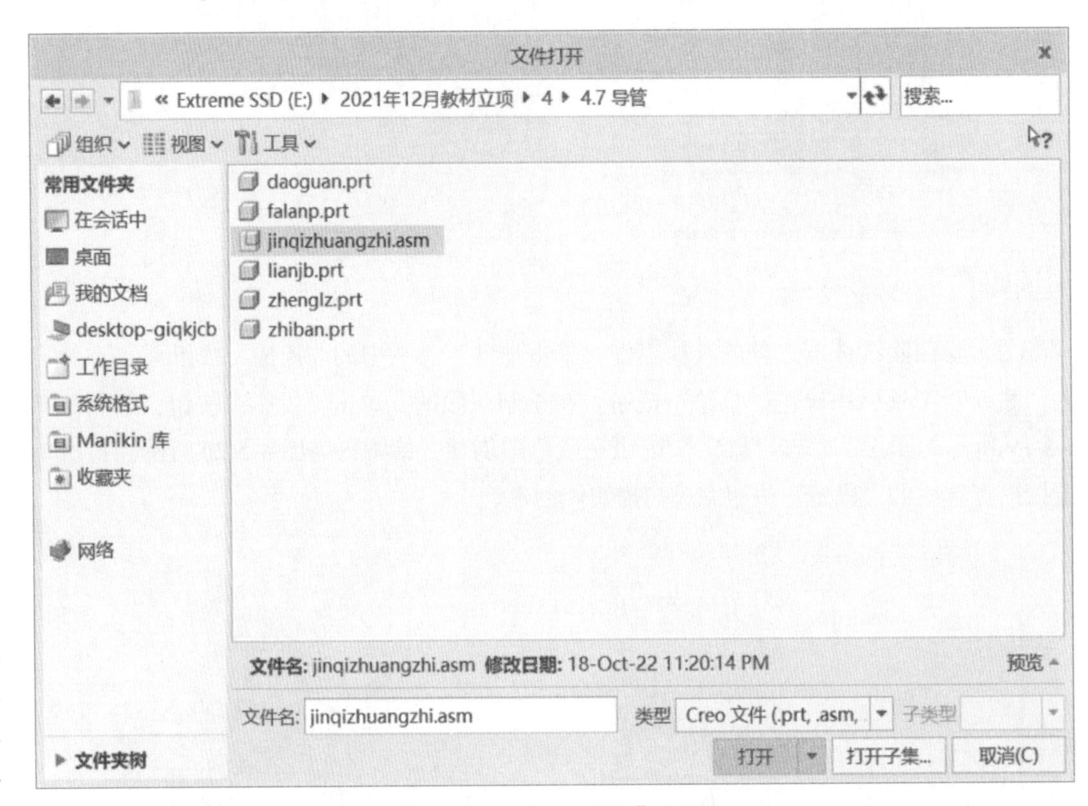

图 4-6-1 “文件打开”菜单

（2）单击顶部工具栏的“组装”按钮，在弹出的“打开”对话框中选择名称为“jinqijx.PRT”的零件文件，单击“打开”。在如图 4-6-2 所示的“放置”菜单中，选择轴“重合”。在如图 4-6-3 所示的“放置”菜单中，选择面“重合”。

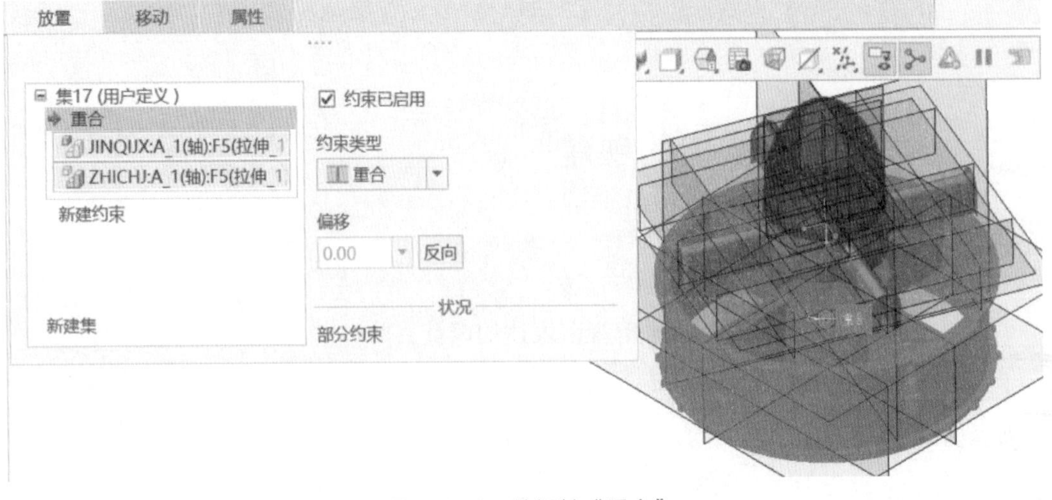

图 4-6-2 选择轴“重合”

笔记

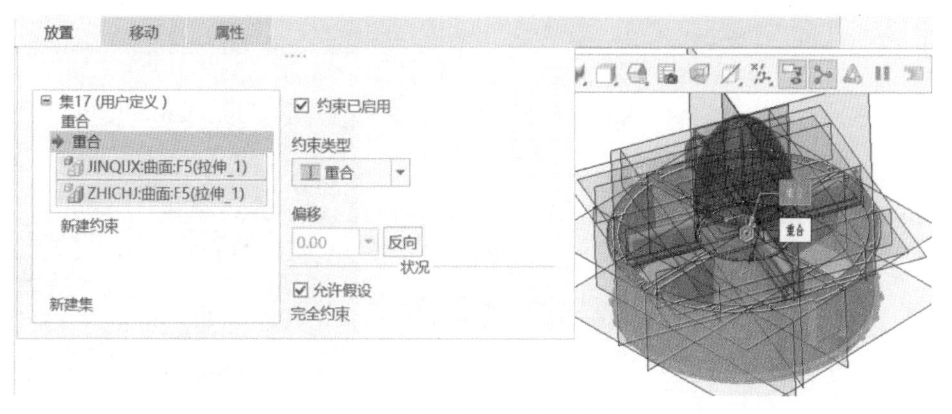

图 4-6-3 选择面“重合”

（3）在绘图区，发现四个支板的位置不重合，单击 ☑允许假设 去除勾选。在如图 4-6-4 所示的“放置”菜单中，再次选择面“重合”。在“装配”操控板上单击“确定”按钮，完成进气机匣零件的装配操作。

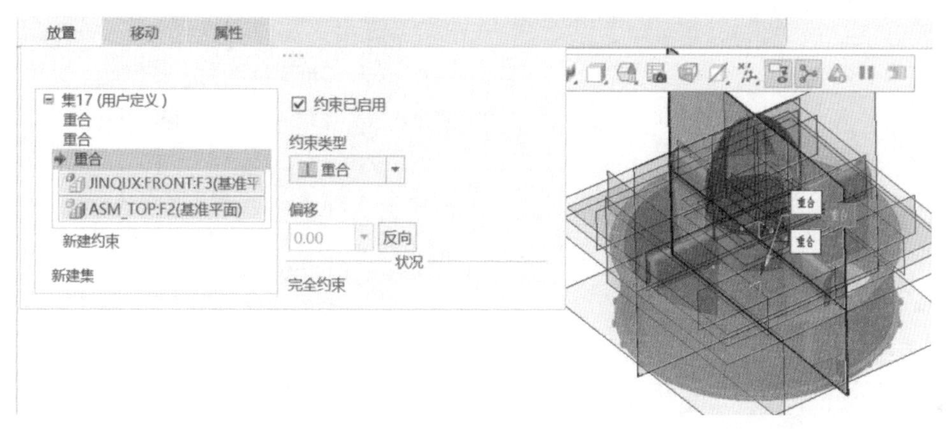

图 4-6-4 选择面“重合”

2. 创建子装配

（1）再次单击“组装”按钮，在弹出的“打开”对话框中选择名称为“tiaojielg.asm”的子装配文件，单击“打开”。在如图 4-6-5 所示的“放置”菜单中，选择“轴重合”。在如图 4-6-6 所示的“放置”菜单中，选择“面重合”。在“装配”操控板上单击“确定”按钮，完成顶杆零件的装配操作。

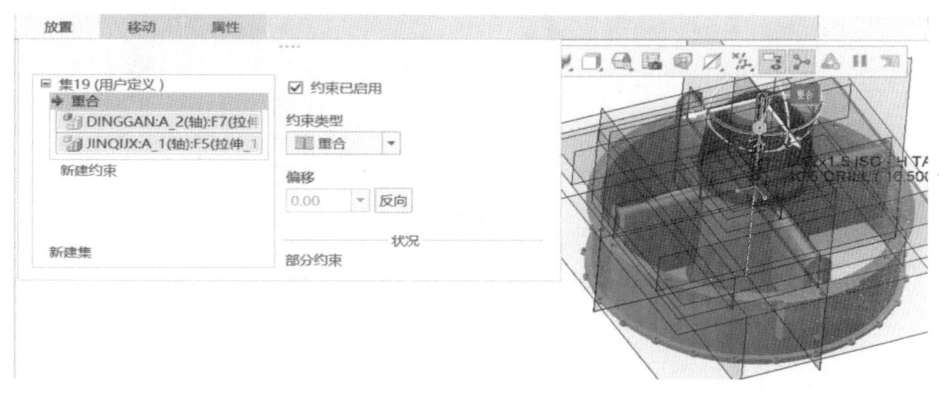

图 4-6-5 选择轴“重合”

笔记

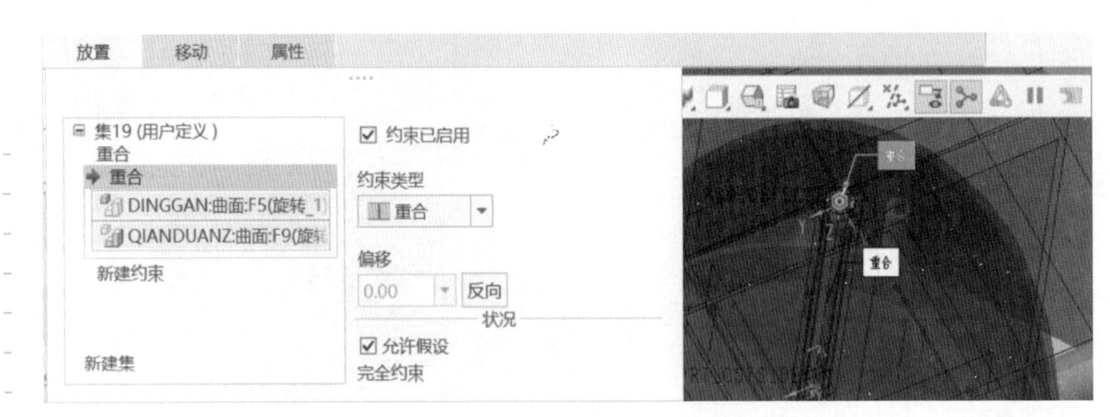

图 4-6-6　选择“面重合”

提示

由于零件存在遮挡，可以隐藏部分零件方便装配。

（2）将其他不作为参考的模型隐藏掉，完成后如图 4-6-7 所示。右击“luomu”零件，在弹出的快捷菜单中单击“编辑定义”按钮，如图 4-6-8 所示。在弹出的“放置”菜单中修改距离为重合，参考平面也重新进行选择，如图 4-6-9 所示，完成螺母零件的位置调节操作。

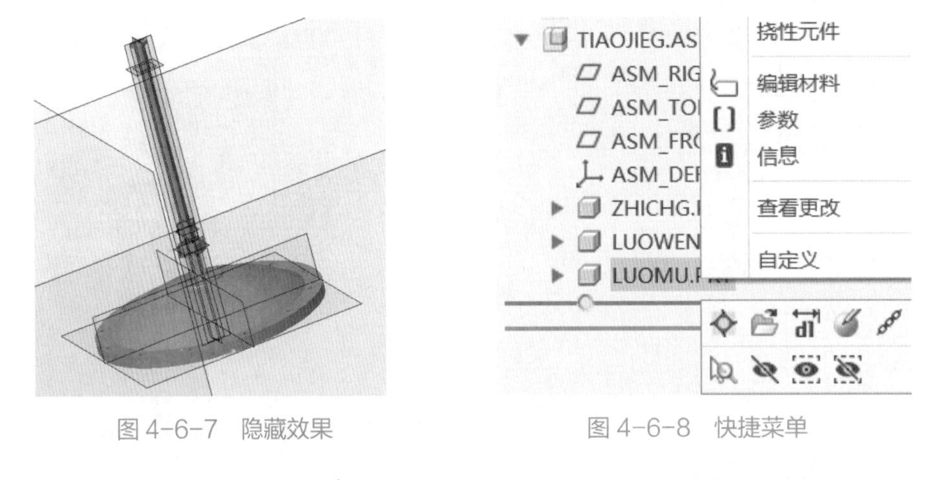

图 4-6-7　隐藏效果　　　　图 4-6-8　快捷菜单

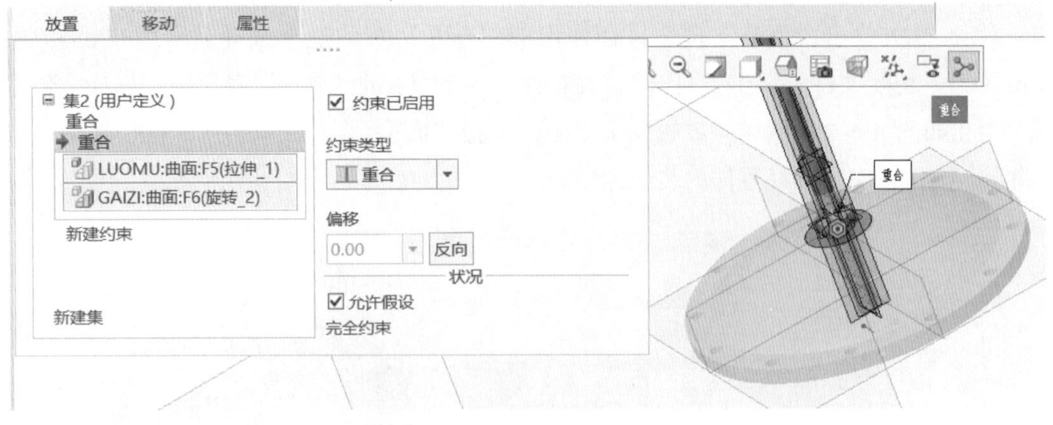

图 4-6-9　修改距离为重合

（3）将前期隐藏的模型显示出来，完成后如图 4-6-10 所示。

笔记

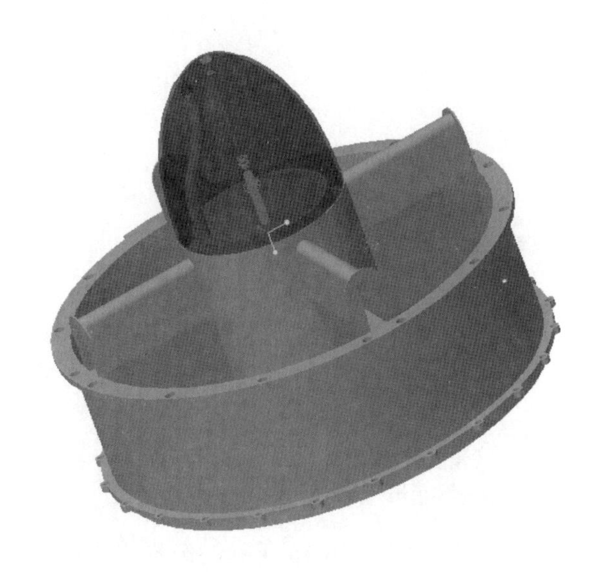

图 4-6-10　进气装置整体装配

4.6.2　创建视图表达

1. 创建定向视图

（1）单击顶部工具栏的“视图管理”按钮，弹出“视图管理器”对话框，单击“定向”菜单栏，如图 4-6-11 所示。

（2）在绘图区调整好视图方向，单击“新建”按钮，修改定向视图名称，如图 4-6-12 所示。按下“回车”键，完成定向视图创建。

图 4-6-11　“定向”菜单

图 4-6-12　修改定向视图名称

2. 创建样式视图

（1）单击顶部工具栏的“视图管理”按钮，弹出“视图管理器”对话框，单击“样式”菜单栏，如图 4-6-13 所示。单击“新建”按钮，修改视图名称，如图 4-6-14 所示。

笔记

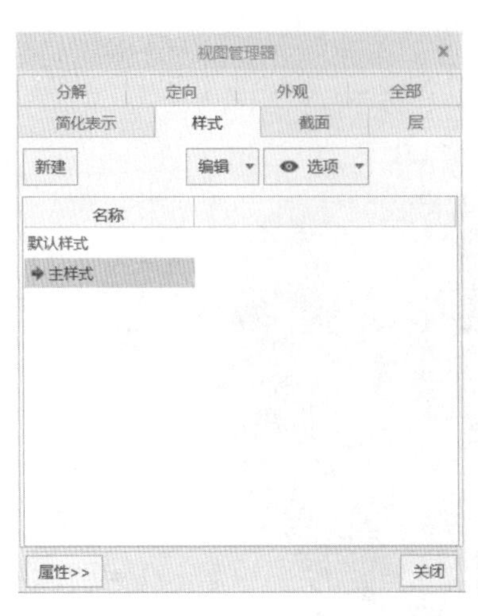

图 4-6-13 “样式”菜单

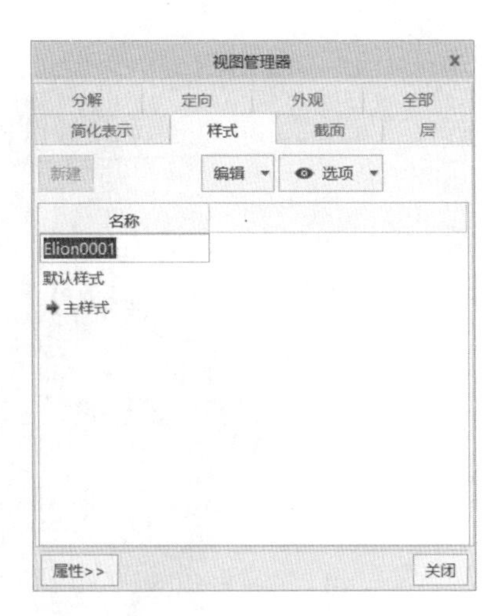

图 4-6-14 修改样式视图名称

（2）按下“回车”键，弹出如图 4-6-15 所示的编辑管理器，单击“显示”菜单栏，分别设置各个零件的显示方式，完成样式视图创建，如图 4-6-16 所示。

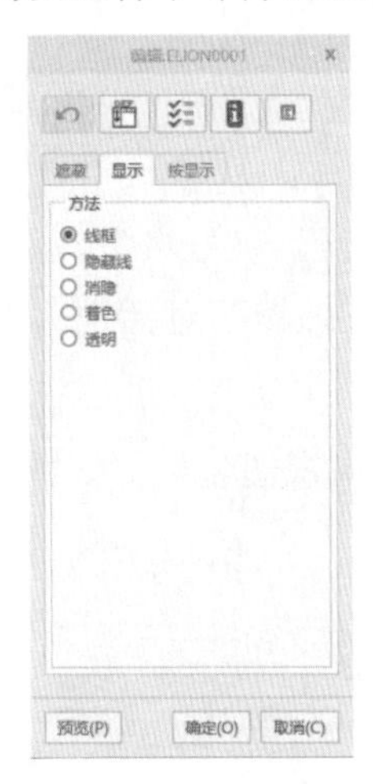

图 4-6-15 编辑管理器

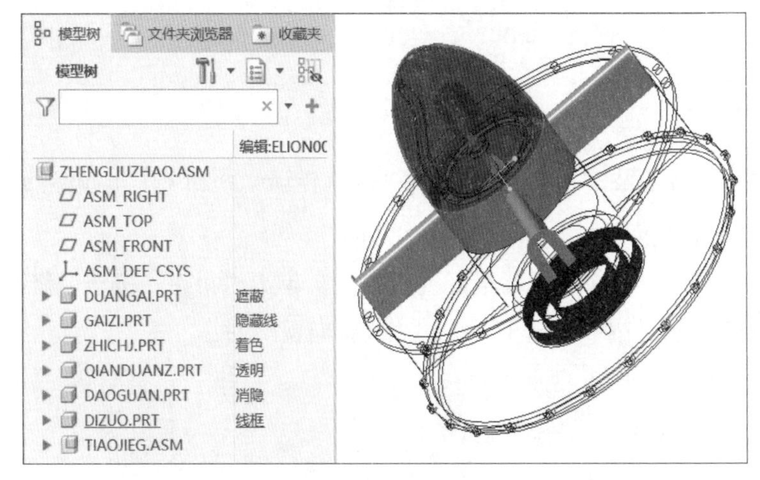

图 4-6-16 样式视图

3. 创建 X 截面视图

（1）单击顶部工具栏的“视图管理”按钮，弹出“视图管理器”对话框，单击“截面”菜单栏，如图 4-6-17 所示。单击“新建”按钮，在下拉菜单中单击“平面”，修改视图名称，如图 4-6-18 所示。

图 4-6-17 “截面”菜单

图 4-6-18 修改截面视图名称

（2）按下“回车”键，弹出如图 4-6-19 所示的截面顶部工具条，单击“RIGHT：F1(基准平面)”，单击“显示剖面线图案”，单击“确定”按钮，完成全剖视图创建。

笔记

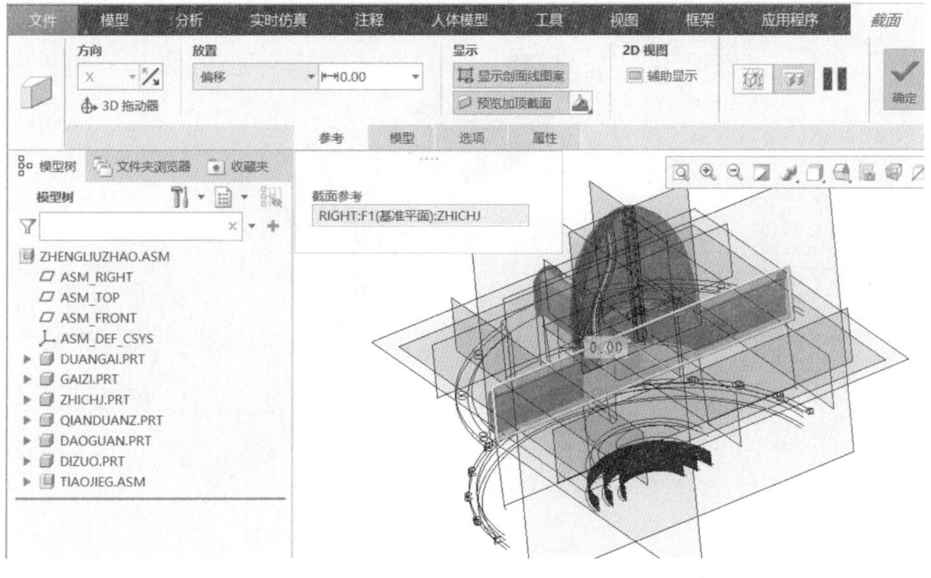

图 4-6-19　全剖视图

技巧

在X截面的创建过程中，不仅能创建全剖效果，还能创建半剖效果。

另外，草绘的图形方向不同，获得的半剖效果也有所不同。

4. 创建分解视图

（1）单击顶部工具栏的“视图管理”按钮，弹出“视图管理器”对话框，单击“分解”菜单栏，如图 4-6-20 所示。单击“新建”按钮，修改视图名称，如图 4-6-21 所示。

分解视图

图 4-6-20　“分解”菜单

图 4-6-21　修改分解视图名称

（2）按下“回车”键，单击下方的“属性”按钮，单击“编辑位置”按钮，弹出分解工具的顶部工具条。单击“零部件”，拖动箭头，将零件位置进行拖动，如图 4-6-22 所示，单击“确定”按钮，完成分解视图创建。

（3）单击下方的“列表”按钮，文件名称后面出现“(+) 号”，表示文件已经修改，右击，弹出快捷菜单，如图 4-6-23 所示。单击“保存”，弹出“保存显示元素”对话框，如图 4-6-24 所示，单击“确定”按钮，完成分解视图保存。

提示

在分解视图模式下，如果文件名称后面出现“(+)号”，一定要单击“保存”，否则退出后分解位置失效。

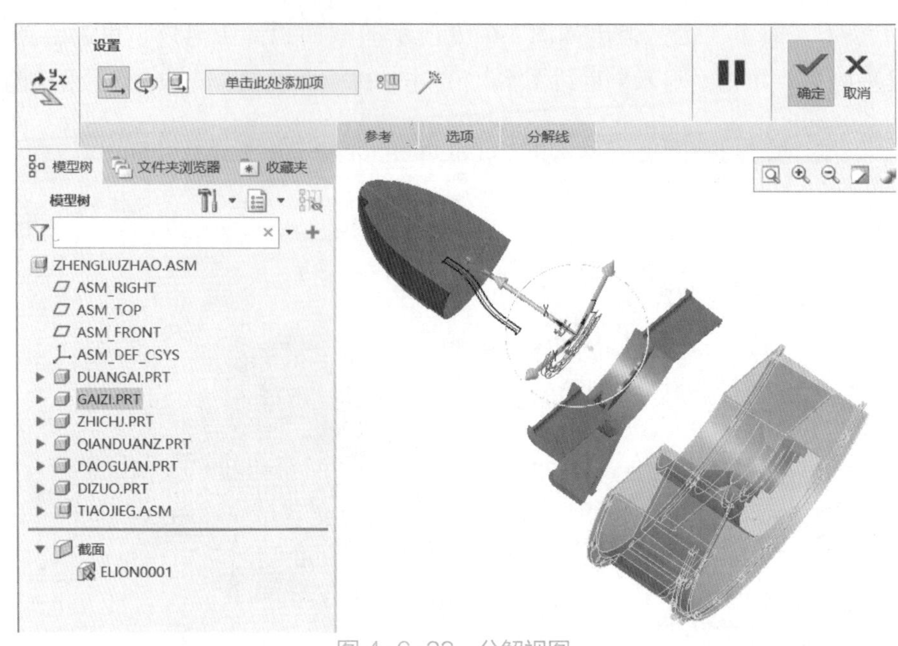

图 4-6-22　分解视图

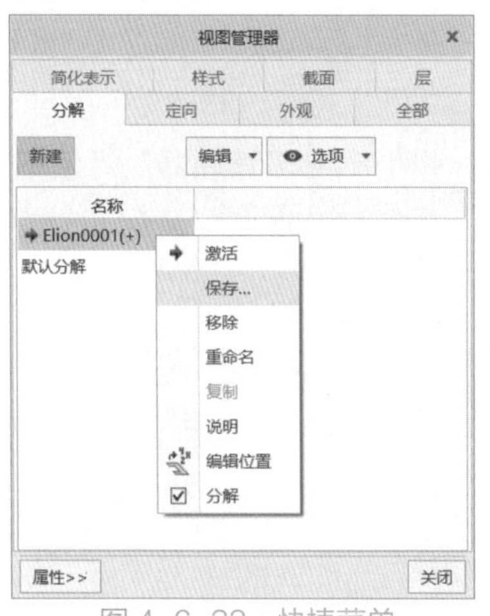

图 4-6-23　快捷菜单

图 4-6-24　“保存显示元素”对话框

全部视图

5. 创建全部视图

（1）单击顶部工具栏的“视图管理”按钮，弹出“视图管理器”对话框，单击“全部”菜单栏，如图 4-6-25 所示。单击“新建”按钮，修改视图名称，如图 4-6-26 所示。

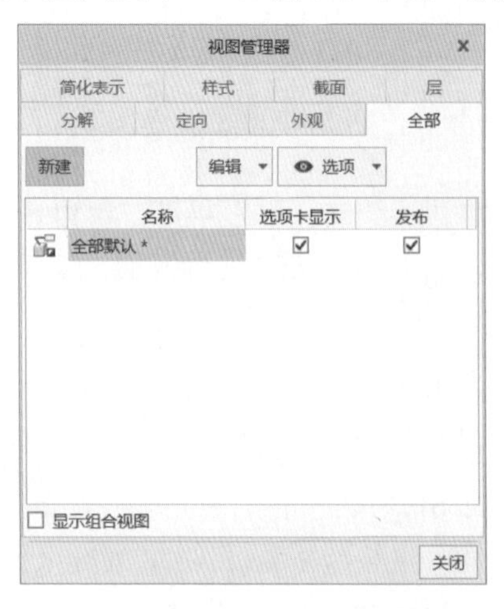

图 4-6-25　“全部”菜单

图 4-6-26　修改全部视图名称

（2）按下“回车”键，弹出如图 4-6-27 所示的菜单，单击“参考原件”按钮。右击文件名，在弹出的快捷菜单中，单击“编辑定义”按钮，弹出菜单，选择之前步骤创建的视图表达方式，如图 4-6-28 所示。单击“确定”按钮，完成全部视图创建，如图 4-6-29 所示。

笔记

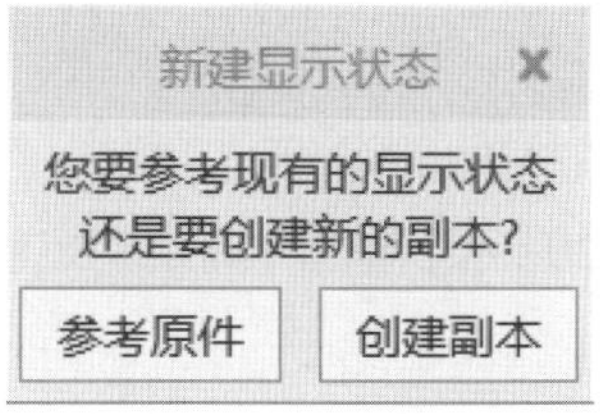

新建显示状态
您要参考现有的显示状态
还是要创建新的副本?
参考原件
创建副本

图 4-6-27　参考原件

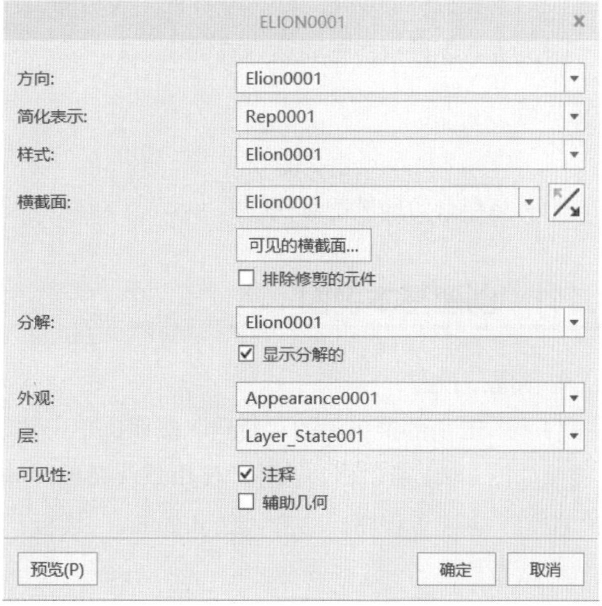

ELION0001
方向:
Elion0001
简化表示:
Rep0001
样式:
Elion0001
横截面:
Elion0001
可见的横截面...
排除修剪的元件
分解:
Elion0001
显示分解的
外观:
Appearance0001
层:
Layer_State001
可见性:
注释
辅助几何
预览(P)
确定
取消

图 4-6-28　编辑视图状态

修剪状态:ELION0001
层状态:LAYER_STATE001
分解状态:ELION0001
造型状态:ELION0001
外观状态:APPEARANCE0001
即时简化表示:REP0001

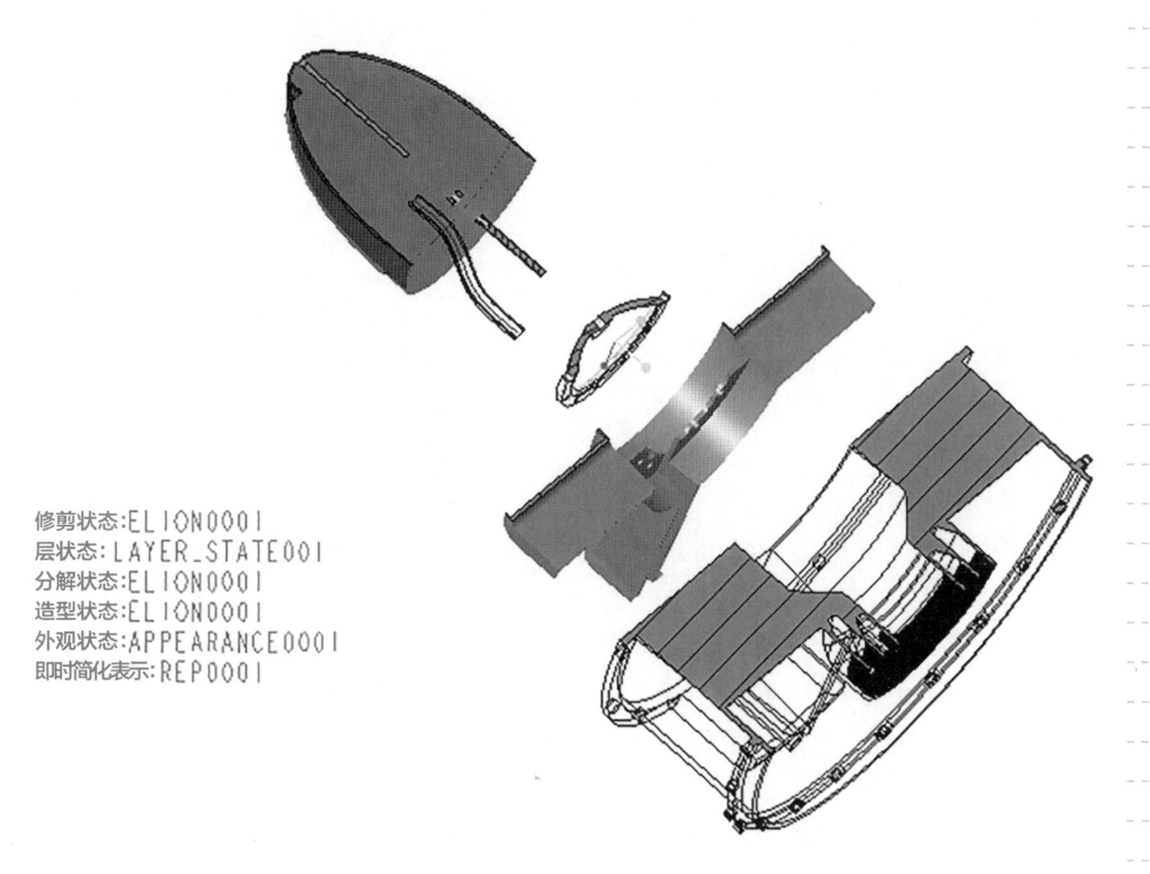

图 4-6-29　全部视图

任务 4.7 工程图的创建

端盖三维模型

提示

在Creo的工程图的默认模式中，创建的视图是不能够移动的。需要单击视图名称，在弹出的菜单中单击“锁定视图移动”按钮方能实现视图移动。完成移动后，记得再次单击该按钮完成位置锁定。

任务目标

（1）熟练掌握组件的装配思路与方法。

（2）掌握视图的创建方法，理解视图表达的设计目的。

（3）练习多种视图的表达方式创建。

资源环境

（1）Creo 8.0。

（2）超星学习通装配案例。

4.7.1 创建基本视图

1. 创建三视图

（1）单击顶部菜单中的“新建”按钮，单击“绘图”选择框，进入工程图模块，工作界面如图 4-7-1 所示，勾选掉“使用默认模板”，修改文件名称为“ falp01”，单击“确定”按钮，创建工程图。单击“a3_drawing”模板，如图 4-7-2 所示，单击“确定”按钮，完成参数设置。

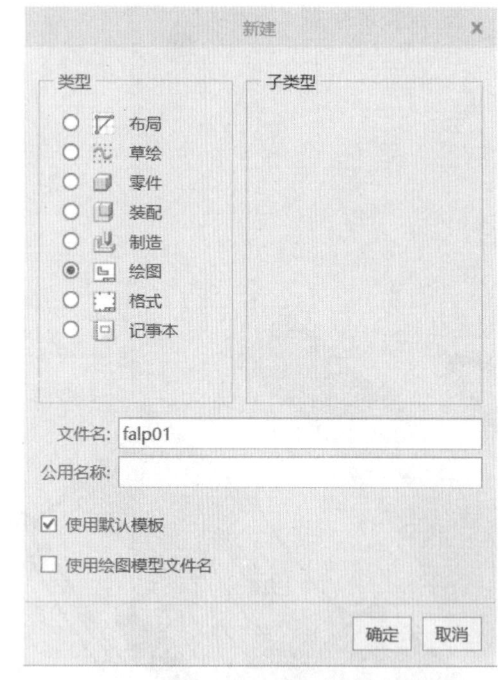

图 4-7-1 工作界面

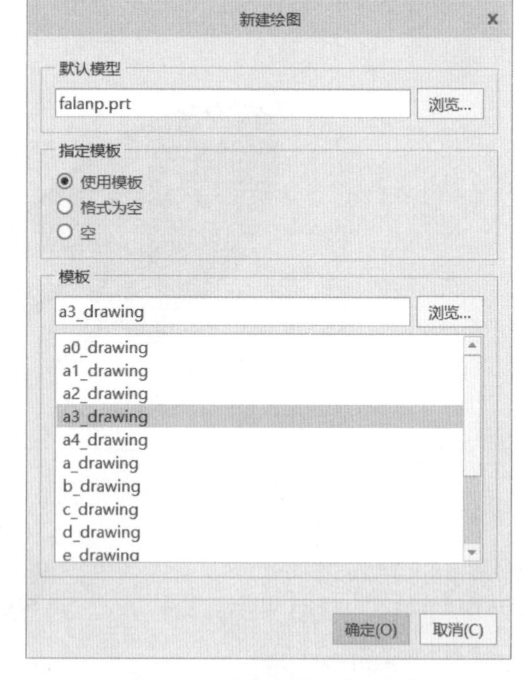

图 4-7-2 “新建绘图”对话框

（2）生成如图 4-7-3 所示的工程图，由于系统生成的是第三视角视图，可以进行人工修改。单击“顶视图”按钮，在弹出的快捷菜单中单击“删除”按钮 ✕，完成删除操作。

2. 创建投影视图

（1）单击主视图，单击“投影视图”按钮，在主视图下方单击一下生成俯视图，如图 4-7-4 所示。

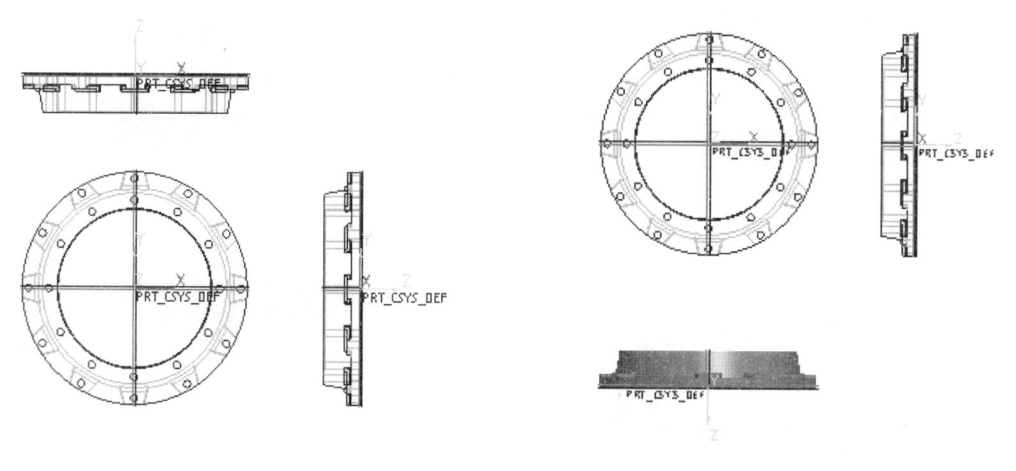

图 4-7-3　工程图　　　　图 4-7-4　俯视图

讨论

以下几种视图显示模式代表的含义是什么？

讨论

以下几种线型显示模式代表的含义是什么？

（2）双击俯视图，在弹出的“绘图视图”管理器中，单击“视图显示”选项卡，修改显示样式为“消隐”；相切边显示样式为“无”，如图 4-7-5 所示，单击“应用”按钮。修改完参数后单击“确定”，投影视图效果如图 4-7-6 所示。

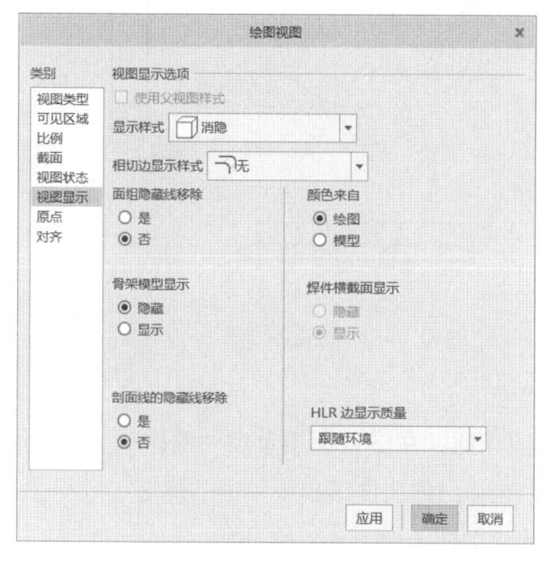

图 4-7-5　修改视图显示参数

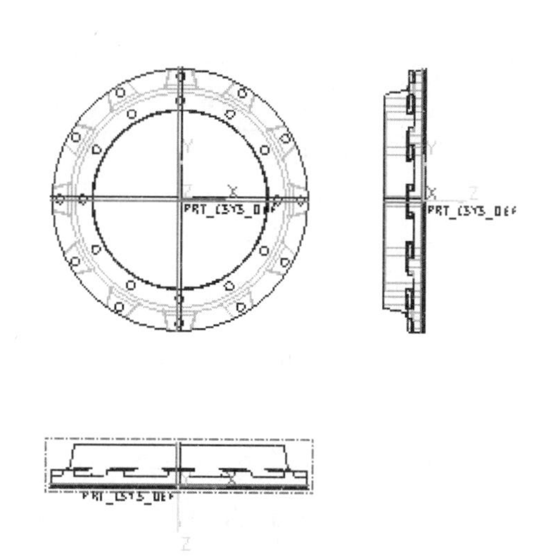

图 4-7-6　投影视图效果

4.7.2　创建剖视图

1. 创建全剖视图

（1）双击右视图，在弹出的“绘图视图”管理器中，单击“截面”选项卡，在截面选项列表中单击“2D 横截面”，如图 4-7-7 所示。单击“添加横截面”按钮➕，在弹出的如图 4-7-8 所示的菜单管理器中，单击“完成”，输入横截面名称“ A-A”，单击“确定”完成。

（2）单击绘图区主视图的“ RIGHT：F1(基准平面)”，如图 4-7-9 所示。完成后单击“绘图视图”菜单管理器中的“确定”，全剖视图如图 4-7-10 所示。

剖视图

笔记

图 4-7-7 “绘图视图”管理器

图 4-7-8 菜单管理器

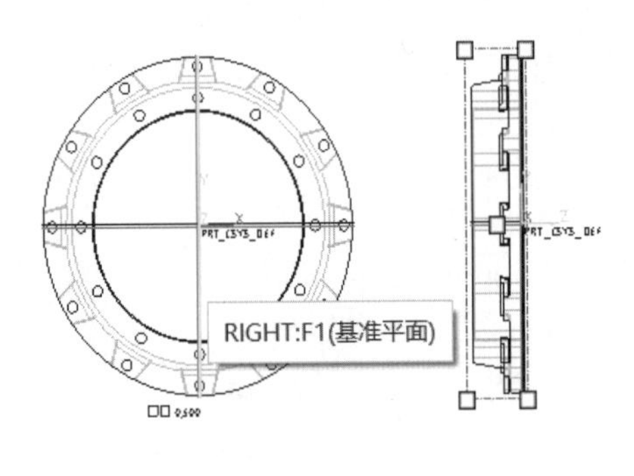

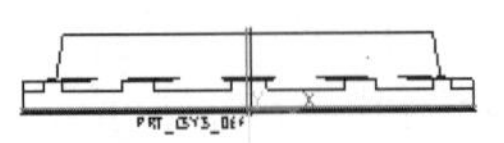

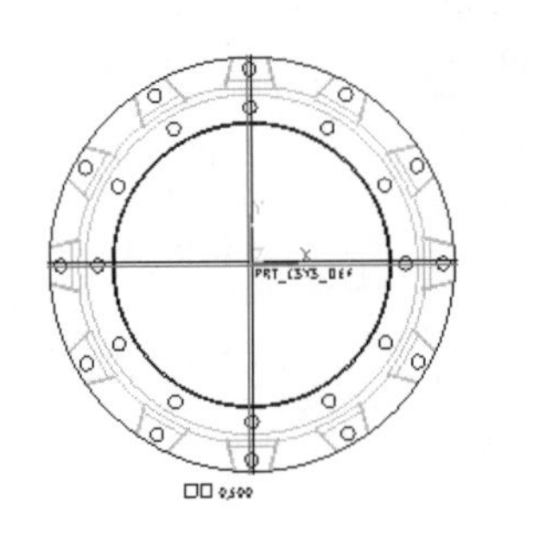

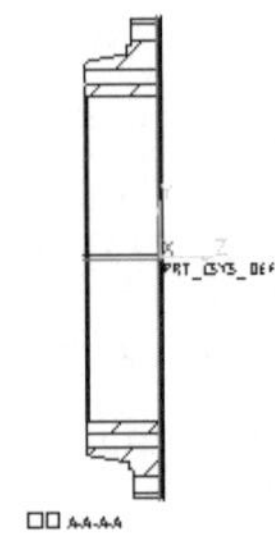

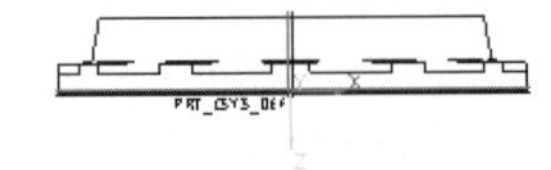

图 4-7-9 选择基准平面

图 4-7-10 全剖视图

2. 创建半剖视图

（1）半剖视图的创建方式与全截面剖视图相似，在横截面中单击“偏移”。在草绘界面中，创建如图 4-7-11 所示的图形，右击，在弹出的快捷菜单中单击“确定”。

（2）修改参数如图 4-7-12 所示，完成后的半剖视图如图 4-7-13 所示。

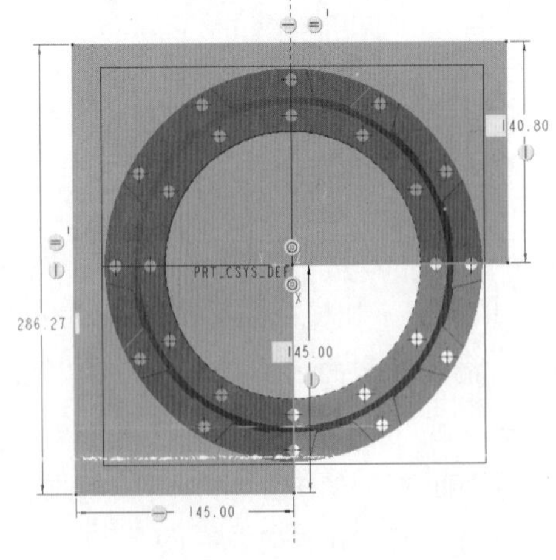

图 4-7-11 截面

图 4-7-12 修改截面参数

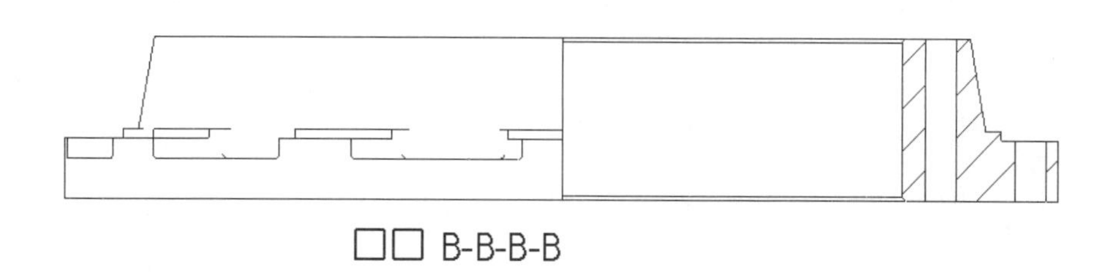

图 4-7-13　半剖视图

笔记

4.7.3　创建局部放大图和局部视图

1. 创建局部放大图

（1）单击顶部工具栏的“局部放大图”按钮，在左视图中单击，出现一个红色的“×”，连续单击绘制一个圆，单击鼠标中键结束，如图 4-7-14 所示。

（2）在绘图区空白处单击一次，出现如图 4-7-15 所示的局部放大图。

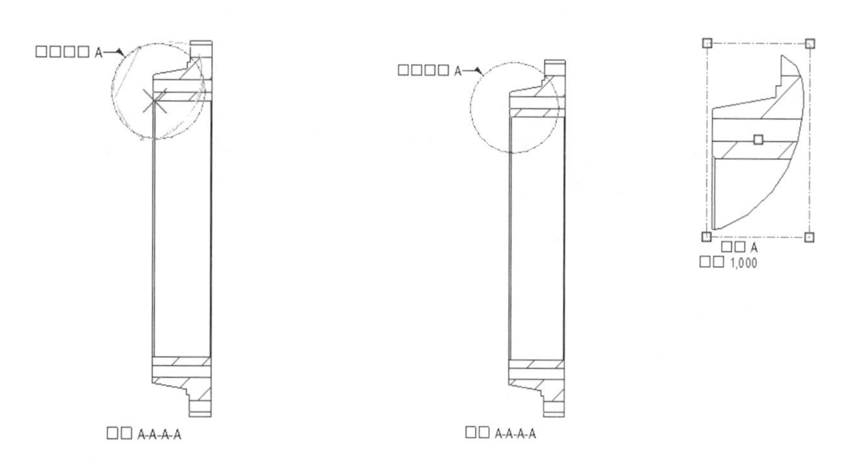

图 4-7-14　创建放大区域　　图 4-7-15　局部放大图

说明

系统生成的放大图是根据手绘的线框生成的，系统近似处理成圆形，所以看起来可能会有误差。

2. 创建局部视图

（1）再次创建一个俯视图，双击，在弹出的“绘图视图”管理器中，单击“可见区域”选项卡，在“视图可见性”选项列表中单击“局部视图”，完成与局部放大图类似的操作，如图 4-7-16 所示。

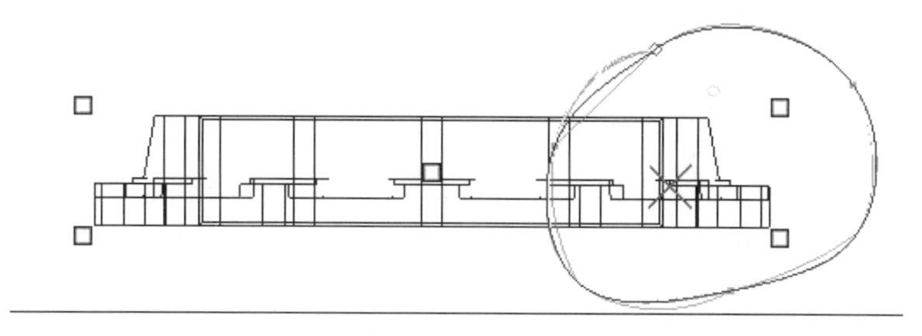

图 4-7-16　创建局部视图区域

笔记

（2）设置完成后的“绘图视图”菜单如图 4-7-17 所示。单击“确定”，绘图区如图 4-7-18 所示。

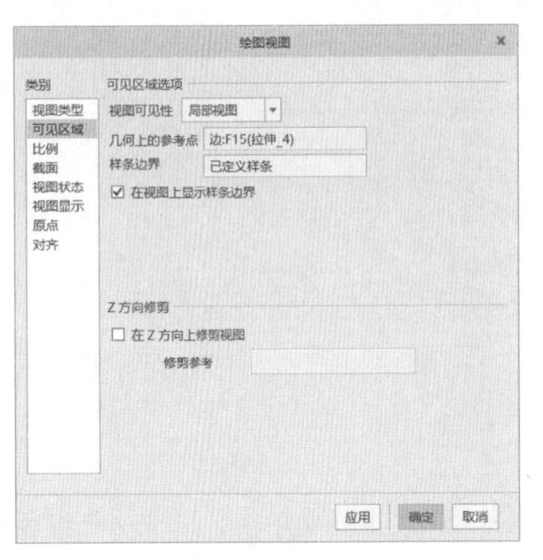

图 4-7-17 设置完成后的“绘图视图”菜单

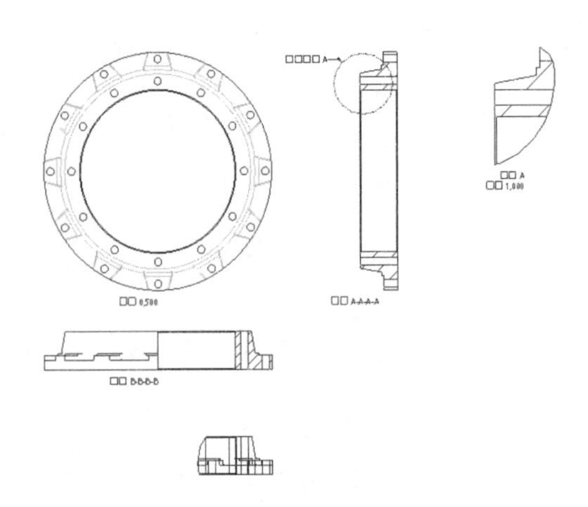

图 4-7-18 局部视图

标注尺寸

4.7.4 标注尺寸

1. 显示模型注释

（1）单击顶部“注释”工具栏的“显示模型注释”按钮，在主视图中单击模型图框，弹出如图 4-7-19 所示的菜单。连续单击，选择需要的尺寸，选中的颜色由红色变为黑色，如图 4-7-20 所示。

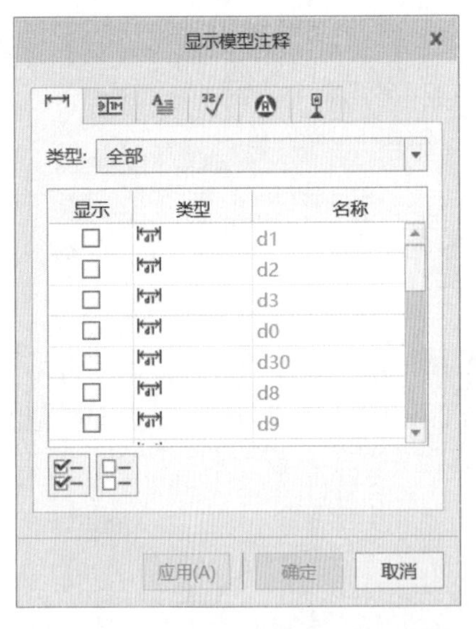

图 4-7-19 “显示模型注释 ”对话框

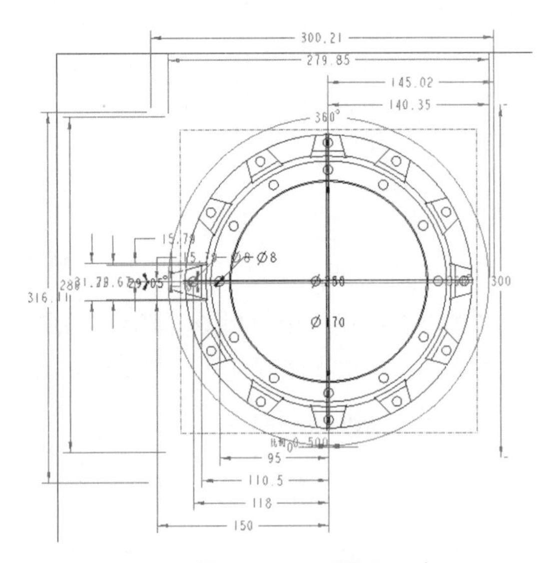

图 4-7-20 显示尺寸

（2）同时，在“显示模型注释”对话框中，所需要的尺寸会在“显示”一栏出现对勾，如图 4-7-21 所示。单击对话框中的“确定”按钮，完成主视图尺寸标注，绘图区如图 4-7-22 所示。

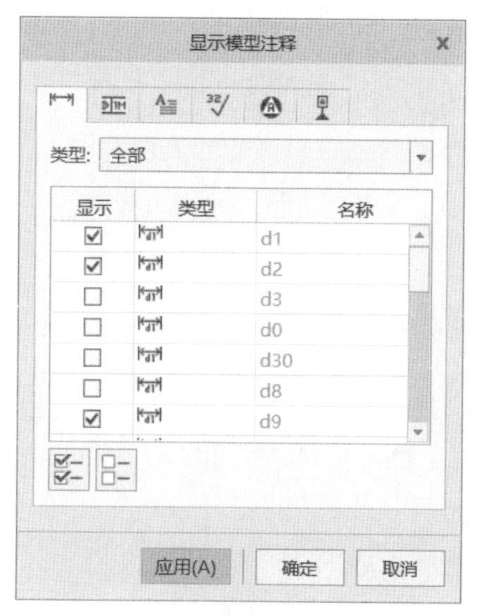

图 4-7-21　“显示栏”出现对勾

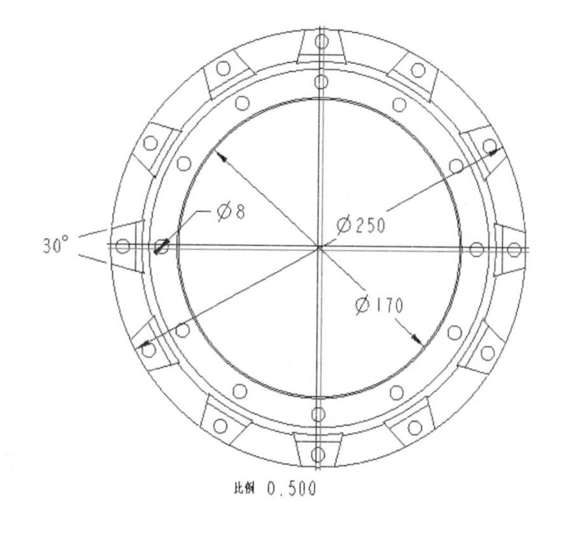

图 4-7-22　标注尺寸

（3）用同样的方式创建其他两张视图的尺寸，如图 4-7-23 所示。

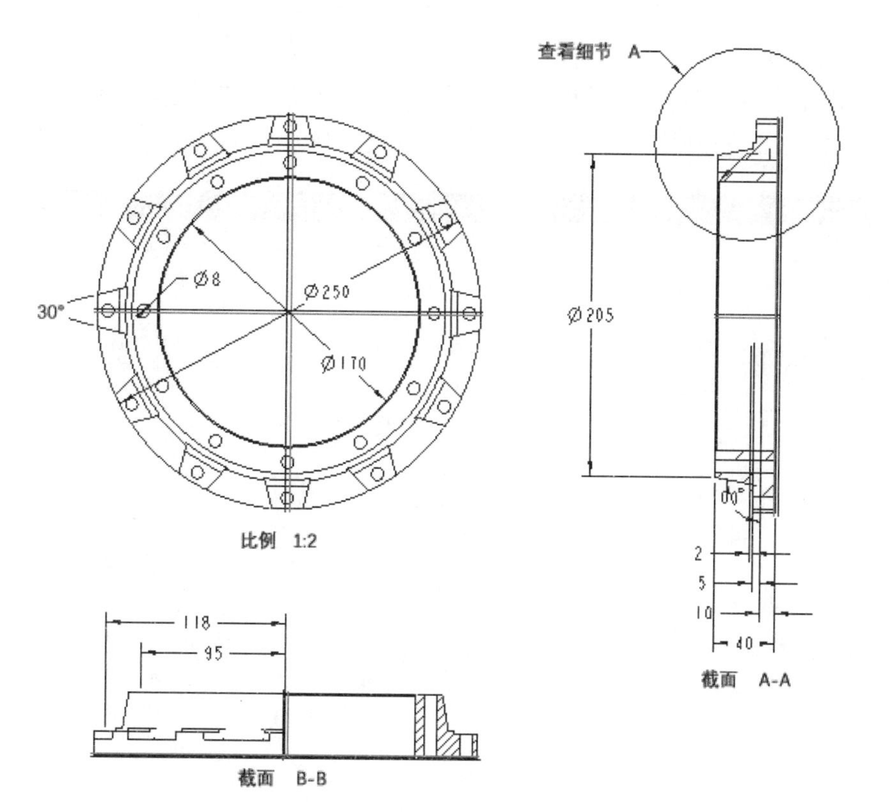

图 4-7-23　三视图尺寸标注

2. 标注人工尺寸

单击顶部工具栏的“尺寸”按钮，在弹出的“选择参考”菜单中单击“选择圆弧”按钮，在主视图中单击圆 R4，移动鼠标，单击鼠标中键结束命令，绘图区如图 4-7-24 所示。

笔记

提示

可以看到设置的数据与图片显示的数据有些误差。这是系统默认生成的，因为自动表达不合理，所以后期一般需要手动处理，后面会讲到相关内容。

讨论

以下标注尺寸的图标的含义是什么？

笔记

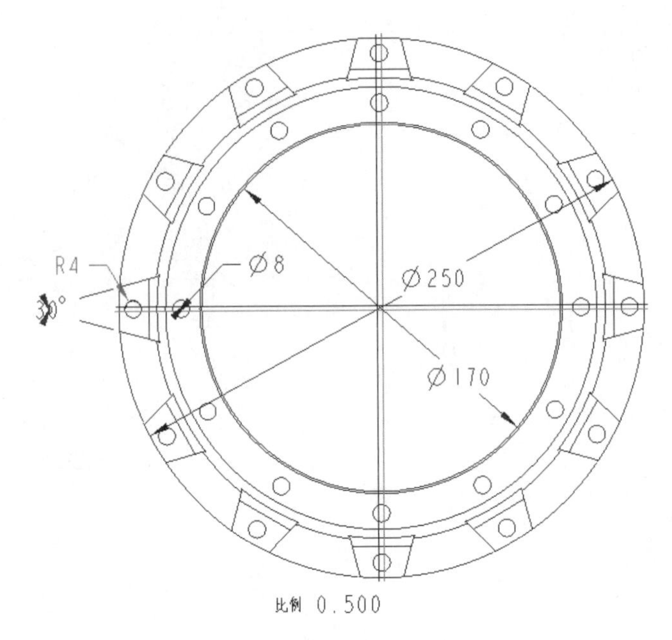

图 4-7-24　选择圆弧

3. 标注尺寸公差

单击主视图中需要添加公差的尺寸，单击顶部工具栏的“公差”按钮，修改公差显示类型，修改尺寸公差如图 4-7-25 所示，绘图区尺寸公差标注如图 4-7-26 所示。

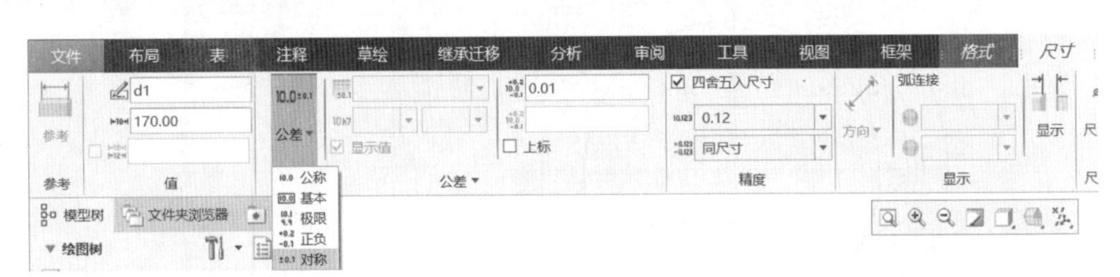

图 4-7-25　修改尺寸公差

讨论

以下尺寸公差的图标的含义是什么？

10.0

10.0

10.1
9.9

+0.2
-0.1

±0.1

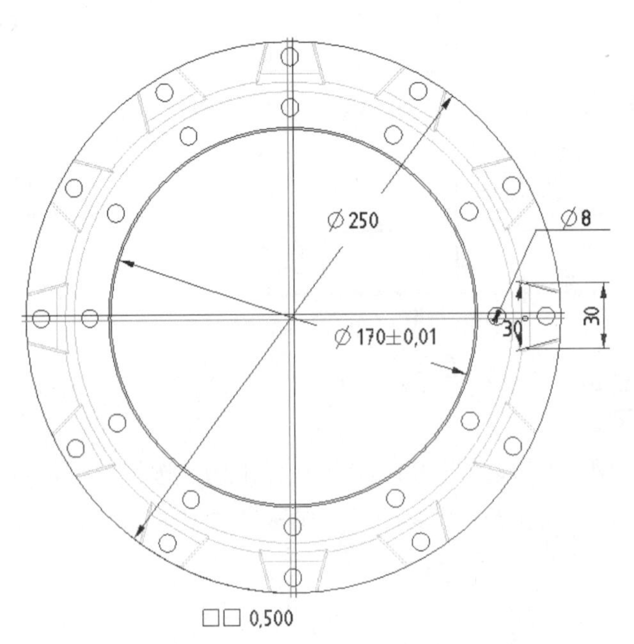

图 4-7-26　尺寸公差标注

4. 标注几何公差

单击顶部工具栏的“几何公差”按钮，单击主视图中需要添加公差的尺寸，顶部弹出“几何公差”菜单，修改公差的“几何特性”类型，修改“复合框架”尺寸值，如图 4-7-27 所示，绘图区几何公差标注如图 4-7-28 所示。

几何公差

讨论

以下几何公差的图标的含义是什么？

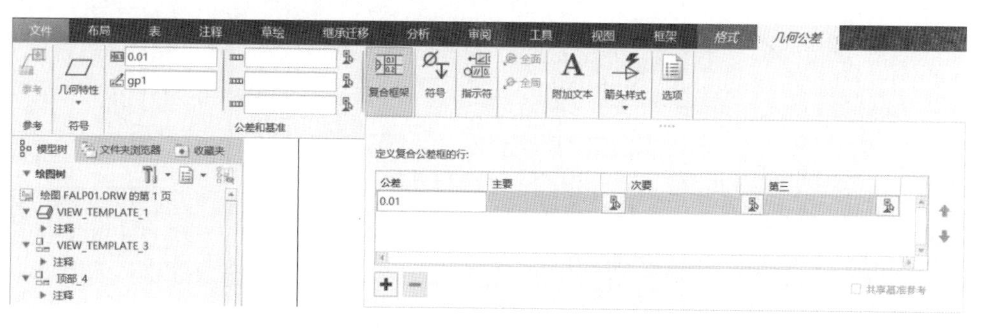

图 4-7-27　修改几何公差

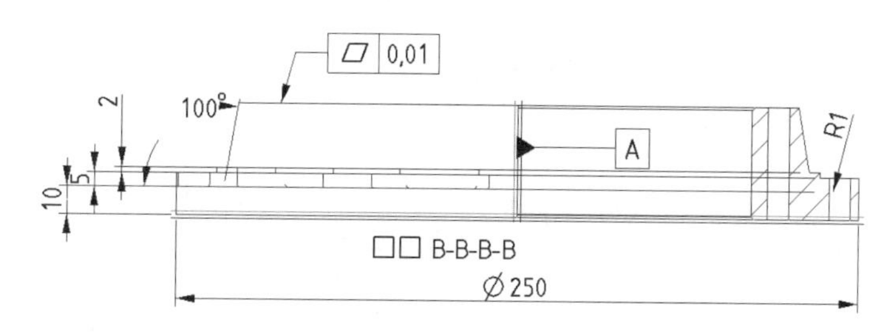

图 4-7-28　几何公差标注

5. 标注表面粗糙度

（1）单击顶部工具栏的“表面粗糙度”按钮，弹出“表面粗糙度”菜单，修改“符号名”类型，单击“类型”下拉列表，修改为“垂直于图元”，如图 4-7-29 所示。单击“可变文本”菜单栏，修改“roughness_height”的值，要求符合国家标准，如图 4-7-30 所示。

表面粗糙度

图 4-7-29　“表面粗糙度”菜单

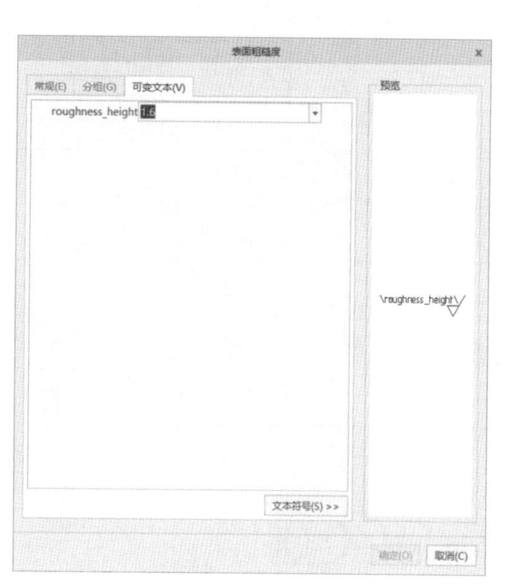

图 4-7-30　“可变文本”菜单

笔记

（2）单击零件中需要标注表面粗糙度的表面，单击鼠标中键，完成一次标注，绘图区完成表面粗糙度的标注如图 4-7-31 所示。

讨论

以下标注尺寸的图标的含义是什么？

Generic

Machined

Unmachined

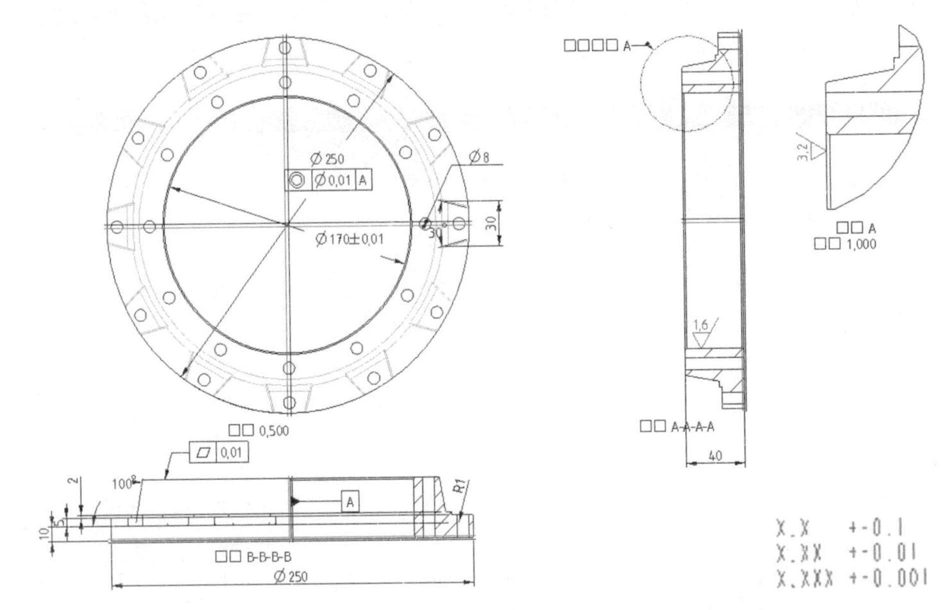

图 4-7-31　表面粗糙度标注

项目小结

通过本项目可以完成以下命令的学习，如表 4-7-1 所示。

表 4-7-1　本项目可完成的命令学习总结

序号	项目模块			备注
1	零件模块	形状	拉伸、旋转、扫描、螺旋扫描	任务 4.1 任务 4.2 任务 4.3 任务 4.4 任务 4.5
		工程	孔、壳、倒圆角、倒角、筋	
		编辑	阵列、镜像	
		基准	基准平面、基准轴	
2	装配模块	基本装配	对齐、匹配、插入	任务 4.4 任务 4.5
		装配创建	创建、激活	
3	工程图	视图创建	基本视图、全 / 半剖视图、局部放大视图	任务 4.6 任务 4.7
		管理视图	定向视图、样式视图、X 截面视图、分解视图、全部视图	
		尺寸标注	基本尺寸、尺寸公差、几何公差、表面粗糙度	

精工之美

在沈阳飞机工业（集团）有限公司标准件中心，“方文墨班”是一个只有 9 名工人的钳工班组。他们当中有 3 人获得过全国职业技能大赛冠军，有 4 人获过省、市级技能冠军，共计斩获市级以上职业技能大赛冠军 12 个。

不惰者，众善之师也。这个班组和以他们为主体的创新工作室，累计攻关课题 150 余项，协调工艺问题 40 余项。该班组凭借精湛技艺，对于组装中出现故障和偏差的部件不用拆开，凭借“盲锉”也能打磨到位，用“中国精度”支撑起了国产战机的“中国高度”。他们创造的 0.000 68 毫米锉削公差，引领着我国航空器零部件加工的极限精度，为国产战机关键部件的安全应用做出了突出贡献。

他们的青春之翼，因磨砺而坚强。

他们的劳动之花，因汗水而灿烂。

他们的人生之路，因奋斗而宽广。

（资料来源：《“大国工匠”0.00068 毫米公差！他们手工打磨国产战机关键部件》，看陇西，2022 年 5 月 3 日，有删改。）

笔记

模拟测试

一、单选题

1. 创建扫描特征的基本步骤是（　　）。

A. 扫描轨迹定义——截面定义

B. 第一条轨迹定义——第二条轨迹定义——截面定义

C. 扫描轨迹定义——第一截面——第二截面

D. 截面定义——扫描轨迹定义

2. 创建混合特征时，绘制的不同截面必须注意（　　）。

A. 有相同长度的边

B. 有相同数目的边（图元），且起始点有对应关系

C. 没有相同属性的图元

D. 有相同属性的图元

3. 以下（　　）可用于在一个壳体特征中产生不同面的不同壁厚。

A. 选定轨迹　　B. 增加参照

C. 替换　　D. 指定厚度

4. 建立拔模特征时拔模角度的有效范围是（　　）。

A. -10° ~ 10°　　B. -15° ~ 15°

C. -30° ~ 30°　　D. -45° ~ 45°

5. 创建可变剖面扫描特征时，若在关系式中使用 Trajpar 控制参数值变化，则在扫描终点时 Trajpar 的值是（　　）。

A. 0　　B. 0.5　　C. 1　　D. 0.1

6. 在装配中创建矩形阵列装配时，阵列方向不可以用（　　）来定义。

A. 草图直线　　B. 零件直线边界

C. 属于零件的工作轴　　D. 属于装配的工作轴

笔记

7. 以下说法错误的是（　　）。

A. 镜像装配是三维空间的，而阵列装配是平面的

B. 在装配中同一零部件可以镜像多次，而阵列装配只能做一次

C. 镜像装配的零部件可能产生新零部件，而阵列装配只能是原始零部件的引用

D. 镜像装配可以是零件或部件，而阵列装配只能是零件

8. 以下说法正确的是（　　）。

A. 完成装配体创建后可任意更改零件文件的文件名

B. 使用匹配或对齐约束时，不可对偏距输入负值

C. 爆炸图只能由系统自动定义，不可以人工定义

D. 可以在装配环境下创建零部件

9. 创建工程图中增加投影视图是指（　　）。

A. 用户自定义投影视角的视图

B. 垂直某个面或轴投影的视图

C. 由俯视图产生符合正投影关系的视图

D. 产生与其它视图无从属关系的独立视图

10. 使用尺寸标注工具，一次操作就能将（　　）类型的尺寸添加到工程视图中。

A. 驱动尺寸　　B. 模型尺寸

C. 草图尺寸　　D. 关联工程图尺寸

二、多选题

1. 以下对 Creo 的坐标系作业描述正确的是（　　）。

A. 计算草图面积属性

B. 在有限元分析时纺织载荷和约束

C. 在组装零件时定位

D. 使用加工模块时为刀具轨迹提供制造操作的参照

2. 在可变截面扫描特征中，如果要截面按照设计意图变化，通过（　　）可以实现。

A. 不顺应轨迹扫描

B. 截面受 X 向量轨迹影响

C. 使用关系式搭配 trajpar 参数控制截面参数变化

D. 使用关系搭配基准图形控制截面参数变化

3. 以下说法正确的是（　　）。

A. 镜像装配是三维空间的，而阵列装配是平面的

B. 在装配中同一零部件可以镜像多次，而阵列装配只能做一次

C. 镜像装配的零部件可能产生新零部件，而阵列装配只能是原始零部件的引用

D. 镜像装配可以是零部件或部件，而阵列装配只能是零件

4. 装配组件时使用对齐约束可以（　　）。

A. 使样条线重合　　B. 使实体平面或基准面互相平行且指向相同

C. 使点与点重合　　D. 使基准轴共线

5. 在装配中创建环形阵列装配时，阵列轴线可以用（　　）来定义。

A. 工作轴

B. 圆柱面

C. 旋转样条曲线而生成的曲面中心

D. 模型的直线边界

笔记

实体演练

1. 根据下图做出物体的实物造型。螺纹使用螺旋扫描特征，螺纹尺寸不做要求，比例合适即可。

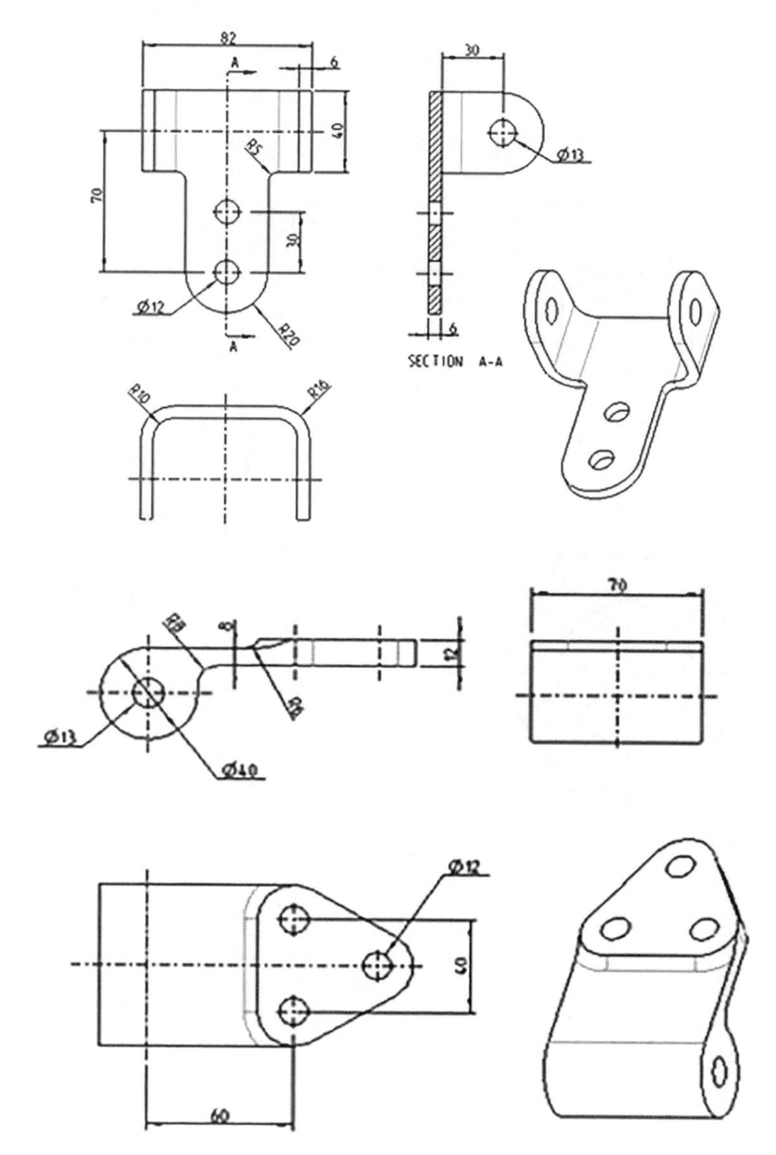

笔记

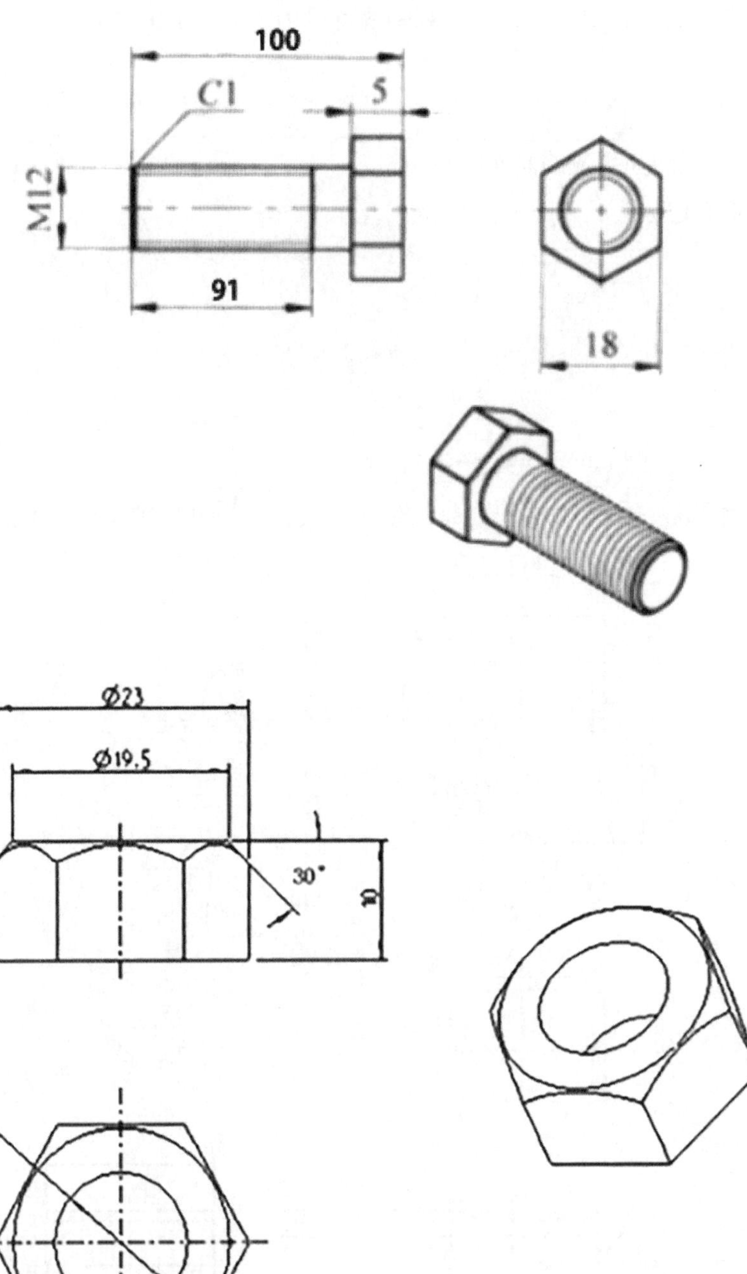

2. 装配零件，并创建爆炸图，绘制偏距线。

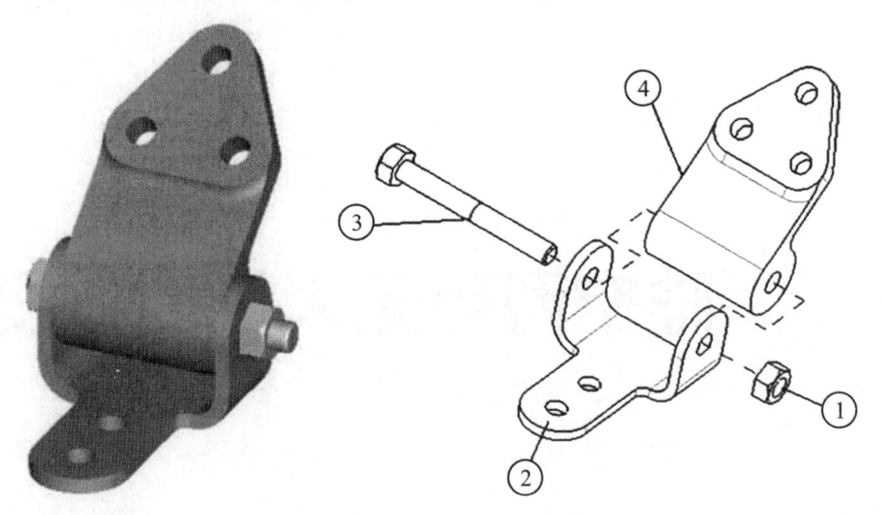

3. 做出第一题中零件的二维实体造型的工程图，要求三视图并显示尺寸，标注尺寸公差、几何公差以及表面粗糙度。（主视图显示 3 个以上主要尺寸即可，超过 5 个尺寸或未显示尺寸扣分，三张视图合计 10 个尺寸，缺少任一视图每个扣分。）

笔记

项目 5 陆空两用无人机创新设计

项目概述

无人机的价值之一在于可以代替人类完成很多空中作业，其最直接的发展驱动因素主要来自两个方面：在军事领域中，可在战场上代替部分有人机执行任务，减少人员伤亡并能应对一些极端条件；在科研和工业领域中，在进行容易造成生命危险的探测和研究时，可以使用无人机作业。

目标导航

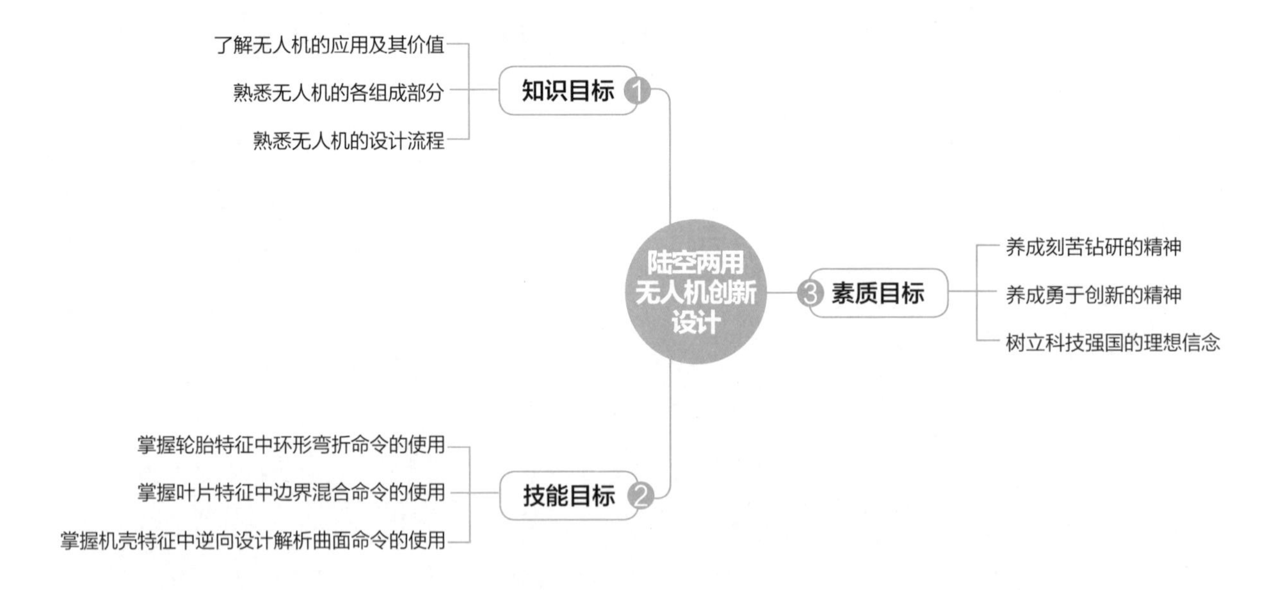

项目导图

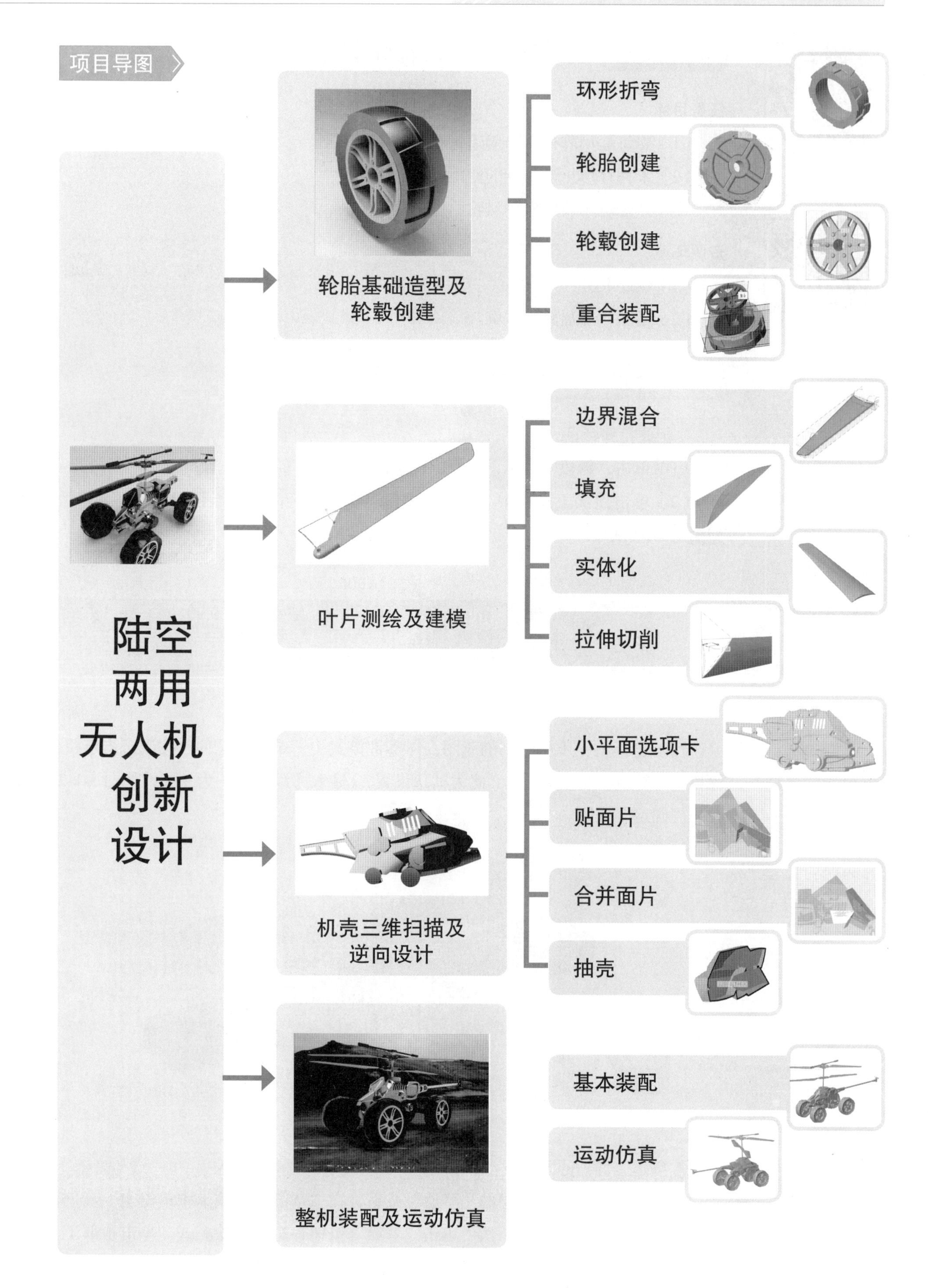
陆空
两用
无人机
创新
设计
轮胎基础造型及
轮毂创建
环形折弯
轮胎创建
轮毂创建
重合装配
叶片测绘及建模
边界混合
填充
实体化
拉伸切削
机壳三维扫描及
逆向设计
小平面选项卡
贴面片
合并面片
抽壳
整机装配及运动仿真
基本装配
运动仿真

轮胎三维模型

轮胎特征

任务 5.1 轮胎基础造型及轮毂创建

任务目标

（1）熟练运用阵列命令创建轮胎花纹特征。

（2）掌握环形折弯命令的使用。

（3）熟练运用装配命令对轮胎进行装配。

资源环境

（1）Creo 8.0。

（2）超星学习通轮胎案例。

5.1.1 创建环形折弯特征

1. 创建拉伸特征

（1）单击“新建”图标，新建零件文件，进入“零件”界面。

（2）单击顶部工具栏中“矩形”按钮，在草绘区内单击，创建矩形，并修改尺寸，如图 5-1-1 所示。

思考

零件文件的公制尺寸模板是？

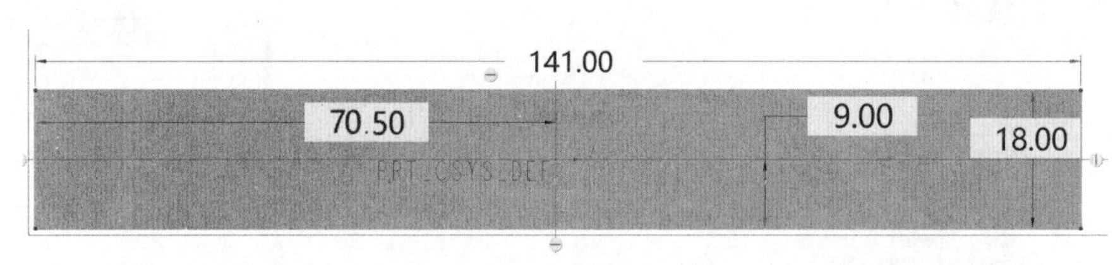

图 5-1-1 草绘轮廓图

（3）选择上一步所绘制的草图，在零件模式中，单击“拉伸”按钮，指定拉伸特征深度的方法为“可变拉伸”（此为默认设置），输入“深度值”为 9.00，如图 5-1-2 所示，单击“确定”按钮。

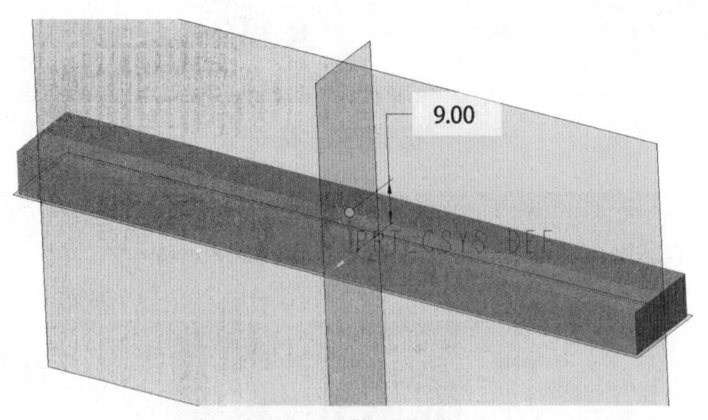

5-1-2 创建拉伸特征

2. 创建修饰特征

（1）单击上方工具栏中的“草绘”按钮，在“草绘”选项卡中单击上一步创建的实体的上表面作为草绘平面，然后单击“草绘”按钮，进入草绘模式。单击顶部工具栏中“线”按钮，在草绘区内单击，创建草图，并修改尺寸，如图 5-1-3 所示。

（2）单击“删除段”按钮，删除多余线段，最终得到的草图如图 5-1-4 所示。

笔记

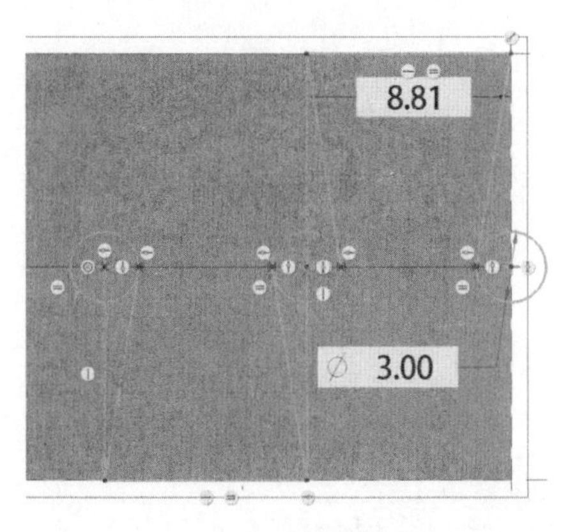

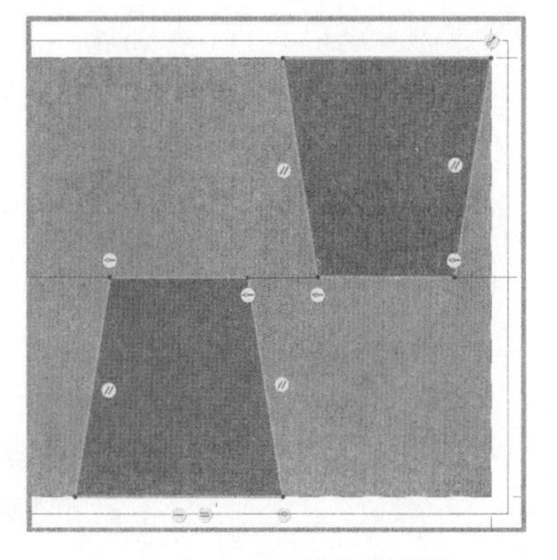

5-1-3　绘制草图　　5-1-4　绘制最终草图

（3）选择上一步所绘制的草图，在零件模式中，单击“拉伸”按钮，打开“拉伸特征”操控板，指定拉伸特征深度的方法为“可变拉伸”(此为默认设置)，单击“反向”(变为移除材料模式)，输入“深度值”为 2，如图 5-1-5 所示，单击“确定”按钮。

（4）单击上方工具栏的“倒圆角”按钮，修改倒圆角半径为 0.50，按“Ctrl+ 鼠标左键”组合键选择实体特征边线，如图 5-1-6 所示。

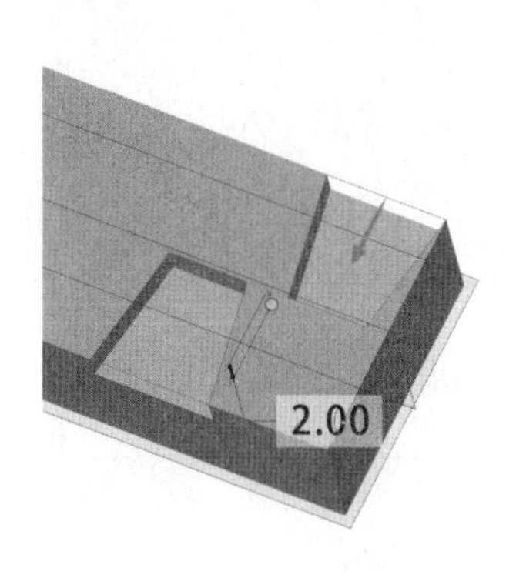

图 5-1-5　创建修饰特征

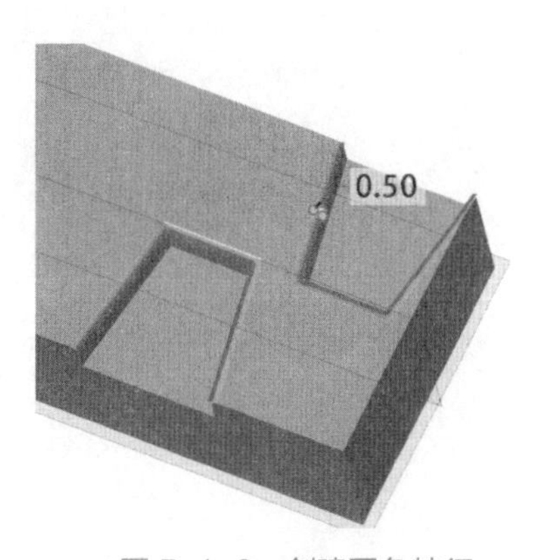

图 5-1-6　创建圆角特征

讨论

是否可以先阵列再倒圆角？为什么？

3. 创建阵列特征

（1）在左侧模型树单击，按住 Ctrl 键选择“拉伸”和“倒圆角”特征，右击，在快捷菜单中单击“分组”按钮，将“拉伸”和“倒圆角”特征编组，如图 5-1-7 所示。

图 5-1-7　特征编组

（2）在零件模式下，单击左侧模型树中的编组特征，在上方工具栏单击“阵列”按钮，打开“阵列特征”操控板，单击“类型”选择“方向阵列”，单击第一方向的“选择项”按钮，单击软件内坐标系的 X 轴作为阵列第一方向，成员数输入 8，间距输入 17.50，单击“反向”，如图 5-1-8 所示。

笔记 

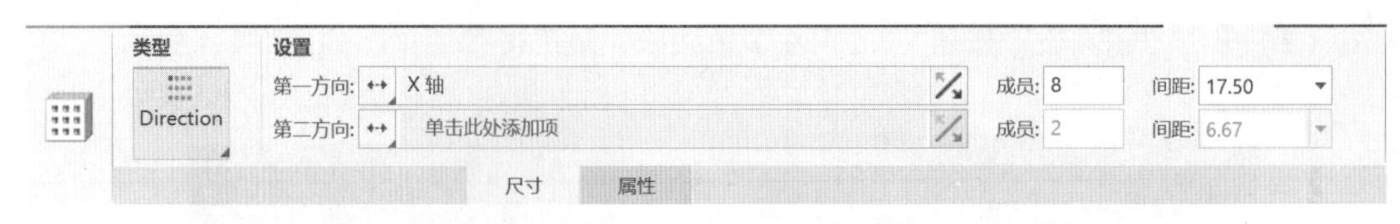

图 5-1-8　设置阵列特征参数

（3）创建阵列特征如图 5-1-9 所示，单击“确定”按钮，退出阵列模式。

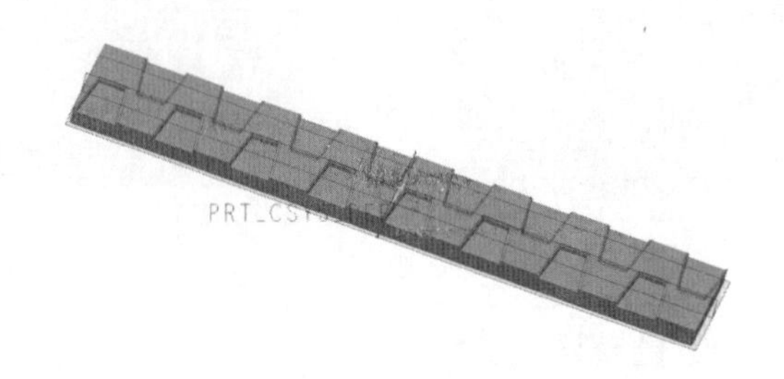

图 5-1-9　创建阵列特征

提示

环形折弯，顾名思义，是要把一个几何（可以是实体、面组或者曲线）折弯成环形。在表面具有复杂曲面形状，直接创建环形结构不好创建时，可以创建平面造型，然后通过环形折弯的方式得到所需要的形状，轮胎就是一个典型的例子。

4. 创建环形折弯特征

（1）单击上方工程工具栏的“环形折弯”按钮，如图 5-1-10 所示。

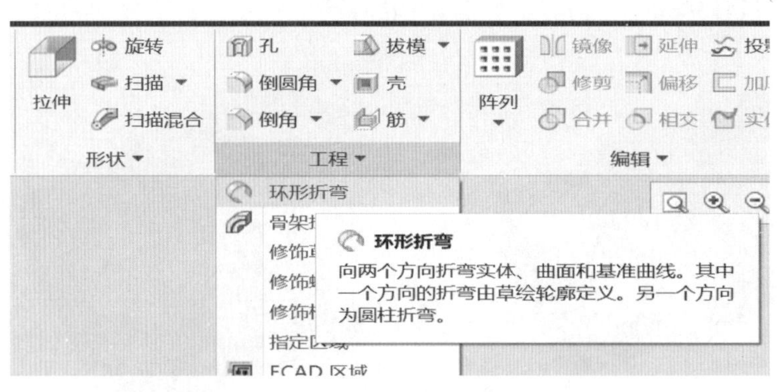

图 5-1-10　单击“环形折弯”按钮

（2）单击“参考”选项卡的“几何实体”按钮，如图 5-1-11 所示。单击实体特征一侧底面后，单击“定义内部草绘”按钮，选择如图 5-1-12 所示的侧表面，进入草绘模式。

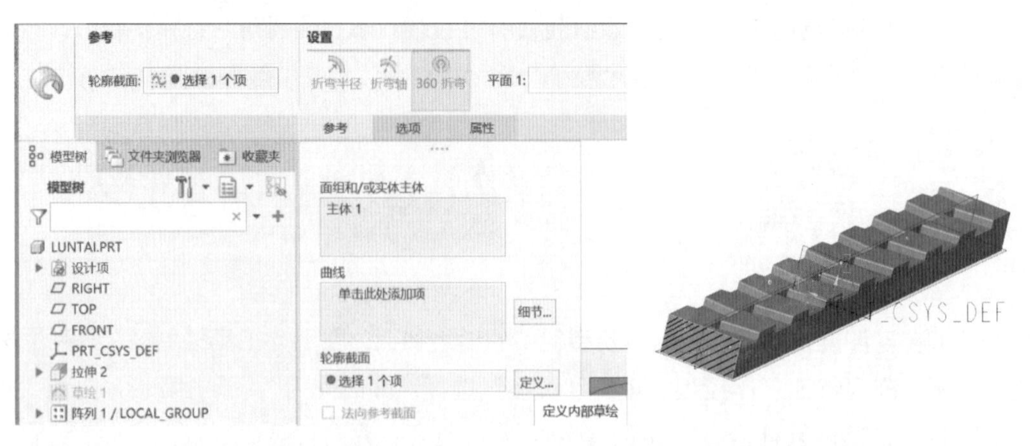

图 5-1-11　“参考”选项卡　　　　图 5-1-12　选择轮廓侧表面

（3）单击顶部工具栏中“投影”按钮，选择如图 5-1-13 所示的线段进行投影。单击“几何坐标系”按钮，放置坐标系如图 5-1-14 所示，单击“确定”按钮。

图 5-1-13　草绘界面

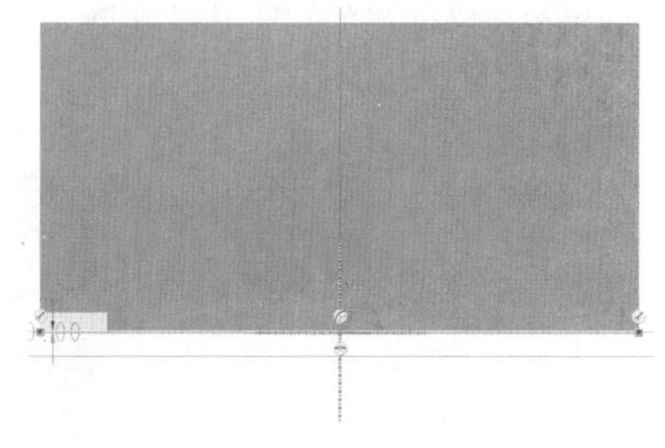

图 5-1-14　几何坐标系界面

笔记

（4）在“设置”下单击“360 折弯”按钮，如图 5-1-15 所示。

讨论

此处三种模式的选择参考有何不同？

图 5-1-15　设置折弯类型

（5）单击上方环形折弯工具栏中平面 1 后的空白处，单击实体特征的面 1，如图 5-1-16 所示。单击平面 2 后的空白处，单击实体特征的面 2，如图 5-1-17 所示。

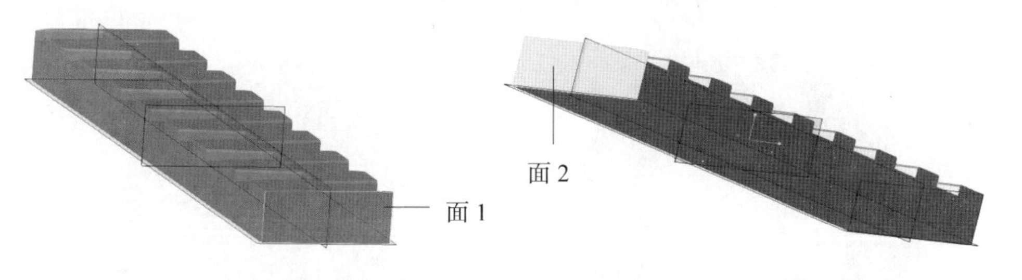

5-1-16　选择平面 1

5-1-17　选择平面 2

（6）单击“参考”选项卡下的“面组和 / 或实体主体”栏目下的空白处，单击实体特征，如图 5-1-18 所示，最终进行环形折弯选项卡中的各个参数的设置，如图 5-1-19 所示，单击“确定”按钮，退出环形折弯命令。

5-1-18　选择面组和 / 或实体主体

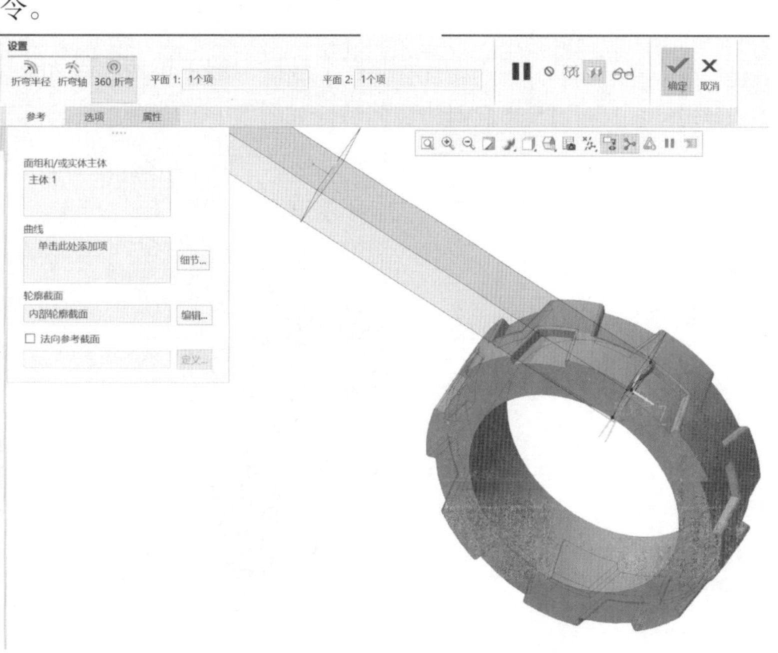

5-1-19　环形折弯选项卡参数设置

笔记

（7）最终创建的轮胎基础造型如图 5-1-20 所示。

5-1-20　轮胎基础造型

5.1.2　创建端盖特征

轮胎端盖特征创建

思考

除了投影命令，还可以使用什么命令画圆?

1. 创建辅助特征

（1）单击上方工具栏中的“草绘”按钮，选择轮胎侧面进行草绘，如图 5-1-21 所示。单击“投影”，选择轮胎的内轮廓，如图 5-1-22 所示。

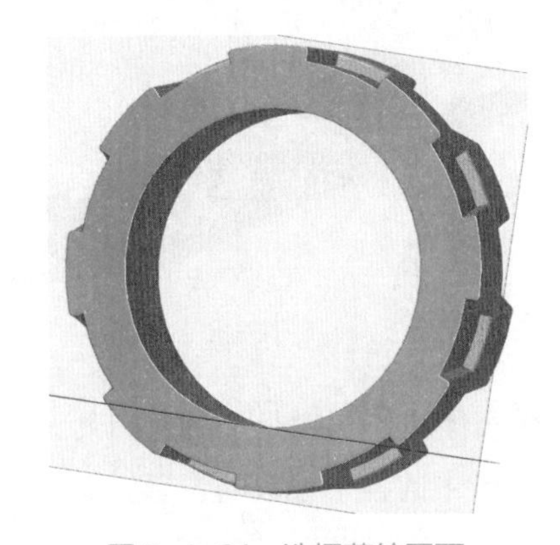

图 5-1-21　选择草绘平面

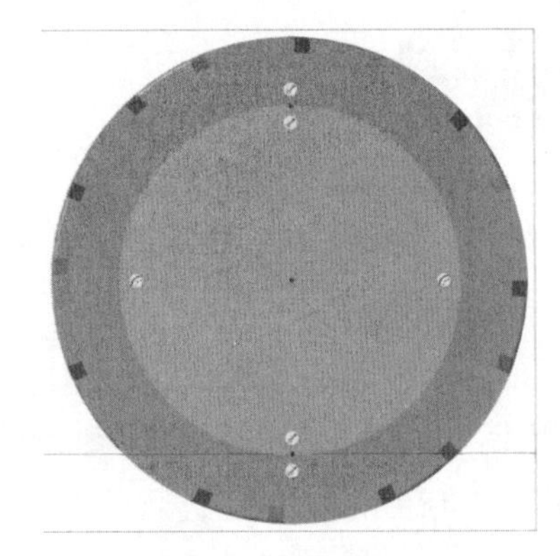

图 5-1-22　轮胎内轮廓投影

（2）单击上方工具栏中的“拉伸”按钮，选择上一步绘制的草图，修改拉伸距离为 15.00，创建拉伸特征如图 5-1-23 所示。

（3）单击上方工具栏中的“草绘”按钮，选择如图 5-1-24 所示的轮胎侧面进行草绘，绘制如图 5-1-25 所示草图。

图 5-1-23　创建拉伸特征

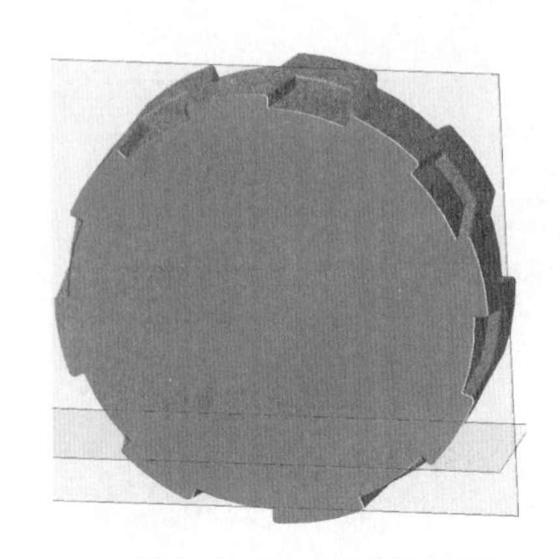

图 5-1-24　选择草绘平面

（4）单击“删除段”按钮，删除多余线段，最终草图如图 5-1-26 所示。

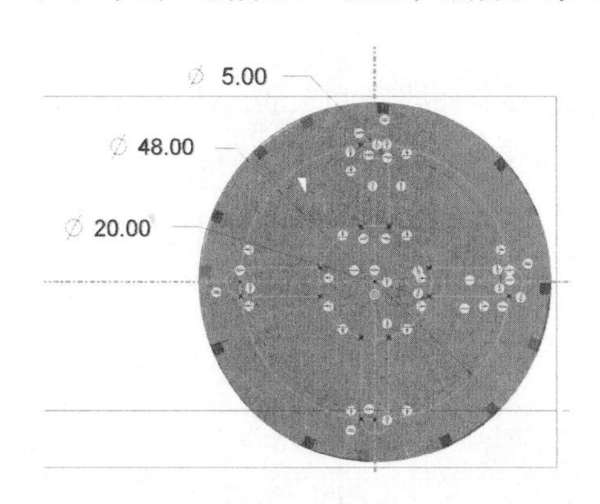

图 5-1-25　绘制草图

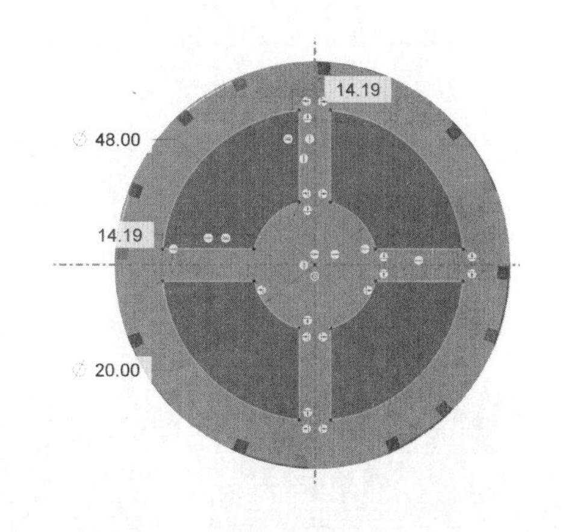

图 5-1-26　修改后的最终草图

笔记

讨论

此处是否能用阵列或是镜像绘制轮廓图形？

（5）单击上方工具栏中的“拉伸”按钮，选择上一步绘制的草图，修改拉伸距离为 4.00，单击“移除材料”按钮，绘图区如图 5-1-27 所示。

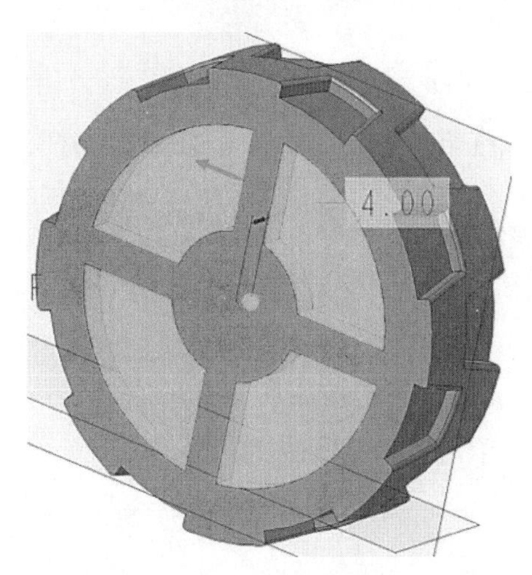

图 5-1-27　修改拉伸距离

2. 创建修饰特征

（1）单击上方工具栏中的“草绘”按钮，选择如图 5-1-28 所示的平面作为草绘平面，绘制如图 5-1-29 所示草图。

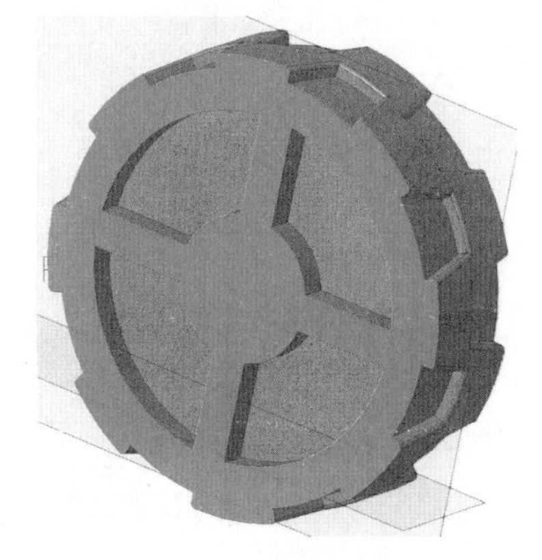

图 5-1-28　选择草绘平面

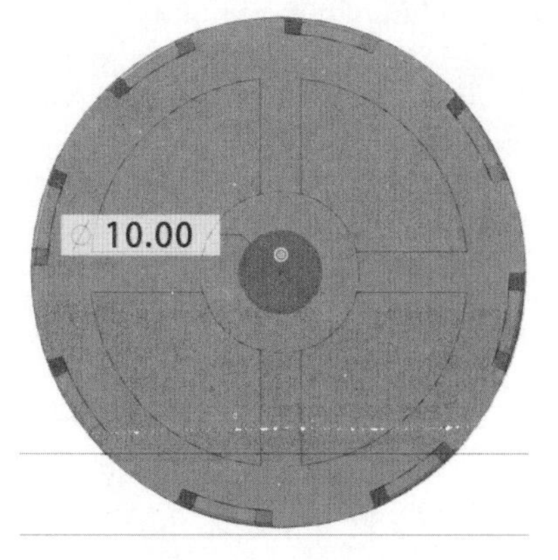

图 5-1-29　草图

讨论

图标　　含义

（2）单击上方工具栏中的“拉伸”按钮，单击“拉伸到参考平面”按钮，单击“移除材料”按钮，最终创建拉伸特征如图 5-1-30 所示。

（3）单击上方工具栏的“倒圆角”按钮，修改倒圆角半径为 1.50，按“Ctrl+ 鼠标左键”组合键选择如图所示的实体特征边线，创建如图 5-1-31 所示的圆角。

（4）单击“确定”按钮，退出拉伸模式，完成轮胎基础结构的创建，如图 5-1-32 所示。

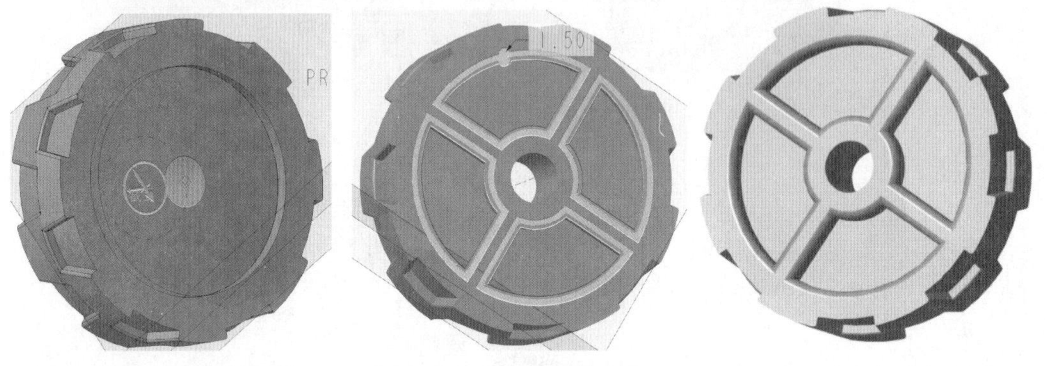

图 5-1-30　拉伸特征　　图 5-1-31　创建圆角特征　　图 5-1-32　轮胎基础结构

轮毂结构创建

（5）学生可根据左侧二维码视频创建轮毂零件，用于后期装配。

轮胎装配

5.1.3　创建轮胎装配

1. 装配轮胎结构

（1）单击“新建”按钮，如图 5-1-33 所示，单击“装配”，界面如图 5-1-34 所示，选择如图所示的尺寸模板，单击“确定”按钮。

图 5-1-33　“新建”菜单

图 5-1-34　“新建文件选项”界面

提示

装配文件建议选择“mmns_asm_design_abs”模板用于教学。

（2）单击“组装”按钮，选择之前绘制的“luntai”文件，单击“放置”选项卡，修改约束类型为“默认”完成轮胎装配，如图 5-1-35 所示。

图 5-1-35　轮胎基础结构装配

2. 装配轮毂结构

（1）单击“组装”按钮，选择之前绘制的“lungu”文件，单击“放置”选项卡，选择两个零件的轴，并将约束类型改为“重合”，如图 5-1-36 所示。

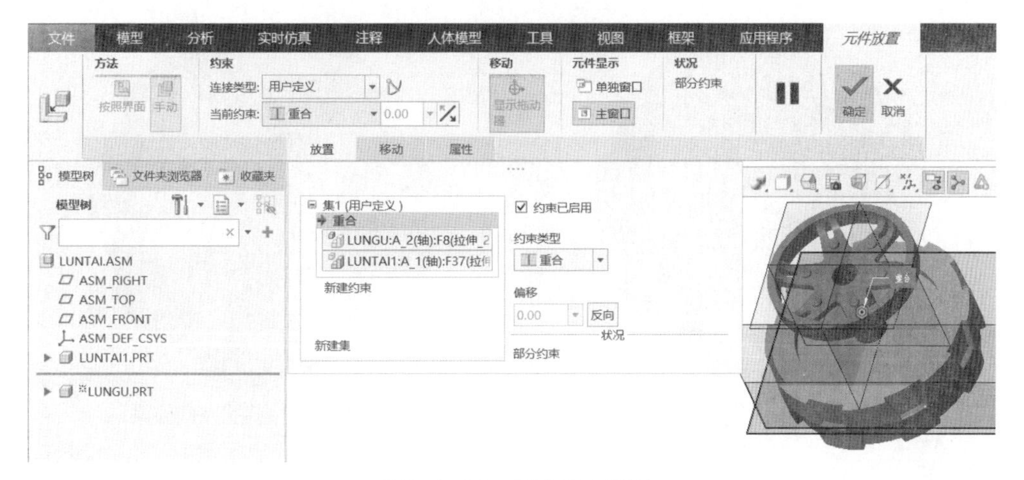

图 5-1-36　修改约束类型

（2）单击“新建约束”按钮，选择轮胎的上表面和轮毂的下表面，如图 5-1-37 所示。

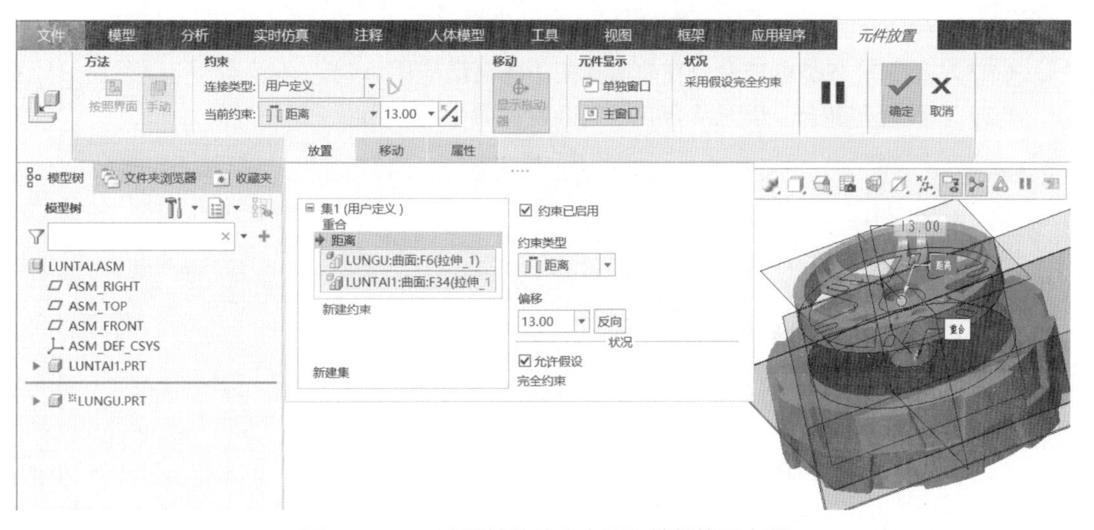

图 5-1-37　选择轮胎的上表面和轮毂的下表面

（3）将约束类型改为“重合”，如图 5-1-38 所示。

笔记

技巧

组装第一个零件时，应选择约束为“默认”，将零件坐标系与文件坐标系对齐。

笔记

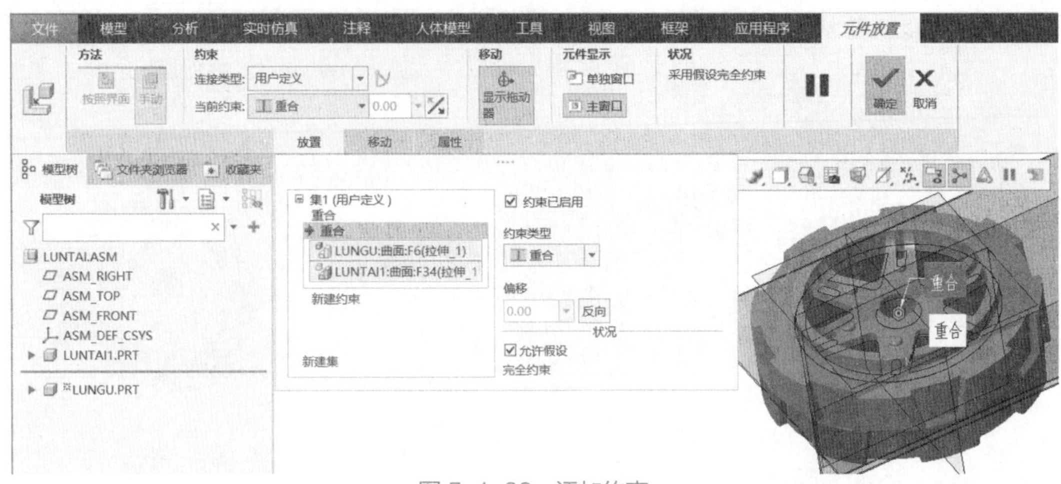

图 5-1-38　添加约束

（4）如果出现如图 5-1-39 所示装反的情况，单击约束类型后面的“反向”按钮即可。轮胎的装配完成，效果如 5-1-40 所示。

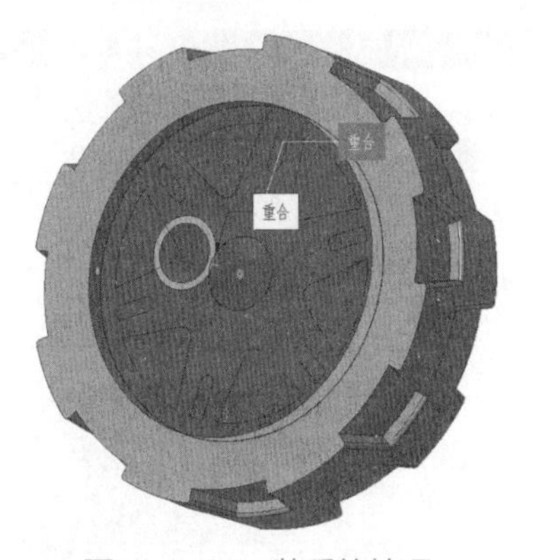

图 5-1-39　装反的情况

图 5-1-40　轮胎装配完成效果

任务 5.2　叶片测绘及建模

任务目标

（1）熟练掌握各类创建命令在曲面建模中的灵活应用。

（2）掌握边界混合、填充及合并等复杂特征命令的应用。

资源环境

（1）Creo 8.0。

（2）超星学习通叶片案例。

叶片三维模型

5.2.1　边界混合特征

叶片曲面创建

1. 绘制曲面草图

（1）单击“新建”图标，新建零件文件，进入“零件”界面。单击上方工具栏中的“草绘”按钮，在“草绘”选项卡中单击“FRONT：F3(基准平面)”作为草绘平面。单击顶部工具栏中“线”按钮，在草绘区内根据叶片轮廓外形创建草绘轮廓，修改草图尺寸，如图 5-2-1 所示。

笔记

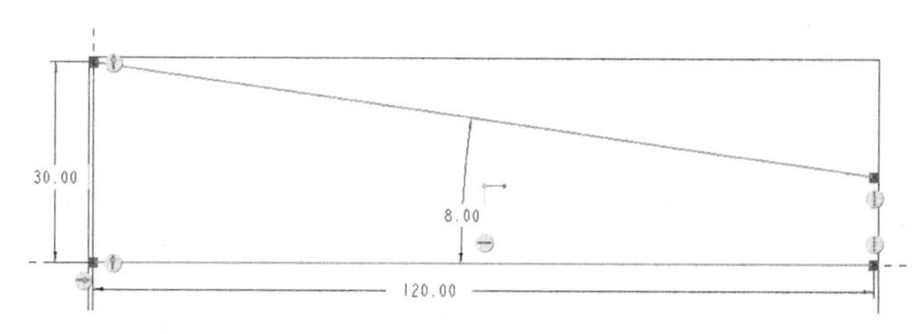

图 5-2-1　绘制轮廓并修改尺寸

（2）单击上方工具栏中的“∿草绘”按钮，在“草绘”对话框中单击“TOP：F2(基准平面)”作为草绘平面，如图 5-2-2 所示。然后单击“草绘”按钮，进入草绘模式。绘制如图 5-2-3 所示的曲线。

图 5-2-2　“草绘”对话框

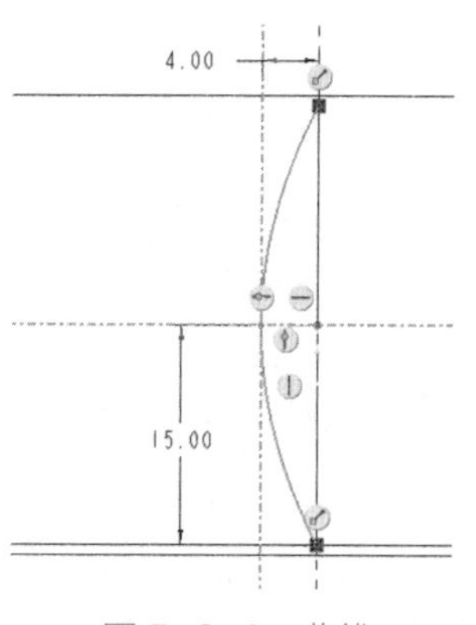

图 5-2-3　曲线

2. 绘制共用轮廓曲线

（1）单击基准工具栏中的“▱基准平面”按钮，弹出“基准平面”对话框，在模型中单击“RIGHT：F1(基准平面)”，按“Ctrl+ 鼠标左键”组合键，单击轮廓线终点，如图 5-2-4 所示，作为基准平面的参考，如图 5-2-5 所示。单击“基准平面”对话框中的“确定”按钮，完成基准平面的创建。

图 5-2-4　选取参考平面

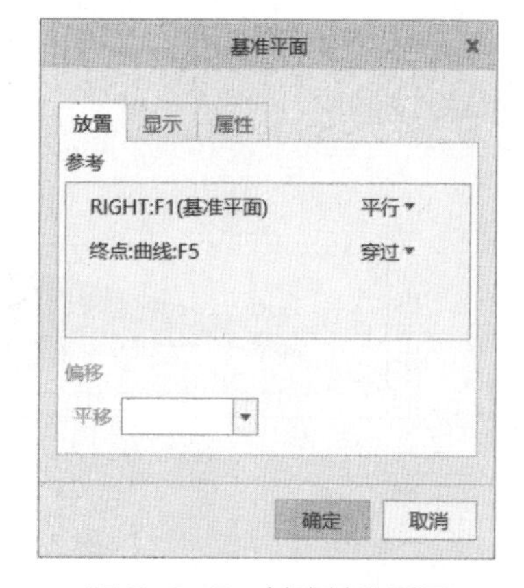

图 5-2-5　创建基准平面

（2）单击工具栏中的“草绘”按钮，绘制如图 5-2-6 所示的曲线。然后单击“确定”按钮，完成草图绘制。

技巧

绘制辅助线时，注意构造线的灵活使用。

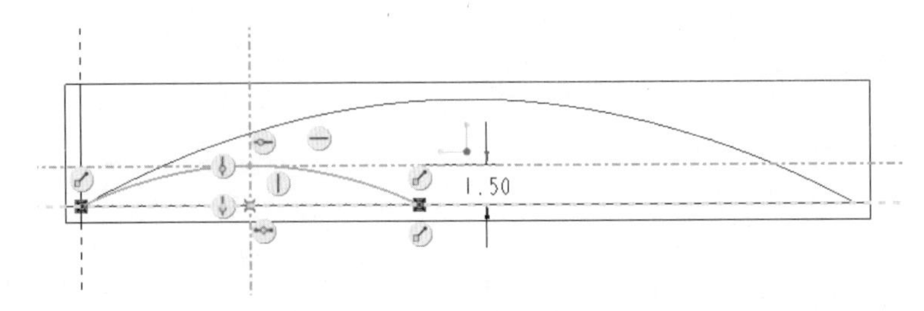

图 5-2-6　轮廓曲线

技巧

在边界混合中常见有四种模式，如下图所示：

- ◉ 自由
- ○ 相切
- ○ 垂直
- ○ 曲率

选择不同，绘制的曲面曲率也有所不同。

3. 边界混合创建叶背曲面

（1）单击“边界混合”按钮，在“第一方向”中按“ Ctrl+ 鼠标左键”组合键选取侧轮廓的两条直线；在“第二方向”中按“ Ctrl+ 鼠标左键”组合键选取两条曲线，如图 5-2-7 所示。

（2）绘图区如图 5-2-8 所示，单击“确定”，完成边界混合的创建。

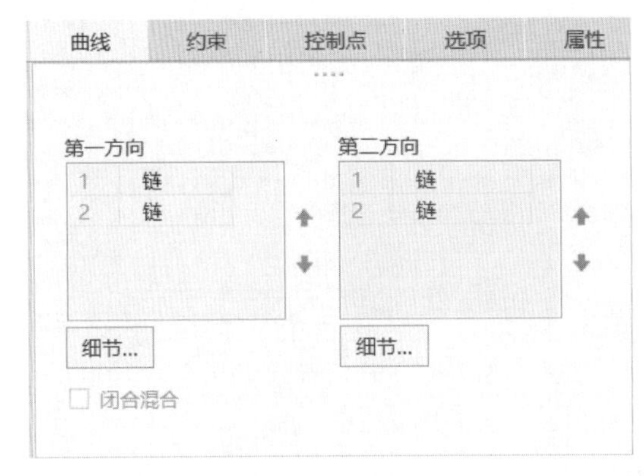

图 5-2-7　选取轮廓线

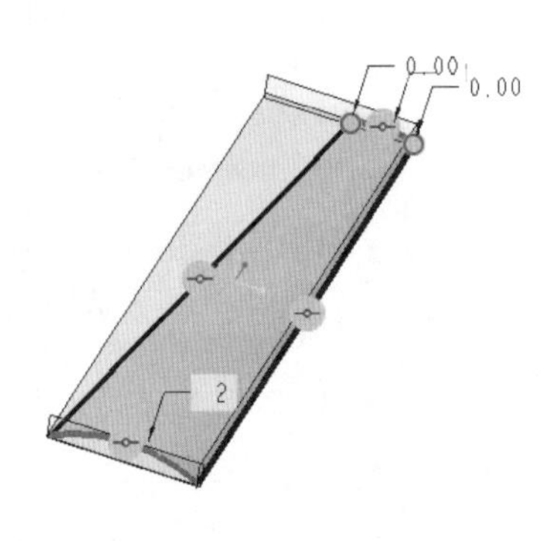

图 5-2-8　边界混合

4. 边界混合创建叶盆曲面

（1）单击上方工具栏中的“草绘”按钮，在“草绘”对话框中单击“ RIGHT : F1(基准平面)”作为草绘平面。单击“草绘”按钮，进入草绘模式。

（2）单击“样条”按钮，绘制曲线，修改尺寸，如图 5-2-9 所示。单击“确定”按钮，完成草图绘制。

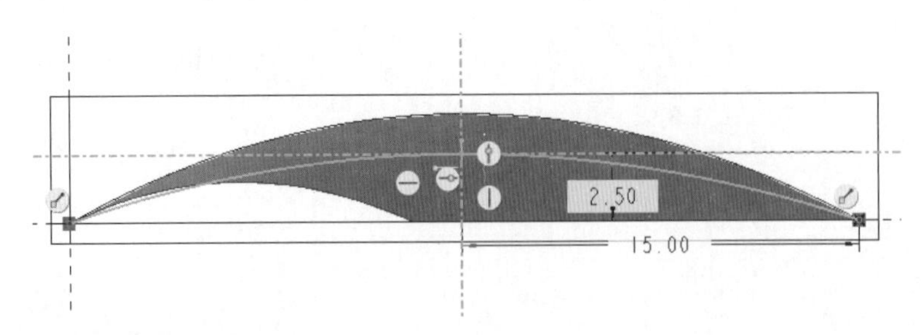

图 5-2-9　叶盆轮廓曲线

（3）单击“边界混合”选项，在“第一方向”中按“ Ctrl+ 鼠标左键”组合键选取侧轮廓两条直线；在“第二方向”中按“ Ctrl+ 鼠标左键”组合键选取两条曲线，如图 5-2-10 所示。单击“确定”，完成第二个边界混合的创建。

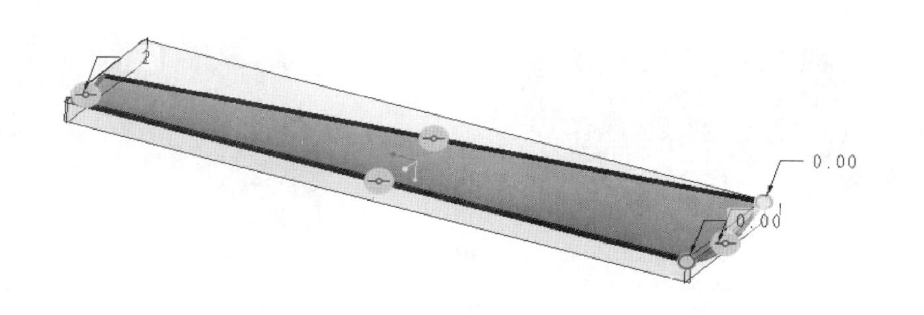

图5-2-10　边界混合

5. 创建封口表面

（1）单击上方工具栏中的“草绘”按钮，在“草绘”对话框中单击“TOP：F1(基准平面)”作为草绘平面。单击“草绘”按钮，进入草绘模式。

（2）创建如图5-2-11所示的轮廓图形。单击“确定”按钮，完成草图绘制。

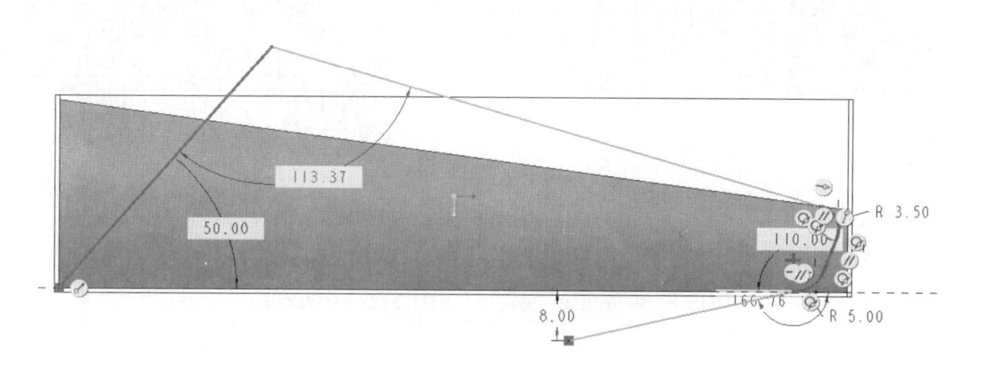

图5-2-11　创建轮廓图形

（3）单击“拉伸”按钮，系统在“设计”界面顶部打开“拉伸设计”操控板，单击“曲面”按钮，设置为“两侧对称拉伸”尺寸为30.00，完成以上操作以后，绘图区如图5-2-12所示。在“拉伸设计”操控板上单击“确定”按钮，完成拉伸曲面创建。

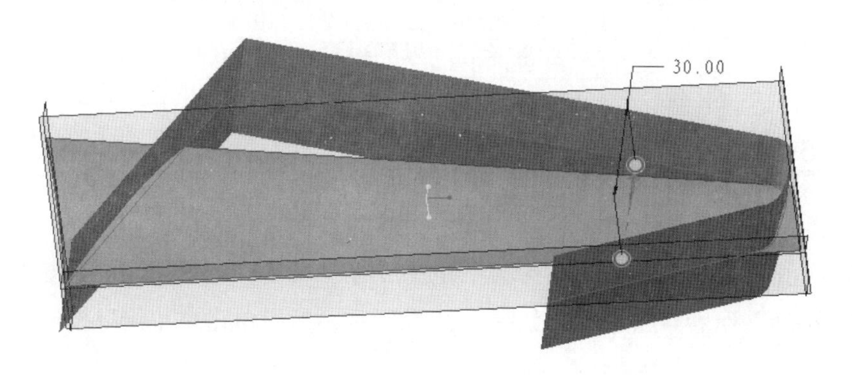

5-2-12　叶片侧面拉伸

6. 进行曲面合并

（1）单击选取实体特征的两个侧截面，如图5-2-13所示。

（2）在“编辑”菜单中选取“合并”选项，单击“确定”按钮，完成特征的合并，如图5-2-14所示。

笔记

提示

创建拉伸曲面时，轮廓可以不封闭，也可以封闭。

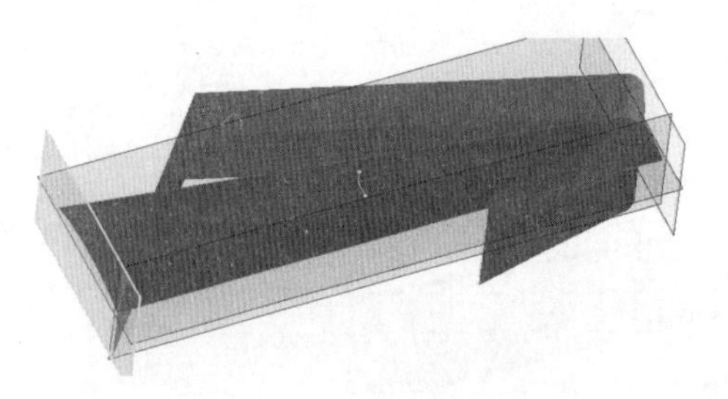
图 5-2-13　选取侧截面

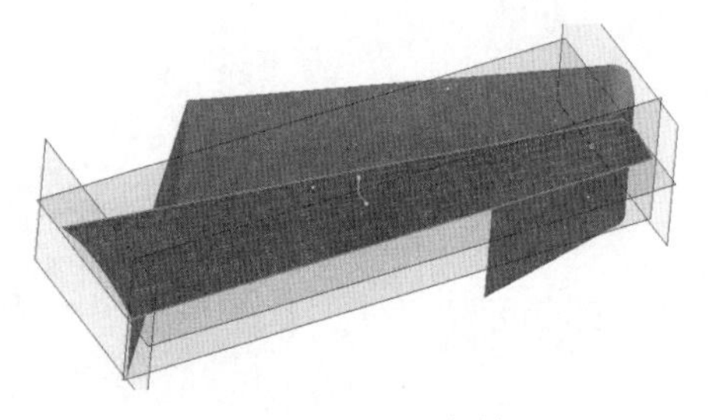
图 5-2-14　合并

提示

注意观察网状点纹的部分是保留下来的部分。

（3）单击选取上一步合并后的实体，按“Ctrl+ 鼠标左键”组合键，单击选取拉伸曲面，如图 5-2-15 所示。

（4）在“编辑”菜单中选取“合并”选项，单击“确定”按钮，完成特征的合并，如图 5-2-16 所示。

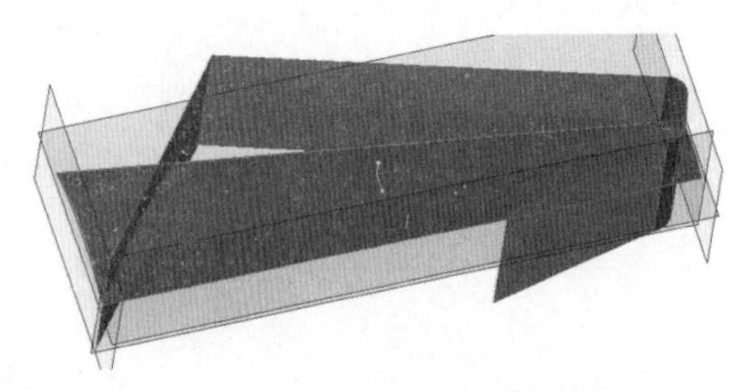
图 5-2-15　选取拉伸曲面

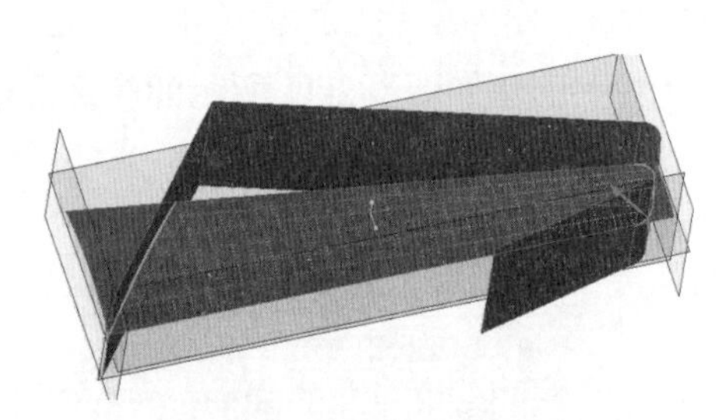
图 5-2-16　曲面合并

提示

合并面片时，一次只能两片进行合并。

（5）单击合并后的实体特征，单击“实体化”按钮，将合并后的特征实体化，单击“确定”按钮，完成叶片基础特征的创建，如图 5-2-17 所示。

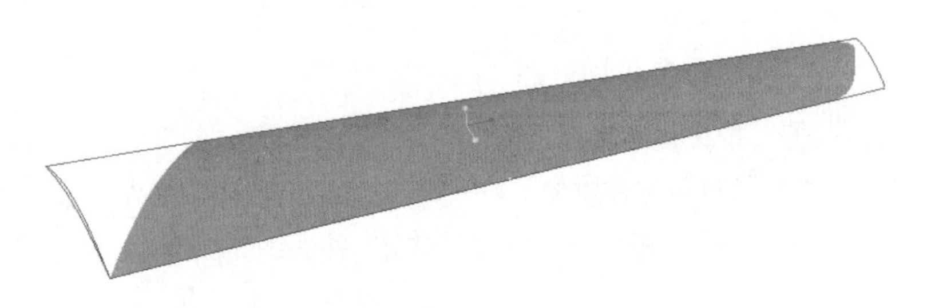
图 5-2-17　叶片基础特征

5.2.2　创建叶片修饰结构

1. 拉伸生成辅助结构

（1）单击上方工具栏中的“草绘”按钮，在“草绘”对话框中单击“FRONT：F3(基准平面)”作为草绘平面，如图 5-2-18 所示。然后单击“草绘”按钮，进入草绘模式。

（2）单绘制如图 5-2-19 所示的轮廓。单击“确定”按钮，退出草绘模式。

图 5-2-18　“草绘”对话框

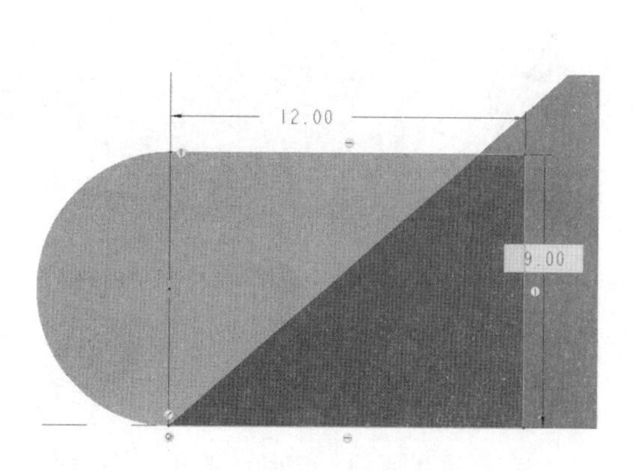

图 5-2-19　轮廓

（3）单击“拉伸”按钮，修改拉伸长度为 3.50，如图 5-2-20 所示。单击“确定”按钮，退出拉伸模式。

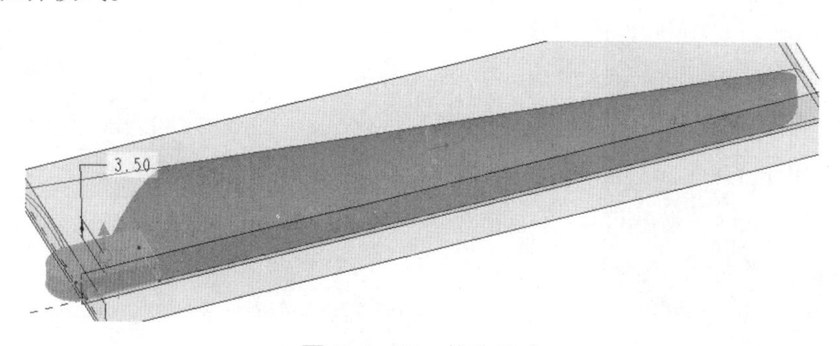

图 5-2-20　修改尺寸

2. 创建孔特征

（1）在零件模式中，单击“孔”按钮，打开“孔特征”操控板。在“放置”操控板单击如图 5-3-21 所示的参考元素。

（2）单击“形状”，在下滑菜单，修改如图 5-2-22 所示的相关参数，单击“确定”按钮，获得如图 5-2-23 所示的孔特征。

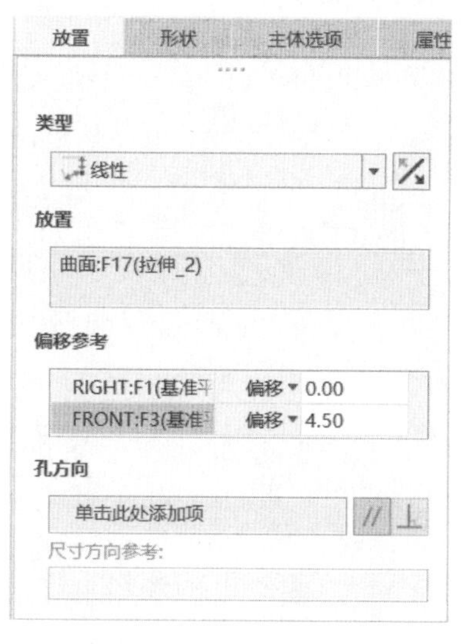

图 5-2-21　“放置”操控板

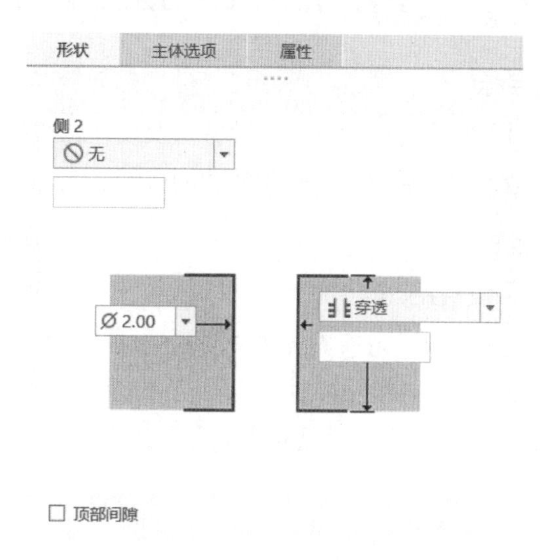

图 5-2-22　“形状”菜单

笔记

提示

创建拉伸特征的前提：

1.选择封闭的草绘。

2.确定拉伸方式和深度。

思考

此处孔的偏移参考还有其他的组合方式吗？

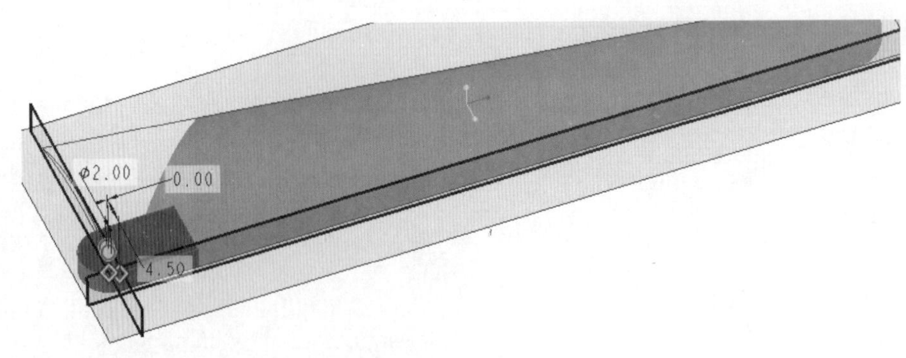

图 5-2-23　孔特征

3. 创建圆角特征

（1）单击“倒圆角”按钮，打开“圆角特征”操控板。按“Ctrl+ 鼠标左键”组合键，在绘图区单击如图 5-2-24 所示的棱边，修改圆角半径为 0.50 mm。

（2）单击“确定”按钮，最终创建叶片实体特征，如图 5-2-25 所示。

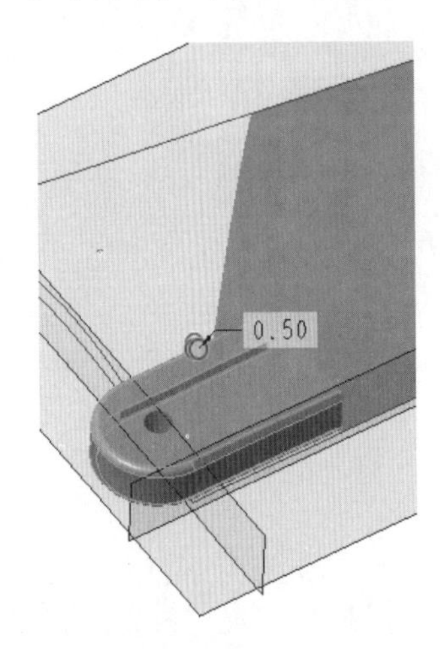

图 5-2-24　选择轮廓线

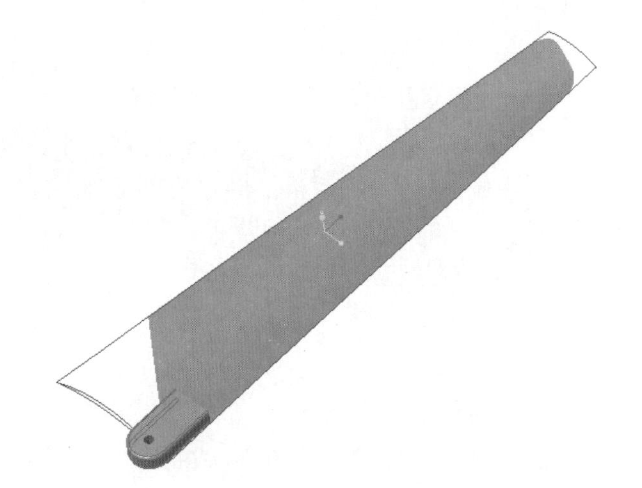

图 5-2-25　叶片实体特征

任务 5.3　机壳三维扫描及逆向设计

任务目标

（1）掌握逆向设计的设计方法及设计思路。

（2）掌握逆向设计软件模块的应用。

资源环境

（1）Creo 8.0。

（2）超星学习通无人机机身案例。

5.3.1　机壳扫描文件的预处理

1. 模型导入

（1）单击“打开”图标，选择前期已扫描得到的“ feiji.STL”文件，单击“确定”，如图 5-3-1 所示。

（2）在导入新模型选项卡中选择默认选项，单击“确定”，如图 5-3-2 所示。

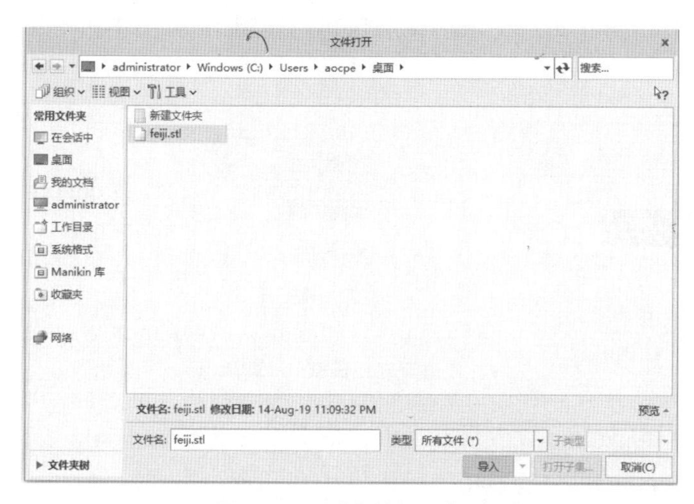

图 5-3-1　“文件打开”对话框

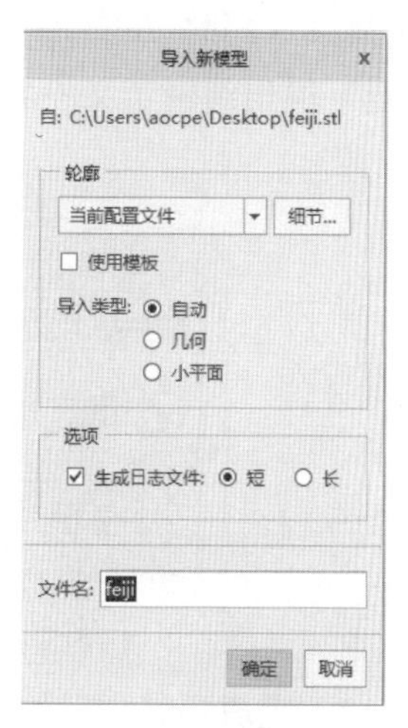

图 5-3-2　“导入新模型”选项卡

（3）导入后的软件界面如图 5-3-3 所示。

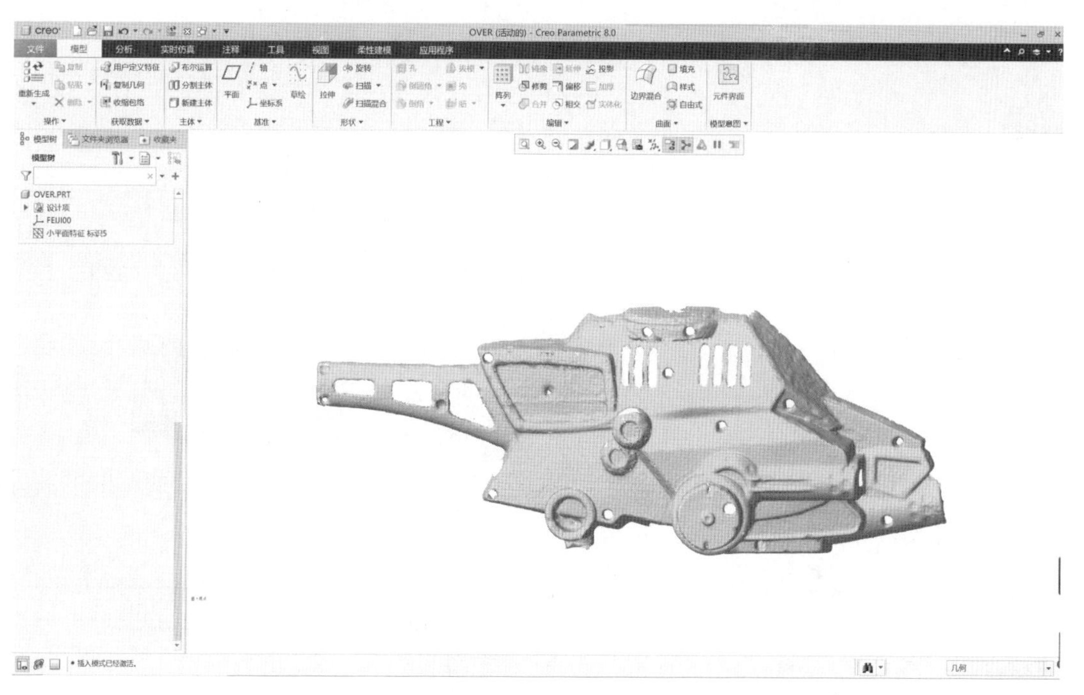

图 5-3-3　软件界面

2. 数据处理

（1）单击左侧模型树中的“小平面特征”，在浮动工具栏中单击“编辑定义”按钮，打开“扫描文件预处理”，界面如图 5-3-4 所示。

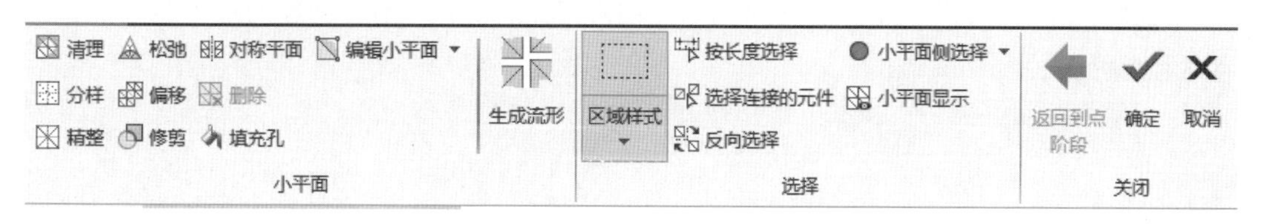

图 5-3-4　“扫描文件预处理”界面

技巧

点元数据的获取：三维激光扫描仪扫描选定目标物体或环境后，能大面积、高分辨率地快速获取被测对象表面的三维坐标数据。

扫描仪的工作原理：自然界的每一种物体都会吸收特定的光波，而没被吸收的光波就会反射出去。扫描仪就是利用上述原理来完成对稿件的读取的。扫描仪工作时发出的强光照射在稿件上，没有被吸收的光线将被反射到光学感应器上。

提示

由于该模块用起来内存消耗量巨大，使用时应及时保存，防止软件蓝屏或崩溃导致处理失败。

笔记

（2）单击“分样”按钮，多次修改分样中保持百分比如图 5-3-5 所示，直至修改小平面数为 15 000 左右，单击“确定”。单击“生成流型”按钮，如图 5-3-6 所示，单击“确定”退出编辑定义界面。

图 5-3-5 “放样”界面

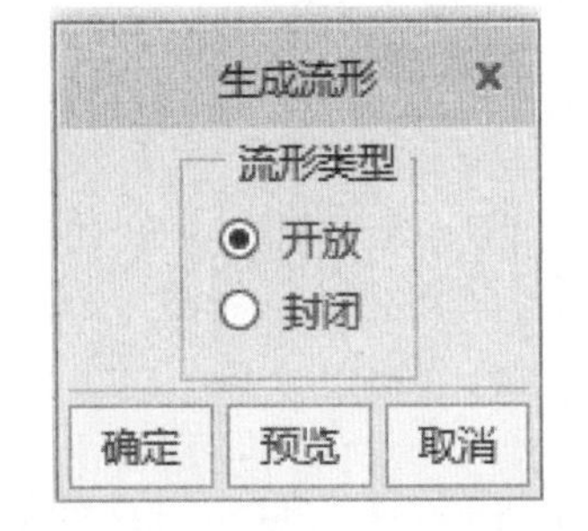

图 5-3-6 “生成流型”界面

（3）完成预处理后的无人机文件如图 5-3-7 所示。

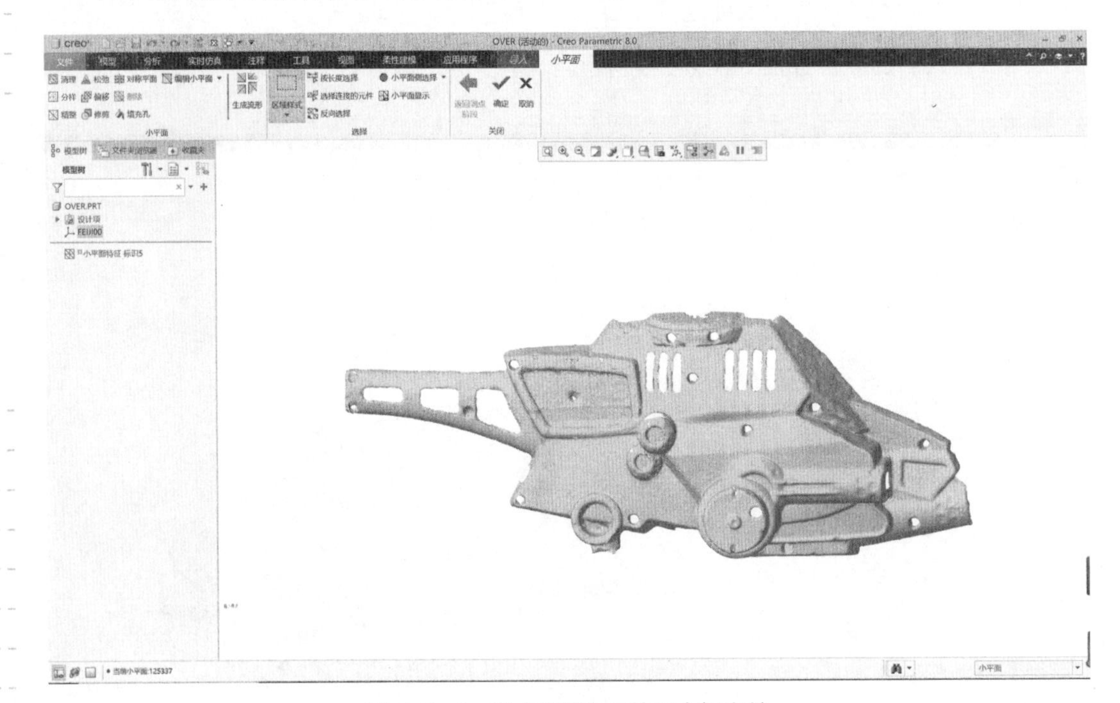

图 5-3-7 完成预处理后的无人机文件

提示

放样后的小平面个数不宜过少也不宜过多，否则会影响后期的重新造型，保证在 15 000左右即可。

5.3.2 创建机壳第一部分面组

1. 创建基准平面 DTM1

（1）单击“基准点”按钮，在如图 5-3-8 所示的位置新建三个基准点。

（2）单击“平面”按钮，新建一个平面 DTM1 穿过上一步所创建的三个基准点，如图 5-3-9 所示。

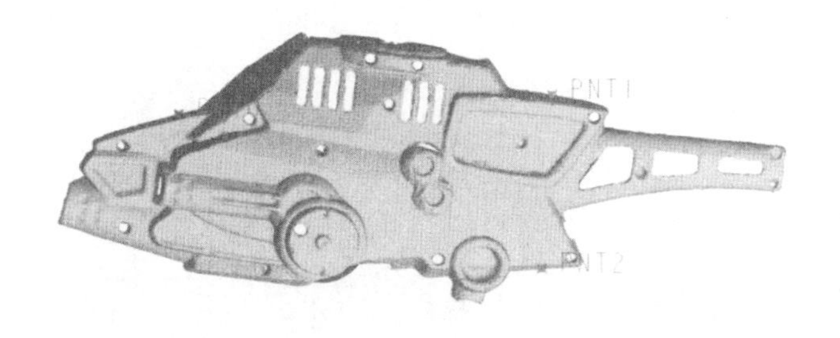

图 5-3-8　新建基准点

图 5-3-9　新建平面 DTM1

笔记

2. 创建第一部分面组基本特征

（1）单击“拉伸”按钮，选择 DTM1 平面作为草绘平面，绘制如图 5-3-10 所示的草图，且与无人机扫描件的部件轮廓较为契合。单击确定后，选择拉伸类型为“曲面”，修改拉伸深度超过已有面片后，单击“确定”，生成如图 5-3-11 所示的面片。

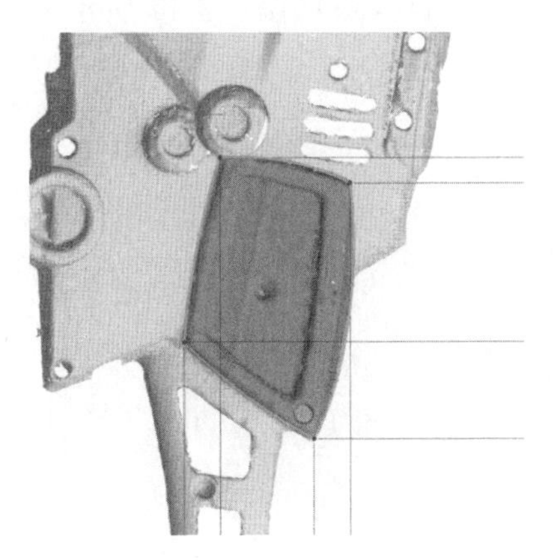

图 5-3-10　草图 1

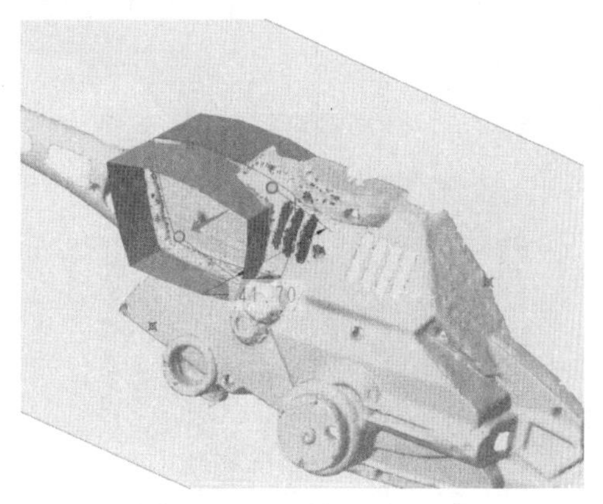

图 5-3-11　拉伸面片 1

技巧

拉伸命令除可拉伸实体外，还可拉伸出面片。

（2）单击“基准点”按钮，在如图 5-3-12 所示的位置新建三个基准点。单击“平面”按钮，新建一个平面 DTM2 穿过上一步所创建的两个基准点并与 DTM1 平面法向垂直，如图 5-3-13 所示。

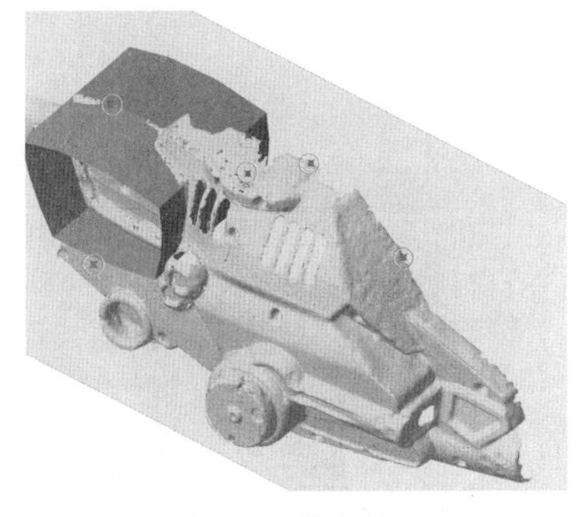

图 5-3-12　绘制基准点

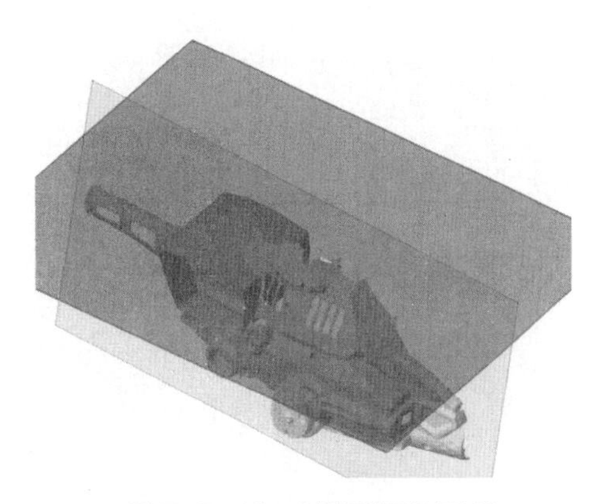

图 5-3-13　创建平面 DTM2

（3）单击“拉伸”按钮，选择 DTM2 平面作为草绘平面，绘制如图 5-3-14 所示的草图，且与无人机扫描件的部件轮廓较为契合。单击确定后，选择拉伸类型为“曲面”，修改拉伸深度超过已有面片后，单击“确定”，生成如图 5-3-15 所示的面片。

笔记 

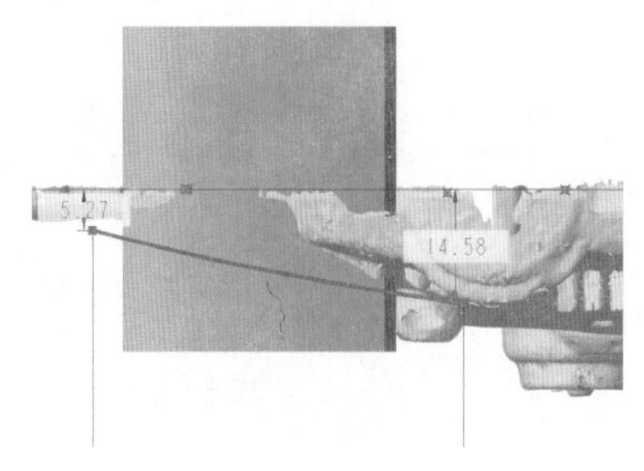

图 5-3-14　草图 2

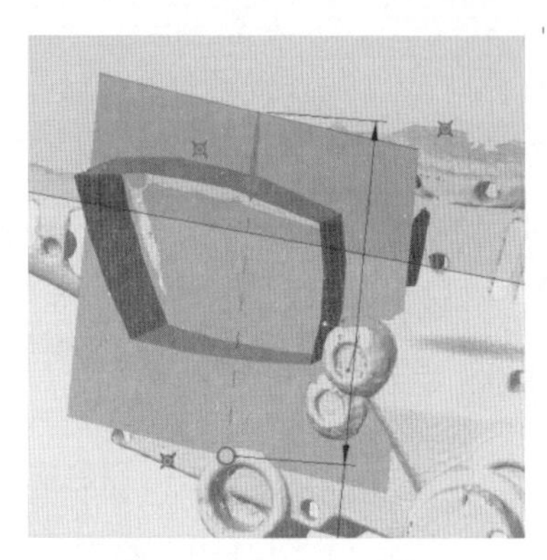

图 5-3-15　拉伸面片 2

3. 第一部分面组实体化

（1）按“Ctrl+ 鼠标左键”组合键，选择如图 5-3-16 所示的两个面片，在最上方工具栏中的“模型”中单击“合并”按钮，将两个面片合并成如图 5-3-17 所示的一个面片。

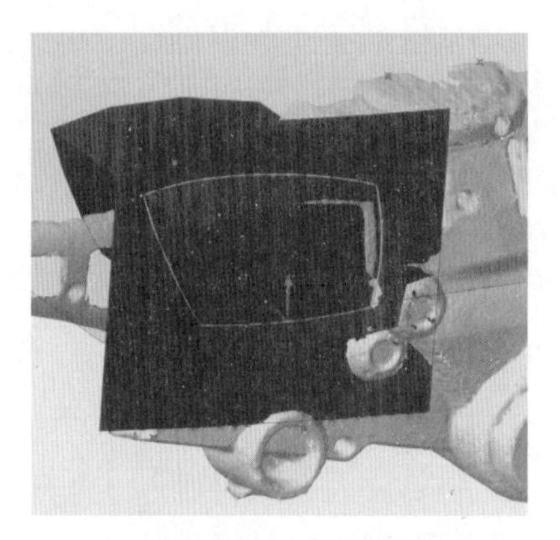

图 5-3-16　选择面片

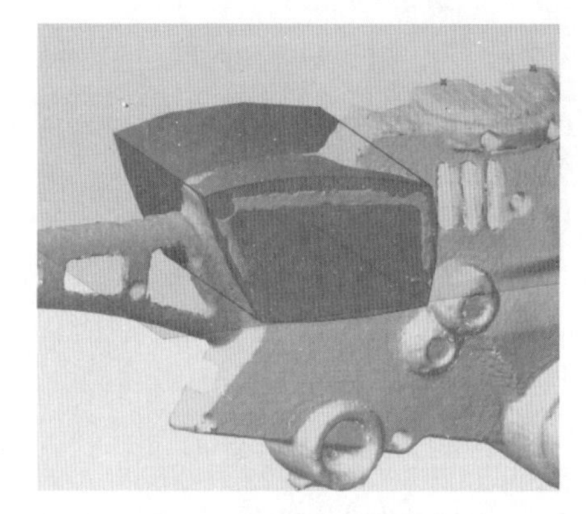

图 5-3-17　合并面片

技巧

修剪平面应与被修剪特征相交。

（2）单击合并后的面片，单击“修剪”按钮，选择修剪平面为 DTM1，如图 5-3-18 所示，单击“确定”后，生成如图 5-3-19 所示的面片。

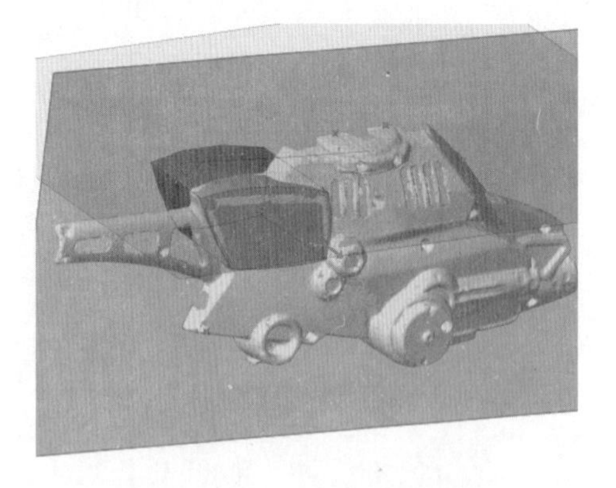

图 5-3-18　选择修剪特征

图 5-3-19　修剪后的面片

（3）单击“草绘”按钮，选择 DTM1 平面作为草绘平面，单击“投影”按钮，绘制如图 5-3-20 所示的草图。单击“填充”按钮，选择所绘制的草图进行填充，如图 5-3-21 所示。

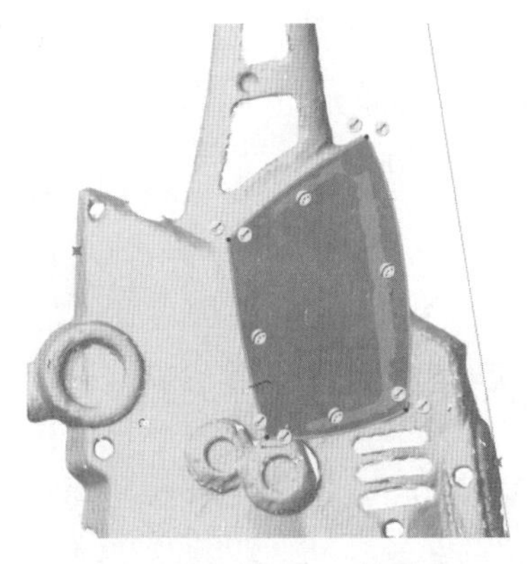

图 5-3-20　草图 3

图 5-3-21　填充草图

笔记

（4）按“Ctrl+ 鼠标左键”组合键，选择如图 5-3-22 所示的两个面片，在最上方工具栏中的“模型”中单击“合并”按钮，将两个面片合并。

（5）单击合并后的面片，单击“实体化”按钮，完成第一部分面组（面组 1）的实体化，如图 5-3-23 所示。

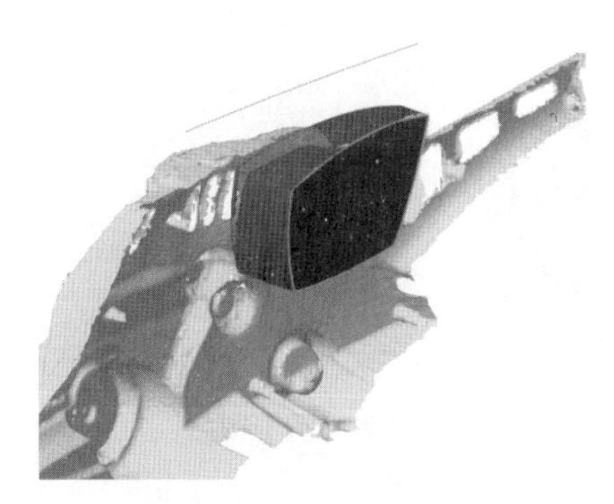

图 5-3-22　合并面组

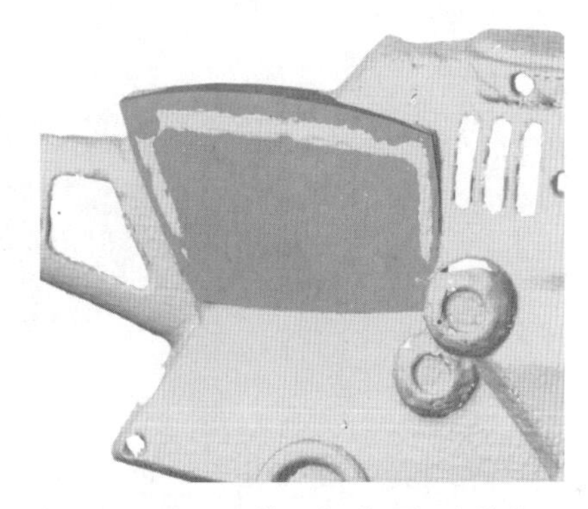

图 5-3-23　第一部分面组实体化

4. 第一部分面组修饰结构的创建

（1）单击“拔模”按钮，选择实体化后的面组 1 的侧表面作为拔模对象，选择 DTM1 平面作为拔模枢纽，修改拔模角度为 2°，如图 5-3-24 所示。

（2）单击“平面”按钮，新建一个平面 DTM3 平行于 DTM1 平面，且距离为 5.00，如图 5-3-25 所示。

提示

向默认方向的相反方向创建新平面的方式：
1.平移数值输入“-”。
2.直接拖动控制点到相反方向后，再输入平移数值。

图 5-3-24　选择拔模枢纽

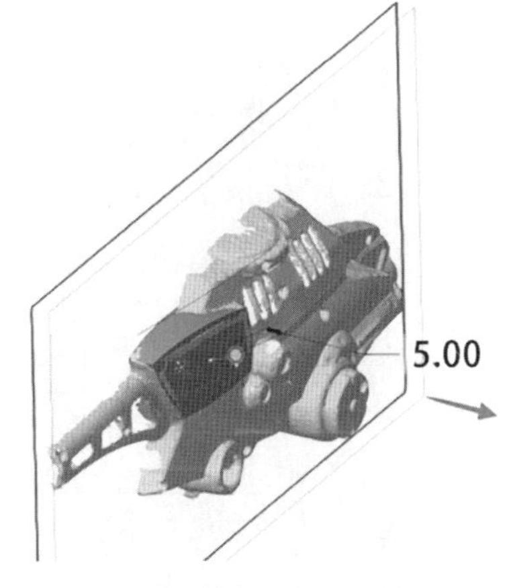

图 5-3-25　创建平面 DTM3

（3）选择 DTM3 平面，单击“偏移”按钮，在偏移类型中选择“具有拔模”，选择 DTM1 平面进入草绘，偏移草绘面的边线，绘制如图 5-3-26 所示的草图。单击“确定”，修改偏移深度为 1.50，如图 5-3-27 所示。

思考

偏移类型之间的区别是什么？

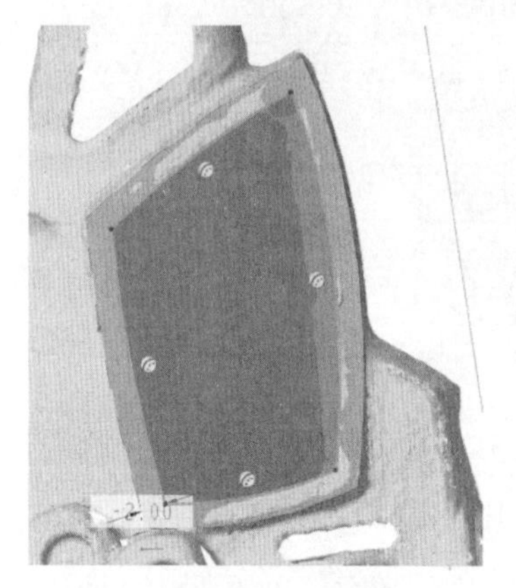

图 5-3-26 绘制草图

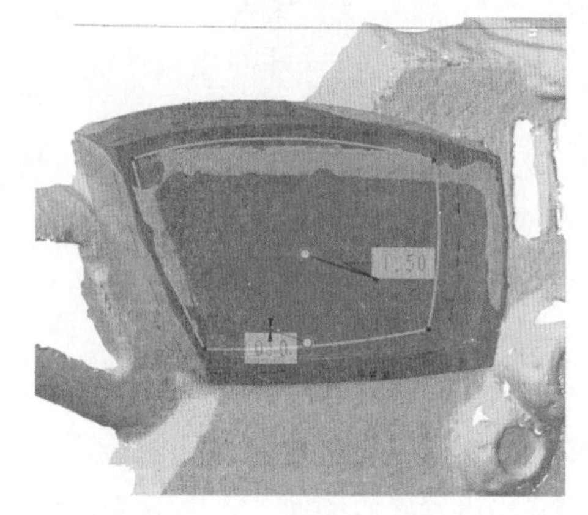

图 5-3-27 创建偏移特征

（4）完成无人机第一部分面组的创建，如图 5-3-28 所示。

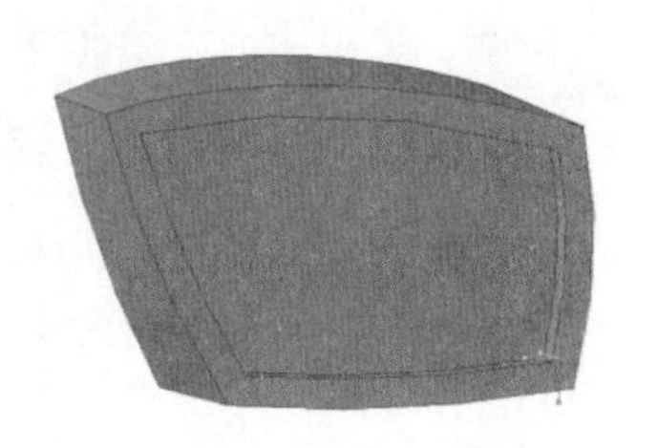

图 5-3-28 第一部分面组

5.3.3 创建机壳第二部分面组

创建机壳第二部分面组

1. 创建第二部分面组基本特征

（1）单击“拉伸”按钮，选择 DTM1 平面作为草绘平面，绘制如图 5-3-29 所示的草图，且与无人机扫描件的部件轮廓较为契合。单击确定后，选择拉伸类型为“曲面”，修改拉伸深度超过已有面片后，单击“确定”，生成如图 5-3-30 所示的面片。

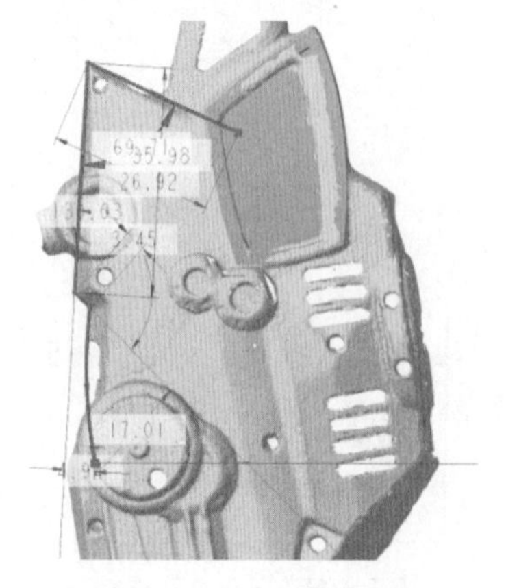

图 5-3-29 绘制草图

图 5-3-30 拉伸面片

（2）单击上方工具栏“曲面”下拉，单击“重新造型”按钮，进入“重新造型”模式。单击上方工具栏中的“曲线”按钮，在无人机外壳的后侧尾部绘制如图 5-3-31 所示的封闭图形。单击“创建域”按钮，选择上一步所绘制的封闭图形，将封闭图形中的小平面形成的圆点创建成域，如图 5-3-32 所示。

笔记

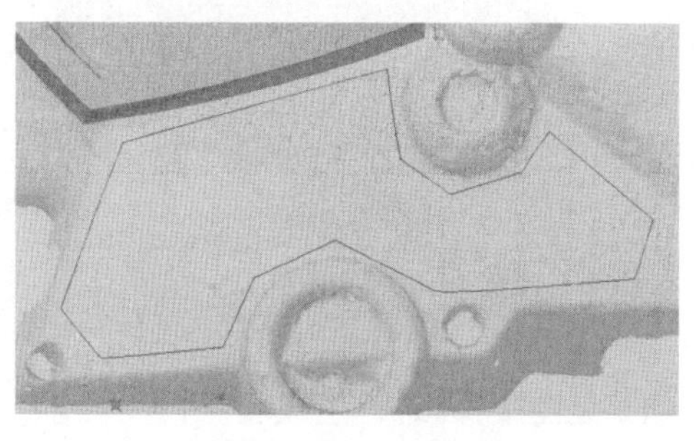
图 5-3-31　封闭图形

图 5-3-32　生成域

技巧

绘制图形一定要封闭，否则会影响域的生成。

（3）单击“解析曲面”按钮，在平面操控板中的定义栏中，选择“域”前的正方形框，使之变为对勾后单击确定，在创建域的部分生成如图 5-3-33 所示的面片。

（4）单击“延伸”按钮，对已有面片的尺寸进行适当调整，保证面片大小超过原有无人机该面的大小即可，修改面片尺寸如图 5-3-34 所示。

图 5-3-33　生成面片

图 5-3-34　修改面片尺寸

（5）按“Ctrl+ 鼠标左键”组合键，选择如图 5-3-35 所示的两个面片，在最上方工具栏中的“模型”中单击“合并”按钮，将两个面片合并成如图 5-3-36 所示的一个面片。

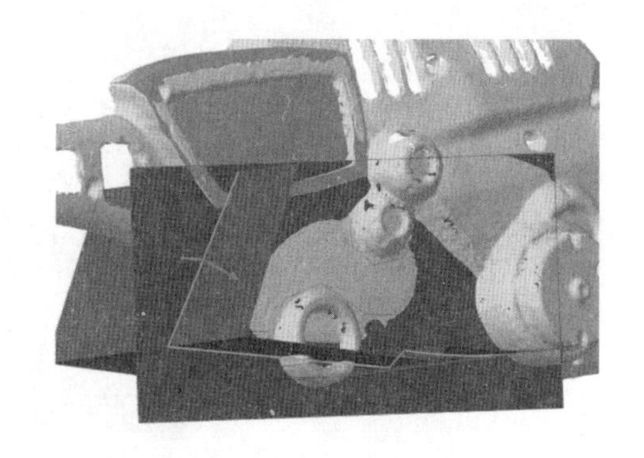
图 5-3-35　选择面片

图 5-3-36　合并面片

提示

合并曲面时要注意面与面一定要相交，才可以合并。

（6）单击“拉伸”按钮，选择 DTM1 平面作为草绘平面，绘制如图 5-3-37 所示的草图，且与无人机扫描件的部件轮廓较为契合。单击“确定”后，选择拉伸类型为“曲面”，修改拉伸深度超过已有面片后，单击“确定”，生成如图 5-3-38 所示的面片。

笔记

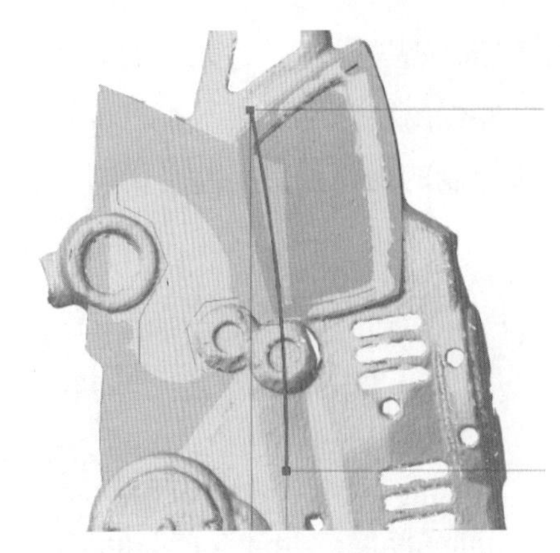

图 5-3-37　草图 1

图 5-3-38　拉伸面片

（7）单击“解析曲面”按钮，单击扫描件表面（见图 5-3-39），生成面片。

（8）按“ Ctrl+ 鼠标左键”组合键，选择如图 5-3-39 所示的两个面片，在最上方工具栏中的“模型”中单击“合并”按钮，将两个面片合并成如图 5-3-40 所示的一个面片。

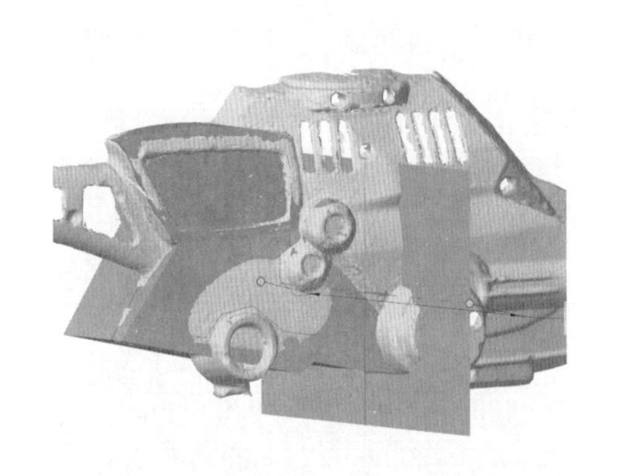

图 5-3-39　选择面片

图 5-3-40　合并面片

2. 第二部分面组实体化

（1）单击合并后的面片，单击“修剪”按钮，选择 DTM1 为修剪平面，如图 5-3-41 所示，单击“确定”后生成如图 5-3-42 所示的面片。

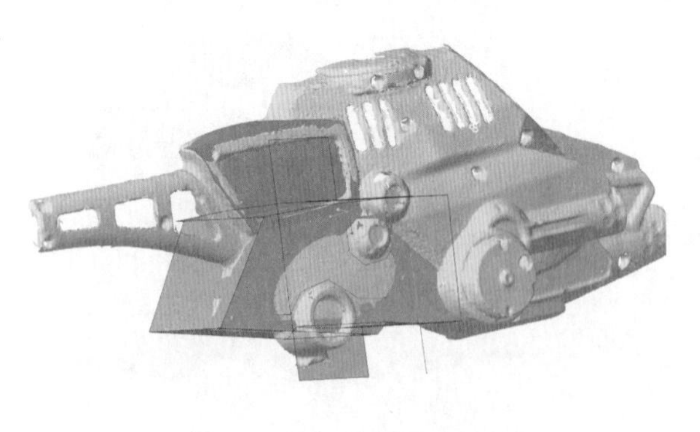

图 5-3-41　选择修剪特征

图 5-3-42　修剪后的面片

（2）单击“草绘”按钮，选择 DTM1 平面作为草绘平面，单击“投影”按钮绘制如图 5-3-43 所示的草图。单击“填充”按钮，选择所绘制的草图进行填充，如图 5-3-44 所示。

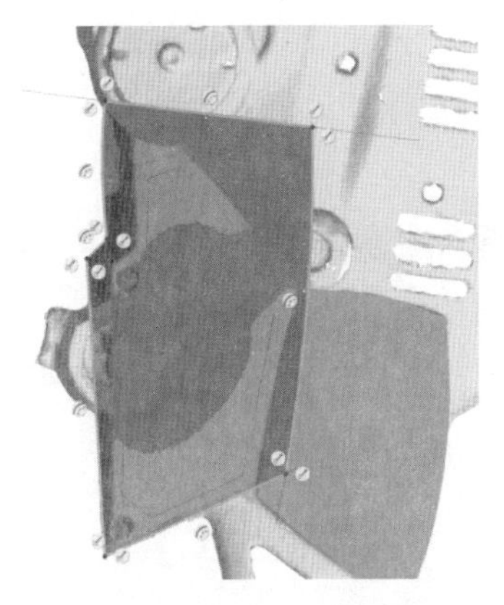

图5-3-43　草图2

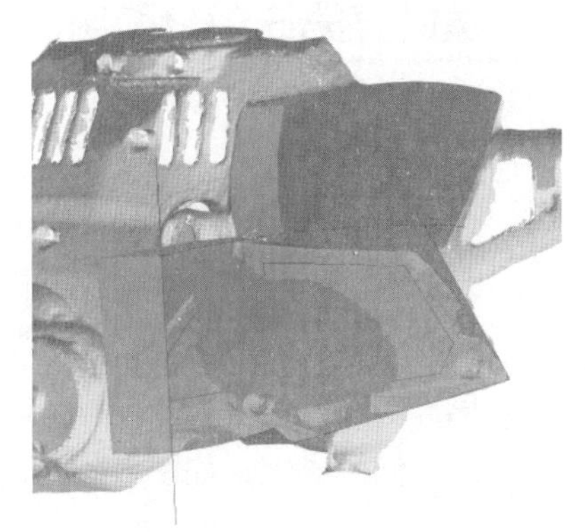

图5-3-44　填充草图

笔记

提示

填充的草图必须是封闭草图。

（3）按“Ctrl+鼠标左键”组合键，选择如图5-3-45所示的两个面片，在最上方工具栏中的“模型”中单击“合并”按钮。

（4）单击合并后的面片，单击“实体化”按钮，完成第二部分面组（面组2）的实体化，如图5-3-46所示。

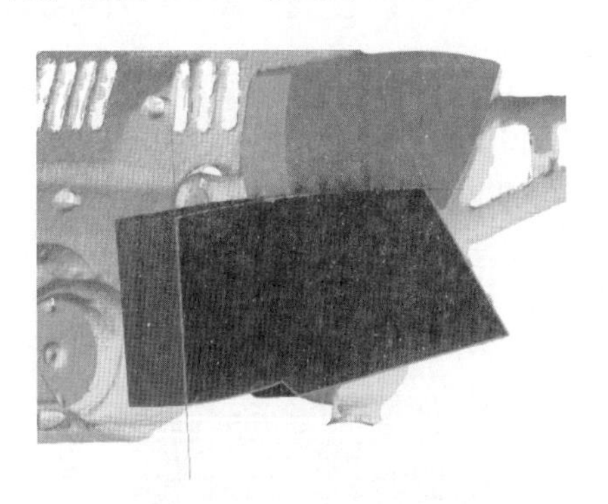

图5-3-45　合并面组

图5-3-46　实体化

3. 第二部分面组修饰结构的创建

（1）单击“拔模”按钮，选择实体化后的面组2的侧表面作为拔模对象，选择DTM1平面作为拔模枢纽，修改拔模角度为2°，如图5-3-47所示。

（2）完成无人机第二部分面组的实体化，如图5-3-48所示。

图5-3-47　创建拔模特征

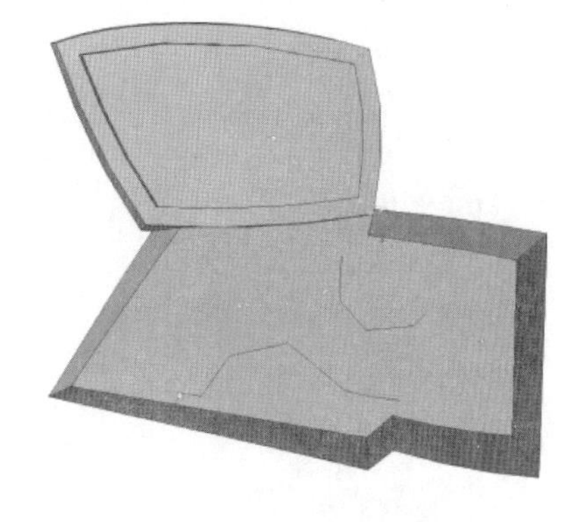

图5-3-48　第二部分面组实体化

提示

拔模斜度不应过大，否则会导致变形。

5.3.4 创建机壳第三部分面组

创建机壳第三部分面组

1. 创建出风口面片

（1）单击上方工具栏“曲面”下拉，单击“重新造型”按钮，进入“重新造型”模式所示。

（2）单击上方工具栏中的“曲线”按钮，在无人机外壳的中部绘制如图 5-3-49 所示的封闭图形。单击“创建域”按钮，选择上一步所绘制的封闭图形，将封闭图形中的小平面形成的圆点创建成域，如图 5-3-50 所示。

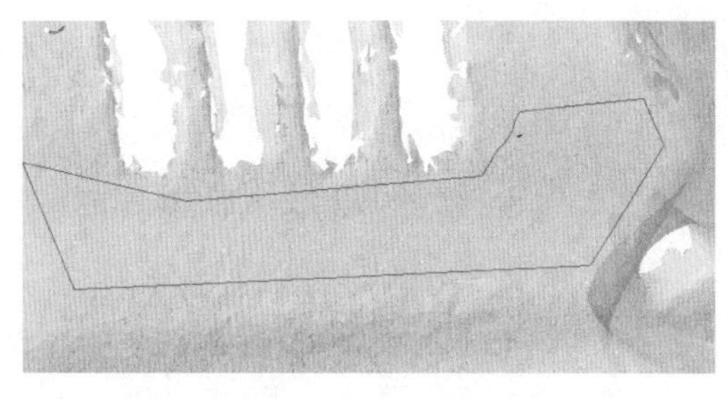
图 5-3-49 封闭图形

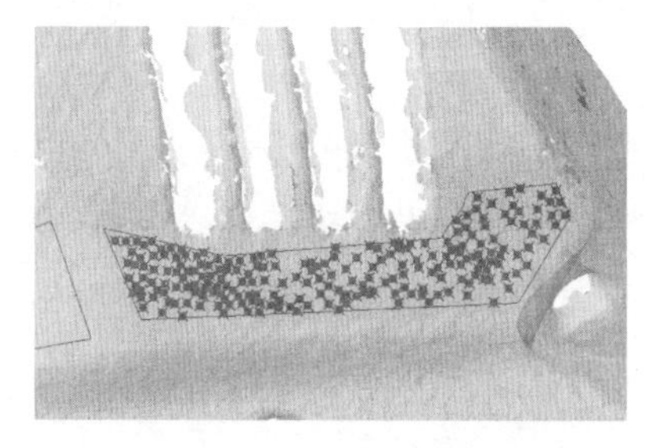
图 5-3-50 生成域

（3）单击“解析曲面”按钮，在创建域的部分生成如图 5-3-51 所示的面片。单击“延伸”按钮，对已有面片的尺寸进行适当调整，保证面片大小超过原有无人机该面的大小即可，如图 5-3-52 所示。

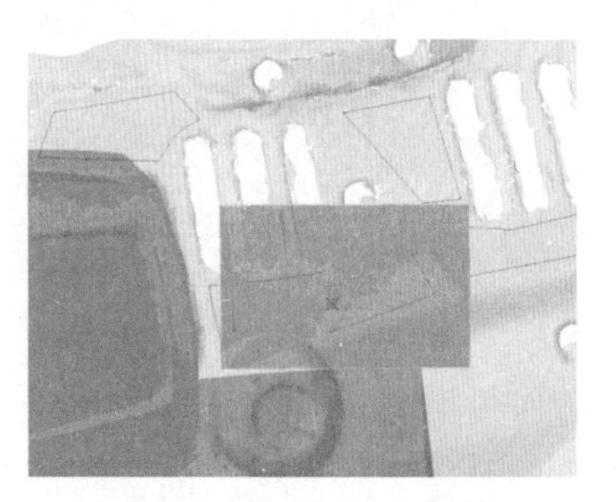
图 5-3-51 生成面片

图 5-3-52 修改面片尺寸

（4）按照同样的步骤创建如图 5-3-53 所示的封闭线段及域。

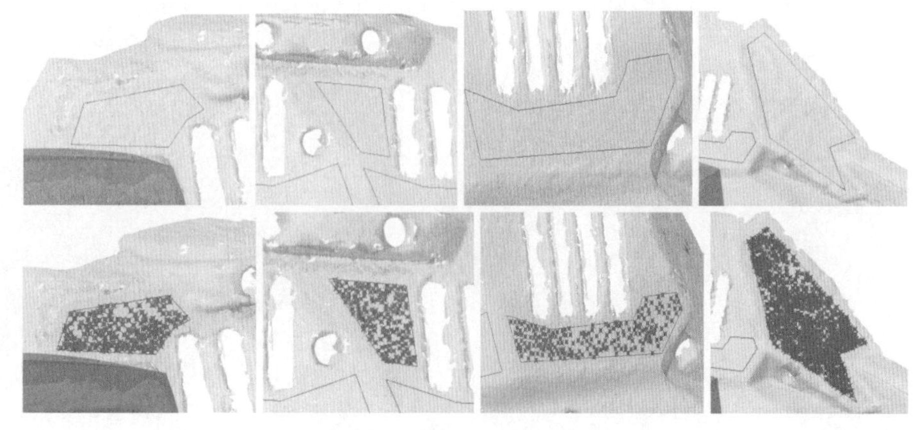
组图 5-3-53 封闭线段及域

（5）根据域得到面片，并适当修改面片大小后，最终创建四个面片如图 5-3-54 所示。

笔记

（6）按①→②→③→④的顺序完成合并，生成的面组 1 如图 5-3-35 所示。

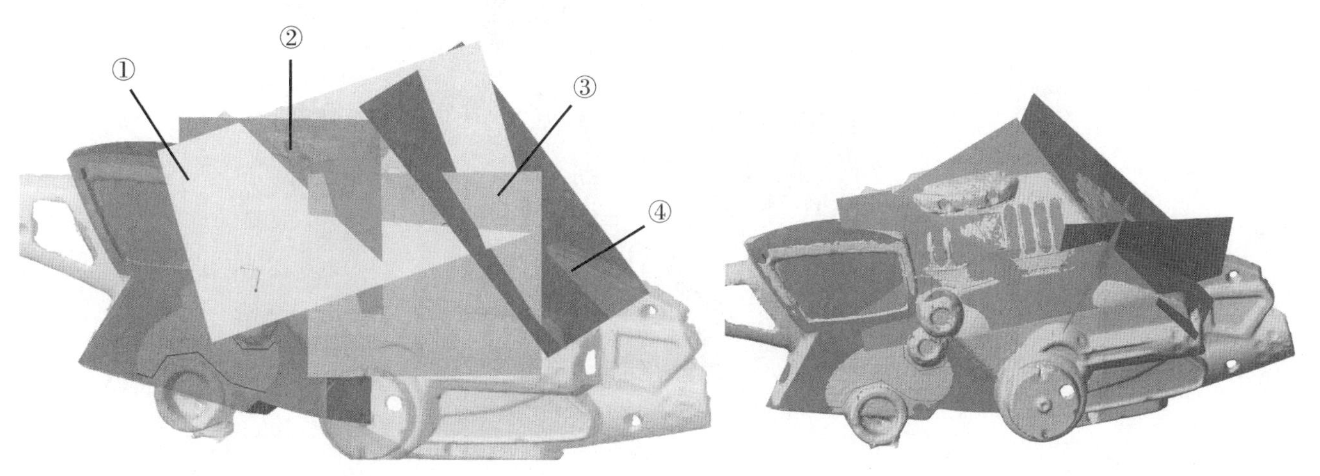

图 5-3-54　最终创建四个面片

图 5-3-55　面组 1

2. 创建机头面片

（1）选择四个面片，长按鼠标右键，在浮动工具栏中选择“隐藏”按钮。

（2）单击“解析曲面”按钮，直接单击如图 5-3-55 所示的扫描件表面，生成面片，如图 5-3-56 所示。

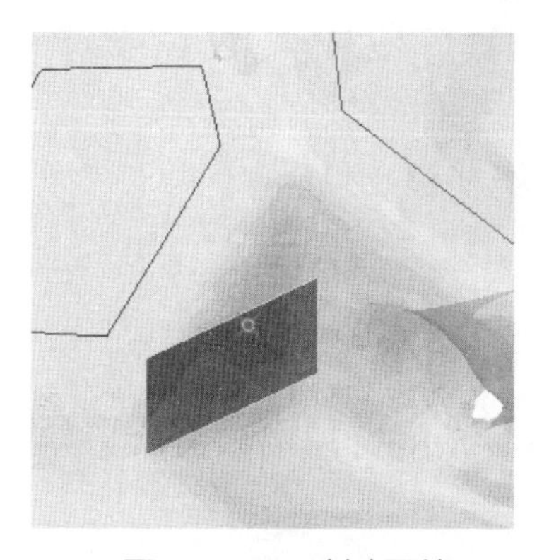

图 5-3-56　创建面片

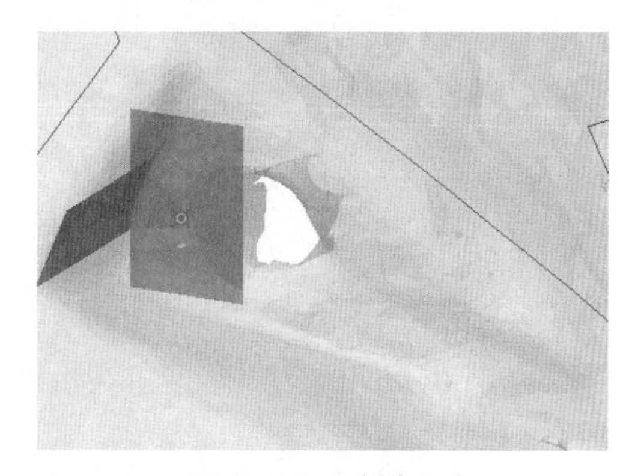

图 5-3-57　创建面片

（3）单击“延伸”按钮，对已有面片的尺寸进行适当调整，保证面片大小超过原无人机该面的大小即可，修改两个面片尺寸如图 5-3-57 所示。

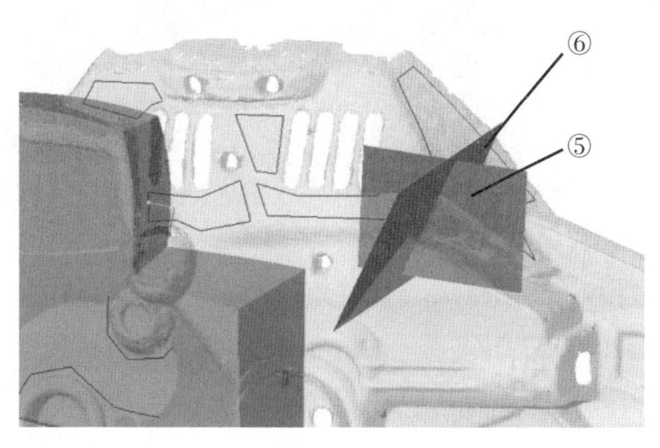

图 5-3-58　修改尺寸后的面片

笔记

（4）按⑤→⑥的顺序完成合并，生成的面组 2 如图 5-3-39 所示。

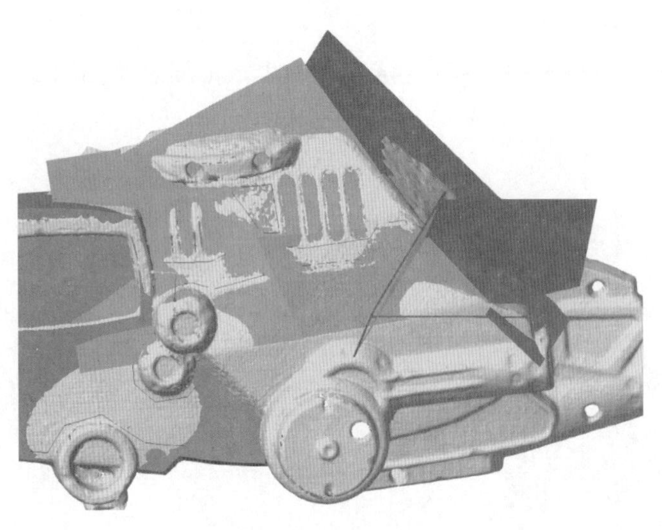

图 5-3-59　面组 2

（5）按照相同步骤，依次完成面组 1 和面组 2 的合并，如图 5-3-60 所示。

图 5-3-60　依次合并面片

（6）单击“解析曲面”按钮，直接单击如图 5-3-61 所示的扫描件表面，生成面片。

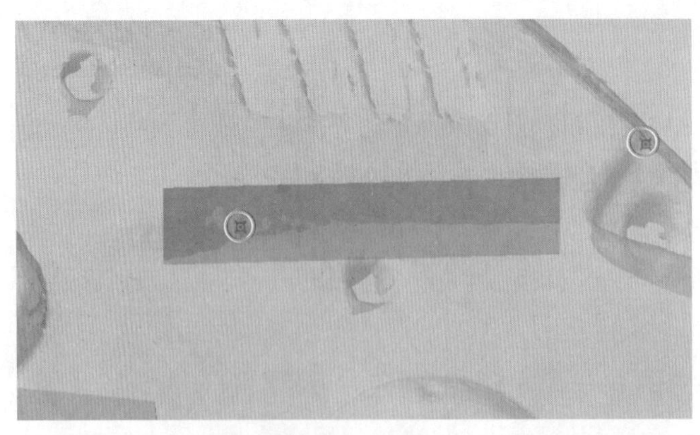

图 5-3-61　创建面片

（7）在空白处长按鼠标右键，在浮动工具栏中选择“全部取消隐藏”。按“ Ctrl+ 鼠标左键”组合键，选择如图 5-3-62 所示的两个面片，在最上方工具栏中的“模型”中单击“合并”按钮，将两个面片合并成如图 5-3-63 所示的一个面片。

笔记

图 5-3-62　选择面片

图 5-3-63　合并面片

3. 创建顶部面片

（1）单击“拉伸”按钮，选择 DTM1 平面作为草绘平面，绘制如图 5-3-64 所示的草图，确保草图穿过上一步合并的面片的同时，与无人机扫描件的外轮廓较为契合。单击确定后，选择拉伸类型为“曲面”，修改拉伸深度如图 5-3-65 所示，单击“确定”。

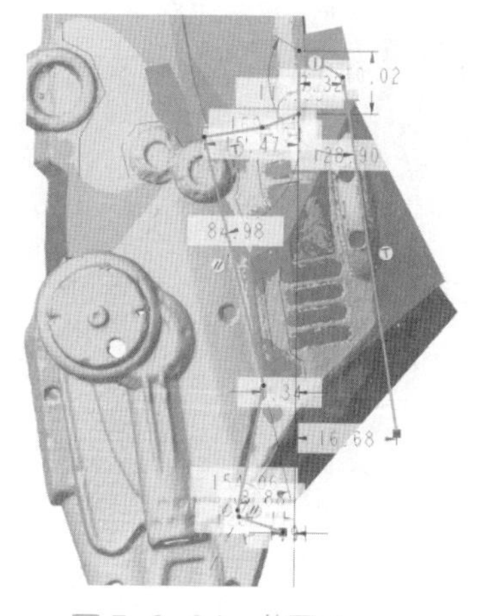

图 5-3-64　草图 1

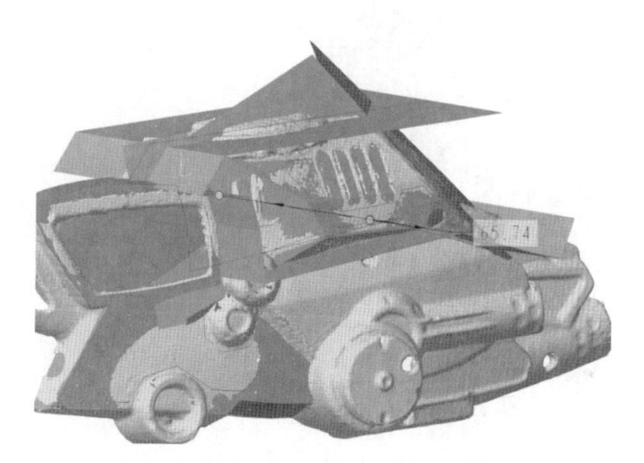

图 5-3-65　拉伸面片

（2）单击“合并”按钮，按“Ctrl+ 鼠标左键”组合键，选择刚刚生成的面片和前面合并后的面片，如图 5-3-66 所示，完成面组 3 的合并，如图 5-3-67 所示。

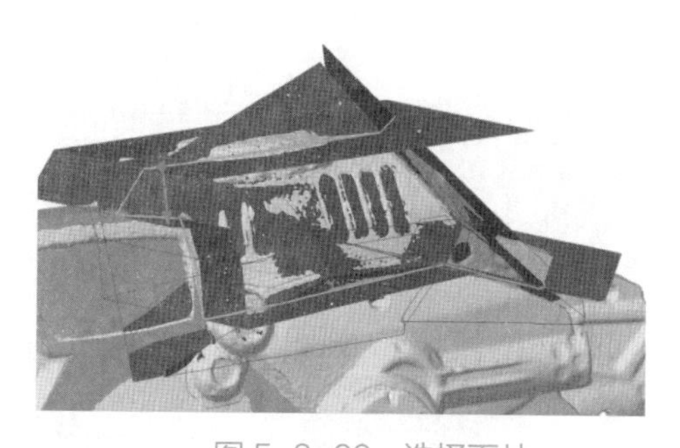

图 5-3-66　选择面片

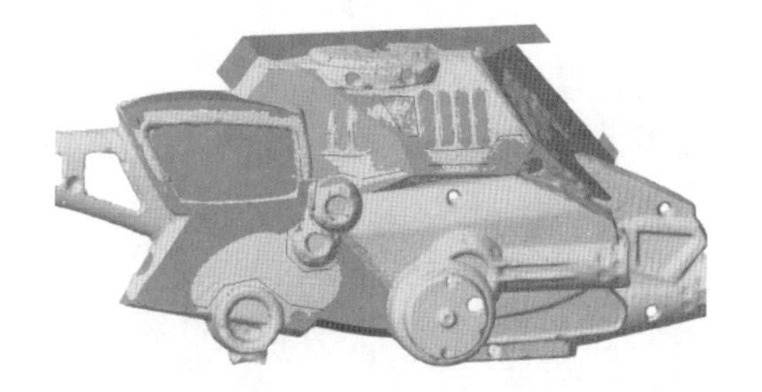

图 5-3-67　合并面片

4. 第三部分面组实体化

（1）单击合并后的面片，单击“修剪”按钮，选择 DTM1 为修剪平面，如图 5-3-68 所示，单击“确定”后生成如图 5-3-69 所示的面片。

笔记

图 5-3-68　选择修剪特征

图 5-3-69　修剪后的面片

（2）单击“草绘”按钮，选择 DTM1 平面作为草绘平面，单击“投影”按钮绘制如图 5-3-70 所示的草图。单击“填充”按钮，选择所绘制的草图进行填充，如图 5-3-71 所示。

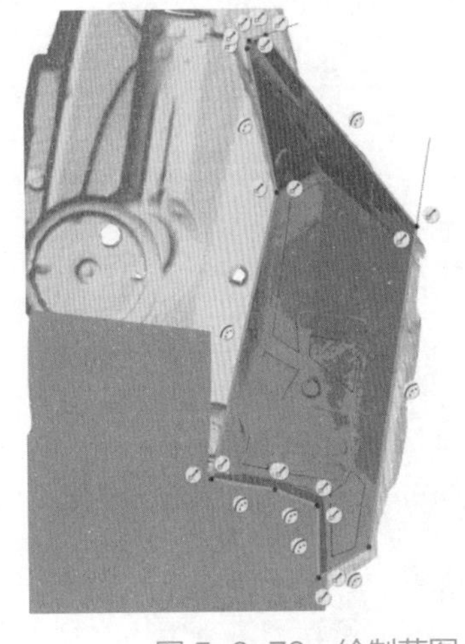

图 5-3-70　绘制草图 2

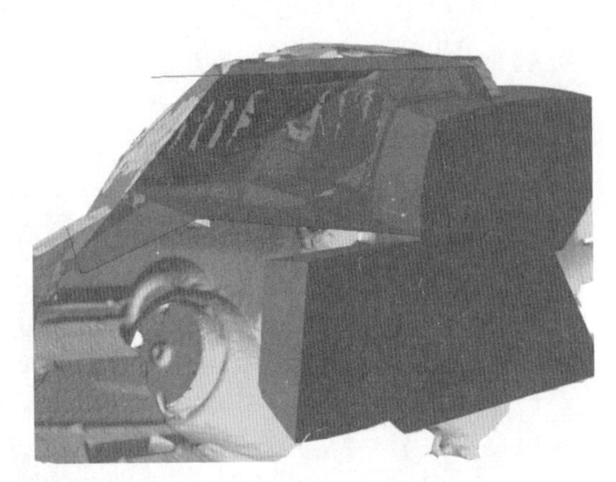

图 5-3-71　填充草图

（3）按“Ctrl+ 鼠标左键”组合键，选择如图 5-3-72 所示的两个面片，在最上方工具栏中的“模型”中单击“合并”按钮。

（4）单击合并后的面片，单击“实体化”按钮，完成第三部分面组的实体化，如图 5-3-73 所示。

图 5-3-72　合并面组

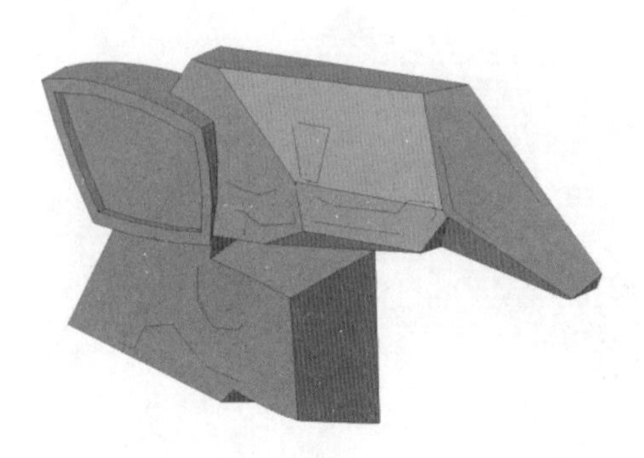

图 5-3-73　第三部分面组实体化

5.3.5　创建机壳第四部分面组

笔记

1. 贴面片处理

（1）单击上方工具栏“曲面”下拉，单击“重新造型”按钮，进入“重新造型”模式。单击上方工具栏中的“曲线”按钮，在无人机外壳的中部绘制如图 5-3-74 所示的封闭图形。单击“创建域”按钮，选择上一步所绘制的封闭图形，将封闭图形中的小平面圆点创建成域，如图 5-3-75 所示。

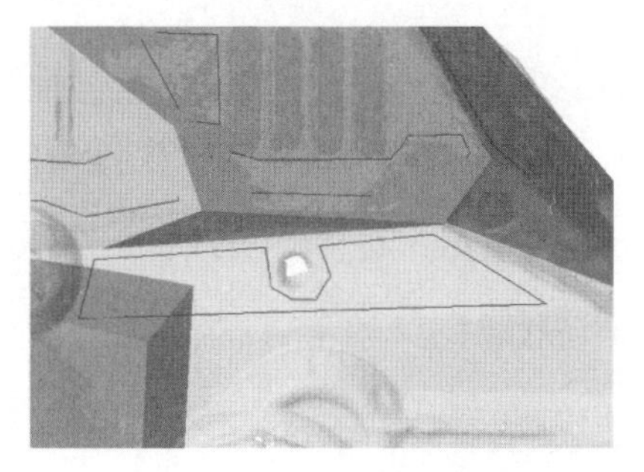
图 5-3-74　封闭图形

图 5-3-75　生成域

（2）单击“解析曲面”按钮，在平面操控板中的定义栏中，选择“域”前的正方形框，使之变为对勾后，单击“确定”，在创建域的部分生成如图 5-3-76 所示的面片。

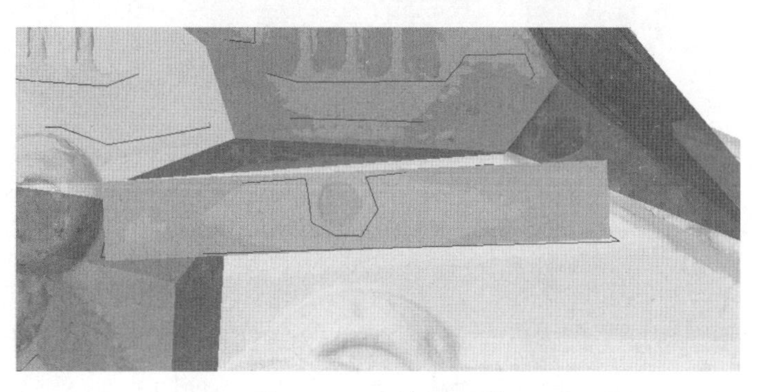
图 5-3-76　创建面片

2. 创建多项式曲面

（1）单击上方工具栏中的“曲线”按钮，在无人机外壳的后侧绘制如图 5-3-77 所示的线段。单击“曲线”按钮下的“通过捕捉点”按钮，绘制如图 5-3-78 所示的线段。

图 5-3-77　线段 1

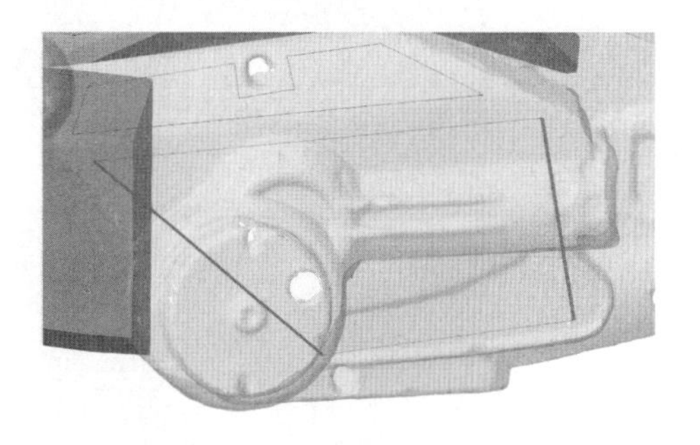
图 5-3-78　线段 2

笔记

（2）单击“多项式曲面”按钮下的“四条曲线”按钮，按“Ctrl+ 鼠标左键”组合键，选择多项式曲面第一方向，即如图 5-3-79 所示的两条线段后，再次按“ Ctrl+ 鼠标左键”组合键选择多项式曲面第二方向，即如图 5-3-80 所示的两条线段。

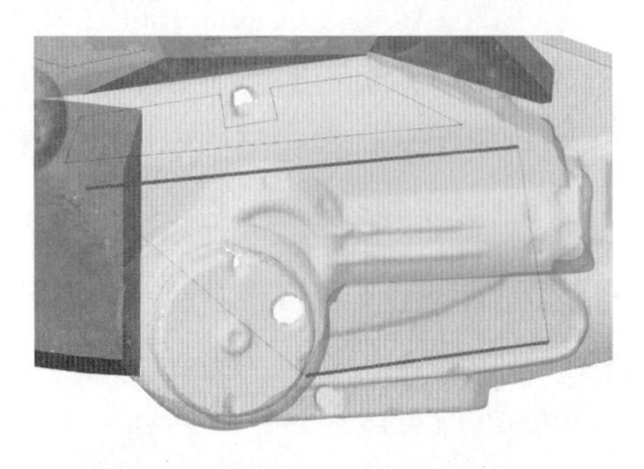

图 5-3-79　选择多项式曲面第一方向

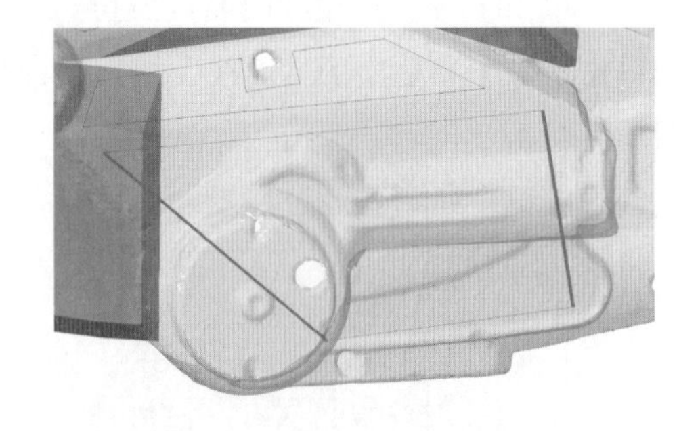

图 5-3-80　选择多项式曲面第二方向

思考

两个方向多选曲线是否能互换？

（3）单击右上角浮动框内的“确定”按钮，生成如图 5-3-81 所示的面片。

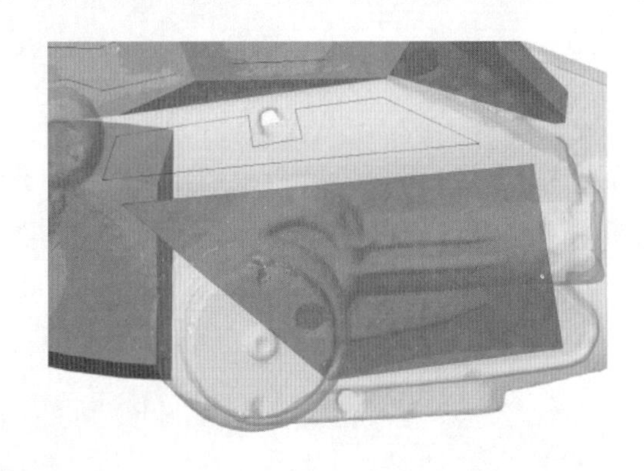

图 5-3-81　创建面片

提示

绘制的封闭边线不应曲率过大，否则延伸时会导致面片变形。

3. 曲面延伸及合并

（1）退出“重新造型”模式后，单击“延伸”按钮，对面片的各个边线的尺寸进行适当调整，保证面片大小超过原无人机该面的大小即可，如图 5-3-82 所示。

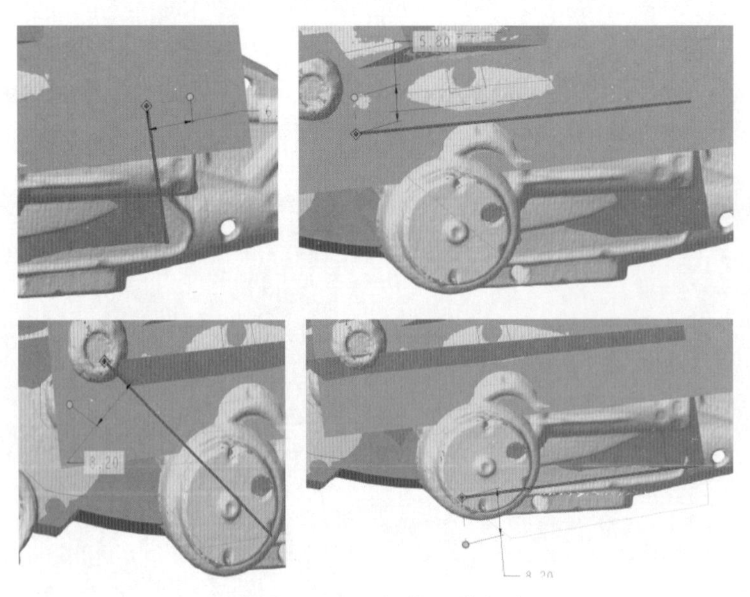

组图 5-3-82　调整面片尺寸

（2）按“ Ctrl+ 鼠标左键”组合键选择如图 5-3-83 所示的面片，单击“合并”按钮，完成两个面片的合并，如图 5-3-84 所示。

图 5-3-83　选择面片

图 5-3-84　合并面片

（3）单击“拉伸”按钮，选择 DTM1 平面作为草绘平面，绘制如图 5-3-85 所示的草图后，拉伸成如图 5-3-86 所示的面片。

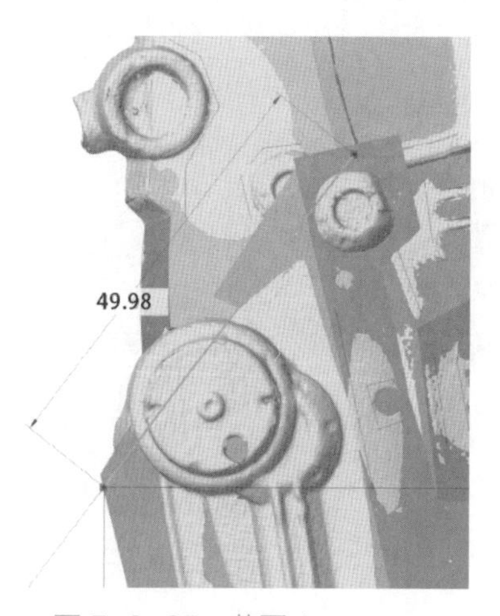

图 5-3-85　草图 1

图 5-3-86　拉伸面片

（4）按“ Ctrl+ 鼠标左键”组合键选择如图 5-3-87 所示的面片，单击“合并”按钮，将两个面片合并成如图 5-3-88 所示的造型。

图 5-3-87　选择面片

图 5-3-88　合并面片

（5）单击“拉伸”按钮，选择 DTM1 平面作为草绘平面，绘制如图 5-3-89 所示的草图后，拉伸成如图 5-3-90 所示的面片。

笔记

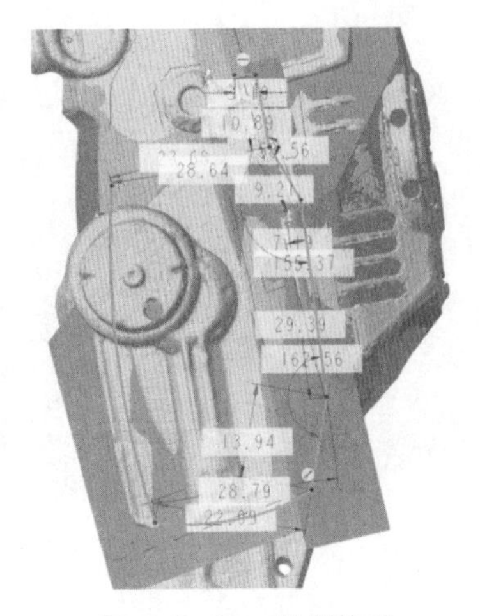

图 5-3-89　绘制线段

图 5-3-90　拉伸面片

（6）按“Ctrl+ 鼠标左键”组合键选择如图 5-3-91 所示的面片，单击“合并”按钮，将两个面片合并成如图 5-3-92 所示的造型。

图 5-3-91　选择面片

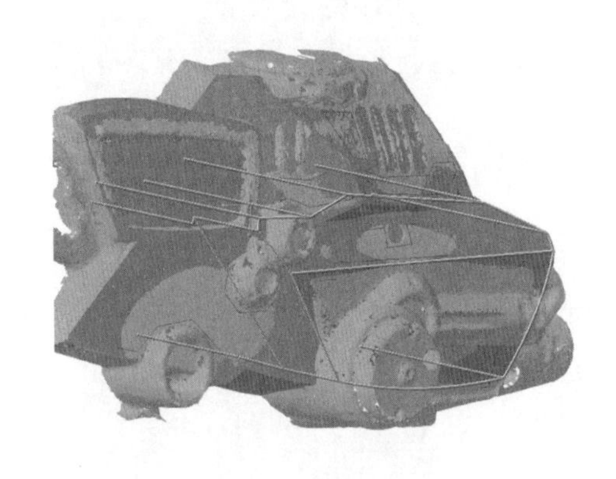

图 5-3-92　合并面片

4. 第四部分面组实体化

（1）单击合并后的面片，单击“修剪”按钮，选择 DTM1 为修剪平面，如图 5-3-93 所示，单击“确定”后生成如图 5-3-94 所示的面片。

图 5-3-93　选择修剪特征

图 5-3-94　修剪后的面片

（2）单击“草绘”按钮，选择 DTM1 平面作为草绘平面，单击“投影”按钮绘制如图 5-3-95 所示的草图。单击“填充”按钮，选择所绘制的草图进行填充，如图 5-3-96 所示。

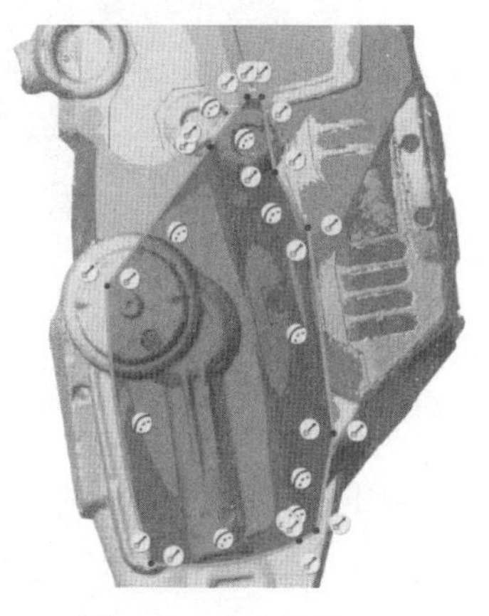

图 5-3-95　草图 2

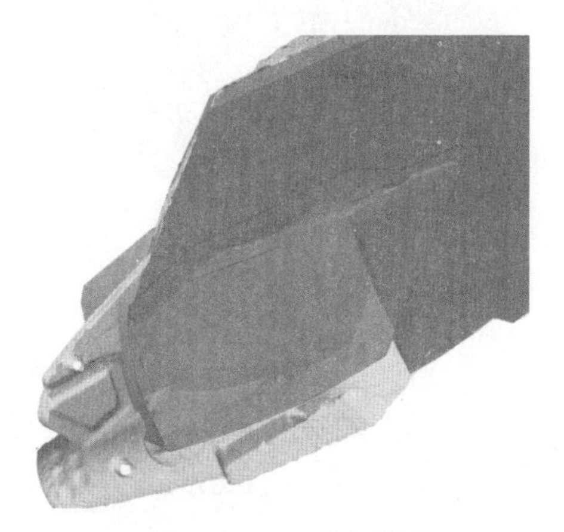

图 5-3-96　填充草图

（3）按“Ctrl+ 鼠标左键”组合键，选择如图 5-3-97 所示的两个面片，在最上方工具栏中的“模型”中单击“合并”按钮。

（4）单击合并后的面片，单击“实体化”按钮，完成第四部分面组的实体化，如图 5-3-98 所示。

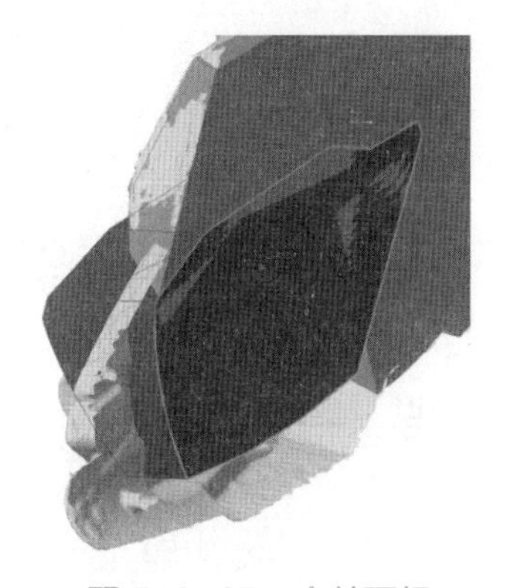

图 5-3-97　合并面组

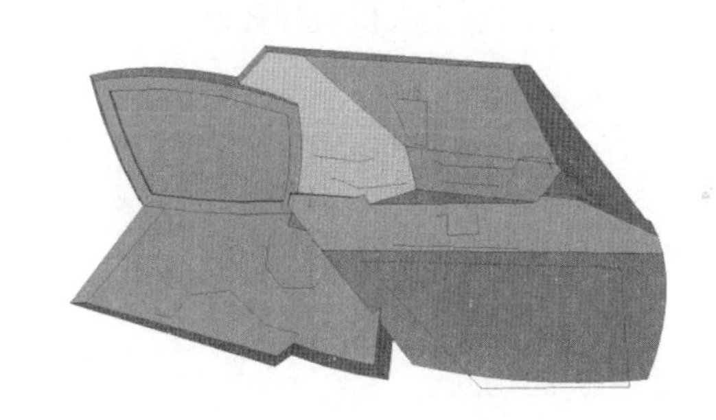

图 5-3-98　第四部分面组实体化

5.3.6　创建机壳第五部分面组

（1）单击机壳后表面，单击“壳”按钮，修改壳厚度为 1.50，如图 5-3-99 所示，单击“确定”。

（2）无人机机身整体抽壳效果如图 5-3-100 所示。

（3）其他创新设计可参考以上建模方式。

创建机壳第五部分面组

提示

抽壳壁厚的最小值与模型最小区块的尺寸相关联。

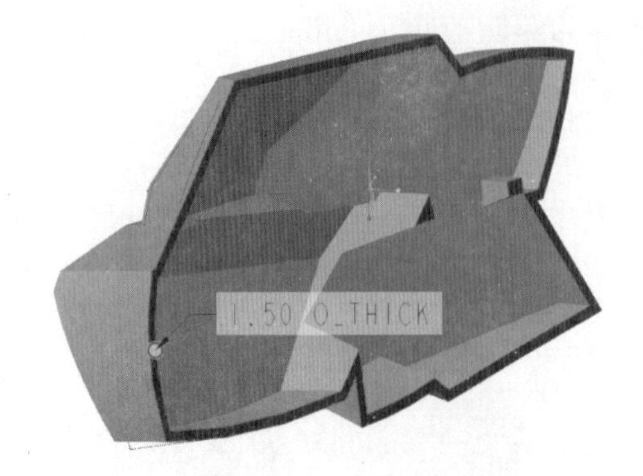

图 5-3-99　创建抽壳特征

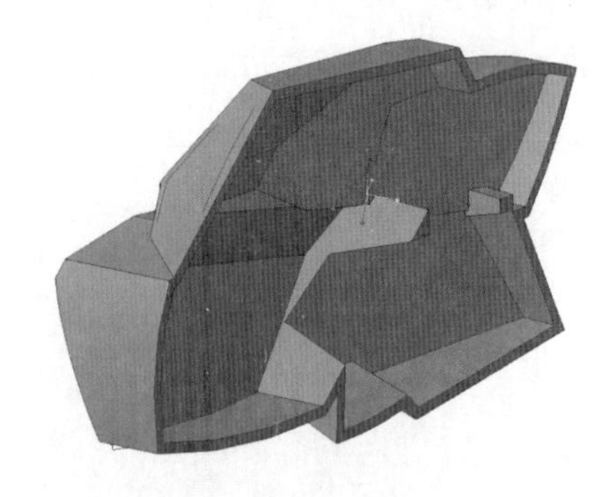

图 5-3-100　无人机机身整体抽壳效果

任务 5.4　整机装配及运动仿真

任务目标

（1）熟练掌握装配约束命令在实体建模中的应用。

（2）了解运动仿真的常规应用和操作流程。

资源环境

（1）Creo 8.0。

（2）超星学习通无人机装配案例。

5.4.1　装配无人机机身

讨论

装配模式的公制尺寸是?

1. 进入装配模式

（1）单击“新建”图标，或者执行“文件”→“新建”命令，系统弹出“新建”对话框，如图 5-4-1 所示。

（2）单击“类型”选项组中的“装配”按钮，在“文件名”文本框中输入文件名“feiji zhuangpei”，然后单击“确定”按钮，进入“装配”界面，如图 5-4-2 所示。

图 5-4-1 “新建”对话框

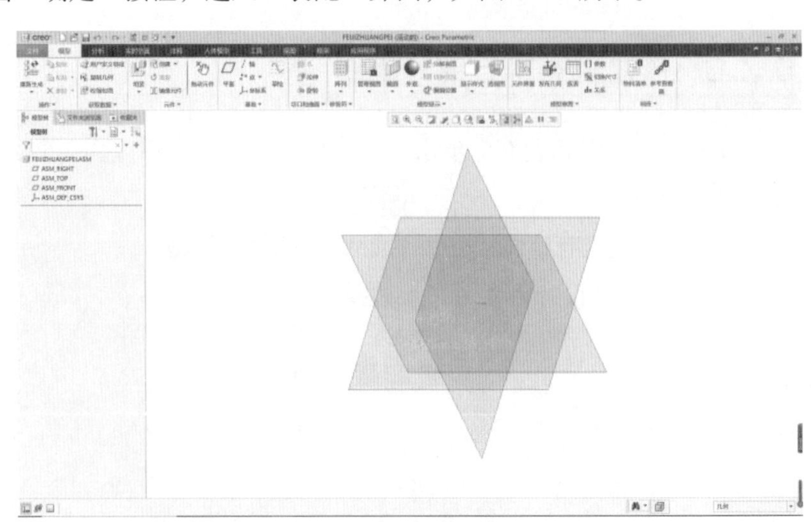

图 5-4-2 “装配”界面

2. 装配无人机机身

（1）单击上方工具栏中的“组装”按钮，选择“jishen”文件，将约束改为“默认”后，单击“确定”，如图 5-4-3 所示。

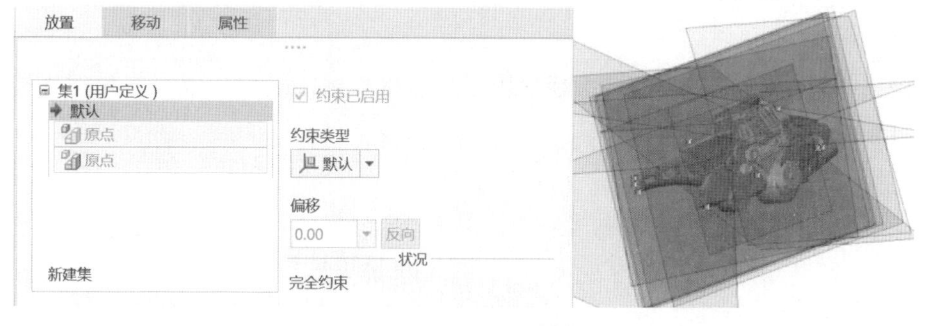

图 5-4-3　导入无人机机身

（2）在左侧模型树中，单击“jishen”零件，将小平面特征隐藏。单击“镜像元件”按钮，选择被镜像元件为“jishen”，镜像平面选择 DTM1 平面，如图 5-4-4 所示，最终“镜像元件”选项卡如图 5-4-5 所示。

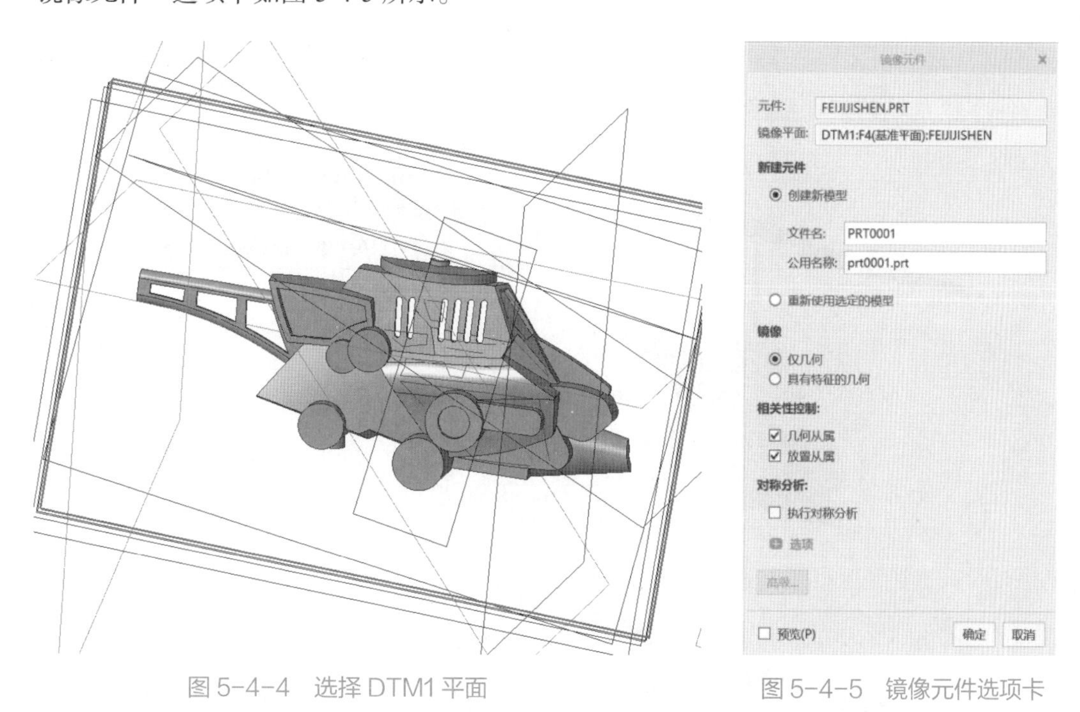

图 5-4-4　选择 DTM1 平面　　　图 5-4-5　镜像元件选项卡

（3）单击“确定”后，完成无人机机身的镜像装配，如图 5-4-6 所示。

图 5-4-6　无人机机身的镜像装配

5.4.2 装配顶部螺旋桨

1. 下层螺旋桨的装配

提示

本部分螺旋桨装配如有疑问，可参照下方二维码视频。

（1）参照二维码视频，预先完成下层螺旋桨的装配，构成子装配体，装配后的零件如图 5-4-7 所示。

（2）单击上方工具栏中的“组装”按钮，选择“yijishanye”文件，修改连接类型，如图 5-4-8 所示。

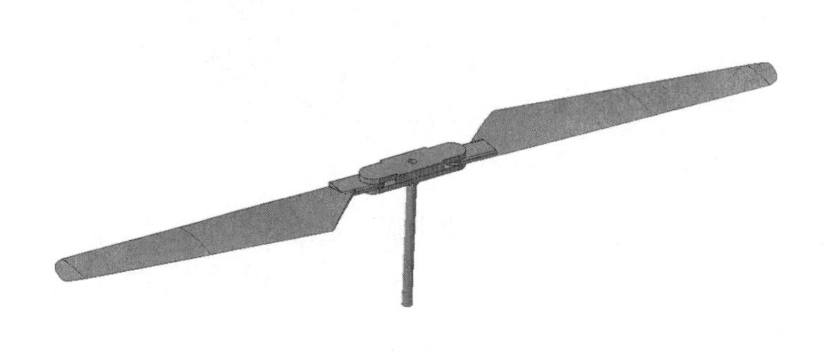

图 5-4-7 下层螺旋桨的预装配

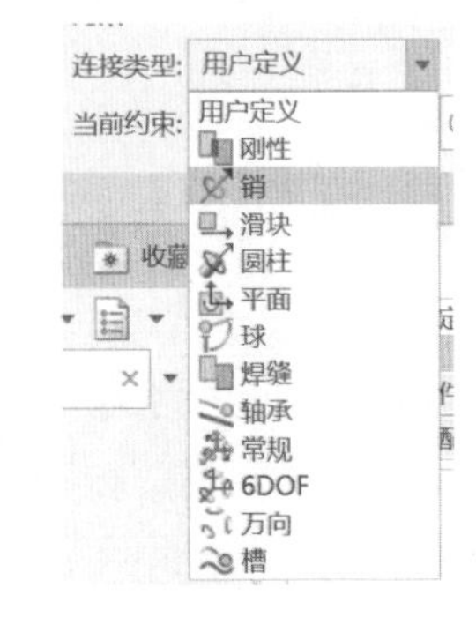

图 5-4-8 修改连接类型

（3）添加轴约束和位移约束如图 5-4-9 所示。

组图 5-4-9 添加约束

提示

在Creo装配中，销钉约束有1个自由度。

（4）单击“确定”，完成无人机下层螺旋桨的装配，如图 5-4-10 所示。

图 5-4-10　下层螺旋桨的装配

2. 上层螺旋桨的装配

（1）参照二维码视频，预先完成上层螺旋桨的装配，构成子装配体“erjishanye”，装配后的零件如图 5-4-11 所示。

（2）在左侧模型树中，将“yijishanye”文件进行隐藏。单击上方工具栏中的“组装”按钮，选择“erjishanye”文件，修改连接类型如图 5-4-12 所示。

图 5-4-11　上层螺旋桨的预装配

图 5-4-12　修改连接类型

（3）添加轴约束和位移约束，如图 5-4-13 所示。

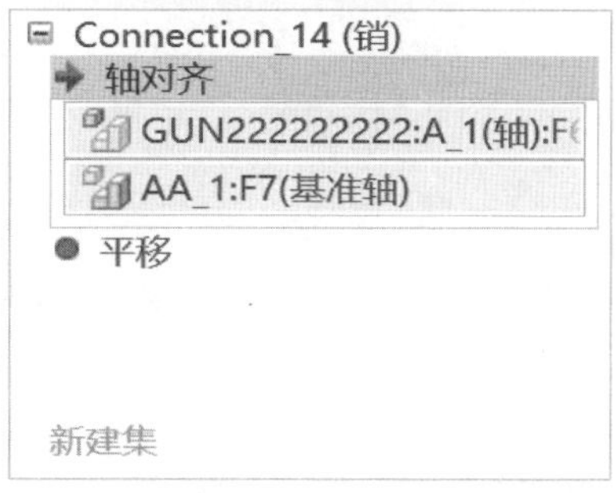

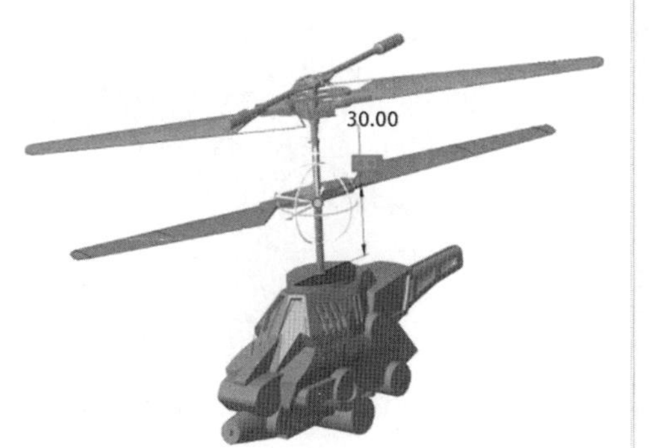

Connection_14 (销)
轴对齐
平移
GUN222222222:曲面:F6(拉
PRT0001:曲面:F1(镜像的主
旋转轴
新建集

组图 5-4-13　添加约束

思考

销钉连接：用于启用绕单一轴的旋转，需要两个约束，用以限制其绕单一轴的自由度。

圆柱连接：用于启用绕特定轴的旋转和沿特定轴的平移，需要一个约束，用以限制其绕特定轴的自由度。

提示

本部分螺旋桨装配如有疑问，可参照下方二维码视频。

无人机上层螺旋桨装配

（4）单击“确定”，完成无人机上层螺旋桨的装配，如图 5-4-14 所示。

笔记

（5）完成无人机螺旋桨的装配如图 5-4-15 所示。

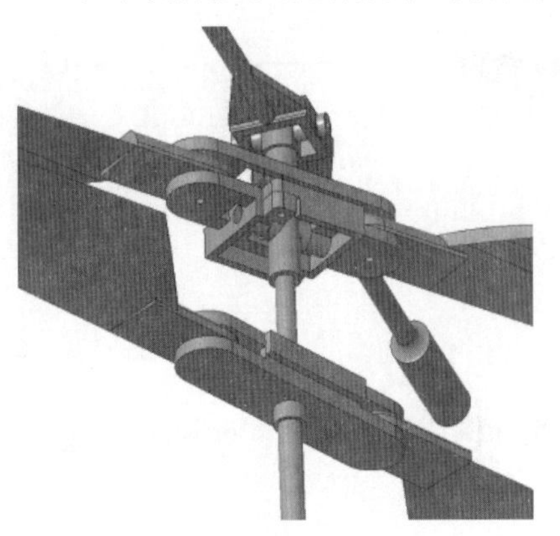

图 5-4-14　上层螺旋桨的装配

图 5-4-15　无人机螺旋桨的装配

5.4.3　装配尾部螺旋桨

提示

本部分尾部螺旋桨装配如有疑问，可参照下方二维码视频。

无人机尾部螺旋桨装配

尾桨可动装配

（1）参照二维码视频，预先完成尾部组装杆的装配，构成子装配体，装配后的零件如图 5-4-16 所示。

（2）单击上方工具栏中的“组装”按钮，选择“weibuluoxuanjiang”文件，修改连接类型，如图 5-4-17 所示。

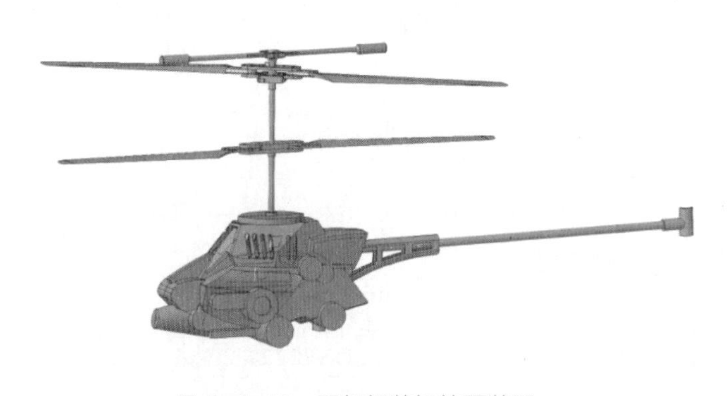

图 5-4-16　尾部组装杆的预装配

图 5-4-17　修改连接类型

（3）添加轴约束和位移约束，如图 5-4-18 所示。

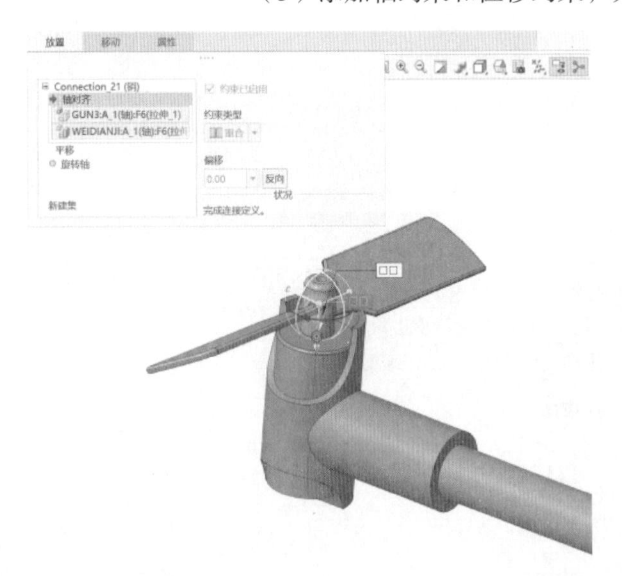

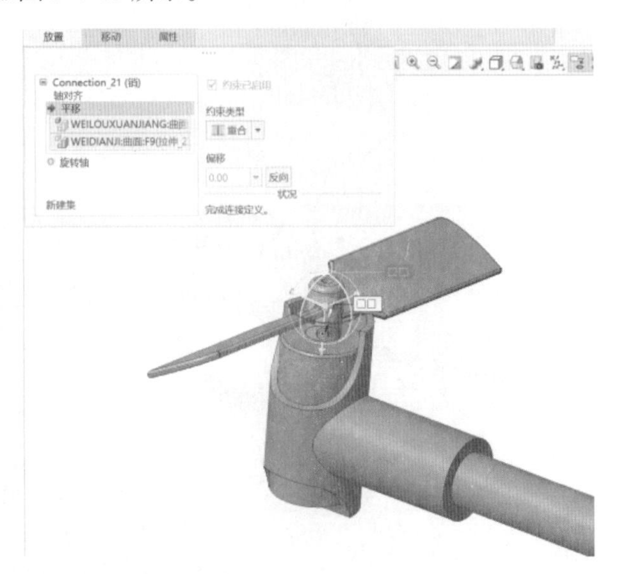

组图 5-4-18　添加约束

（4）单击“确定”，完成无人机尾部螺旋桨的装配，如图 5-4-19 所示。

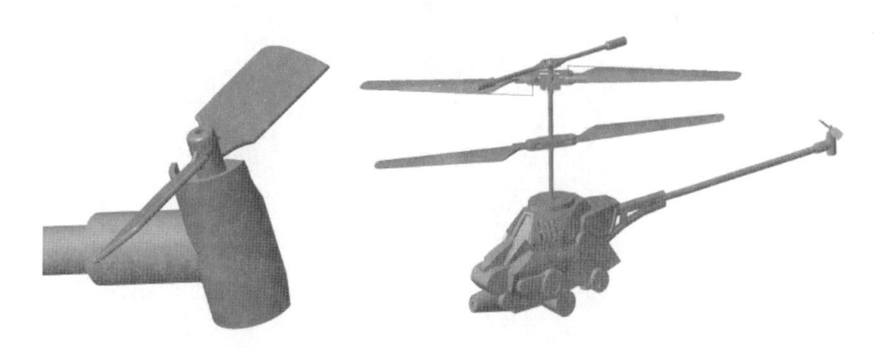

组图 5-4-19　尾部螺旋桨的装配

5.4.4　无人机运动仿真设置

1. 添加伺服电机

（1）单击上方工具栏中“应用程序”下的“机构”按钮，单击“伺服电动机”按钮，选择如图 5-4-20 所示的从动图元、如图 5-4-21 所示的参考图元和如图 5-4-22 所示的运动方向。

（2）伺服电动机参数设置如图 5-4-23 所示。

图 5-4-20　从动图元

图 5-4-21　参考图元

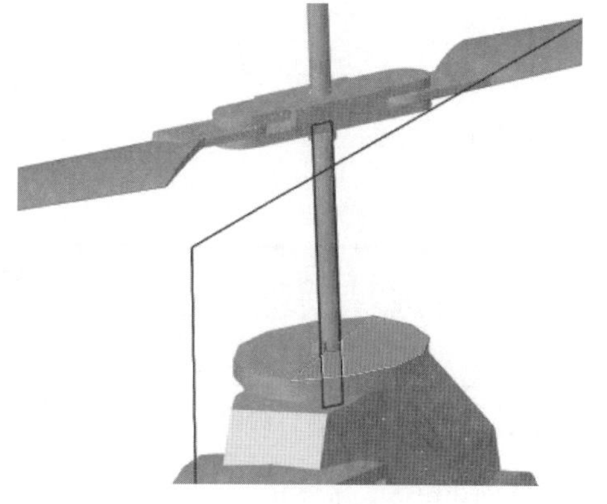

图 5-4-22　运动方向

从动图元:
FRONT:F3(基准平面):GUN1
参考图元:
DTM3:F29(基准平面):11111
运动类型
○ 平移 ◉ 旋转
运动方向
曲面:F94(拉伸_41):111 反向

图 5-4-23　伺服电动机数据设置

笔记

提示

此处的运动仿真只为展示无人机的运动逻辑，可通过添加齿轮等更为精密的零件，实现更为精准的运动仿真。

笔记

2. 运动机构分析

（1）单击“配置文件详情”按钮，修改数值，如图 5-4-24 所示。

图 5-4-24 配置文件数据修改

（2）单击“确定”，单击“机构分析”按钮，修改“结束时间”为 50，单击“运行”按钮，观察到螺旋桨正常进行旋转，代表运动仿真设置成功，如图 5-4-25 所示，单击“关闭”按钮，完成下层螺旋桨运动仿真的设置。

组图 5-4-25 螺旋桨运动仿真效果

（3）按照相同的步骤，完成上层螺旋桨、尾部螺旋桨及四个轮胎的运动仿真，完成后的运动仿真效果可参看左侧视频。

项目小结

通过本项目可以完成以下命令的学习，如表 5-4-1 所示。

表 5-4-1 本项目可完成的命令学习总结

<table>
<tr><th>序号</th><th colspan="3">项目模块</th><th>备注</th></tr>
<tr><td rowspan="4">1</td><td rowspan="4">零件模块</td><td>形状</td><td>拉伸、旋转、扫描、混合</td><td rowspan="4">任务 5.1
任务 5.2
任务 5.3</td></tr>
<tr><td>工程</td><td>环形弯折、孔、壳、倒圆角、倒角</td></tr>
<tr><td>编辑</td><td>复制、阵列、镜像、实体化</td></tr>
<tr><td>曲面</td><td>边界混合、填充</td></tr>
</table>

笔记

序号	项目模块			备注
2	逆向模块重新造型	曲线	曲线、分割	任务 5.3
		域	创建域、合并域	
		曲面	自动曲面、解析曲面、多项式曲面	
		编辑	对齐、投影、延伸	
3	装配模块	基本装配	对齐、匹配、插入	任务 5.4
		可动装配	销、圆柱、电动机	

科技强军

近几年，我国在无人机领域可谓是“一路小跑”。据资料统计，我国出口无人机的数量早已领先世界，其中，大疆无人机在 2015 年就已经占据了全球 70% 的市场，我国已成为世界上第一大无人机出口国家。该数据不仅表明了中国有能力研制无人机，还表明了中国的无人机技术得到了世界各国的认可。

自从无人机走向战场之后，各国便开始不断尝试将集群作战理念应用于无人机。目前就无人机集群技术的发展而言，全球只有我国和美国成功取得突破。在无人机集群技术作战指挥平台上，美军将无人机的控制能力添加在了战斗机上。而我国的五代战机歼 20 将承担蜂王的角色，指挥像工蜂一样的无人机，大大提高作战效率。目前，无人机集群技术被认为是世界防务技术发展中最有希望的领域之一。

（资料来源：《中国 1180 架无人机组网“蜂群”，550 秒破世界纪录，将成美军噩梦》，网易新闻网，2019 年 3 月 8 日，有删改。）

单选题

1. 创建一个扫描特征时，最多可以有（　　）个扫描草图截面轮廓。

A. 1　　B. 2　　C. 3　　D. 无限制

2. 边界曲面没有（　　）类型。

A. 扭曲曲面　　B. 混合曲面　　C. 圆锥曲面　　D. N 侧曲面

3. 用曲面分割零件必须具备（　　）条件。

A. 曲面必须是半透明的

B. 必须是构造曲面

C. 曲面必须触及或延伸超过零件的外表面

D. 曲面必须包含在零件外表面的内部

笔记

4. 旋转曲面特征的截面（　　）。

A. 必须不封闭　　B. 必须封闭

C. 封闭开放都可以　　D. 不确定

5. 使用曲面替换的方法创建实体特征时，（　　）。

A. 曲面边界必须完全在实体内部　　B. 曲面边界必须完全在实体外部

C. 曲面边界必须与实体的边界对齐　　D. 以上说法都不对

6. 使用曲面生成实体特征时，（　　）。

A. 曲面必须是封闭的　　B. 曲面必须是不封闭的

C. 曲面可以封闭也可以不封闭　　D. 以上说法都不对

7. 同一圆角特征的半径（　　）改变。

A. 能够　　B. 不能

C. 不可以　　D. 不确定

8. 创建壳特征时，被选中的抽壳表面呈（　　）。

A. 绿色　　B. 红色

C. 紫色　　D. 蓝色

9. 为了面片的光顺，可以通过（　　）命令进行约束，使表面更加光顺。

A. 减少噪音许可偏差　　B. 松弛

C. 修剪　　D. 清理

10. 在 Creo 软件中，曲面布尔运算结果有修剪和（　　）。

A. 偏移　　B. 合并

C. 延伸　　D. 加厚

实体演练

根据下图做出物体的实物造型，并完成运动仿真动画。

凸轮弹簧运动仿真01

凸轮弹簧运动仿真02

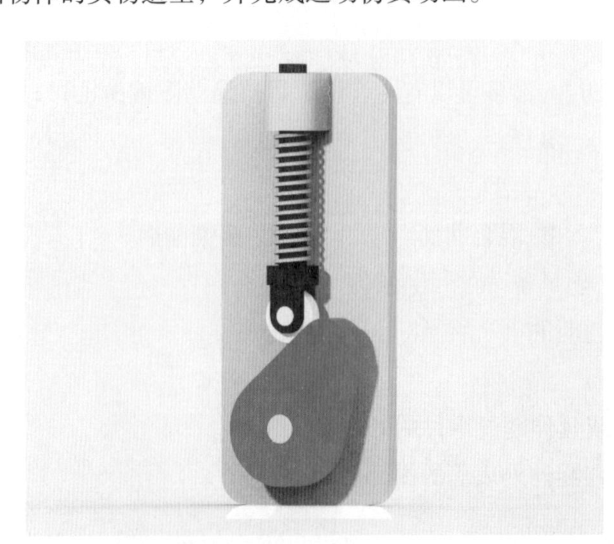

项目 6 叶轮模型及其增材制造的设计

项目概述

叶轮的作用是把原动机的机械能转化为工作液的静压能与动压能。叶轮既指装有动叶的轮盘，即冲动式汽轮机转子的组成部分，又可以指轮盘与安装在其上的转动叶片的总称。根据叶片开闭情况可将叶轮分为三种：开式叶轮、闭式叶轮、半开式叶轮。

目标导航

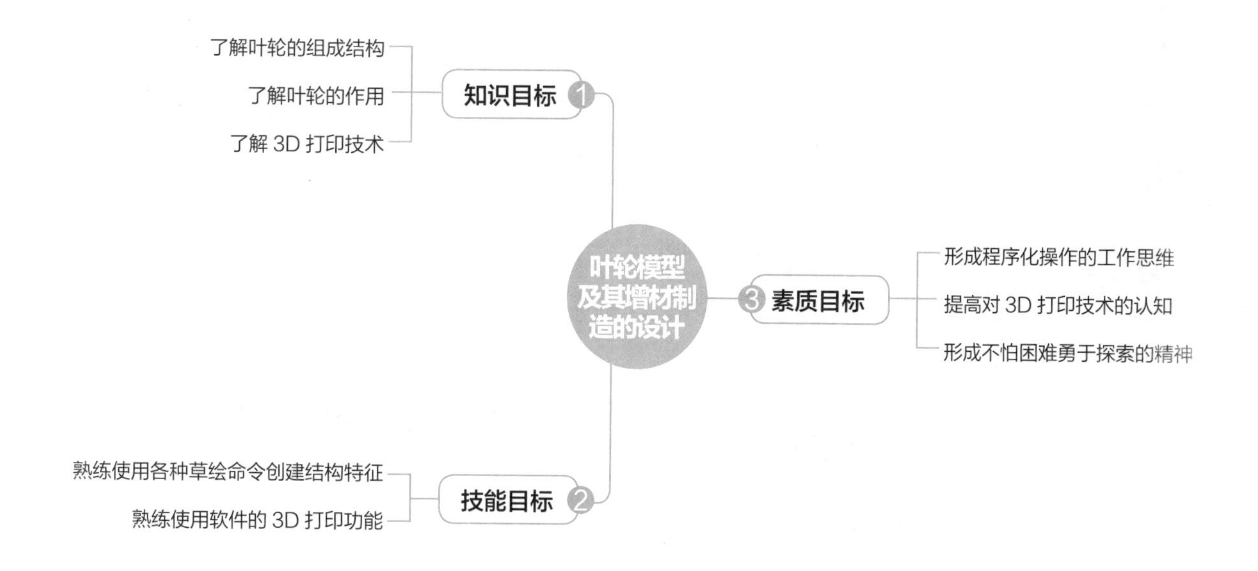

项目导图

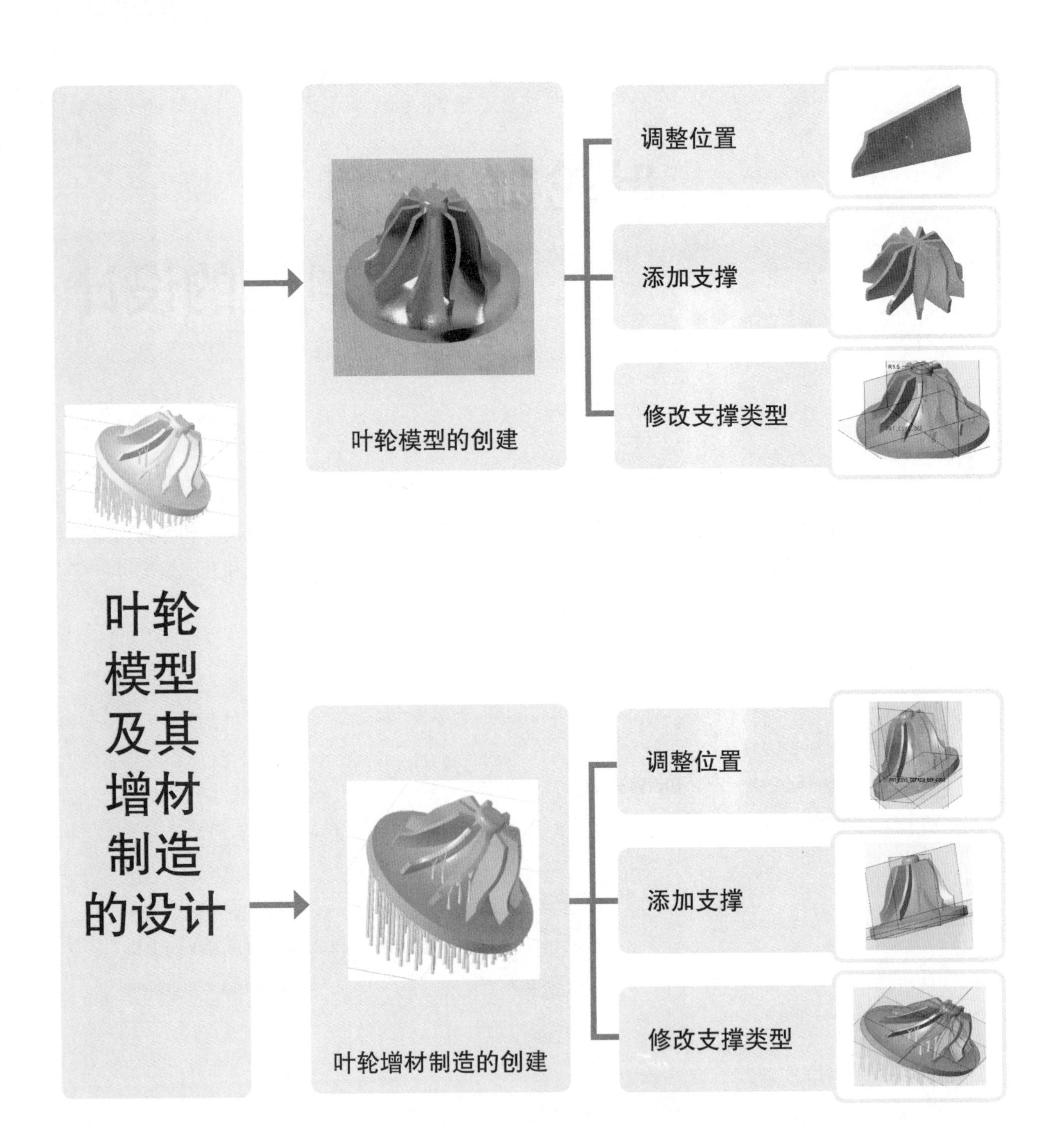
叶轮模型及其增材制造的设计
叶轮模型的创建
调整位置
添加支撑
修改支撑类型
叶轮增材制造的创建
调整位置
添加支撑
修改支撑类型

任务 6.1　叶轮模型的创建

笔记

任务目标

（1）熟练使用拉伸、旋转等特征命令的操作。

（2）掌握运用扭曲特征创建叶片曲面外形的流程。

（3）掌握运用阵列命令创建叶轮实体的流程。

资源环境

（1）Creo 8.0。

（2）超星学习通叶轮案例。

叶轮三维模型

6.1.1　创建叶片模型实体

1. 进入零件模式

（1）在顶部工具栏单击“新建”按钮，打开对话框，单击“类型”选项组中的“零件”按钮，在“文件名”文本框中输入文件名“ yelun”，然后单击，取消“使用默认模板”的勾选，如图 6-1-1 所示，然后单击“确定”按钮。

（2）在打开的“新文件选项”对话框的模版列表中选取“ mmns_ part_solid_abs”选项，在该对话框中单击“确定”按钮，进入“零件”界面，如图 6-1-2 所示。

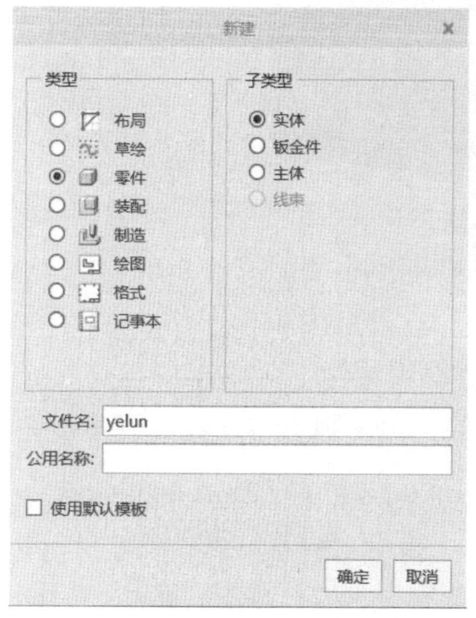

图 6-1-1 “新建”对话框

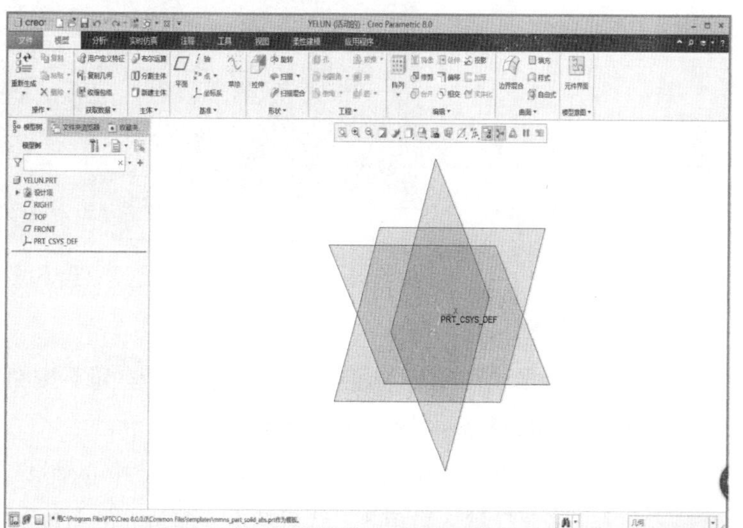

图 6-1-2 “零件”界面

2. 创建拉伸特征

（1）单击“拉伸”按钮，系统在“设计”界面顶部打开“拉伸设计”操控板，在“放置”下拉菜单中单击“定义…”按钮，在弹出的“草绘”对话框中，单击“TOP：F2(基准平面)”作为草绘平面，使用默认的参考放置草绘平面。如图 6-1-3 所示。完成后单击“草绘”按钮，进入“草绘”界面。

（2）单击“草绘视图”按钮，绘制如图 6-1-4 所示的草图，单击“草绘”操控板上

笔记

的“确定”按钮，退出“草绘”界面。接着在拉伸设计操控板上设置拉伸类型为“两侧对称拉伸”，尺寸为 1.50，完成以上操作以后，绘图区如图 6-1-5 所示。在“拉伸设计”操控板上单击“确定”按钮，完成拉伸实体创建。

图 6-1-3 “草绘”对话框

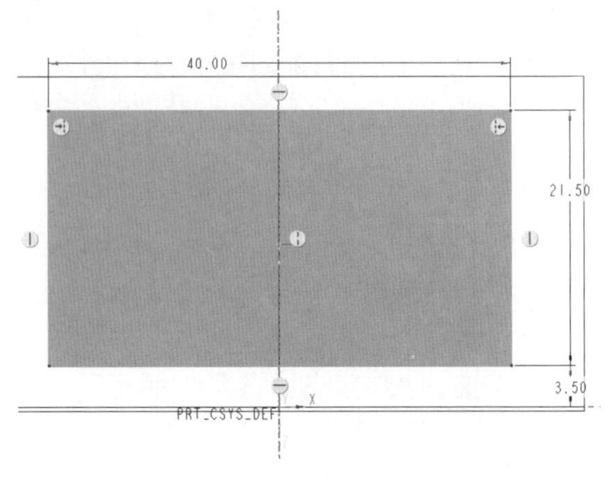

图 6-1-4 草图

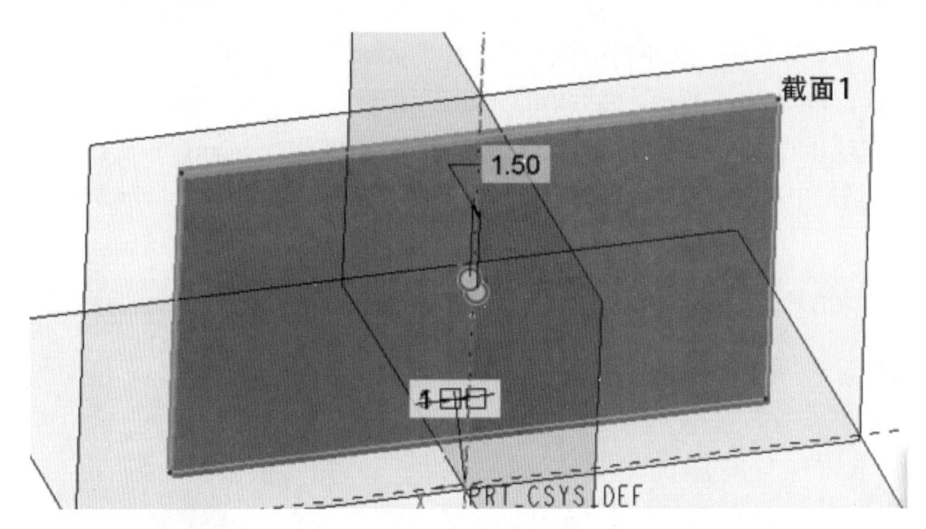

图 6-1-5 拉伸实体

3. 创建阵列特征

（1）单击“编辑特征”工具栏中的“阵列”按钮，在阵列类型下拉列表中单击“轴”按钮，打开“轴阵列”操控板。

（2）在操控板的“轴”收集器中单击“中心轴 A_1”，并在“设置”收集器中的“第一方向成员”输入数值 5，然后单击“成员间的角度”，设置为 36° 。单击“确定”按钮，完成如图 6-1-6 所示的轴阵列实体效果。

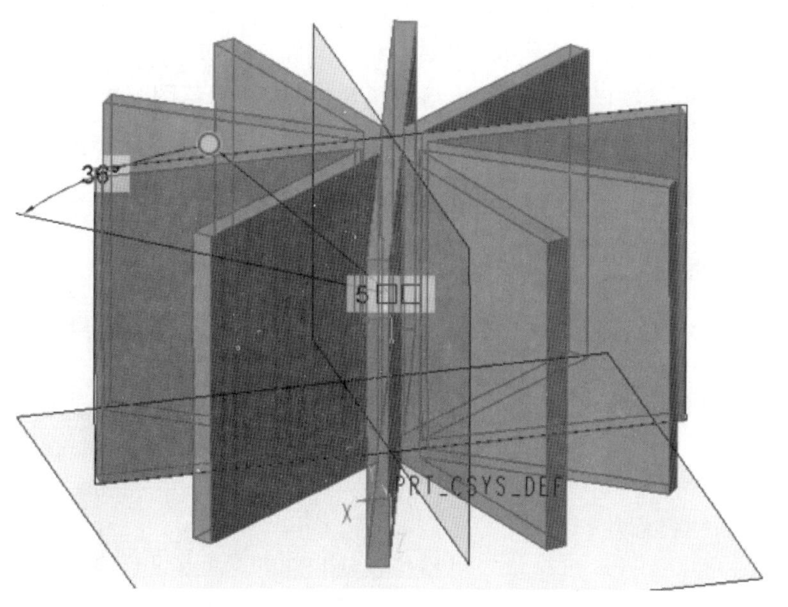

图 6-1-6　轴阵列实体效果

6.1.2　创建扭曲叶片实体

1. 绘制扭曲特征

（1）在“编辑”下拉菜单中单击“扭曲”按钮，打开“扭曲特征”操控板。单击“扭转”按钮，修改“扭转角度”为 20° 。

（2）其他参数默认，单击“确定”按钮，形成如图 6-1-7 所示的扭转实体模型。

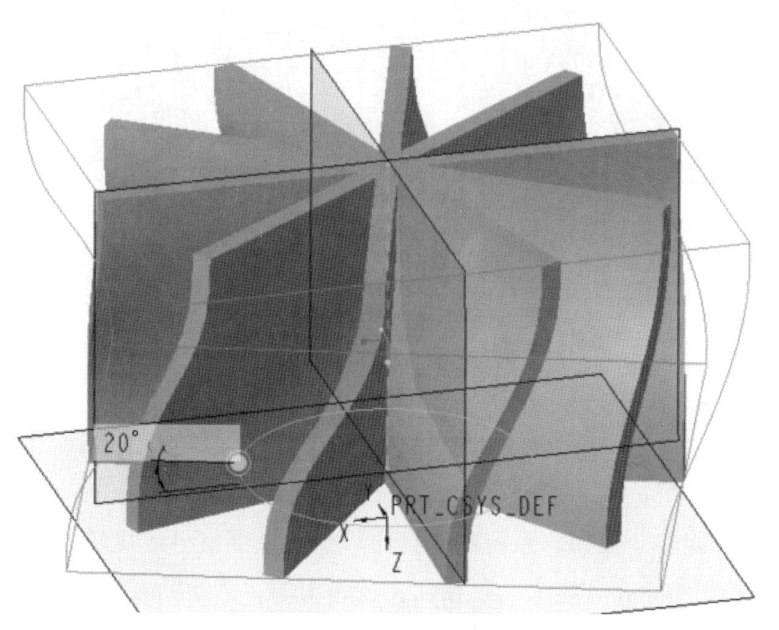

图 6-1-7　扭转实体模型

2. 创建旋转切削特征

（1）单击“旋转”按钮，系统在“设计”界面顶部打开“旋转设计”操控板，在“放置”下拉菜单中单击“定义…”按钮，在弹出的“草绘”对话框中，单击“ TOP :

笔记

讨论

图标　　含义

F2(基准平面)”作为草绘平面，使用默认的参考放置草绘平面，如图 6-1-8 所示。完成后单击“草绘”按钮，进入“草绘”界面。

笔记

（2）单击“ 草绘视图”按钮，绘制如图 6-1-9 所示的草图。单击“草绘”操控板上的“ 确定”按钮，回到“旋转设计”操控板，单击“ 移除材料”按钮，在“旋转设计”操控板上单击“ 确定”按钮，形成如图 6-1-10 所示的旋转切削实体模型。

提示

由于此处模型在“扭转”特征后出现了外轮的变形，因此在旋转剪切后的外轮廓必须留有一定的余量，否则切削不干净。

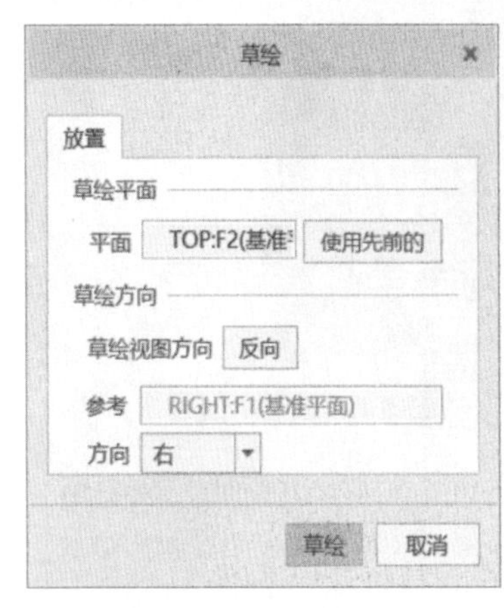

图 6-1-8 “草绘”对话框

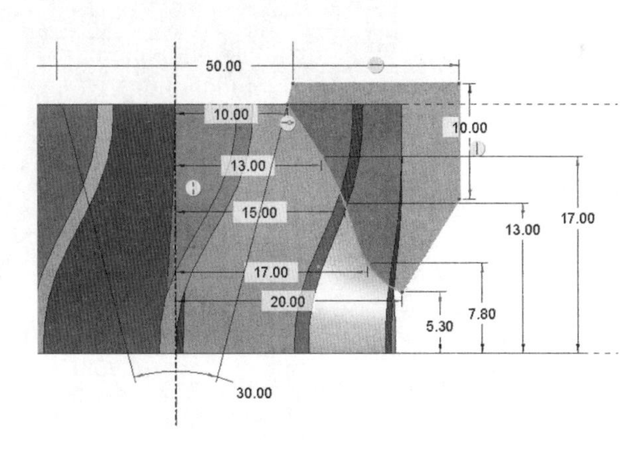

图 6-1-9 草图

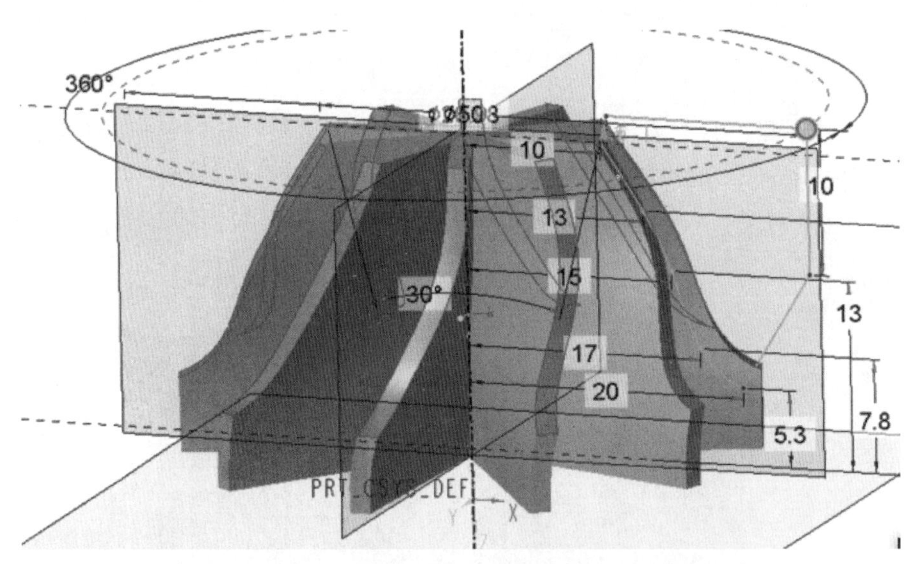

图 6-1-10 旋转切削实体模型

6.1.3 创建叶轮底座

1. 创建旋转实特征

（1）单击“旋转”按钮，系统在“设计”界面顶部打开“旋转设计”操控板，在“放置”下拉菜单中单击“定义…”按钮，在弹出的“草绘”对话框中，单击“ TOP：F2(基准平面)”作为草绘平面，使用默认的参考平面放置草绘平面，如图 6-1-11 所示。完成后，单击“草绘”按钮，进入草绘模块。

（2）单击“ 草绘视图”按钮，绘制如图 6-1-12 所示的草图。单击“草绘”操控板上的“ 确定”按钮，回到“旋转设计”操控板，使用默认参数，在“旋转设计”操控板上单击“确定”按钮，形成如图 6-1-13 所示的旋转实体模型。

笔记

图 6-1-11　“草绘”对话框

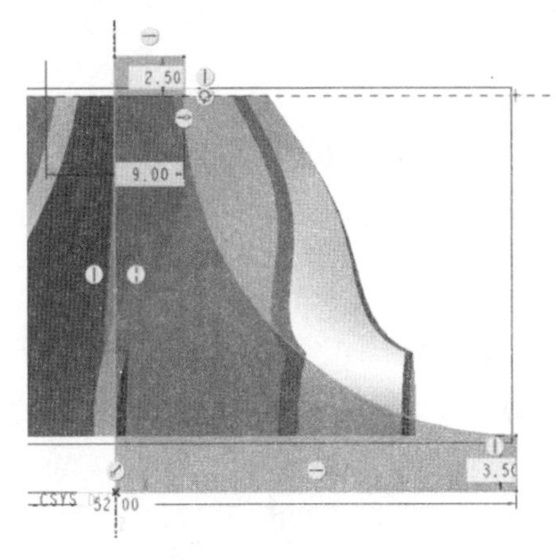

图 6-1-12　草图

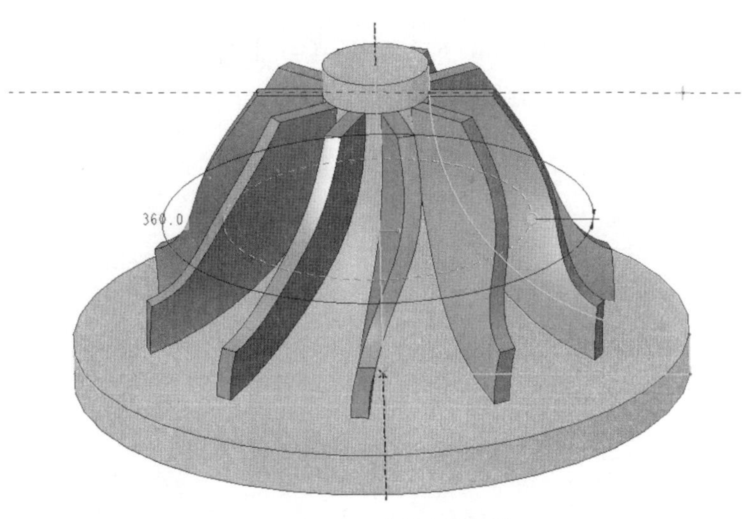

图 6-1-13　旋转实体模型

2. 创建圆角特征

单击“倒圆角”按钮，打开“圆角特征”操控板。单击绘图区如图 6-1-14 所示的棱边，修改圆角半径为 1.5 mm。

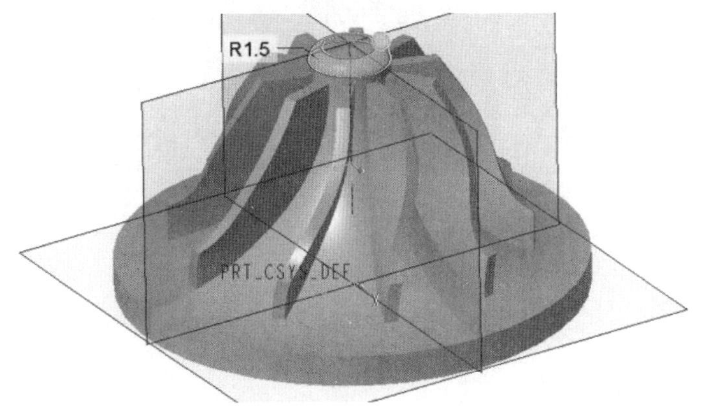

图 6-1-14　圆角特征

任务 6.2 叶轮增材制造的创建

任务目标

（1）掌握增材制造的基本操作。

（2）了解支撑的常见类型，掌握结构与支撑的匹配关系。

资源环境

（1）Creo 8.0。

（2）超星学习通叶轮案例。

6.2.1 创建打印平面

提示

在右图所示中，可以看出编辑模式下不仅可以调整模型的位置，还可以调整模型的角度。

1. 准备 3D 打印

（1）单击顶部菜单栏的“文件”下拉菜单中的“打印”按钮。在右侧的弹出菜单中单击“准备 3D 打印”按钮，绘图区如图 6-2-1 所示。

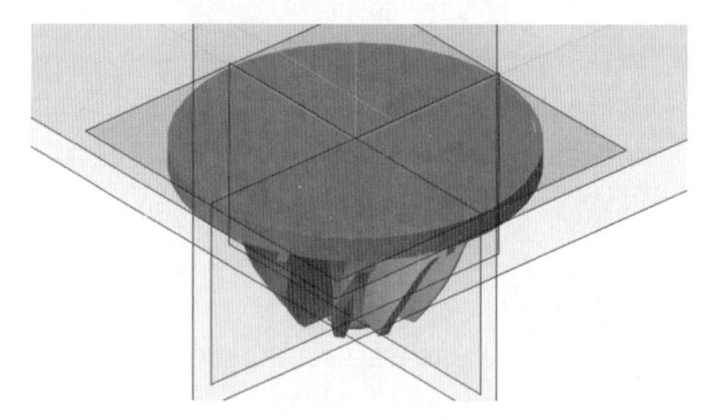

图 6-2-1 导入模型

技巧

在光固化打印模式中，模型底部一般不与打印底板直接接触。而是形成一个夹角，减小打印应力和支撑接触面积。

（2）由于模型方向与实际打印方向不符，在模型树中右击“编辑定义”按钮，在绘图区旋转模型的位置及角度，如图 6-2-2 所示。

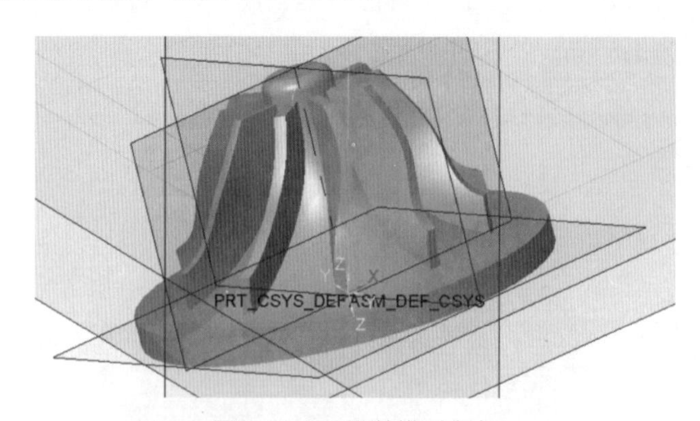

图 6-2-2 调整模型方向

2. 调整托盘放置位置

单击顶部工具栏的“在托盘中放置”按钮，将模型调整到打印托盘的起始位置，如图 6-2-3 所示。

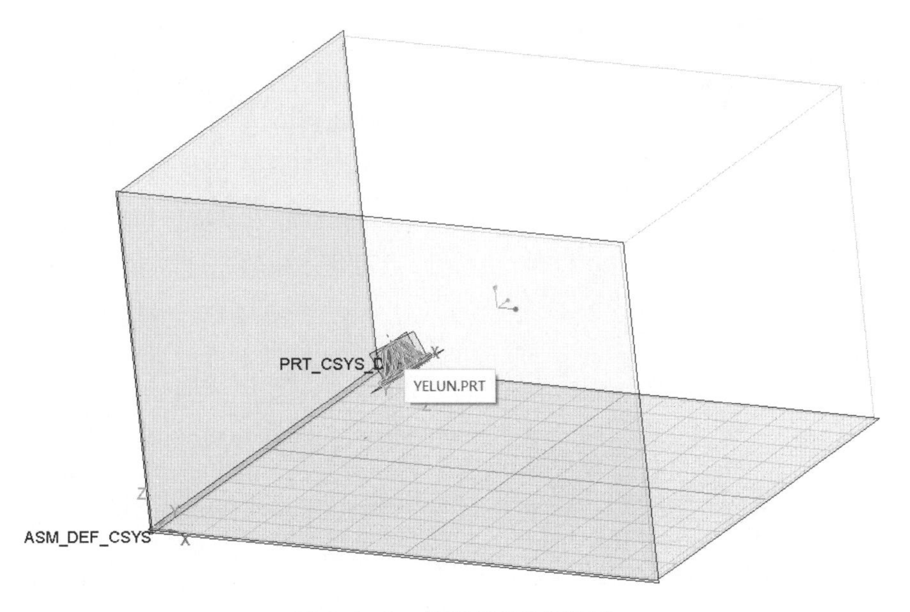

图6-2-3　调整托盘放置位置

6.2.2　创建打印支撑

1. 生成默认支撑

单击顶部工具栏的“生成支撑结构”按钮，模型自动生成系统默认的支撑结构，如图6-2-4所示。

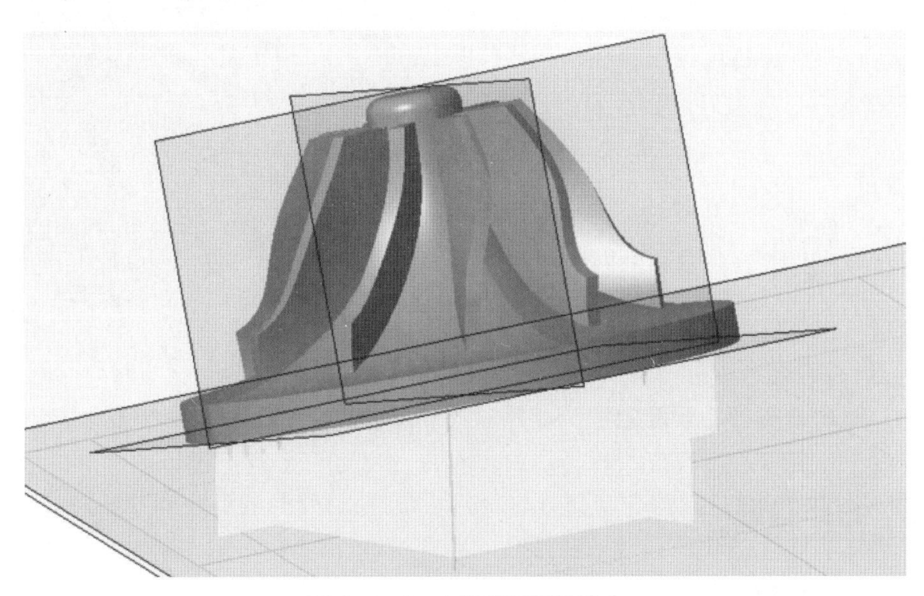

图6-2-4　支撑设置默认状态

2. 修改支撑参数

（1）单击顶部工具栏的“编辑支撑参数”按钮，弹出“支撑结构配置文件”菜单，如图6-2-5所示。

（2）单击菜单中的“复制配置文件”按钮，出现“copy_Default_1.txt”。然后单击“支撑类型”按钮，选择“树状”，单击“常规”下拉菜单中的“树”菜单，如图6-2-6所示，修改详细参数“底部半径”值为0.500。

笔记

讨论

常见的支撑类型有以下四种类型，对应在不同的结构类型中使用。

图标	含义
	自动
	树状
	圆锥
	混合

笔记 

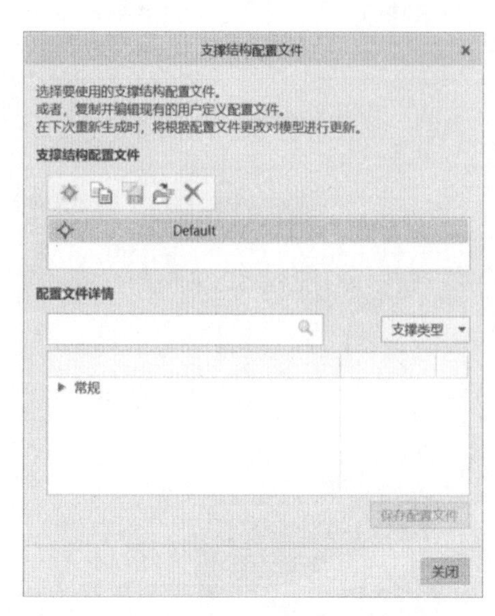

图 6-2-5 “支撑结构配置文件”菜单

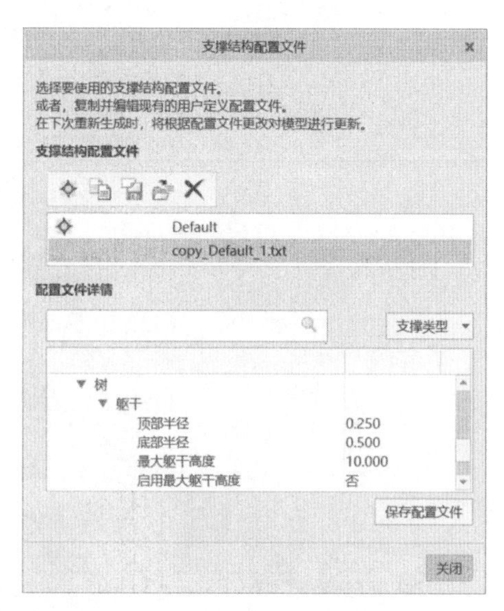

图 6-2-6 “树”菜单

（3）单击底部的“保存配置文件”按钮。在图 6-2-7 所示菜单中单击“设置当前配置文件”按钮，单击“关闭”按钮。再次单击顶部工具栏的“生成支撑结构”按钮，模型形成如图 6-2-8 所示的支撑结构。

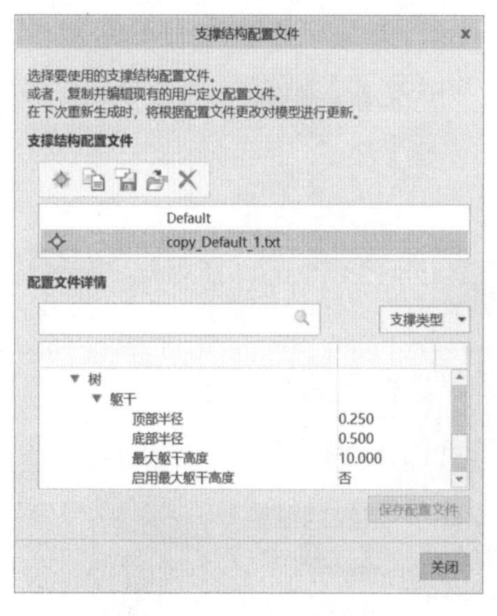

图 6-2-7 保存配置文件

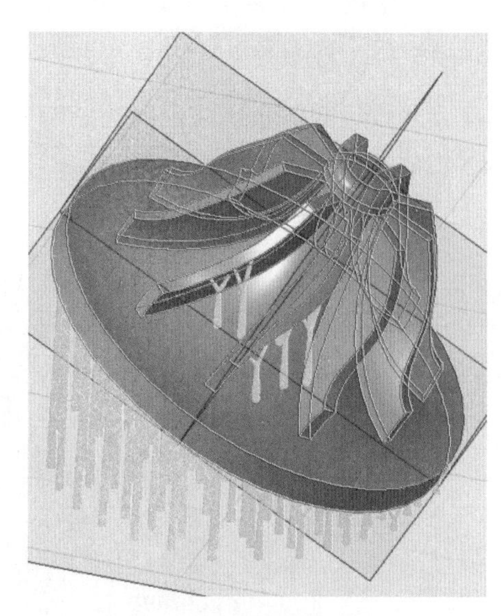

图 6-2-8 树状支撑

6.2.3 打印验证

1. 生成默认支撑

（1）单击顶部工具栏的“可打印性验证”按钮，选择模型“YELUN.PRT”，修改“最小壁厚”值为 0.80，如图 6-2-9 所示。

（2）单击菜单底部的“计算”按钮，绘图区出现如图 6-2-10 所示的计算结果，本案例显示“违反薄壁值”为否。

提示

模型壁厚一般最小为 0.8 mm。另外FDM的打印机喷嘴直径为 0.4 mm，两边的厚度也为0.8 mm。

图 6-2-9　校验薄壁

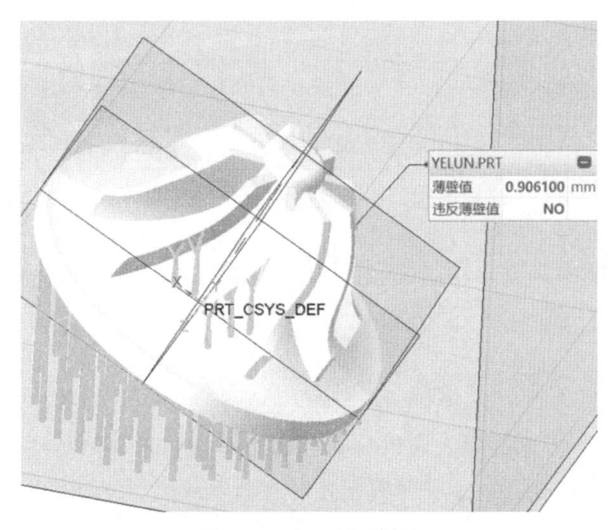

图 6-2-10　校验结果

笔记

技巧

导出的模型格式为STL，然后导入到打印机自带的切片软件进行最后的数据处理，导入打印机就可以进行最后的3D打印工作。

2. 预览打印结果

（1）单击顶部工具栏的“预览 3D 打印”按钮，绘图区如图 6-2-11 所示。

（2）单击顶部工具栏的“ 导出”按钮，弹出如图 6-2-12 所示的导出菜单，将模型和支撑一起保存在压缩包中。

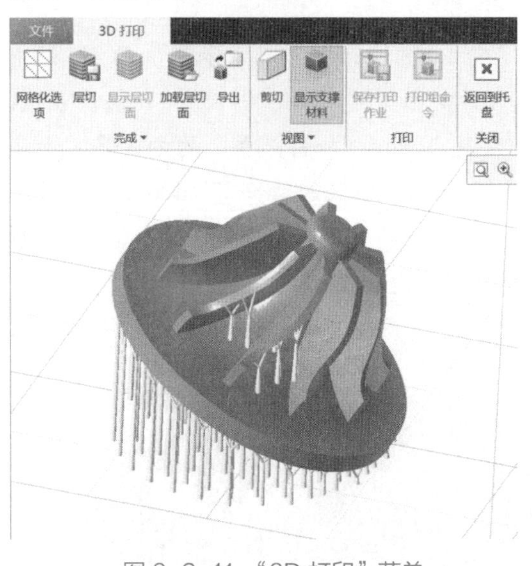

图 6-2-11　“3D 打印”菜单

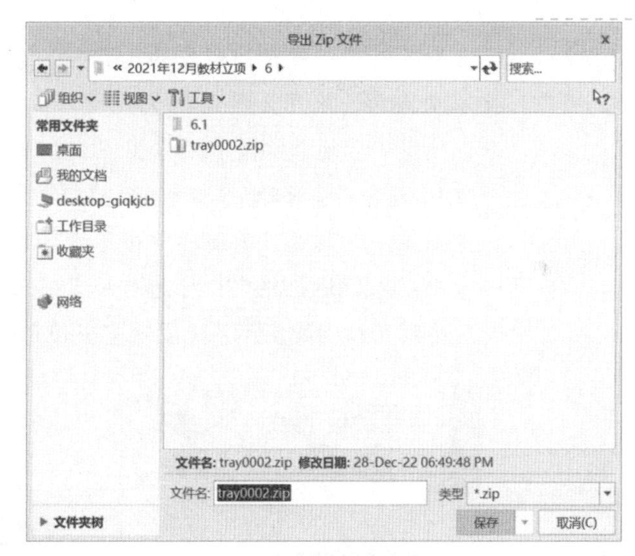

图 6-2-12　“导出”菜单

项目小结

通过本项目可以完成以下命令的学习，如表 6-2-1 所示。

表 6-2-1　本项目可完成的命令学习总结

序号	项目模块			备注
1	零件模块	形状	拉伸、旋转	任务 6.1
		编辑	轴向阵列、扭曲、倒圆角	

续表

序号	项目模块			备注
2	增材制造	3D 打印	编辑定义、托盘放置	任务 6.2
		支撑	生成支撑、编辑支撑	任务 6.2
		验证	可打印性验证、导出	任务 6.2

技术之美

3D 打印是制造业具有代表性和颠覆性的技术，实现了制造从等材、减材到增材的重大转变，改变了传统制造的理念和模式，具有重大价值。

中国在航天领域的成就举世瞩目，我们不仅有了完善的火箭推进技术，卫星发射技术，自主知识产权的北斗导航系统，而且我们还在逐步建设空间站，其中就有 3D 打印的身影。长征五号的成功发射让中国步入“大航天时代”。长征五号研制全程共突破了 240 多项关键技术，其中钛合金芯级捆绑支座为运载火箭的主承力构件。该支座采用了 3D 打印技术进行制备，不仅强度更高，加工速度更快，重量还比原来的高强钢设计减少 30%。

中国航天科技集团研发的世界首例卫星主体轻量化点阵结构也是采用金属 3D 打印技术制备的，采用点阵网格优化设计成功实现了减重目标。2019 年 8 月 17 日 12 时 11 分，捷龙一号运载火箭在酒泉卫星发射中心点火起飞，以“一箭三星”的方式将“千乘一号 01 星”“星时代 -5”和“天启二号”卫星送入预定轨道，发射取得圆满成功。千乘一号卫星主结构是目前国际首个基于 3D 打印点阵材料的整星结构（见图 6-2-13），千乘一号卫星入轨运行稳定，标志着用于航天器主承力结构的 3D 打印三维点阵结构技术成熟度达到九级，即实际系统成功完成使用任务。

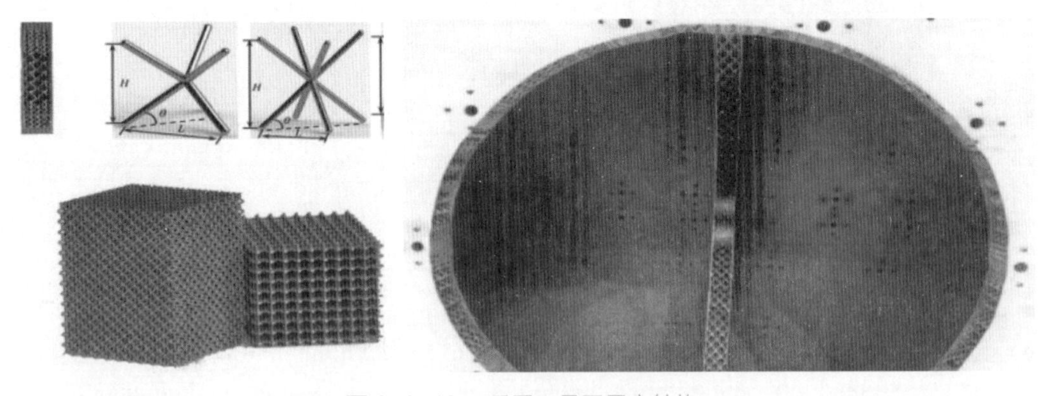

图 6-2-13　千乘一号卫星主结构

（资料来源：《盘点｜3D 打印技术在世界各国航天领域的应用 -3D 打印应用 -3D》，3D 打印资源库，2020 年 10 月 26 日，有删改。）

模拟测试

笔记

单选题

1. RP 技术是集（　　）数控技术、材料科学、机械工程、电子技术和激光等技术于一体的综合技术。

A. CAD　　B. CAE

C. CAM　　D. AAD

2. 目前比较成熟的 RFP 技术和相应系统已有十余种，丝状材料熔融成型是其中较为成熟的技术之一，英文缩写是 (　　)。

A. SLS　　B. LOM

C. FDM　　D. SLA

3. (　　) 始于美国 3D System 公司生产的 SLA 快速成型系统，是快速成型系统中最常见的一种文件格式。

A. STL　　B. HPGL

C. IGES　　D. STEP

4. 一般情况下，STL 文件有 ASCH 码和（　　）码两种输出形式。

A. 十进制　　B. 二进制

C. 十六进制　　D. 二十进制

5. (　　) 特别适用于制作中小型模型或样件，其制作的原型可以达到机械加工的表面效果，能直接得到树脂或类似工程塑料的产品。

A. SLS　　B. LOM

C. FDM　　D. SLA

实体演练

根据项目五的无人机外壳，完成三维实体模型的支撑添加及校验。

无人机外壳实体演练

项目 7 适配板数控仿真设计

项目概述

适配板是一种连接转换板，其上均匀分布数个固定螺栓孔，用以固定不同的零件接口，并允许立体空间的结构连接，主要起到支撑和轴向安装的作用。本项目将从数控加工基础、体积块铣削、曲面铣削等实际操作流程对适配板数控仿真设计进行讲述。

目标导航

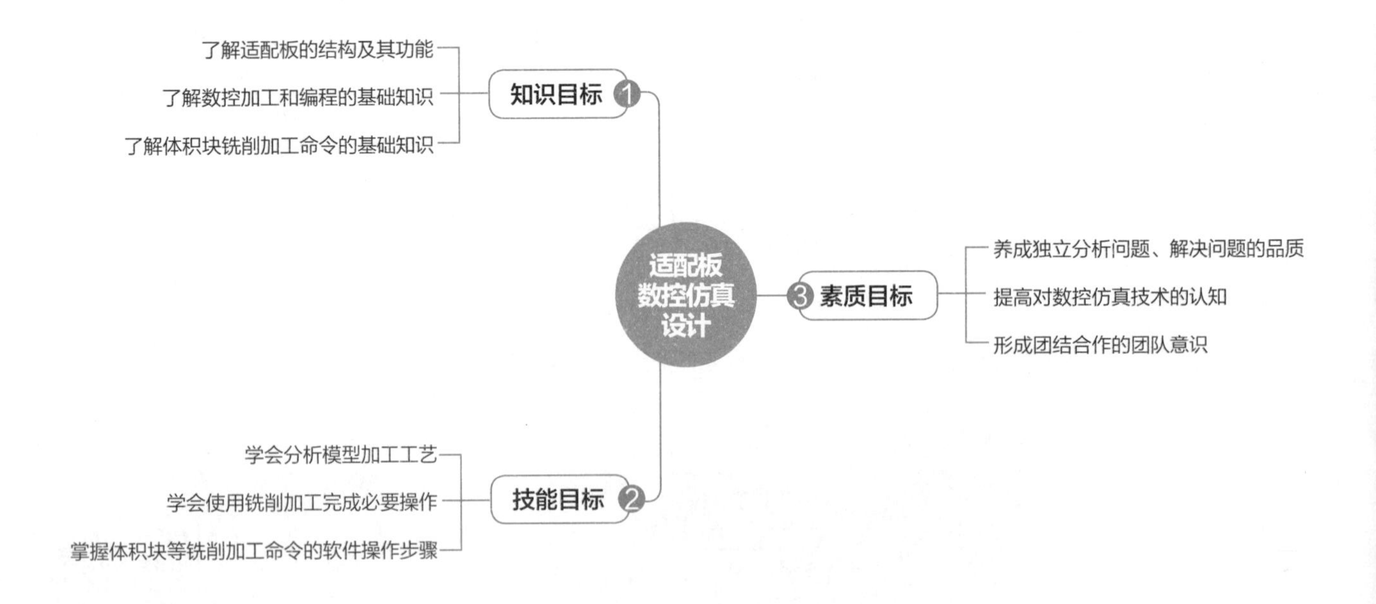

项目导图

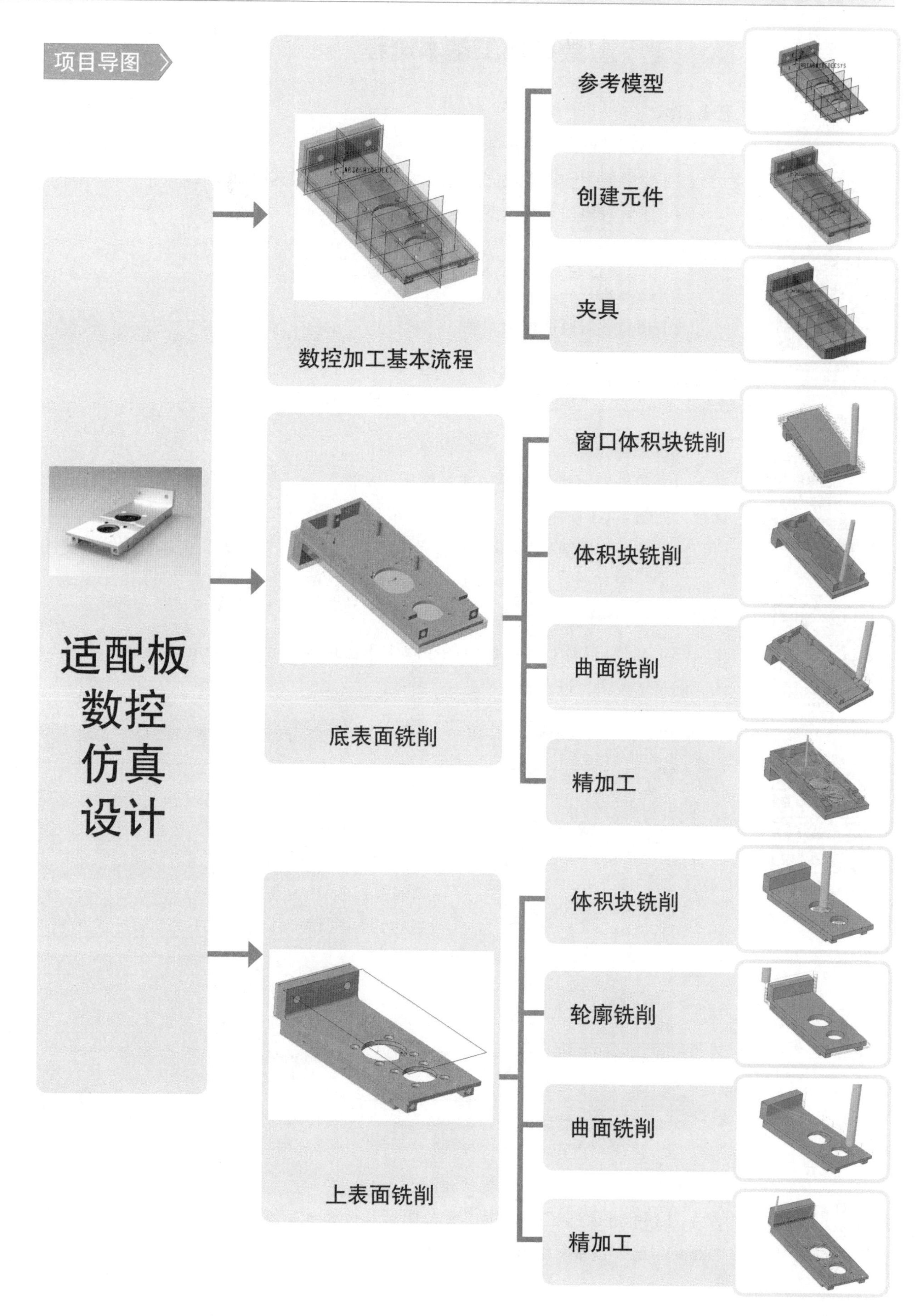
适配板数控仿真设计
数控加工基本流程
参考模型
创建元件
夹具
底表面铣削
窗口体积块铣削
体积块铣削
曲面铣削
精加工
上表面铣削
体积块铣削
轮廓铣削
曲面铣削
精加工

笔记

任务 7.1 数控加工基本流程

任务目标

（1）熟练掌握实体零件的建模方法和操作步骤。

（2）学会使用制造模块完成加工基础创建并掌握其操作步骤。

（3）了解数控加工的典型特点和工作流程。

适配板三维模型

资源环境

（1）Creo 8.0。

（2）超星学习通适配板案例。

7.1.1 模型导入

提示

本环节学习者需已具备一定的三维模型创建能力，模型创建步骤不在这里详述，如有问题可参考以下视频。

基本体模型创建

底表面模型创建

1. 进入制造模式

（1）单击“新建”图标，或者执行“文件”→“新建”命令，系统弹出“新建”对话框，如图 7-1-1 所示。

（2）单击“类型”选项组中的“制造”按钮，在“文件名”文本框中输入文件名（如“ shipeib”，系统默认的文件名为“ mfg0001”），单击，取消勾选“使用默认模板”，然后单击“确定”按钮。

（3）在弹出如图 7-1-2 所示的菜单中单击选择“ mmns_mfg_nc_abs”模板，然后单击“确定”按钮，进入制造模式。

图 7-1-1 “新建”对话框

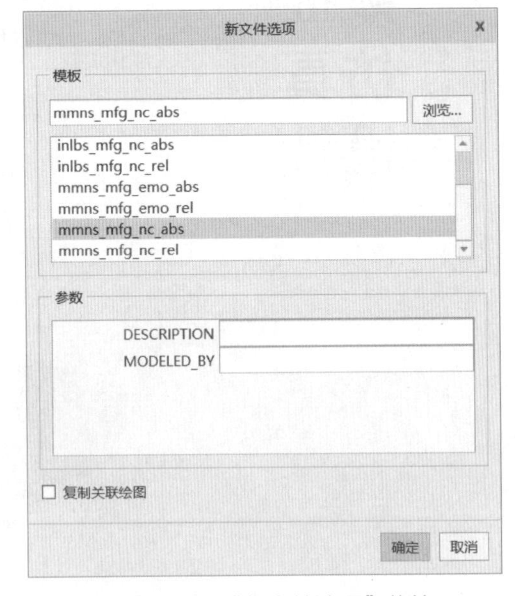

图 7-1-2 “新文件选项”菜单

提示

此处建议选择国标“mmns_mfg_nc_abs”或是“mmns_mfg_nc_rel”。

2. 导入参考模型

（1）单击顶部工具栏中“参考模型”按钮，弹出如图 7-1-3 所示的菜单，单击“shipeib.prt”模型，单击“打开”按钮。

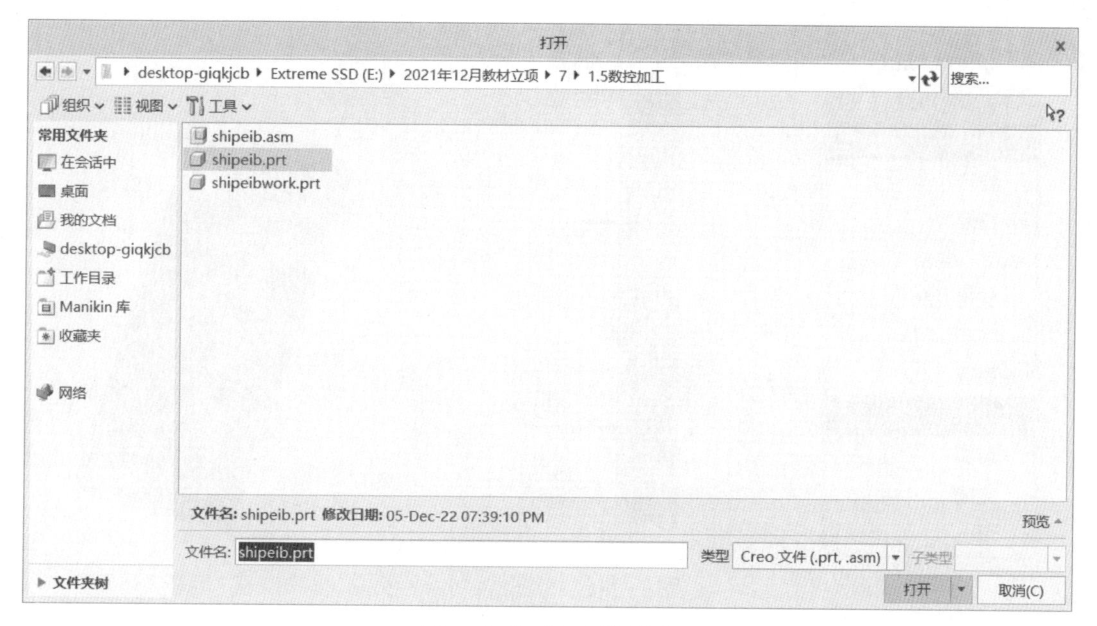

图 7-1-3 “打开”菜单

（2）在当前约束下拉菜单中单击“默认”，如图 7-1-4 所示。然后单击“确定”按钮，完成参考模型的装配。

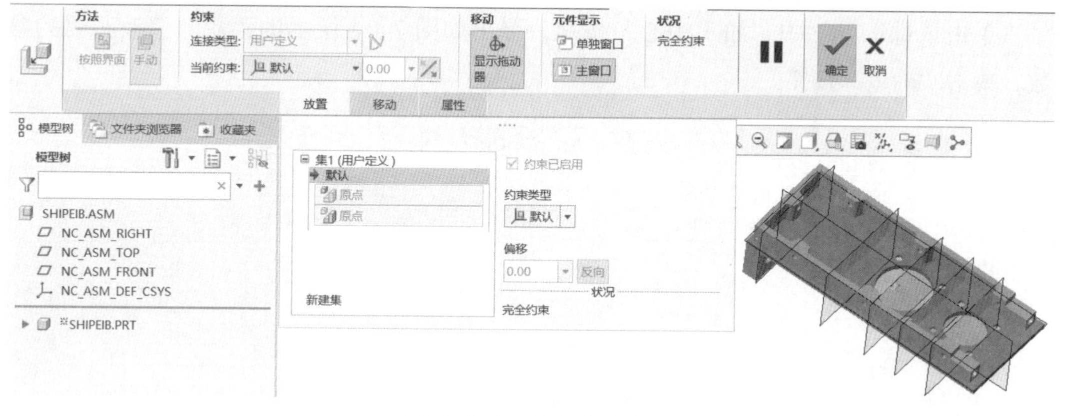

图 7-1-4 单击“默认”

3. 导入工件模型

（1）单击顶部工具栏中“工件”下拉菜单中的“创建工件”，弹出对话框，输入毛坯名称“ shipeibwork.prt”模型，在菜单管理器中单击“形状”。在弹出如图 7-1-5 所示的菜单中单击“拉伸”，再单击“完成”按钮。

（2）在“拉伸”下拉菜单的“放置”菜单中单击“定义”，单击“ RIGHT：F1(基准平面)”，绘制如图 7-1-6 所示的草图。单击“草绘”操控板上的“ 确定”按钮，回到“拉伸设计”操控板。设置拉伸类型为“ 两侧对称拉伸”，尺寸为 56.00，完成以上操作以后，绘图区如图 7-1-7 所示。在“拉伸设计”操控板上单击“ 确定”按钮，完成毛坯实体模型的创建。

笔记

技巧

参考模型的约束可选择“固定”，也可以选择“默认”。但在默认模式下，装配过程中的坐标系与零件坐标系保持一致。

提示

毛坯应带有加工余量，满足后续加工的需要，如果结构没有充足的加持部位，应创建工艺夹头。

笔记

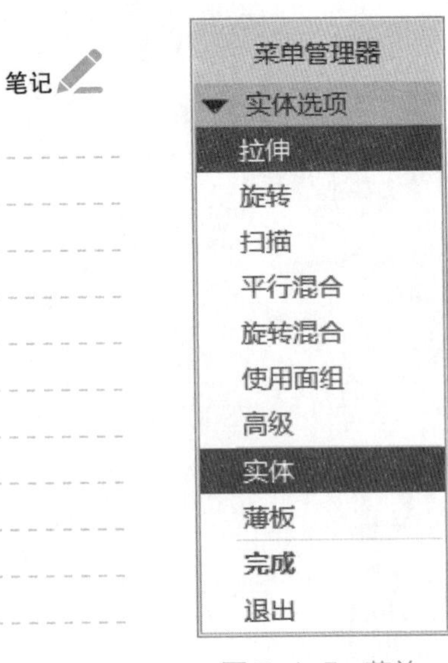

图 7-1-5 菜单

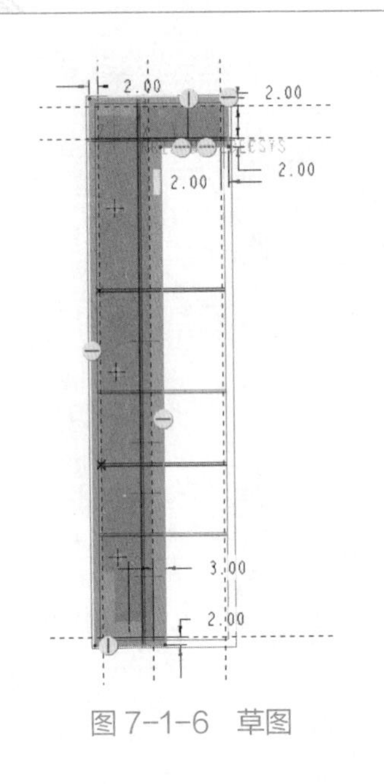

图 7-1-6 草图

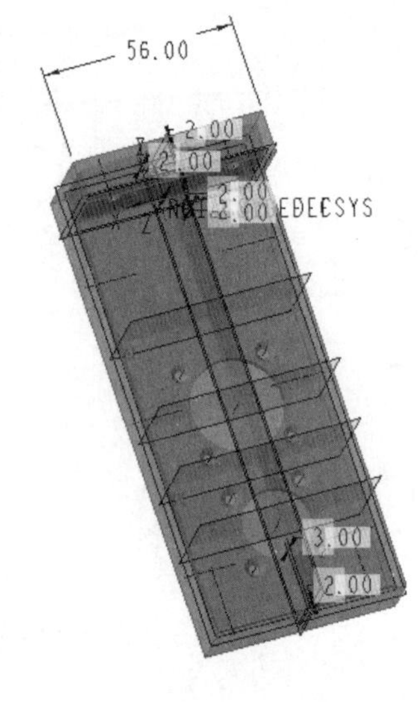

图 7-1-7 毛坯实体模型

7.1.2 加载基础模块

1. 加载机床

单击顶部工具栏中“加工中心”按钮，弹出如图 7-1-8 所示的菜单，修改必要的参数，单击“确定”按钮。

讨论

图标 含义

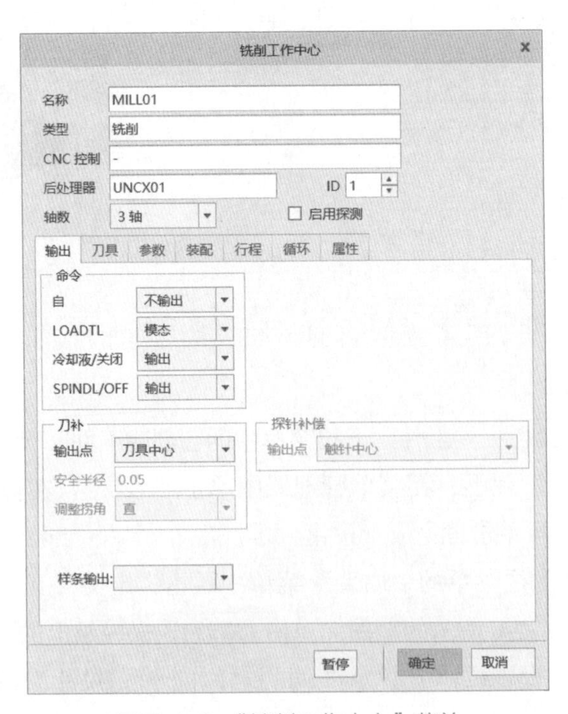

图 7-1-8 “铣削工作中心”菜单

提示

由于在加工过程中，三轴铣床的刀具在Z轴方向，所以建立的坐标系应保证Z轴向上，否则无法正常加工。

2. 添加坐标系

单击顶部工具栏中“坐标系”按钮，单击“ PRT_CSYS_DEF”坐标系，菜单如图 7-1-9 所示，系统默认名称为“ACS0”，单击“确定”按钮完成坐标系的添加。

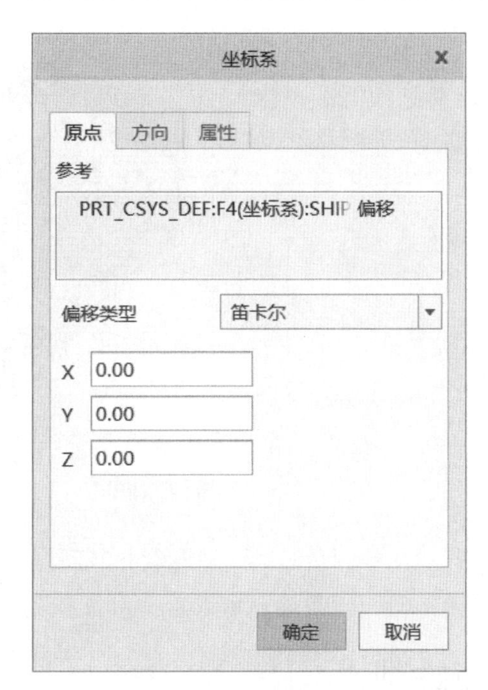

图 7-1-9　添加坐标系

笔记

提示

夹具默认为非透明显示，为了方便后期加工适宜采用隐藏模式。

3. 添加夹具

（1）单击顶部工具栏中“夹具”按钮，在弹窗中单击“添加夹具元件”按钮。

（2）弹出“打开”菜单，单击选择“shipeibwork.prt”模型，如图 7-1-10 所示，单击“打开”按钮。

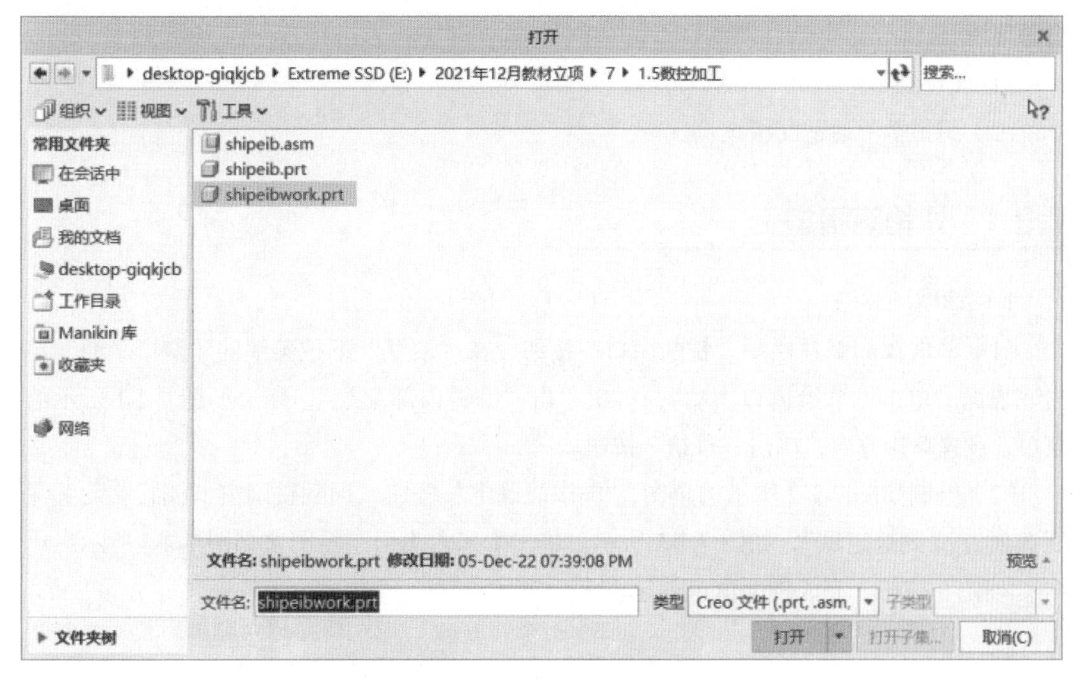

图 7-1-10　“打开”菜单

（3）在当前约束下拉菜单中单击“默认”，然后单击“确定”按钮，完成夹具的装配。在“元件”弹窗中右击“隐藏”，如图 7-1-11 所示，关闭夹具的显示。单击“确定”按钮，完成夹具添加，如图 7-1-12 所示。

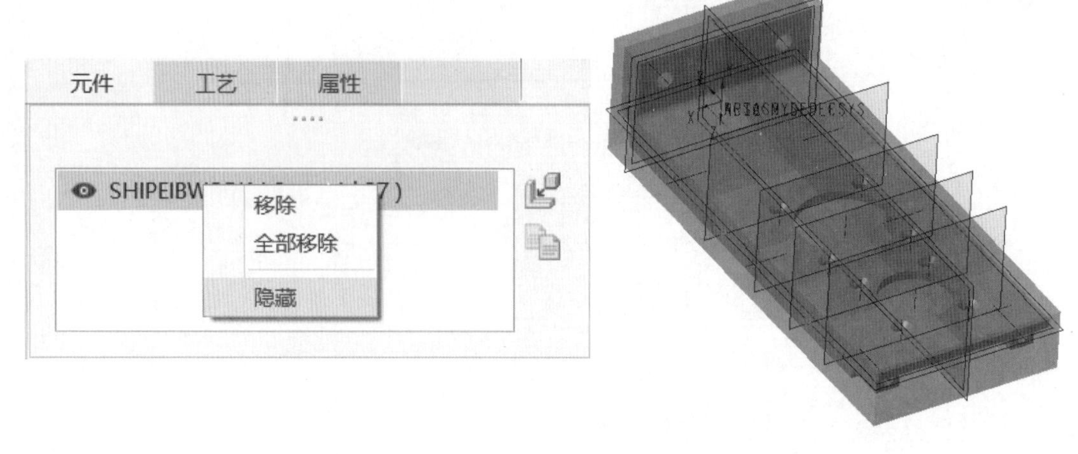

图 7-1-11 “元件”菜单

图 7-1-12 添加夹具

任务 7.2 底表面铣削

任务目标

（1）熟悉数控仿真加工的基本流程。

（2）学会使用体积块铣削、曲面铣削、精加工等命令，掌握其操作步骤。

（3）了解零件结构及加工特点。

资源环境

（1）Creo 8.0。

（2）超星学习通适配板案例。

7.2.1 外轮廓粗加工

1. 创建铣削窗口

（1）单击顶部工具栏中“铣削窗口”按钮，在“放置”下拉菜单的“窗口平面”单击底表面。单击“草绘窗口类型”，再次单击“编辑内部草绘”，弹出如图 7-2-1 所示的菜单，设置草绘方向，单击“草绘”按钮。

（2）绘制如图 7-2-2 所示的草图，单击“ 确定”按钮，回到铣削窗口模式。设置深度选项为“ 到选定项”，如图 7-2-3 所示。单击阶梯台表面，绘图区如图 7-2-4 所示。单击“ 确定”按钮，完成铣削窗口创建。

图 7-2-1 “草绘”菜单

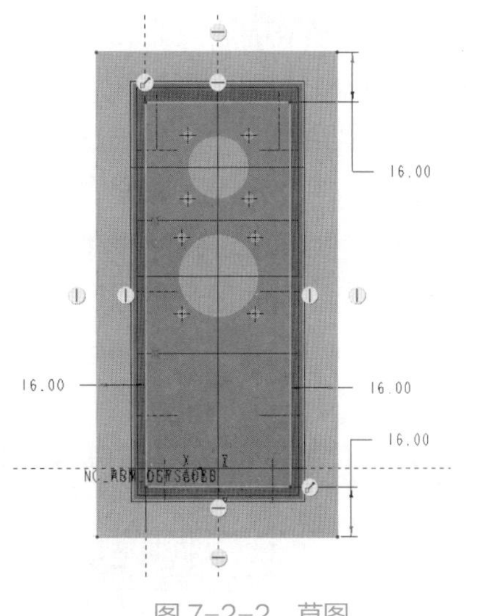

图 7-2-2 草图

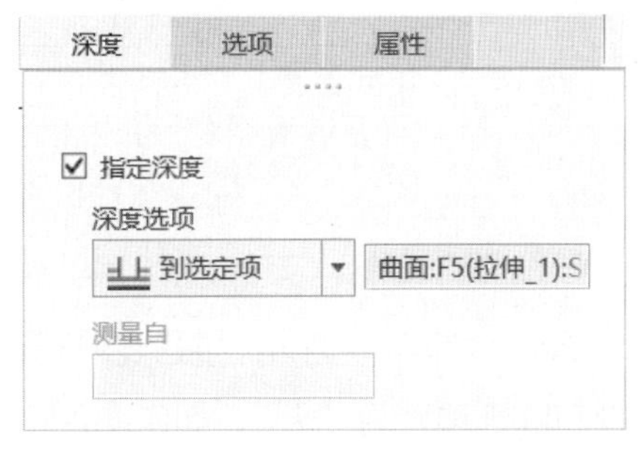

图 7-2-3 “深度”菜单

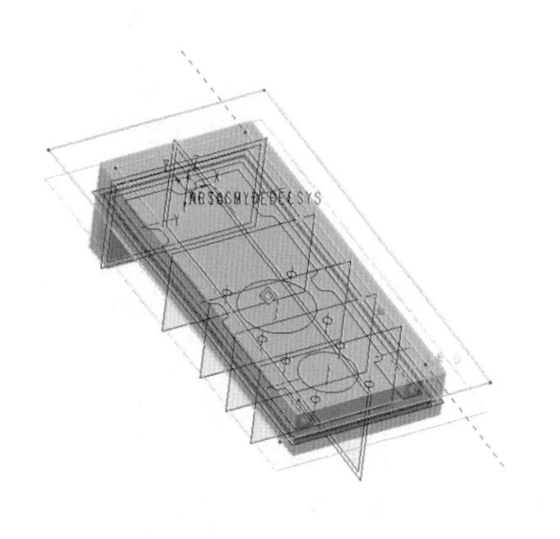

图 7-2-4 铣削窗口深度

笔记

讨论

图标　含义

讨论

图标　含义

技巧

在“选项”下拉菜单中，包含刀具加工的三种模式：在窗口围线内、在窗口围线上、在窗口围线外。

2. 设置操作参数

（1）单击顶部工具栏中“操作”按钮，在“程序零点”中单击创建的坐标系“ACS0”。

（2）在“间隙”菜单中设置类型为“平面”，再次单击模型底表面，设置“值”为 5，公差值设为“0.01”，如图 7-2-5 所示。单击“ 确定”按钮，完成退刀平面创建，如图 7-2-6 所示。

图 7-2-5 “间隙”菜单

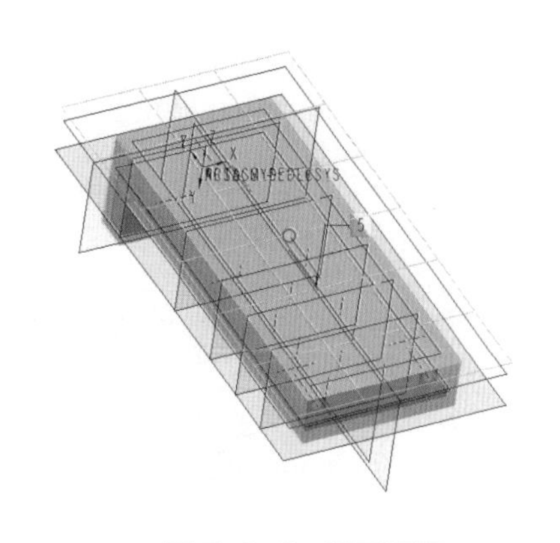

图 7-2-6 退刀平面

讨论

选项　含义

平面

圆柱面

球面

曲面

退刀面的类型应根据零件的外形特点来选择。

笔记

3. 体积块铣削

（1）在新弹出的“铣削”菜单中，单击“体积块粗铣削”按钮，设置“加工参考”为“F11（铣削窗口 _1）”，如图 7-2-7 所示。

（2）单击“ 刀具管理器”按钮右侧的下拉菜单，单击“ 编辑刀具”按钮，在弹出的“刀具设定”菜单中，设置“类型”为“端铣削”，“刀具直径”为 10，如图 7-2-8 所示。

提示

体积块铣削包含体积块和窗口铣削两种模式。

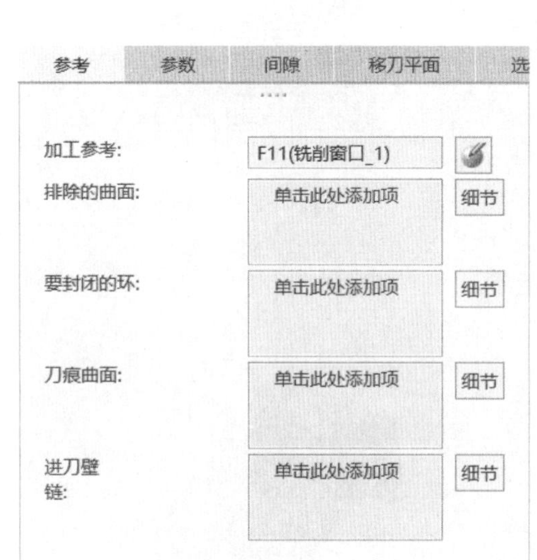

图 7-2-7 “参考”菜单

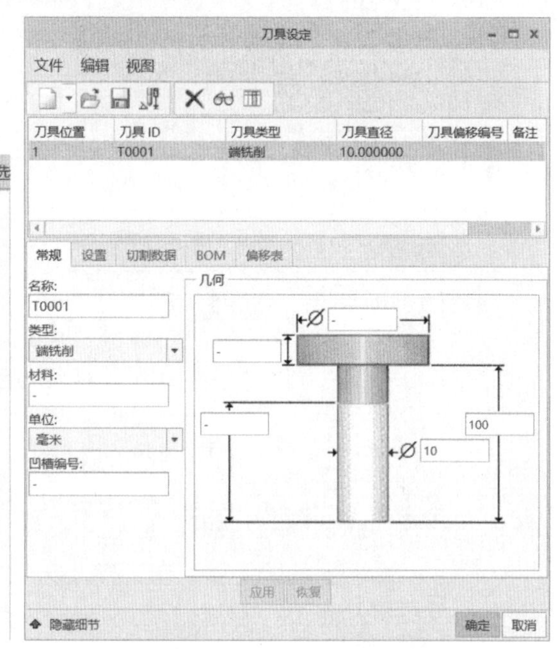

图 7-2-8 “刀具设定”菜单

（3）设置“参数”菜单中的“切削进给”为 300，“跨距”为 6，“最大步进深度”为 3，“安全距离”为 5，“主轴速度”为 1200，“冷却液选项”为“开”，如图 7-2-9 所示。

（4）单击“ 图形显示刀具路径”按钮，弹出“播放路径”菜单，如图 7-2-10 所示。在弹出的“播放路径”菜单中，单击“ 向前播放”按钮，在绘图区创建如图 7-2-11 所示的刀具路径，单击“关闭”完成模拟。

参数	值
切削进给	300
弧形进给	-
自由进给	-
退刀进给	-
移刀进给量	-
切入进给量	-
公差	0.01
跨距	6
轮廓允许余量	0
粗加工允许余量	0
底部允许余量	-
切削角度	0
最大步进深度	3
扫描类型	类型 3
切削类型	顺铣
粗加工选项	粗加工和轮廓
安全距离	5
主轴速度	1200
冷却液选项	开

图 7-2-9 “参数”菜单

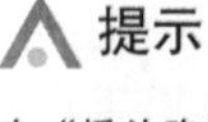

提示

在“播放路径”窗口中的“CL数据”显示的是刀具切削路径。

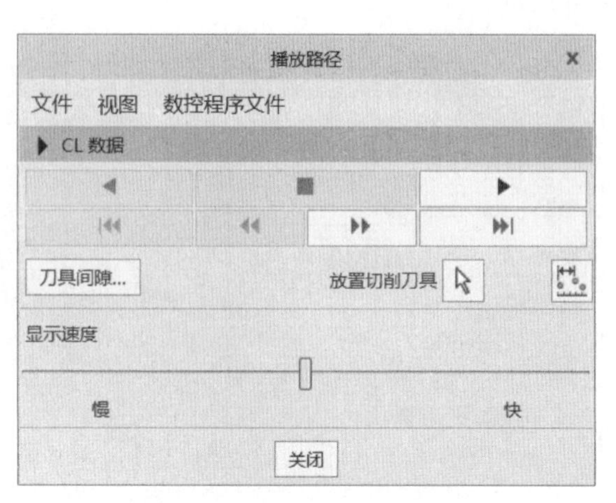

图 7-2-10 “播放路径”菜单

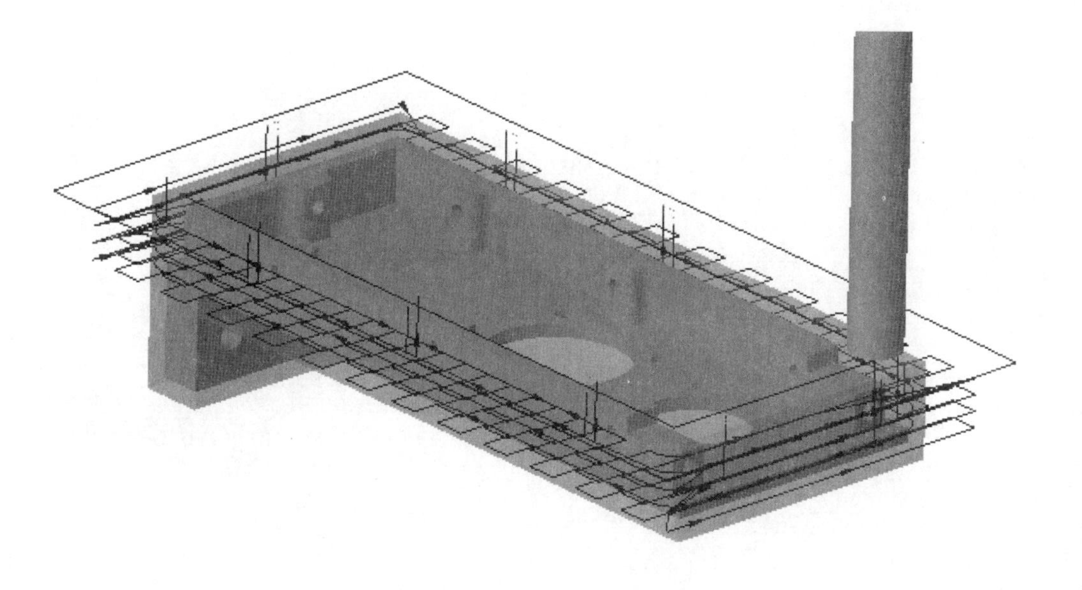

图 7-2-11　刀具路径模拟

4. 模拟检测

（1）单击“过切计算与显示”按钮，弹出如图 7-2-12 所示的菜单管理器，在“选取曲面”下拉列表中单击“零件”如图 7-2-13 所示。

（2）在模型树列表中单击 SHIPEIB.PRT →单击“完成 / 返回”→单击“运行”。窗口底部显示没有发现过切。，单击“完成 / 返回”，完成检测。

图 7-2-12　菜单管理器

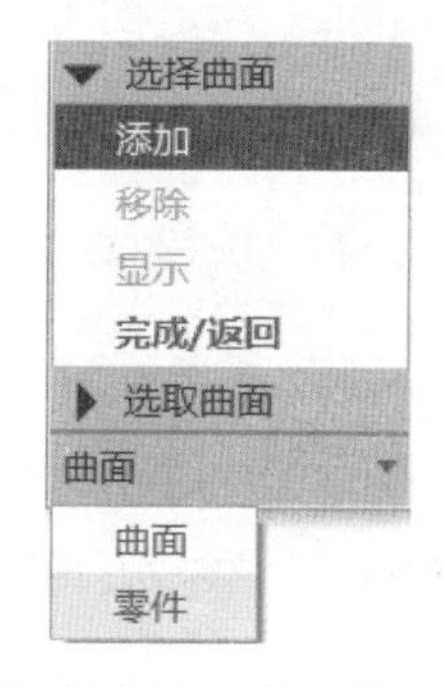

图 7-2-13　选取曲面

笔记

提示

过切是机加工当中出现的过量切削，是刀具轨迹处理不当时导致的切削了不该切除的部分。过切检查不仅能检查加工零件还可以检查夹具是否过切。

5. 切削刀具仿真

（1）单击“显示切削刀具运动”按钮，单击“精度”，在下拉菜单选项中，单击“启动仿真播放器”按钮，弹出如图 7-2-14 所示的菜单。

（2）单击“播放仿真”按钮▶，在绘图区创建如图 7-2-15 所示的刀具仿真路径，单击“关闭”完成模拟。

（3）单击“材料移除”菜单的“关闭”按钮 ✕ ，单击“体积块铣削”菜单中的“确定”按钮，完成体积块铣削的创建。

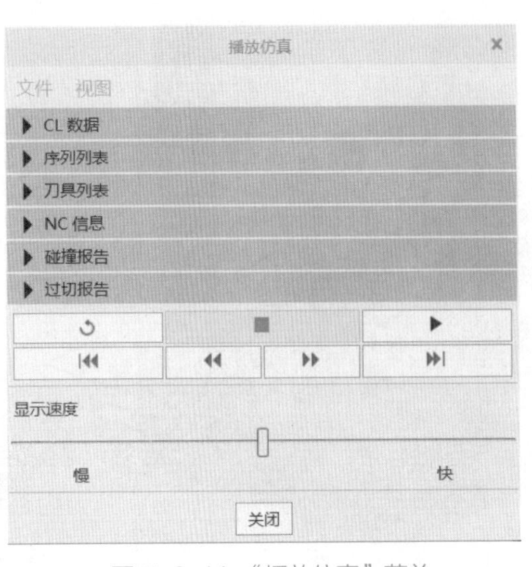

图 7-2-14 “播放仿真”菜单

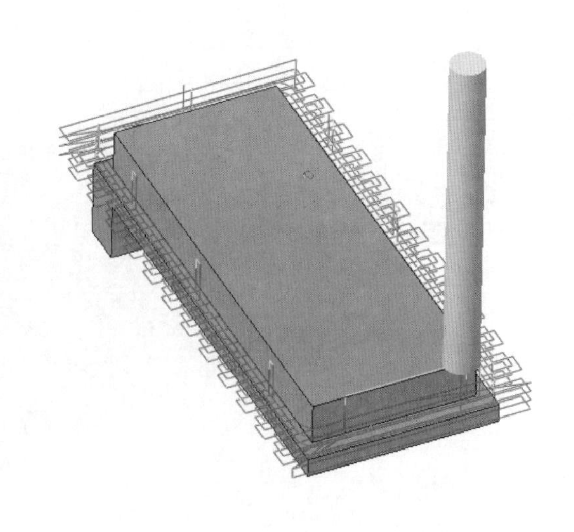
图 7-2-15 刀具仿真路径

提示

在“设置”下拉列表中，可以设置各选项的颜色。

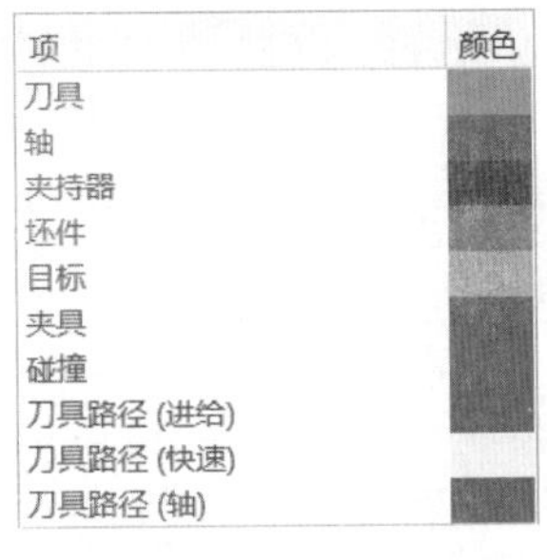

（4）单击“制造几何”下拉菜单中的“材料移除切削”按钮，在弹出的如图 7-2-16 所示的菜单管理器中，单击“1：体积块铣削”，系统弹出如图 7-2-17 所示的菜单管理器，单击“自动”，再单击“完成”。

图 7-2-16 菜单管理器 1

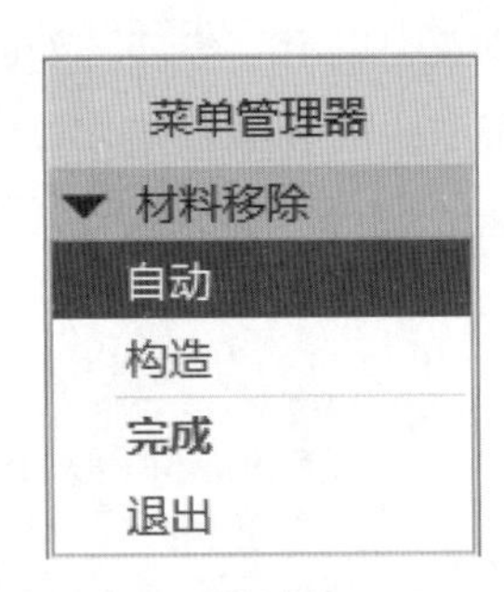

图 7-2-17 菜单管理器 2

（5）在弹出如图 7-2-18 所示的“相交元件”菜单中单击自动添加按钮，菜单出现“SHIPEIBWORK.PRT”，单击菜单下方的“确定”按钮，绘图区效果如图 7-2-19 所示。

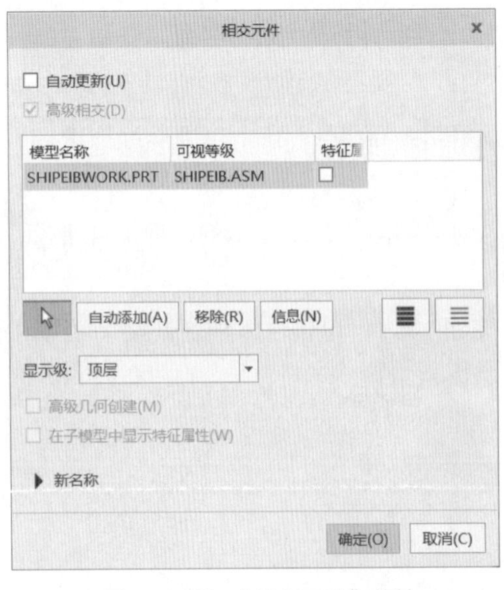

图 7-2-18 “相交元件”菜单

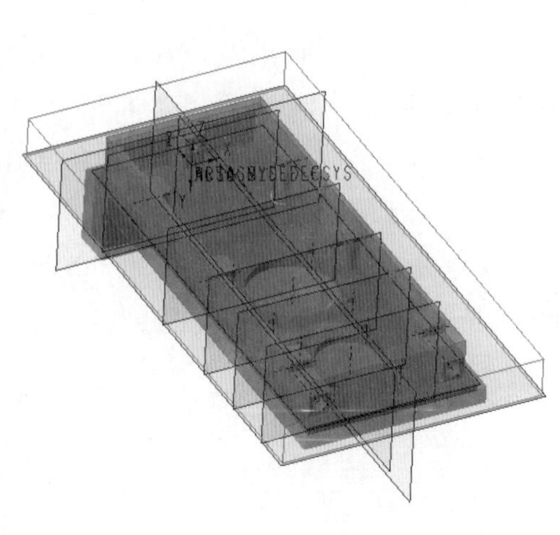
图 7-2-19 绘图区效果

7.2.2　内部体积块粗加工

1. 创建铣削体积块

（1）单击顶部工具栏中“铣削体积块”按钮，在弹出的“铣削体积块”菜单中单击“拉伸”按钮，单击“放置”，并在绘图区单击零件的底表面。

（2）“参考”菜单中，单击绘图区的四条内轮廓边，如图 7-2-20 所示，草绘如图 7-2-21 所示的草轮廓。单击“确定”按钮，回到拉伸模式。

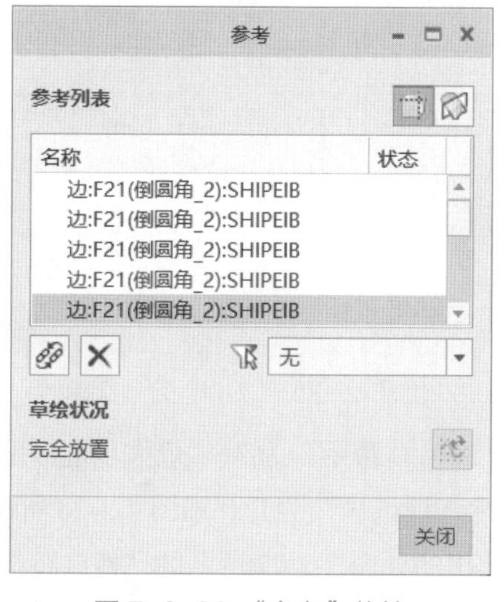

图 7-2-20　“参考”菜单

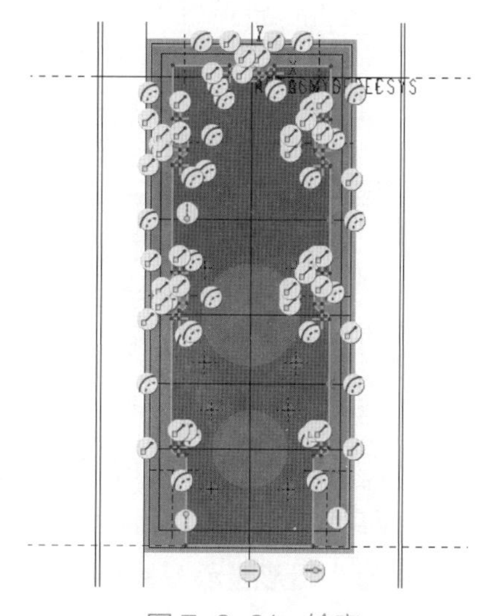

图 7-2-21　轮廓

（3）设置深度选项为“制定深度”，值为 11.70，如图 7-2-22 所示，单击“确定”按钮，完成铣削体积块的创建，绘图区如图 7-2-23 所示。

提示

此处设置的深度应保留余量，在大尺寸切削余料时，很难保证精度，应采用粗加工。

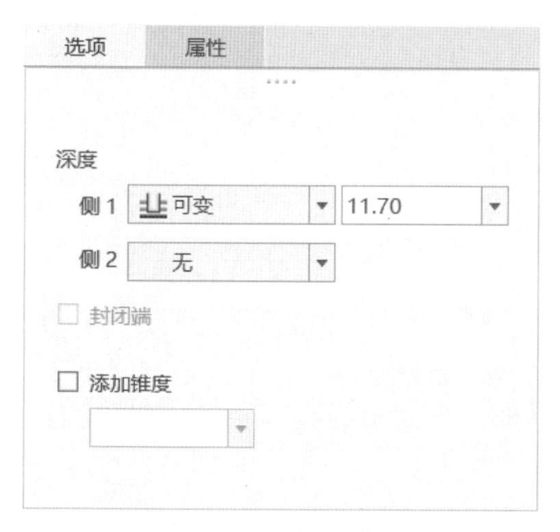

图 7-2-22　“选项”菜单

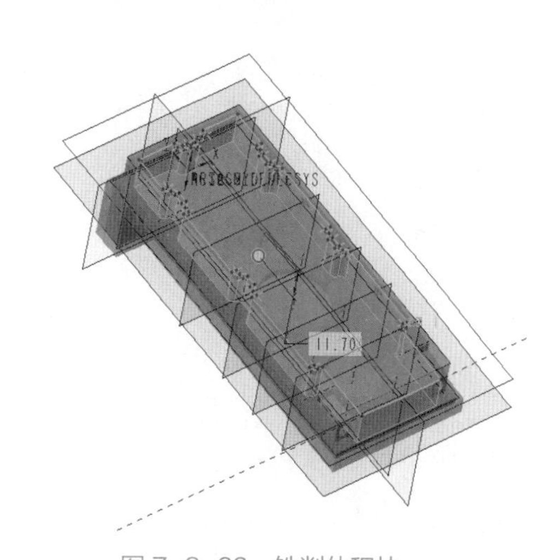

图 7-2-23　铣削体积块

2. 体积块铣削

（1）在新弹出的“铣削”菜单中，单击“体积块粗铣削”按钮，设置“加工参考”为刚刚创建的铣削体积块“F15（拉伸 _1）”，如图 7-2-24 所示。

（2）单击“ 刀具管理器”按钮右侧的下拉菜单，单击“ 编辑刀具”按钮，在弹出的“刀具设定”菜单中，设置“类型”为端铣削，“刀具直径”为 $\phi 6$，如图 7-2-25 所示，单击“确定”按钮。

思考

此处加工余量较大，宜选择何种类型的刀具和尺寸？

笔记

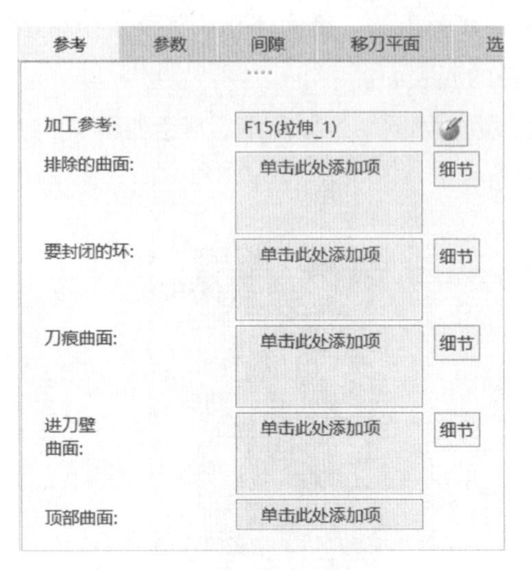

图 7-2-24 “参考”菜单

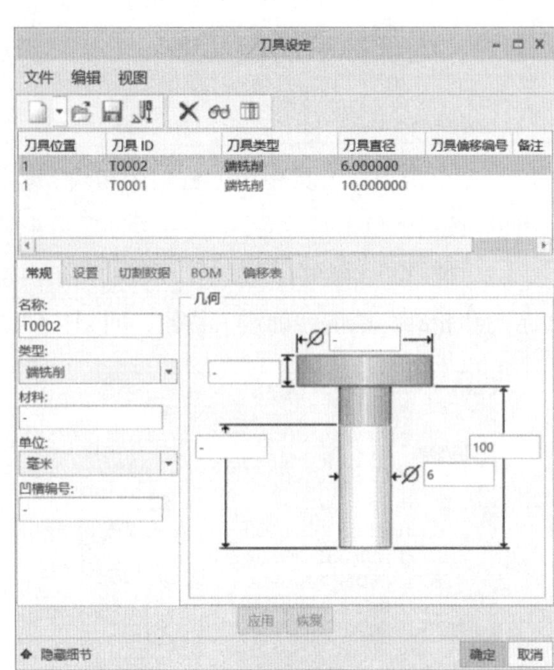

图 7-2-25 “刀具设定”菜单

（3）设置“参数”菜单中的“切削进给”为 300，“跨距”为 3，“最大步进深度”为 1.5，“安全距离”为 5，“主轴速度”为 2000，“冷却液选项”为开，如图 7-2-26 所示。

（4）单击“ 图形显示刀具路径”按钮，在弹出的如图 7-2-27 所示的“播放路径”菜单中，单击“ 向前播放”按钮，绘图区创建如图 7-2-28 所示的刀具路径，单击“关闭”完成刀具路径模拟。

图 7-2-26 “参数”菜单

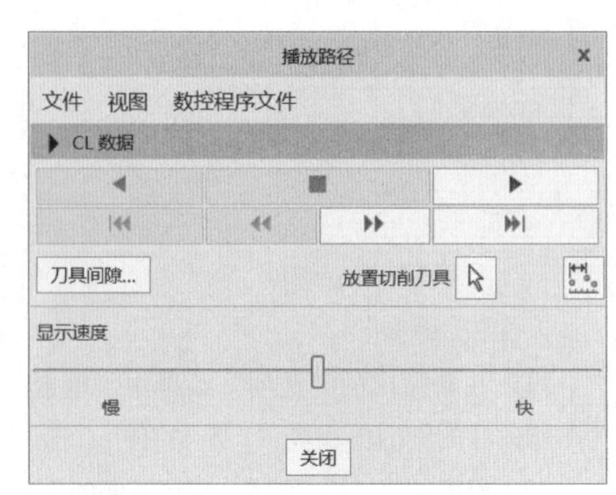

图 7-2-27 “播放路径”菜单

笔记

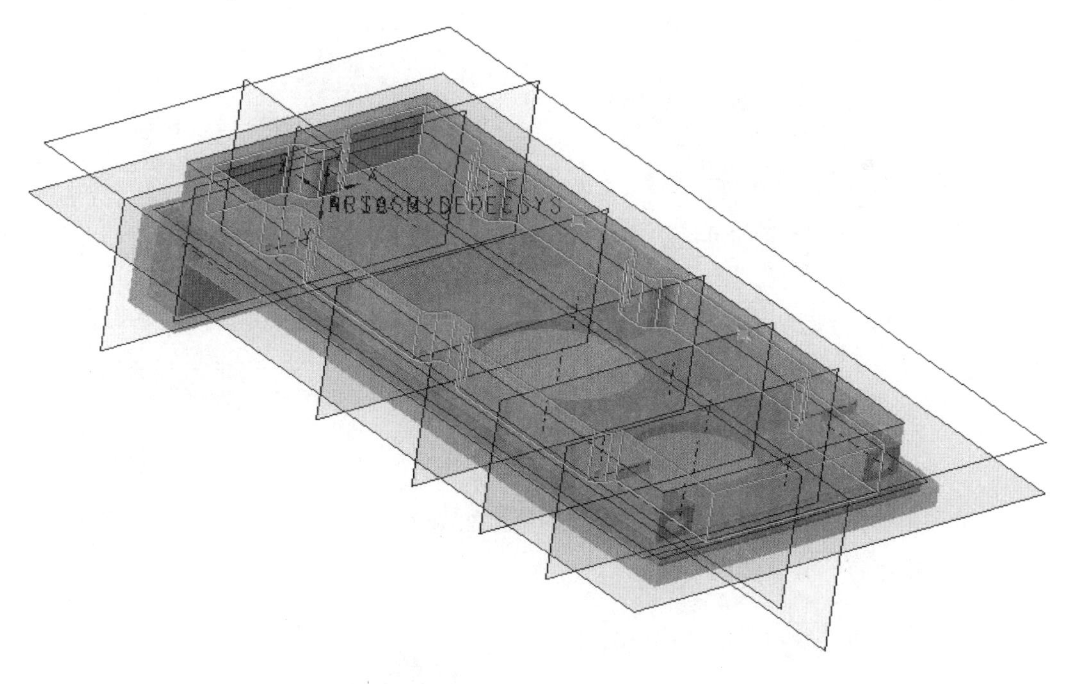

图 7-2-28　刀具路径

3. 模拟检测

（1）单击“过切计算与显示”按钮，在弹出如图 7-2-29 所示的“菜单管理器”中，在“选取曲面”下拉列表中单击“零件”，如图 7-2-30 所示。

（2）在模型树列表中单击 SHIPEIB.PRT →单击“完成 / 返回”→单击“运行”。窗口底部显示没有发现过切.，单击“完成 / 返回”，完成检测。

图 7-2-29　菜单管理器

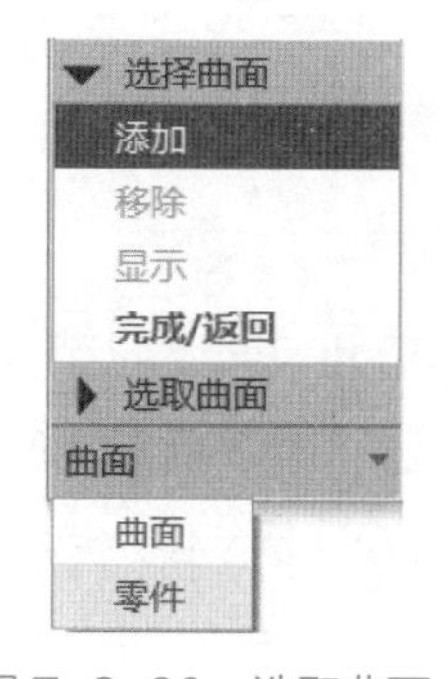

图 7-2-30　选取曲面

4. 切削刀具仿真

（1）单击“显示切削刀具运动”按钮，单击“精度”，在下拉菜单选择中，单击“启动仿真播放器”按钮，弹出如图 7-2-31 所示的菜单。

（2）单击“播放仿真”按钮，绘图区创建如图 7-2-32 所示的刀具仿真路径，单击“关闭”完成模拟。

（3）单击“材料移除”菜单的“关闭”按钮，单击“体积块铣削”菜单中的“确定”按钮，完成体积块铣削的创建。

笔记 

图 7-2-31 “播放仿真”菜单

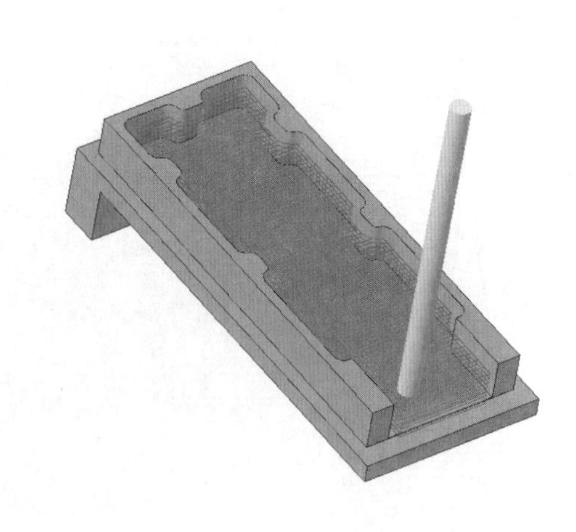

图 7-2-32 刀具仿真

提示

本环节为粗加工，完成后仍有余量，可单击“比较”下拉菜单，通过不同的颜色显示加工的结果。

（4）单击“比较”下拉菜单中的 比较 按钮，如图 7-2-33 所示。绘图区如图 7-2-34 所示，可以看出还有部分余量没有去除。

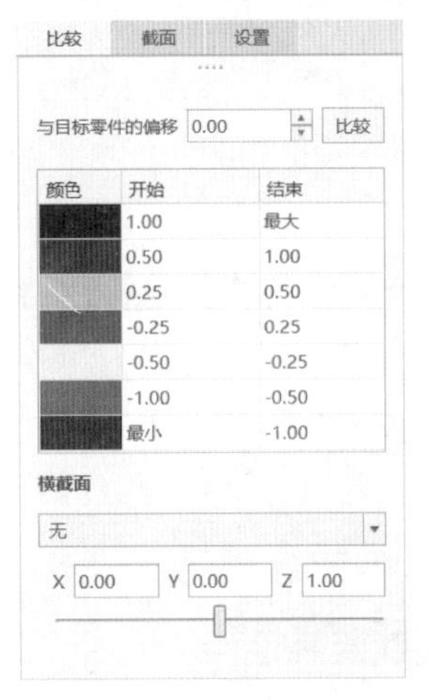

图 7-2-33 “比较”菜单

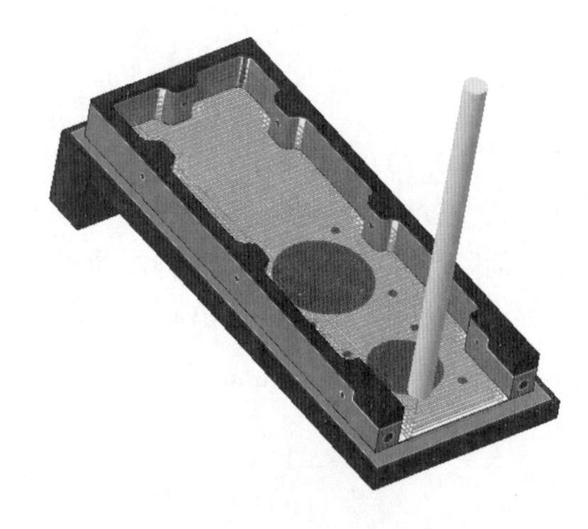

图 7-2-34 比较结果

（5）单击“制造几何”下拉菜单中的“材料移除切削”按钮，在弹出的如图 7-2-35 所示的“菜单管理器”中，单击“2：体积块铣削”，系统弹出如图 7-2-36 所示的“菜单管理器”，单击“自动”，单击“完成”。

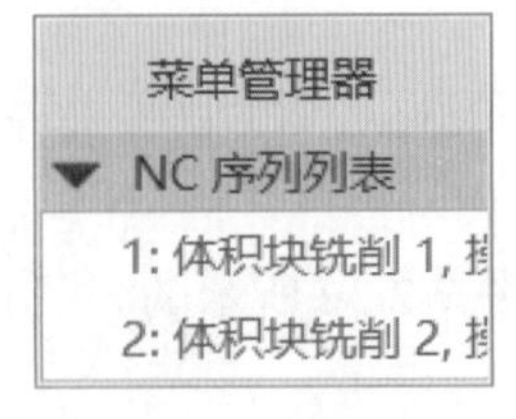

图 7-2-35 菜单管理器 1

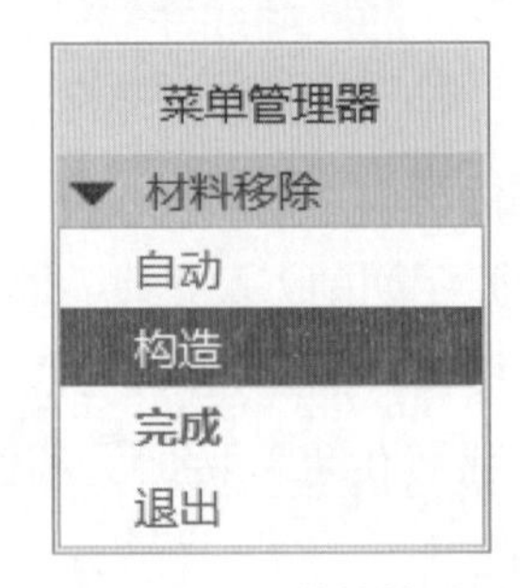

图 7-2-36 菜单管理器 2

（6）在弹出如图 7-2-37 所示的“相交元件”菜单中单击 自动添加 按钮，菜单出现“SHIPEIBWORK”，单击菜单下方的“确定”按钮，绘图区如图 7-2-38 所示的结果。

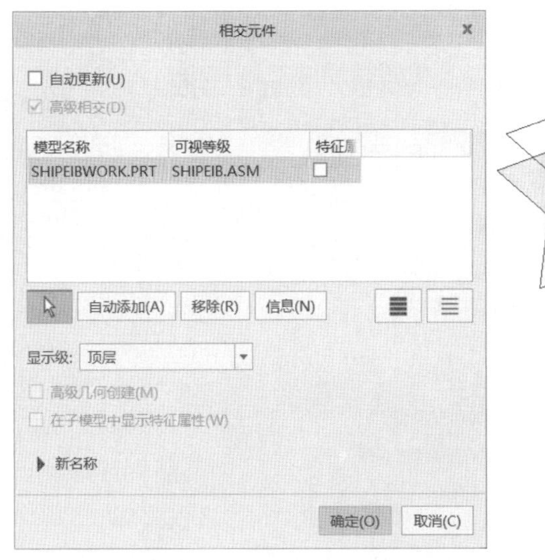

图 7-2-37 “相交元件”菜单

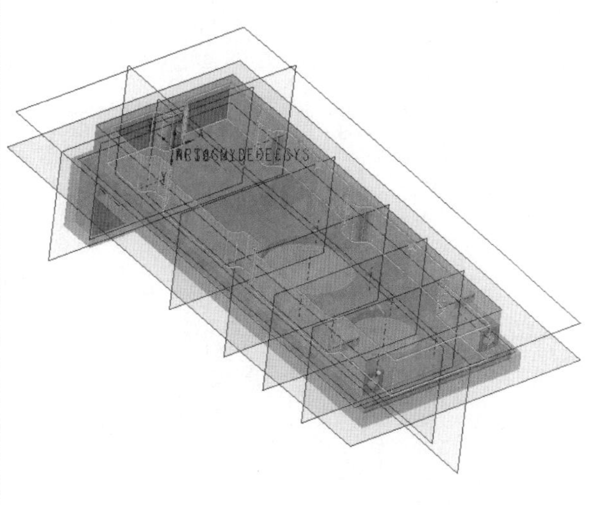

图 7-2-38 绘图区效果

笔记

7.2.3 曲面精加工

1. 创建曲面铣削

（1）在新弹出的“铣削”菜单中，单击“曲面铣削”按钮，弹出如图 7-2-39 所示的“菜单管理器”，单击“序列设置”，在下拉菜单中勾选“刀具”“参数”“曲面”“定义切削”四个选项，如图 7-2-40 所示。

图 7-2-39 菜单管理器

图 7-2-40 序列设置

（2）在弹出的“刀具设定”菜单中，设置“类型”为外圆角铣削，“刀具直径”为 10，“外圆角 R”为 0.5，如图 7-2-41 所示，单击“确定”。

（3）设置“参数”菜单中“切削进给”为 450，“跨距”为 3，“安全距离”为 5，“主轴速度”为 2500，“冷却液选项”为开，如图 7-2-42 所示。

笔记 

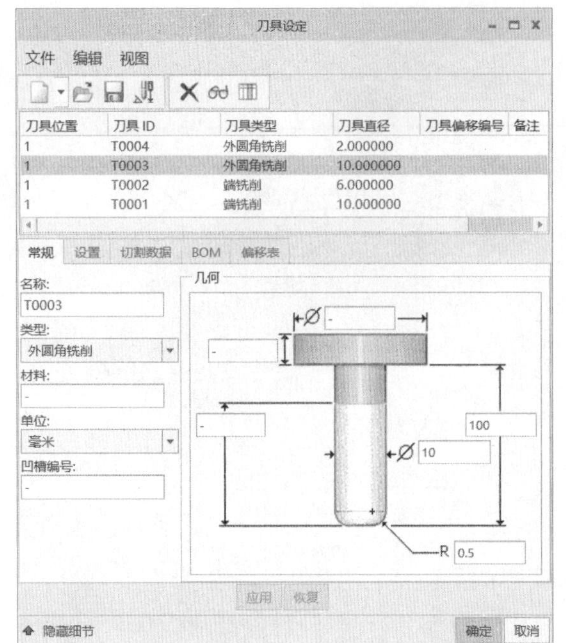

图 7-2-41 “刀具设定”菜单

编辑序列参数 "曲面铣削"

文件(F) 编辑(E) 信息(I) 刀具

参数 基本 全部 类别: 所有类别

450

参数名	曲面铣削
切削进给	450
自由进给	-
公差	0.01
跨距	3
轮廓允许余量	0
检查曲面允许余量	-
刀痕高度	-
扫描类型	类型 3
安全距离	5
主轴速度	2500
冷却液选项	开

图 7-2-42 “参数”菜单

思考

在曲面拾取选项卡中应在模型、工件、铣削体积块以及铣削曲面当中如何选择?

（4）在“菜单管理器”下拉列表中单击“曲面拾取”按钮，如图 7-2-43 所示。单击“模型”，单击“完成”，弹出如图 7-2-44 所示的“菜单管理器”，系统默认为“添加”曲面，在绘图区按住 Ctrl 并单击零件的表面，如图 7-2-45 所示，单击“完成 / 返回”按钮。

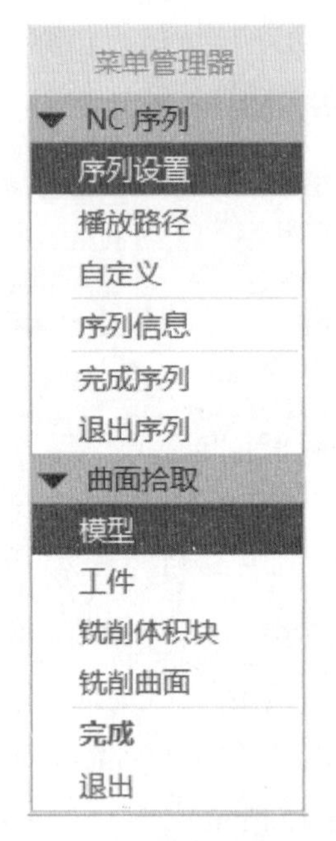

图 7-2-43 菜单管理器 1

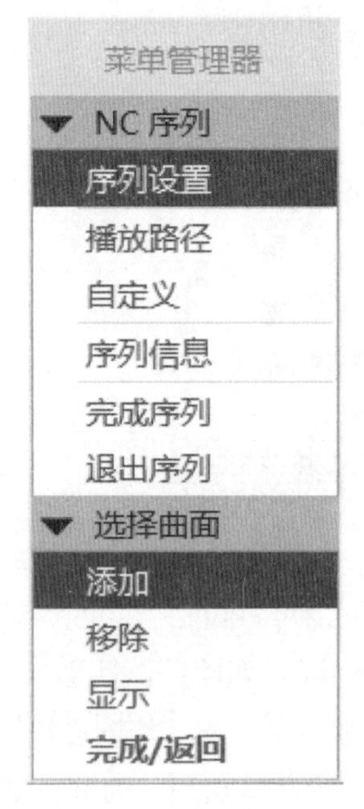

图 7-2-44 菜单管理器 2

提示

在切削类型选项卡中，此处应选择“自曲面等值线”，它指的是刀具沿曲面的定义线进行切削的加工曲面方式。

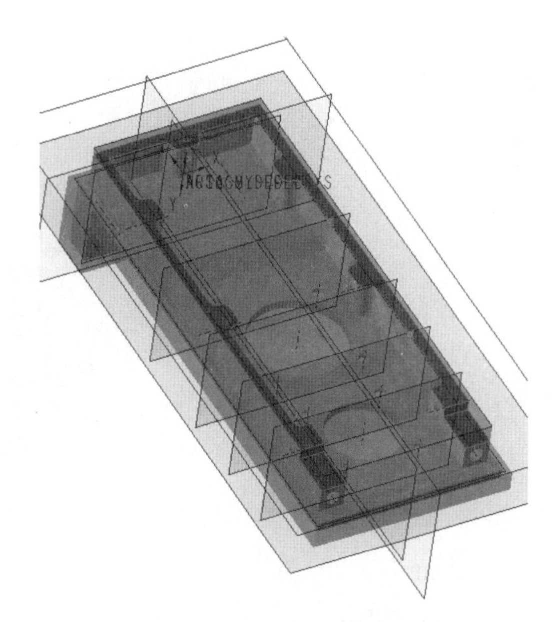

图 7-2-45　平面选取

（5）在弹出如图 7-2-46 所示的“切削定义”对话框中，单击“切换切线方向”按钮，调节箭头方向，绘图区效果如图 7-2-47 所示。

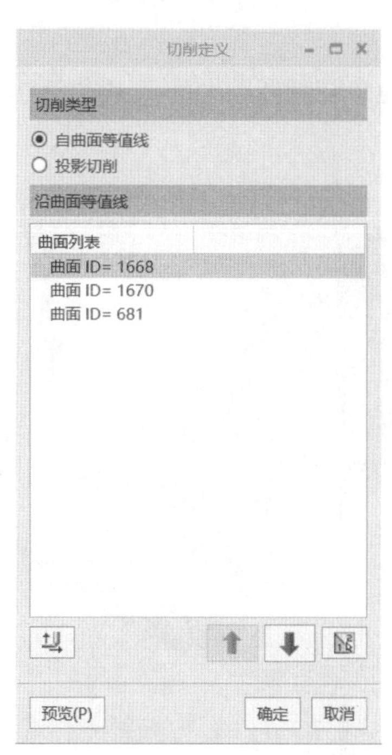

图 7-2-46　“切削定义”对话框

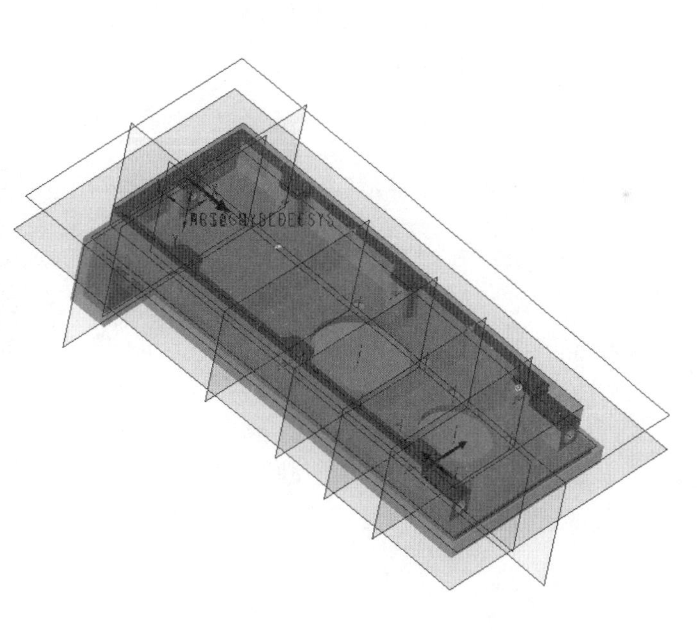

图 7-2-47　绘图区效果

（6）在“菜单管理器”对话框中单击“播放路径”按钮，在下拉列表中单击“屏幕播放”，如图 7-2-48 所示。在弹出的“播放路径”对话框中单击“向前播放”按钮，绘图区创建如图 7-2-49 所示的刀具路径，单击“关闭”，完成模拟。

笔记

提示

每次加工完成都应该进行过切检测，但碍于本书篇幅有限，这里不加以详细阐述。

图 7-2-48　菜单管理器

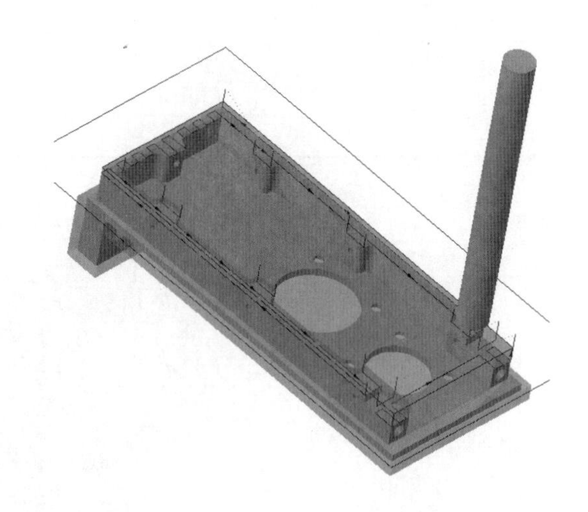

图 7-2-49　刀具路径

2. 切削刀具仿真

（1）在“播放路径”对话框中单击“NC 检查”按钮，系统弹出“材料移除”工具栏，单击“精度”按钮，在下拉菜单选择中，单击“启动仿真播放器”按钮，弹出如图 7-2-50 所示的菜单。

（2）单击“播放仿真”按钮，绘图区创建如图 7-2-51 所示的刀具仿真路径，单击“关闭”，完成模拟。

（3）单击“材料移除”菜单的“关闭”按钮，单击“菜单管理器”中的“完成序列”按钮，完成曲面铣削的创建。

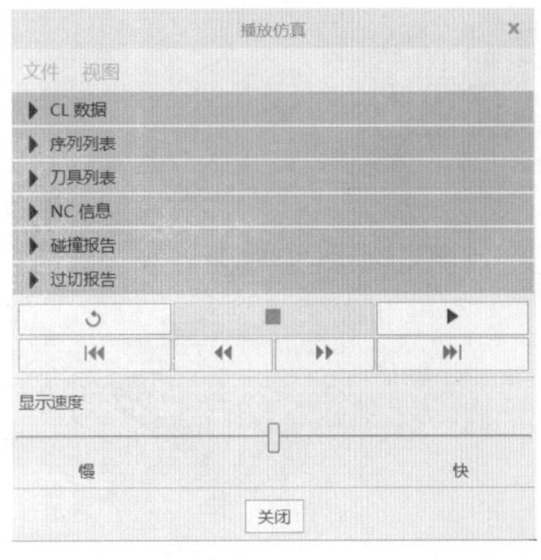

图 7-2-50　“播放仿真”菜单

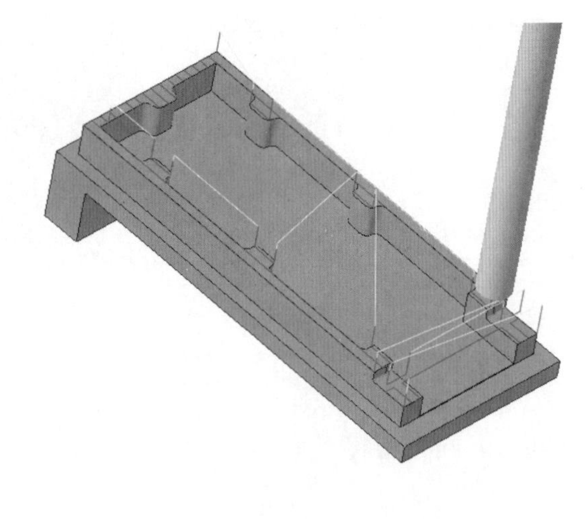

图 7-2-51　刀具仿真路径

（4）单击“制造几何”下拉菜单中的“材料移除切削”按钮，在弹出的如图 7-2-52 所示的菜单管理器中，单击“3：曲面铣削”，系统弹出如图 7-2-53 所示的菜单管理器，单击“自动”按钮，单击“完成”按钮。

笔记

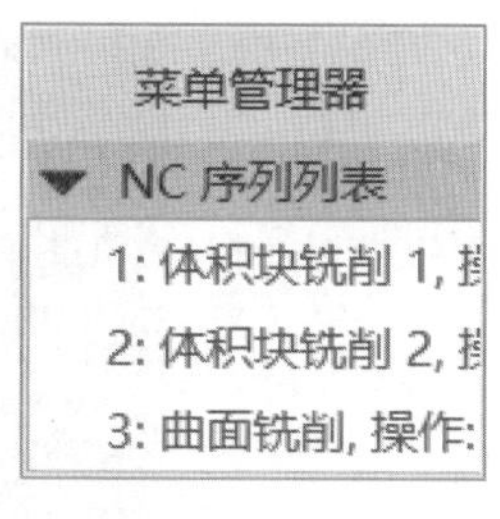

图 7-2-52　菜单管理器 1

图 7-2-53　菜单管理器 2

（5）在弹出如图 7-2-54 所示的“相交元件”菜单中单击自动添加按钮，菜单出现“SHIPEIBWORK”，单击菜单下方的“确定”按钮，绘图区效果如图 7-2-55 所示。

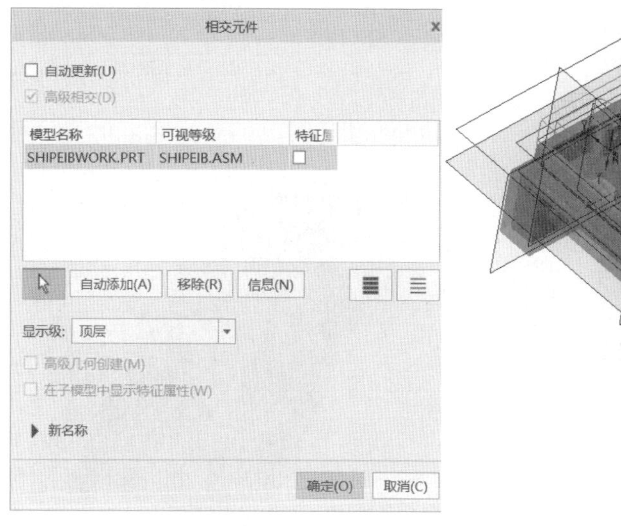

图 7-2-54　“相交元件”菜单

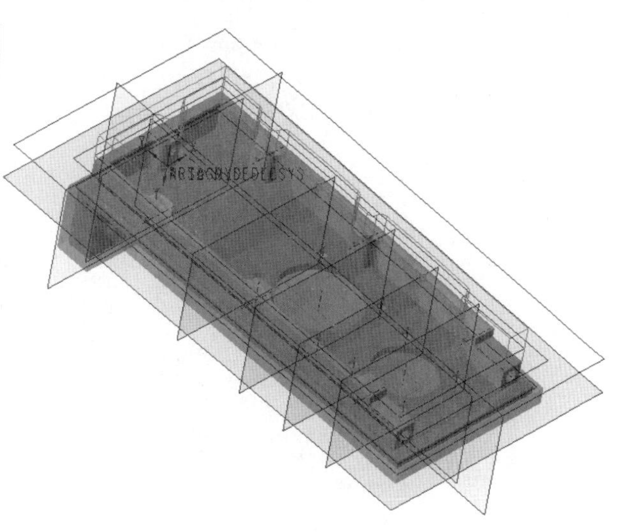
图 7-2-55　绘图区效果

7.2.4　底表面精加工

1. 创建铣削窗口

（1）单击顶部工具栏中“铣削窗口”按钮，在“放置”下拉菜单的“窗口平面”单击底表面。单击“草绘窗口类型”按钮，再次单击“编辑内部草绘”按钮，弹出如图 7-2-56 所示的菜单，设置草绘方向，单击“草绘”按钮。

（2）绘制如图 7-2-57 所示的草图后，单击“ 确定”按钮，回到铣削窗口模式。设置深度选项为“ 到选定项”，如图 7-2-58 所示，单击阶梯台表面，绘图区如图 7-2-59 所示，单击“ 确定”按钮，完成铣削窗口创建。

笔记

提示

此阶段精加工可以一次切削前三阶段剩余的余量，达到加工精度的要求。

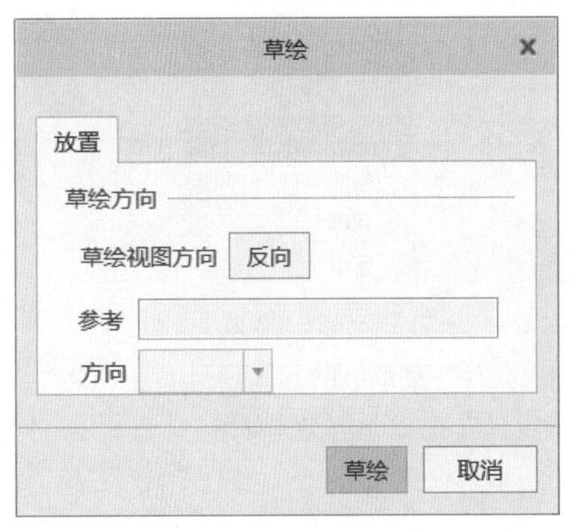

图 7-2-56 “草绘”菜单

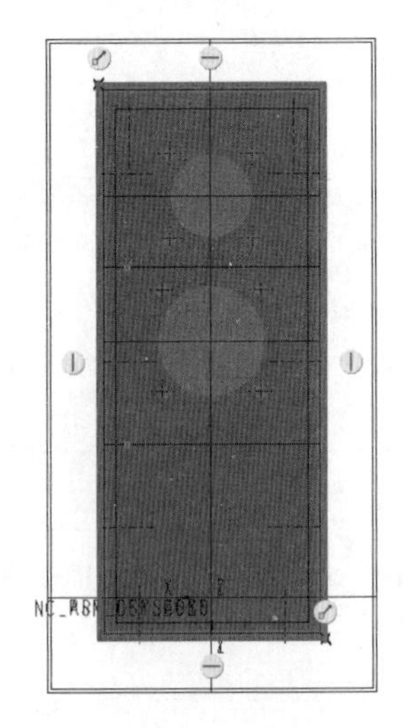

图 7-2-57 草图

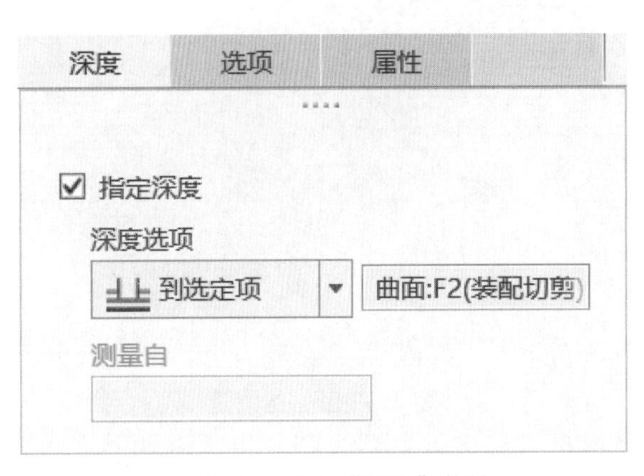

图 7-2-58 “深度”菜单

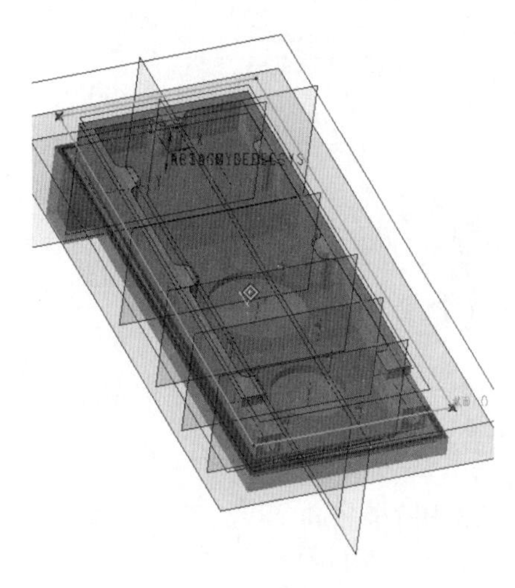

图 7-2-59 铣削窗口深度

思考

此处加工余量较小，宜选择何种类型的刀具和尺寸？

2. 精加工铣削

（1）在新弹出的“铣削”菜单中，单击“精加工”按钮，系统默认“参考”下拉菜单的“铣削窗口”为刚刚创建的“F22（铣削窗口 _2）”，如图 7-2-60 所示。

（2）单击“ 刀具管理器”按钮，在右侧的下拉菜单中，单击“ 编辑刀具”按钮，在弹出的“刀具设定”菜单中，设置“类型”为外圆角铣削，“刀具直径”为 2，“外圆角 R”为 0.1，如图 7-2-61 所示。

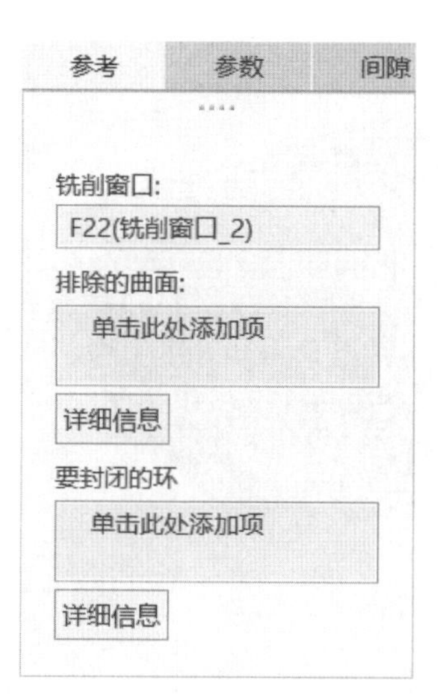

图 7-2-60 “参考”菜单

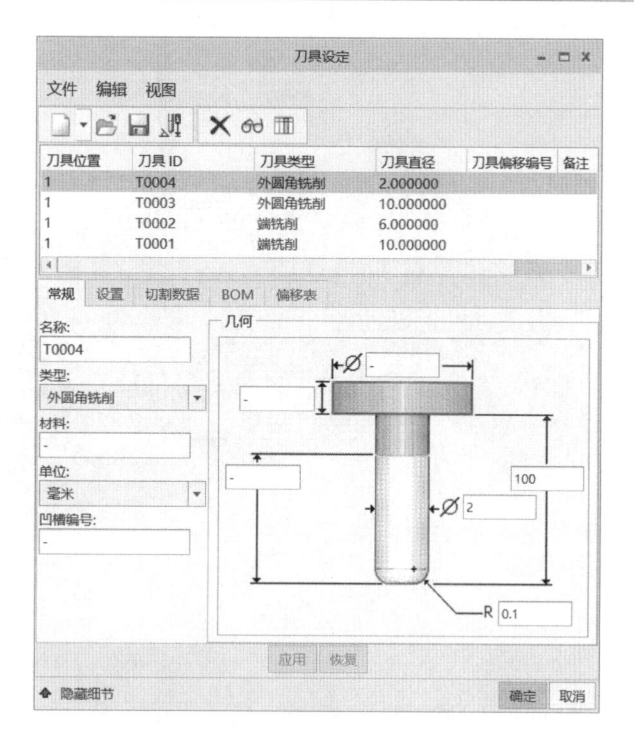

图 7-2-61 “刀具设定”菜单

（3）设置“参数”菜单中的“切削进给”为 600，“跨距”为 1，“安全距离”为 3，“主轴速度”为 2500，“冷却液选项”为开，如图 7-2-62 所示。

（4）在“间隙”菜单中设置类型为“平面”，再次单击模型底表面，设置“值”为 4，如图 7-2-63 所示，完成退刀平面创建。

图 7-2-62 “参数”菜单

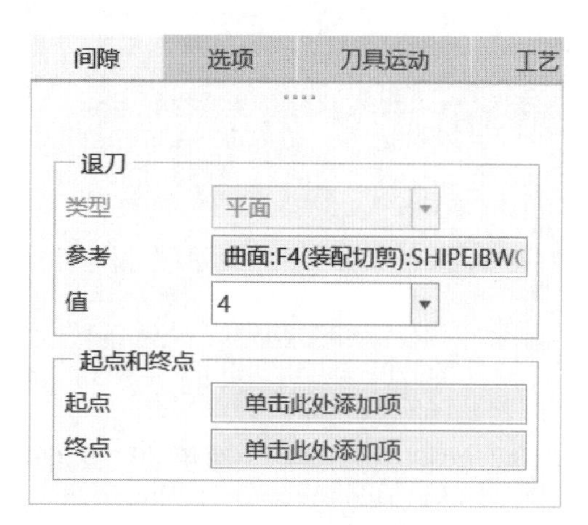

图 7-2-63 “间隙”菜单

（5）单击“图形显示刀具路径”按钮，在弹出的“播放路径”菜单中单击“向前播放”按钮，绘图区创建如图 7-2-64 所示的刀具路径，单击“关闭”按钮，完成模拟。

笔记

讨论

在“精加工”选项卡中包含带有横切的直切、轮廓切削、浅切口以及组合切口，四者的刀路有何区别？

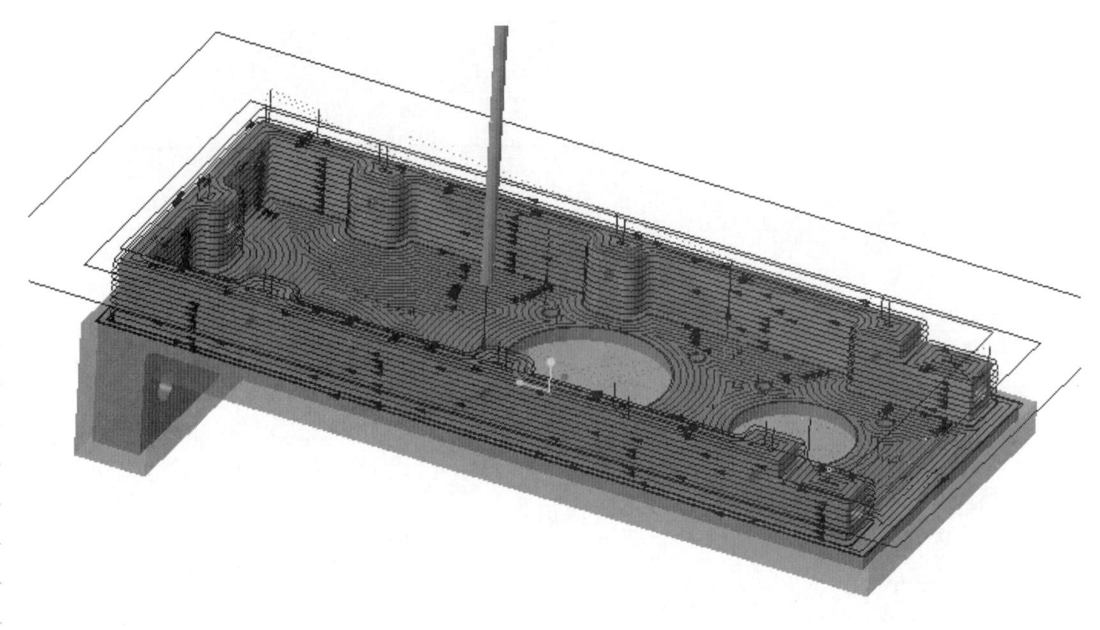

图 7-2-64　刀具路径

3. 切削刀具仿真

（1）单击“显示切削刀具运动”按钮，单击“精度”，在下拉菜单选择“高”，单击“启动仿真播放器”按钮，弹出如图 7-2-65 所示的菜单。

（2）单击“播放仿真”按钮，绘图区创建如图 7-2-66 所示的刀具仿真路径，单击“关闭”，完成模拟。

图 7-2-65　“播放仿真”菜单

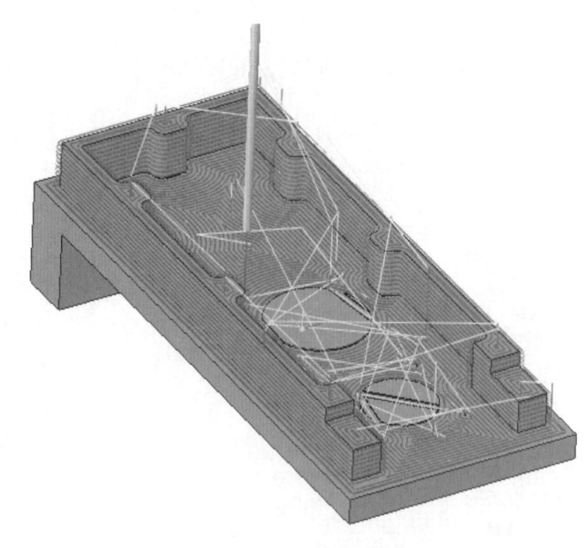

图 7-2-66　刀具仿真路径

（3）单击“材料移除”菜单的“关闭”按钮，单击“精加工铣削”菜单中的“确定”按钮，完成精加工的创建。

任务 7.3　上表面铣削

笔记

任务目标

（1）熟练使用体积块铣削、曲面铣削等加工命令。

（2）学会使用表面铣削、轮廓铣削、孔加工等命令，掌握其操作步骤。

（3）练习用不同的加工方法完成模型的数控仿真加工。

资源环境

（1）Creo 8.0。

（2）超星学习通适配板案例。

上表面加工

上表面平面铣削

7.3.1　创建表面铣削

1. 添加坐标系

单击顶部工具栏中“坐标系”按钮，按住 Ctrl 并单击模型三个表面，菜单如图 7-3-1 所示，单击“确定”按钮完成坐标系的添加，绘图区如图 7-3-2 所示。

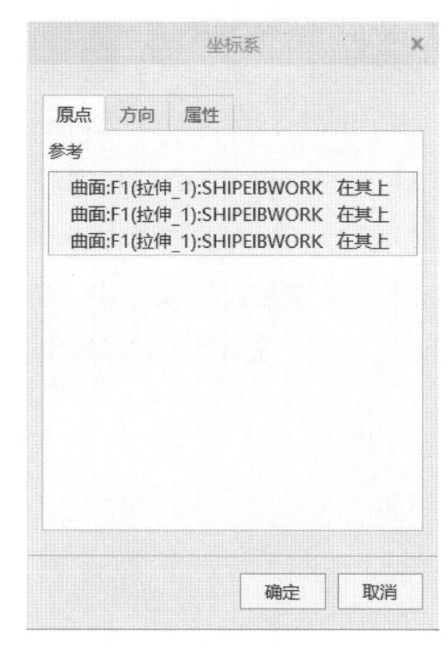

图 7-3-1　“坐标系”菜单

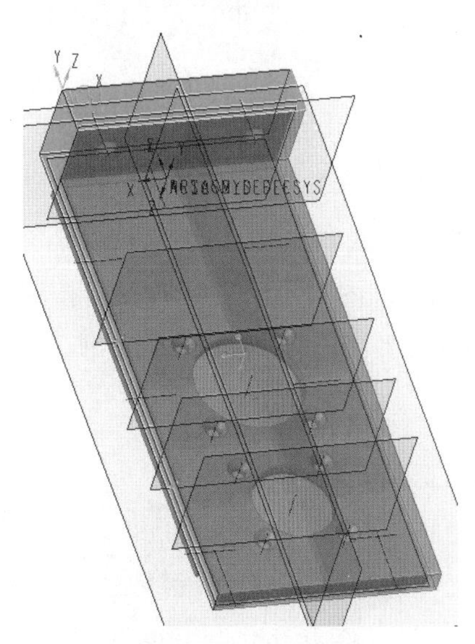

图 7-3-2　坐标系选择

讨论

此处为什么重新建立坐标系？新坐标系的特点是什么？

2. 加载机床

单击顶部工具栏中“加工中心”按钮，弹出如图 7-3-3 所示的菜单，修改机床名称为“MILL02”，单击“确定”按钮。

图 7-3-3　“铣削加工中心”菜单

讨论

此处是否必须重新建立新机床？

3. 表面铣削

（1）在新弹出的“铣削”菜单中，单击“表面铣削”按钮，设置“参考类型”为曲面，单击绘图区如图 7-3-4 所示的上表面。

（2）单击“刀具管理器”按钮，在右侧的下拉菜单中，单击“01：T0001”刀具，刀具参数如图 7-3-5 所示。坐标系选择新创建的“ACS1”。

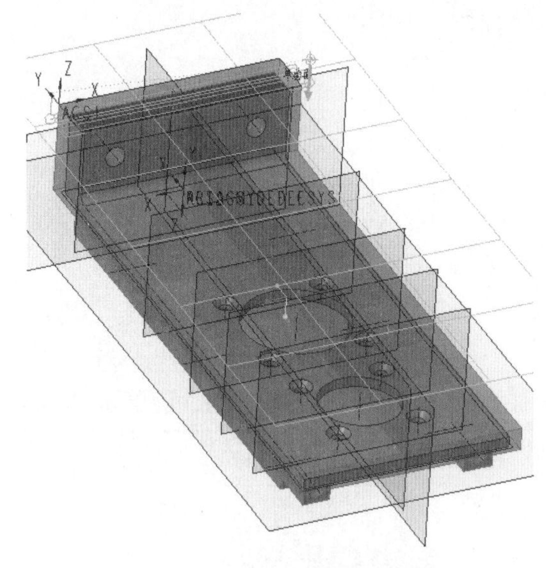

图 7-3-4 参考曲面

图 7-3-5 T0001 刀具设定

（3）设置“参数”菜单中的“切削进给”为 450，“跨距”为 6，“步进深度”为 1，“安全距离”为 6，“主轴速度”为 2000，“冷却液选项”为开，如图 7-3-6 所示。

（4）单击“图形显示刀具路径”按钮，在弹出的“播放路径”菜单中，单击“向前播放”按钮，绘图区创建如图 7-3-7 所示的刀具路径，单击“关闭”，完成模拟。

讨论

此处坐标系的短边是X轴还是Y轴比较合理？

思考

表面铣削沿长边还是短边？表面加工效果有区别吗？

提示

由于表面铣削的刀具是平头，所以跨度设置一般略大于刀具半径。

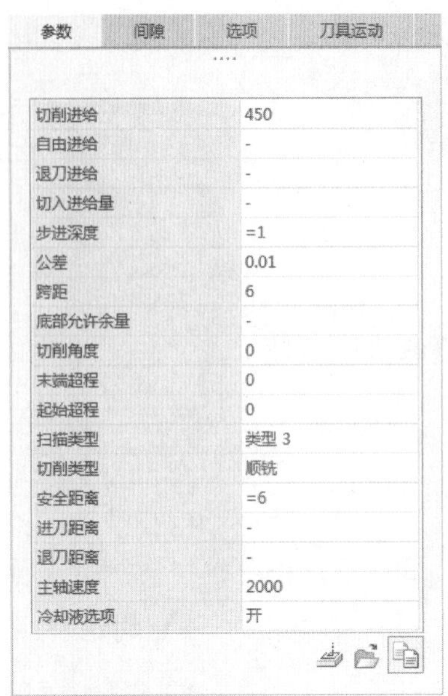

参数 | 间隙 | 选项 | 刀具运动

参数	值
切削进给	450
自由进给	-
退刀进给	-
切入进给量	-
步进深度	=1
公差	0.01
跨距	6
底部允许余量	-
切削角度	0
末端超程	0
起始超程	0
扫描类型	类型 3
切削类型	顺铣
安全距离	=6
进刀距离	-
退刀距离	-
主轴速度	2000
冷却液选项	开

图 7-3-6 “参数”菜单

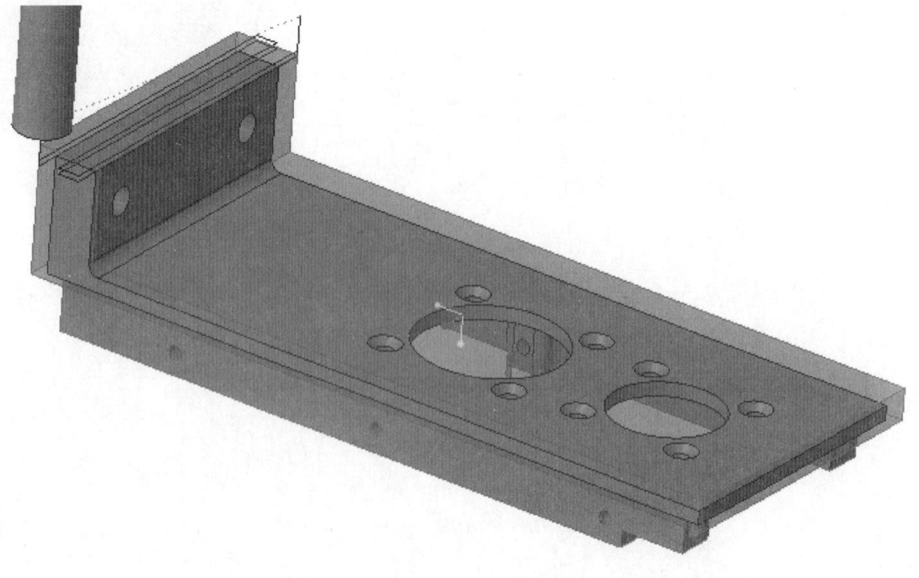

图 7-3-7 刀具路径

4. 切削刀具仿真

（1）单击“显示切削刀具运动”按钮，单击“启动仿真播放器”按钮，弹出如图 7-3-8 所示的菜单。

（2）单击“播放仿真”按钮，绘图区创建如图 7-3-9 所示的刀具仿真路径，单击“关闭”按钮，完成模拟。

（3）单击“材料移除”菜单的“关闭”按钮，单击“体积块铣削”菜单中的“确定”按钮，完成体积块铣削的创建。

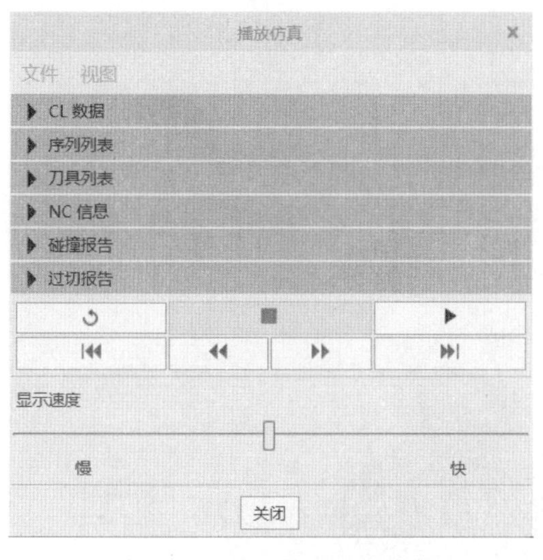

图 7-3-8 “播放仿真”菜单

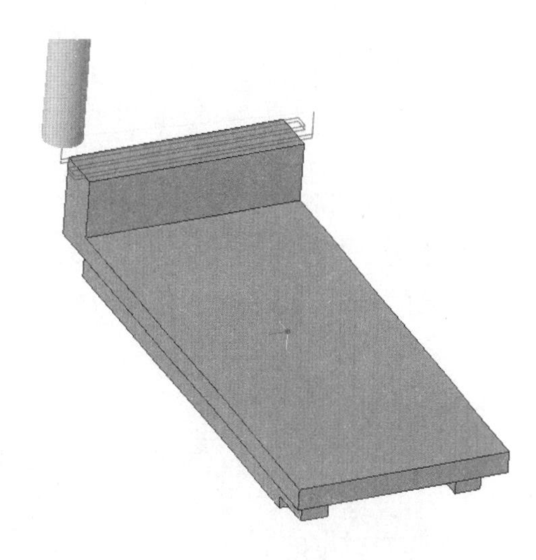

图 7-3-9　刀具仿真路径

5. 材料移除切削

（1）单击“制造几何”下拉菜单中的“材料移除切削”按钮，在弹出的如图 7-3-10 所示的菜单管理器中，单击“1：体积块铣削 1”，系统弹出如图 7-3-11 所示的菜单管理器，单击“构造”按钮，单击“完成”按钮。

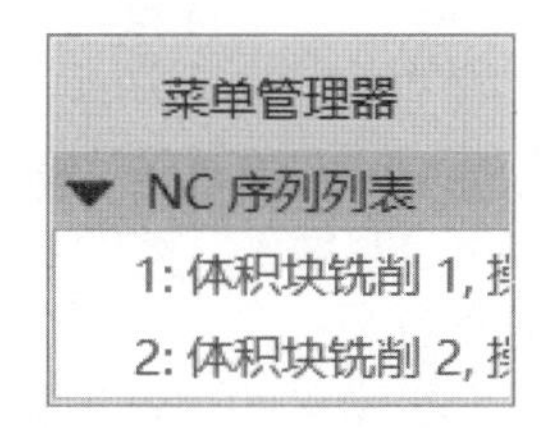

图 7-3-10　菜单管理器 1

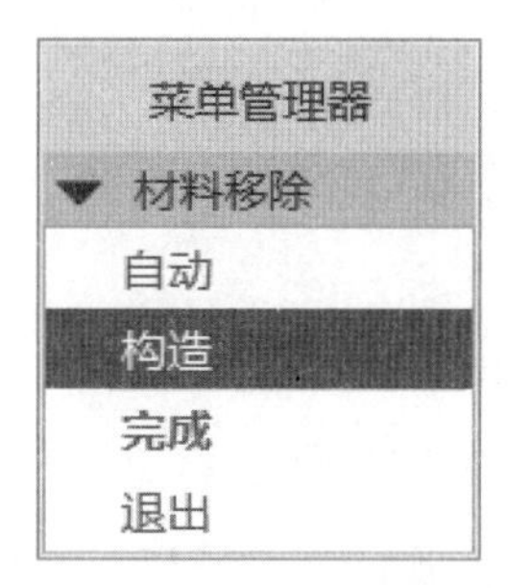

图 7-3-11　菜单管理器 2

（2）在弹出如图 7-3-12 所示的菜单管理器中单击“形状”按钮，在再次弹出的菜单中单击“拉伸”按钮，单击菜单下方的“完成”按钮。

提示

每次加工完成都应该进行过切检测，但碍于本书篇幅有限，本任务环节均不加以详细阐述。

提示

此处材料模拟移除会留下一层薄壁，建议使用手动材料移除完成切削效果。

笔记

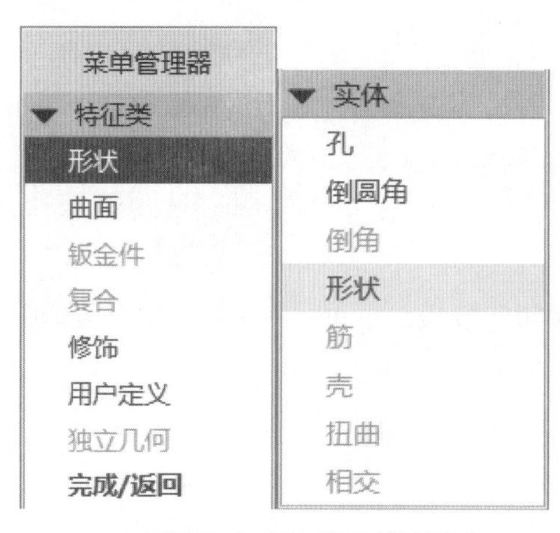

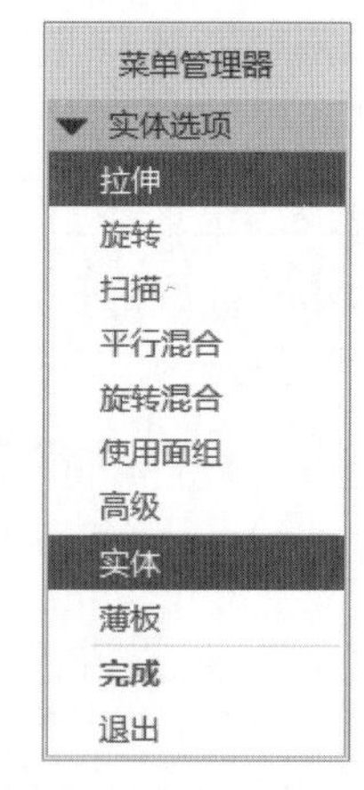

图 7-3-12　菜单管理器 3　　　　图 7-3-13　菜单管理器 4

（3）单击“NC_ASM_RIGHT”平面，在绘图区创建如图 7-3-14 所示的草图。设置拉伸深度为“对称拉伸”，尺寸为 65。单击“拉伸”菜单中的“确定”按钮，完成拉伸铣削移除的创建，绘图区如图 7-3-15 所示。

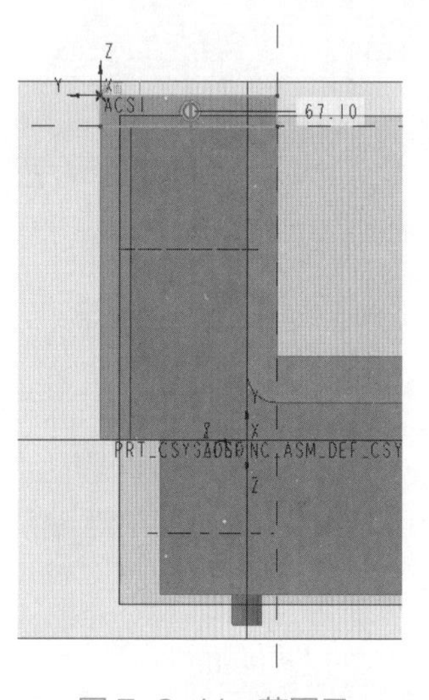

图 7-3-14　草图示

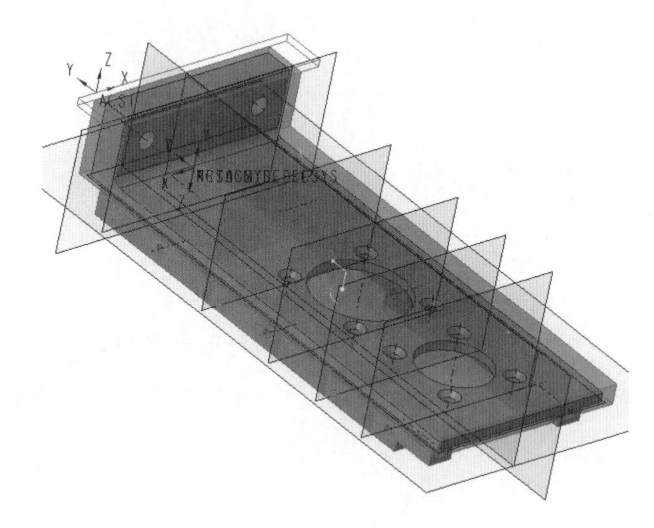

图 7-3-15　拉伸铣削移除

7.3.2　铣削圆孔型腔

1. 创建铣削体积块

（1）单击顶部工具栏中“铣削体积块”按钮，在弹出的“铣削体积块”菜单中单击“拉伸”按钮，在“放置”菜单中单击“定义…”，并在绘图区点击毛坯的上表面。

（2）“参考”菜单中，单击绘图区的两个轮廓圆，如图 7-3-16 所示，草绘如图 7-3-17 所示的草绘轮廓。单击“确定”按钮，回到拉伸模式。

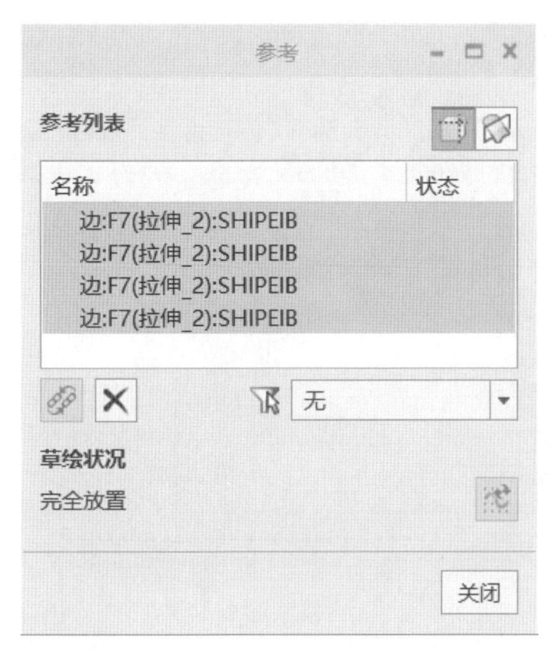

图 7-3-16 “参考”菜单

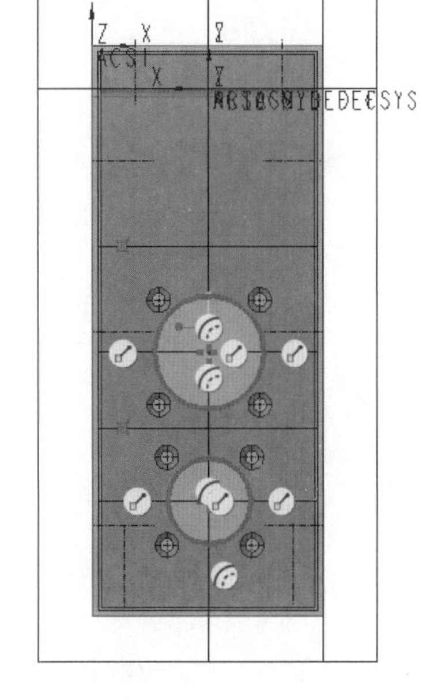

图 7-3-17 轮廓

笔记

提示

此处体积块的创建略高于毛坯的厚度，方便后期铣削加工。

（3）设置深度选项为“制定深度”的值为 10.00，如图 7-3-18 所示，绘图区如图 7-3-19 所示，单击“确定”按钮，完成铣削体积块的创建。

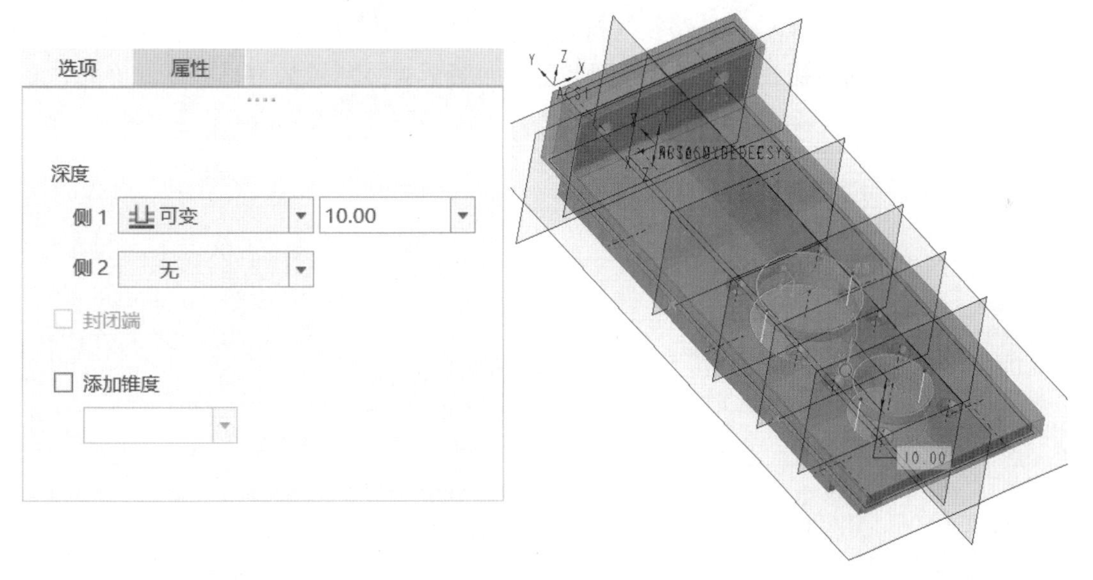

图 7-3-18 设置深度选项　　图 7-3-19 铣削体积块

讨论

还有其他的加工方式也能实现圆孔加工效果吗？

2. 体积块铣削

（1）在新弹出的“铣削”菜单中，单击“体积块粗铣削”按钮，设置“加工参考”为刚刚创建的铣削体积块“F28（拉伸 _3）”，如图 7-3-20 所示。

（2）单击“ 刀具管理器”按钮，在右侧的下拉菜单中，单击“ 编辑刀具”按钮，在弹出的“刀具设定”菜单中，设置“类型”为外圆角铣削，“刀具直径”为 10，“外圆角 R”为 0.5，如图 7-3-21 所示。

笔记 

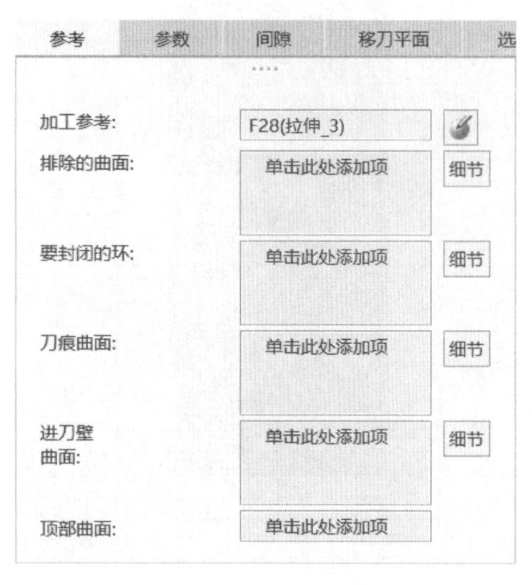

图 7-3-20 “参考”菜单

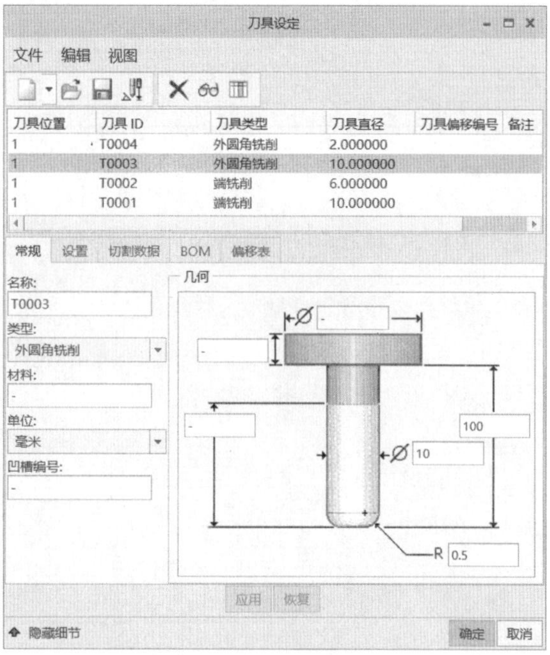

图 7-3-21 “刀具设定”菜单

（3）设置“参数”菜单中的“切削进给”为 450，“跨距”为 5，“最大步进深度”为 0.5，“安全距离”为 6，“主轴速度”为 2000，“冷却液选项”为开，如图 7-3-22 所示。

（4）单击“图形显示刀具路径”按钮，在弹出的如图 7-3-23 所示的“播放路径”菜单中，单击“向前播放”按钮，绘图区创建如图 7-3-24 所示的刀具路径，单击“关闭”，完成模拟。

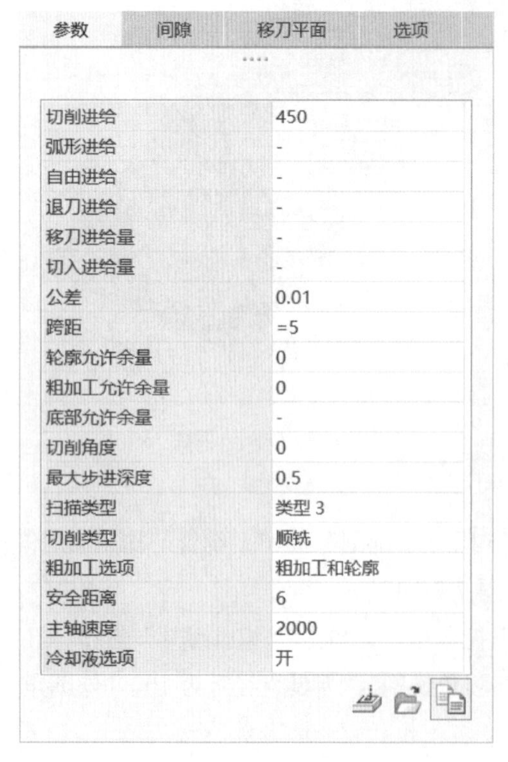

图 7-3-22 “参数”菜单

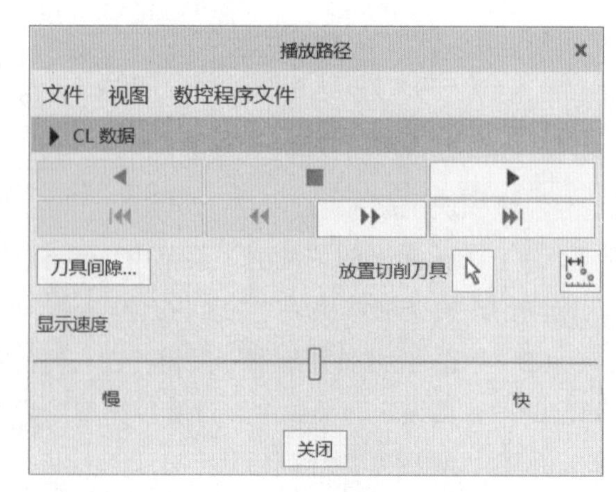

图 7-3-23 “播放路径”菜单

笔记

图 7-3-24 刀具路径

3. 切削刀具仿真

（1）单击“显示切削刀具运动”按钮，单击“精度”按钮，在下拉菜单选择中单击“启动仿真播放器”按钮，弹出如图 7-3-25 所示的菜单。

（2）单击“播放仿真”按钮，绘图区创建如图 7-3-26 所示的刀具仿真路径，单击“关闭”，完成模拟。

（3）单击“材料移除”菜单的“关闭”按钮，单击“体积块铣削”菜单中的“确定”按钮，完成体积块铣削的创建。

提示

此处加工处理需抬高刀的高度，以防止加工过程中误伤工件表面。

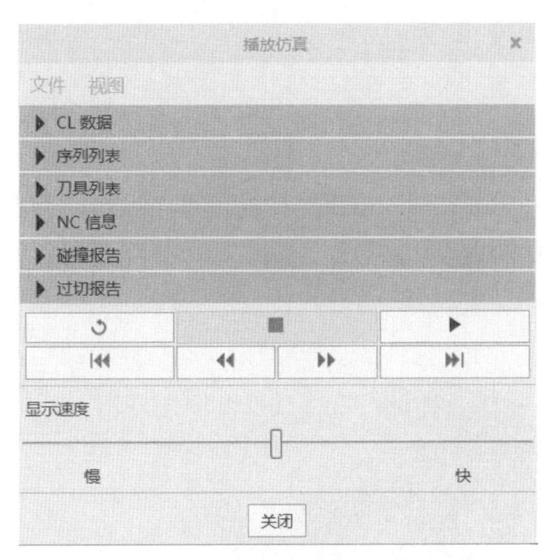

图 7-3-25 “播放仿真”菜单

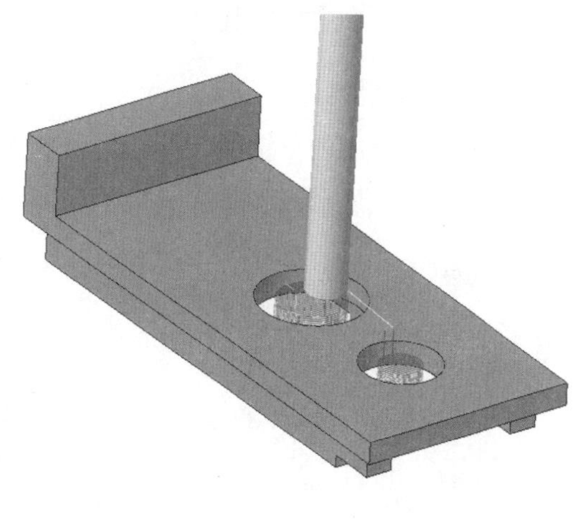

图 7-3-26 刀具仿真路径

（4）单击“制造几何”，在下拉菜单中单击“材料移除切削”按钮，在弹出的如图 7-3-27 所示的菜单管理器中，单击“6：体积块铣削 3”，系统弹出如图 7-3-28 所示的菜单管理器，单击“自动”按钮，单击“完成”按钮。

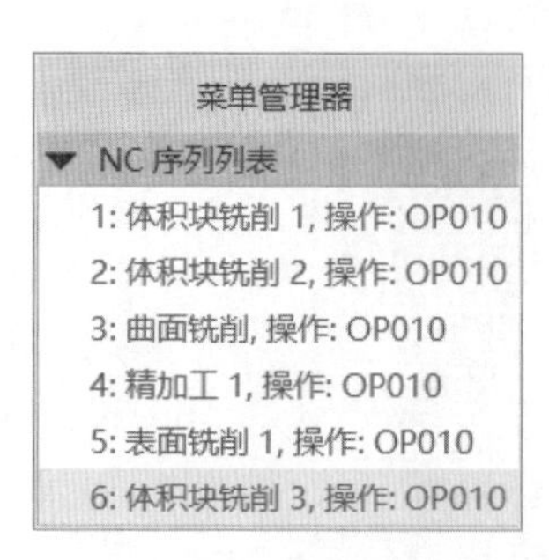

图 7-3-27　菜单管理器 1

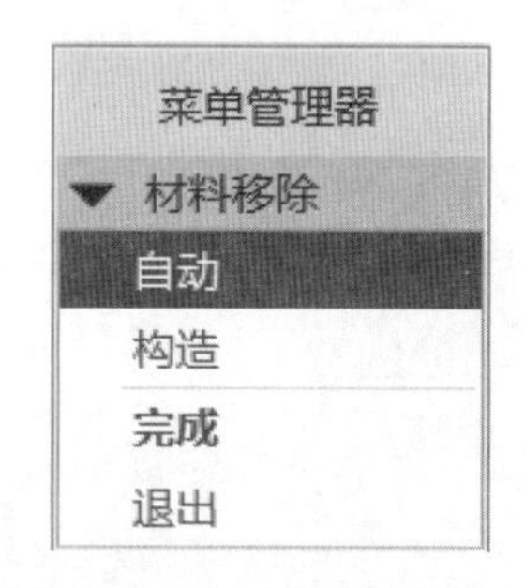

图 7-3-28　菜单管理器 2

（5）在弹出如图 7-3-28 所示的“相交元件”菜单中单击自动添加按钮，菜单出现“SHIPEIBWORK”，单击菜单下方的“确定”按钮，绘图区效果如图 7-3-29 所示。

图 7-3-28　“相交元件”菜单

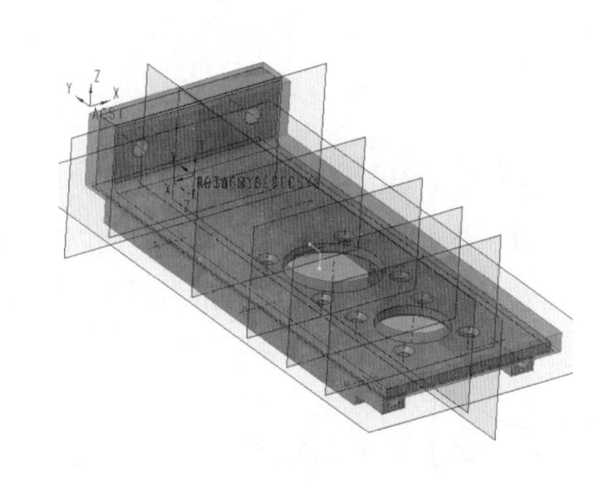

图 7-3-29　绘图区效果

7.3.3　创建轮廓铣削

1. 轮廓铣削

（1）在新弹出的“铣削”菜单中，单击“轮廓铣削”按钮，设置参考“类型”为曲面，如图 7-3-30 所示，绘图区效果如图 7-3-31 所示。

提示

由于侧表面为一个非连续表面，选择时应按住Ctrl键连续单击进行选取。

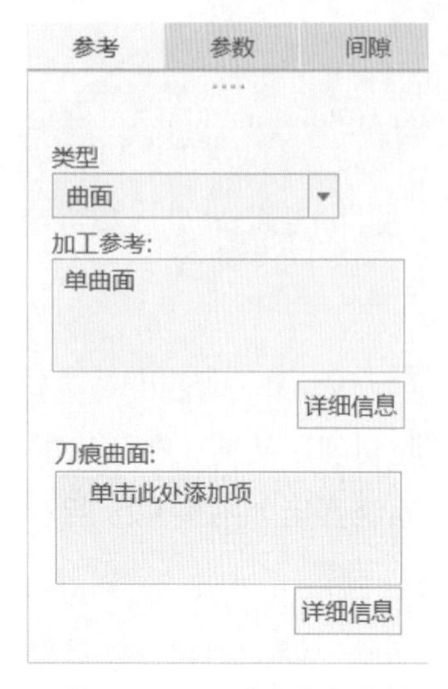

图 7-3-30　“参考”菜单

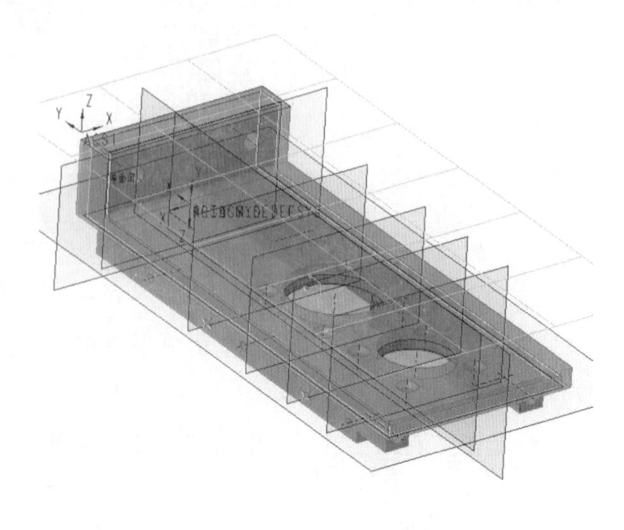

图 7-3-31　绘图区效果

（2）单击“刀具管理器”按钮，在右侧的下拉菜单，单击“编辑刀具”按钮，在弹出的“刀具设定”菜单中，设置“类型”为外圆角铣削，“刀具直径”为 10，“外圆角 R”为 0.5，如图 7-3-32 所示。

（3）设置“参数”菜单中的“切削进给”为 450，“步进深度”为 1，“安全距离”为 6，“主轴速度”为 2500，“冷却液选项”为开，如图 7-3-33 所示。

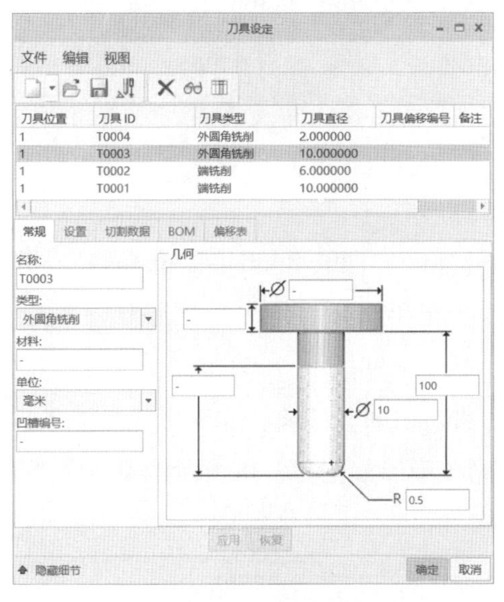

图 7-3-32 “刀具设定”菜单　　　　图 7-3-33 “参数”菜单

（4）单击“图形显示刀具路径”按钮，在弹出的播放路径菜单中，单击“向前播放”按钮，绘图区创建如图 7-3-34 所示的刀具路径，单击“关闭”，完成模拟。

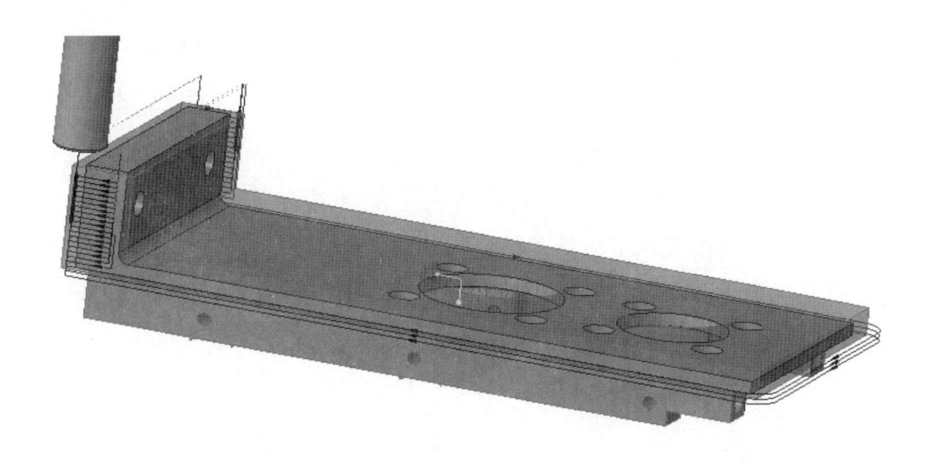

图 7-3-34　刀具路径模拟

2. 切削刀具仿真

（1）单击“显示切削刀具运动”按钮，单击“精度”，在下拉菜单选择中，单击“启动仿真播放器”按钮，弹出如图 7-3-35 所示的菜单。

（2）单击“ 播放仿真”按钮，绘图区创建如图 7-3-36 所示的刀具仿真路径，单击“关闭”，完成模拟。

笔记

讨论

此处切削类型中顺铣与逆铣的区别是什么？

技巧

此处过切检测不单单需要检测加工零件，也要注意不要切削到夹具体。

图 7-3-35 “播放仿真”菜单

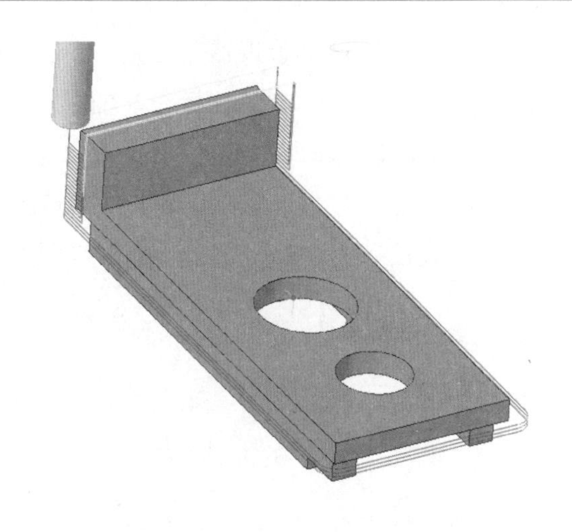

图 7-3-36 刀具仿真路径

（3）单击“材料移除”菜单的“关闭”按钮，单击“轮廓铣削”菜单中的“确定”按钮，完成精加工的创建。

（4）单击“制造几何”下拉菜单中的“材料移除切削”按钮，在弹出的如图 7-3-37 所示的菜单管理器中，单击“7：轮廓铣削 1”，系统弹出如图 7-3-38 所示的菜单管理器，单击“自动”按钮，单击“完成”按钮。

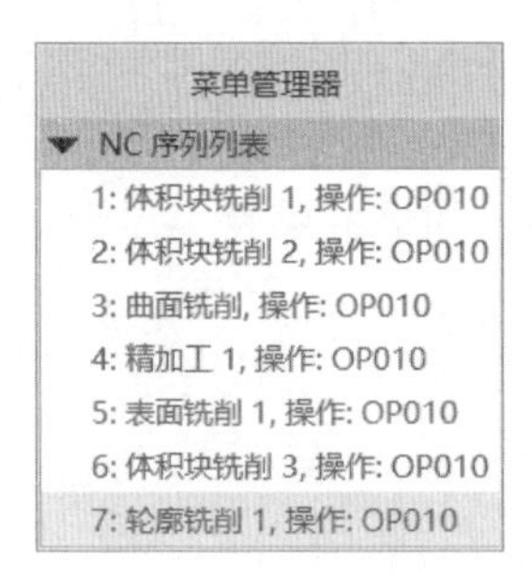

图 7-3-37 菜单管理器 1

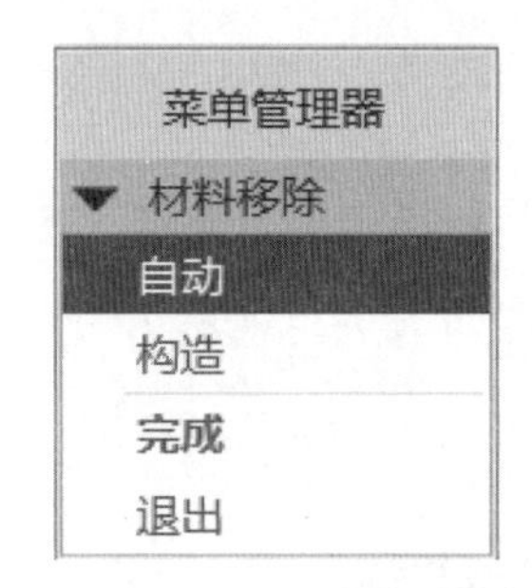

图 7-3-38 菜单管理器 2

（5）在弹出如图 7-3-39 所示的“相交元件”菜单中单击 自动添加 按钮，菜单出现“SHIPEIBWORK”，单击菜单下方的“确定”按钮，绘图区效果如图 7-3-40 所示。

图 7-3-39 “相交元件”菜单

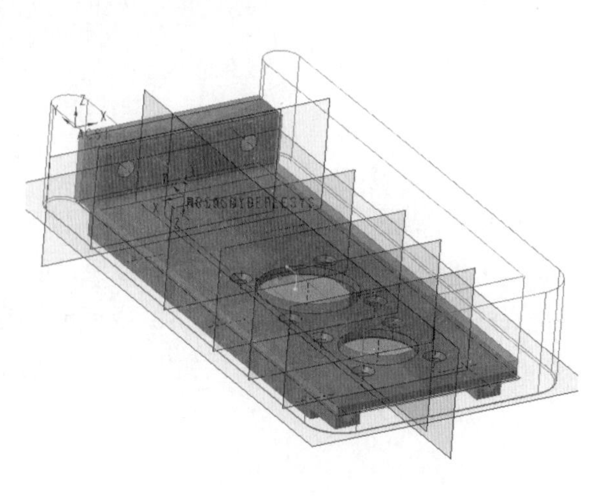

图 7-3-40 绘图区效果

7.3.4　曲面粗加工

1. 创建曲面铣削

（1）在新弹出的“铣削”菜单中，单击“曲面铣削”按钮，弹出如图 7-3-41 所示的菜单管理器，单击“序列设置”，在下拉菜单中勾选“刀具”“参数”“曲面”“定义切削”四个选项，如图 7-3-42 所示。

图 7-3-41　菜单管理器

图 7-3-42　序列设置

（2）在弹出的“刀具设定”菜单中，设置“类型”为球铣削，“刀具直径”为 10，如图 7-3-43 所示，单击“确定”按钮。

（3）设置“参数”菜单中的“切削进给”为 450，“跨距”为 2，“轮廓允许余量”为 0.5，“安全距离”为 5，“主轴速度”为 2 000，“冷却液选项”为开，如图 7-3-44 所示。

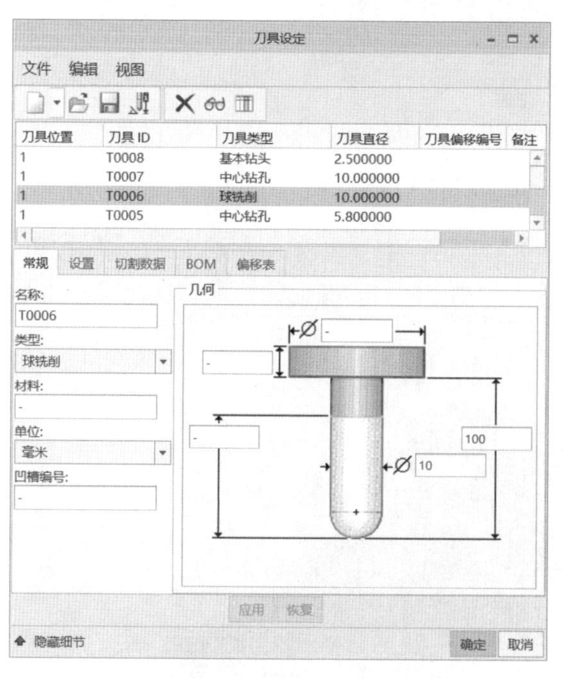

图 7-3-43　“刀具设定”菜单

参数名	曲面铣削
切削进给	450
自由进给	-
公差	0.01
跨距	2
轮廓允许余量	0.5
检查曲面允许余量	-
刀痕高度	-
扫描类型	类型 3
安全距离	5
主轴速度	2000
冷却液选项	开

图 7-3-44　“参数”菜单

（4）在菜单管理器下拉列表中单击“曲面拾取”按钮，如图 7-3-45 所示，单击“模型”按钮，单击“完成”按钮，弹出如图 7-3-46 所示的菜单管理器，系统默认为“添加”曲面，在绘图区按住 Ctrl 并单击零件的表面，如图 7-3-47 所示，单击“完成 / 返回”按钮。

笔记

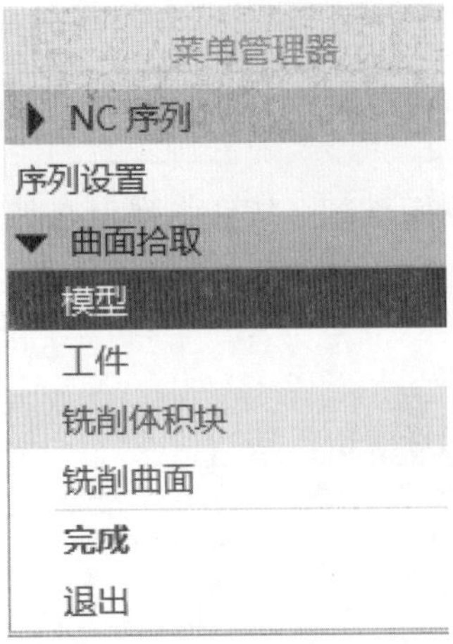

菜单管理器
▶ NC 序列
序列设置
▼ 曲面拾取
模型
工件
铣削体积块
铣削曲面
完成
退出

图 7-3-45　菜单管理器 1

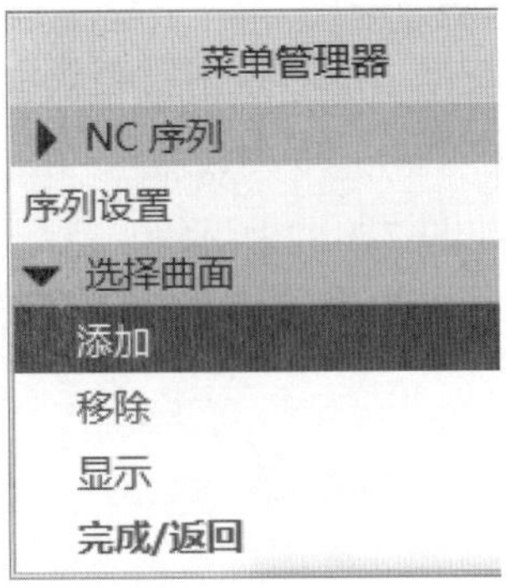

菜单管理器
▶ NC 序列
序列设置
▼ 选择曲面
添加
移除
显示
完成/返回

图 7-3-46　菜单管理器 2

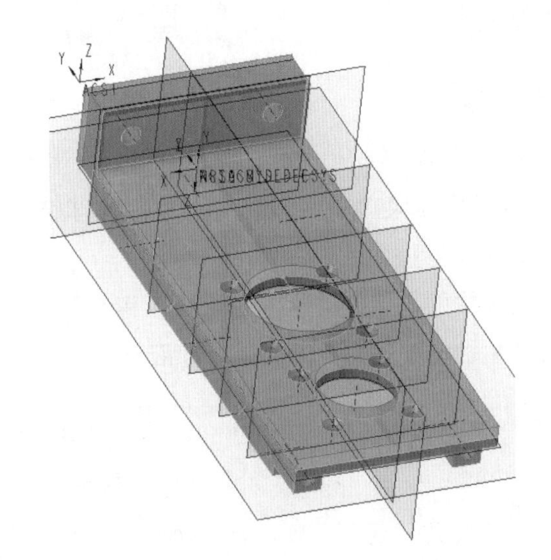

图 7-3-47　平面选取

提示

此处注意“切削定义”的刀具路径方向，尽量减少刀痕留下的加工余量。

（5）在弹出如图 7-3-48 所示的“切削定义”对话框中，单击“切换切线方向”按钮，调节箭头方向，绘图区效果如图 7-3-49 所示。

图 7-3-48　“切削定义”对话框

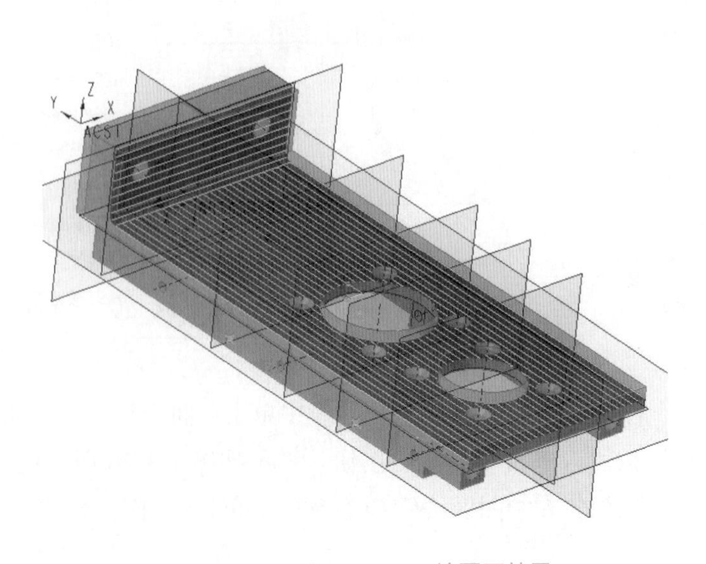

图 7-3-49　绘图区效果

（6）在菜单管理器单击“播放路径”按钮，在下拉列表中单击“屏幕播放”（见图 7-3-50）。在弹出的“播放路径”对话框中，单击“向前播放”按钮，绘图区创建如图 7-3-51 所示的刀具路径，单击“关闭”按钮，完成模拟。

图 7-3-50　菜单管理器

图 7-3-51　刀具路径

2. 切削刀具仿真

（1）在“播放路径”对话框单击“ NC 检查”按钮，系统弹出“材料移除”工具栏，单击“精度”，在下拉菜单中选择“高”，单击“启动仿真播放器”按钮，弹出如图 7-3-52 所示的菜单。

（2）单击“播放仿真”按钮，绘图区创建如图 7-3-53 所示的刀具仿真路径，单击“关闭”按钮，完成模拟。

（3）单击“材料移除”菜单的“关闭”按钮，单击“菜单管理器”中的“完成序列”按钮，完成曲面铣削的创建。

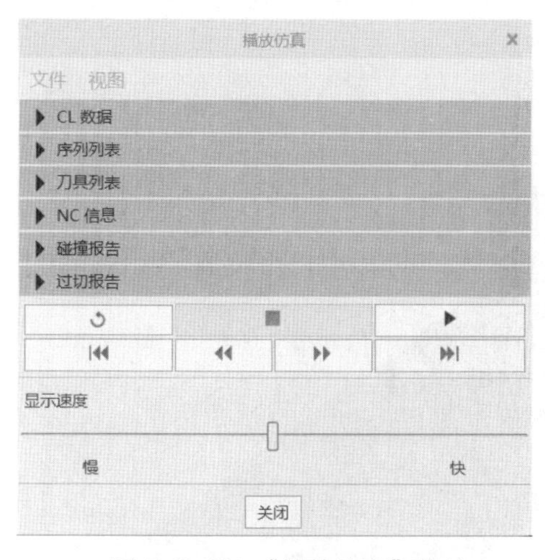

图 7-3-52 “播放仿真”菜单

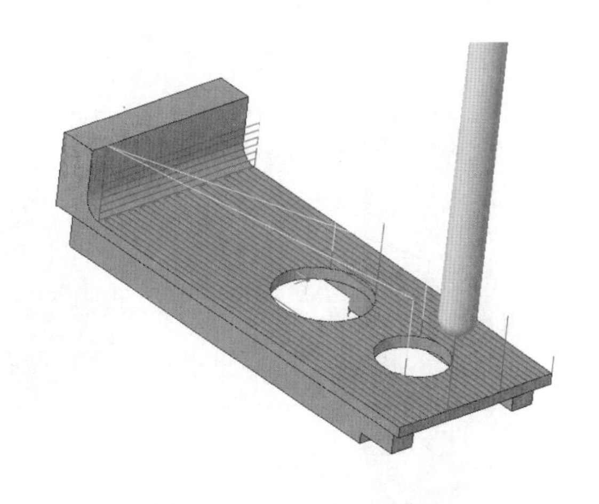

图 7-3-53　刀具仿真路径

3. 材料移除切削

（1）单击“制造几何”下拉菜单中的“材料移除切削”按钮，在弹出的如图 7-3-54 所示的菜单管理器中，单击“8：曲面铣削”，系统弹出如图 7-3-55 所示的菜单管理器，单击“构造”按钮，单击“完成”按钮。

提示

此处材料移除无法自动完成，建议使用手动材料移除完成切削效果。

笔记

菜单管理器
NC 序列列表
1: 体积块铣削 1, 操作: OP010
2: 体积块铣削 2, 操作: OP010
3: 曲面铣削, 操作: OP010
4: 精加工 1, 操作: OP010
5: 表面铣削 1, 操作: OP010
6: 体积块铣削 3, 操作: OP010
7: 轮廓铣削 1, 操作: OP010
8: 曲面铣削, 操作: OP010

图 7-3-54　菜单管理器 1

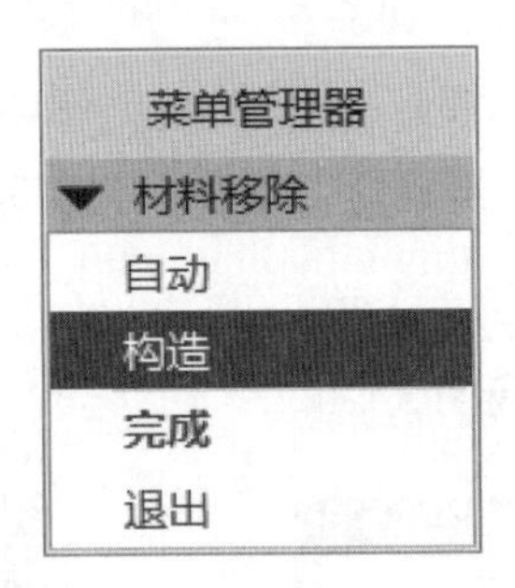

图 7-3-55　菜单管理器 2

（2）在弹出如图 7-3-56 所示的菜单管理器中单击“形状”按钮，在再次弹出的菜单（见图 7-3-57）中单击“拉伸”按钮，单击菜单下方的“完成”按钮。

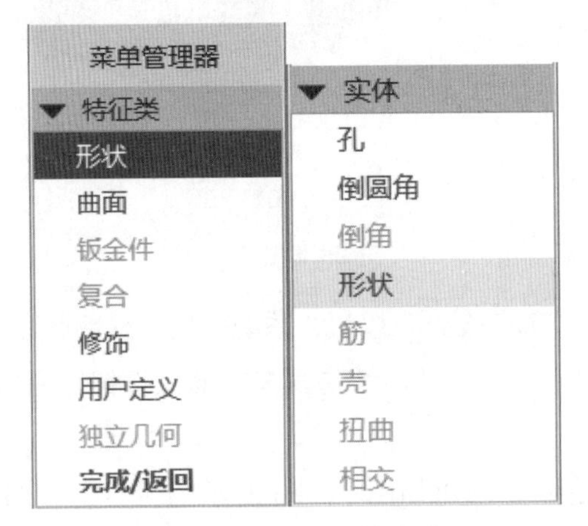

图 7-3-56　菜单管理器 3

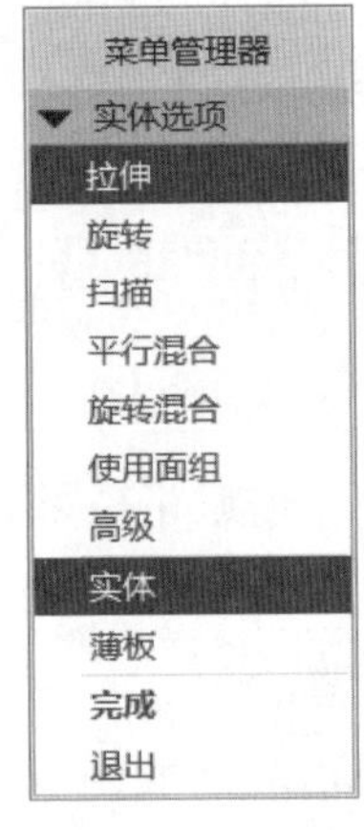

图 7-3-57　菜单管理器 4

（3）单击“NC_ASM_RIGHT”平面，在绘图区创建如图 7-3-58 所示的草图。设置拉伸深度为“对称拉伸”，尺寸为 70，单击“拉伸”菜单中的“确定”按钮，完成拉伸铣削移除的创建，绘图区如图 7-3-59 所示。

提示

此处拉伸切削的间隙仍保证0.5的加工余量。

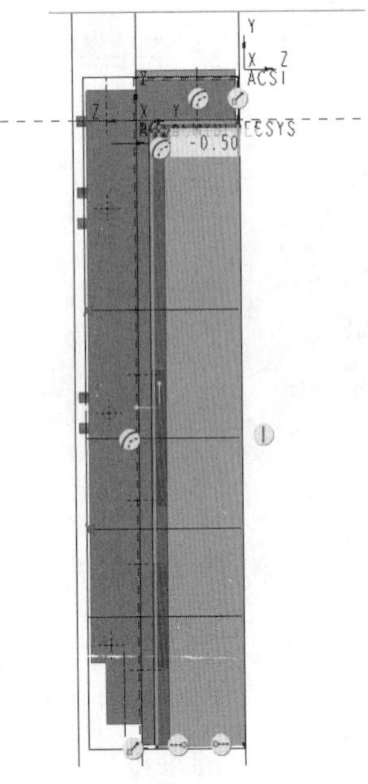

图 7-3-58　草图

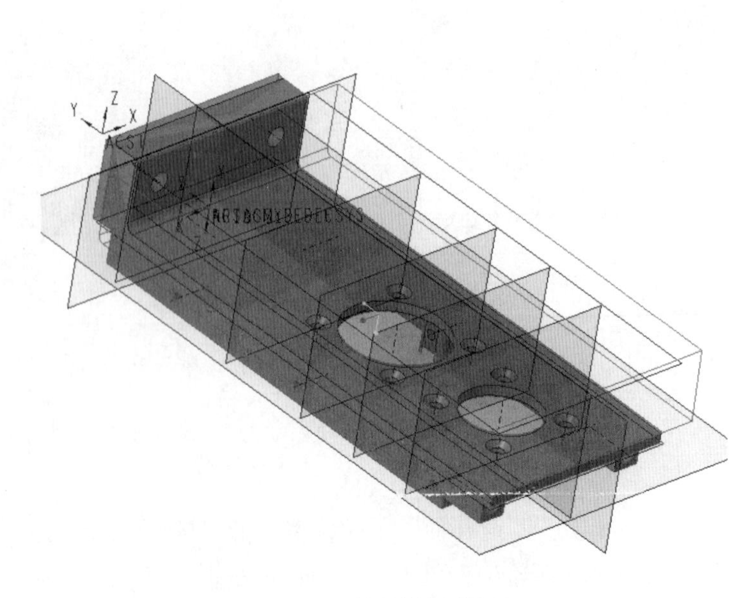

图 7-3-59　拉伸铣削移除

7.3.5　内表面精加工

1. 创建铣削窗口

（1）单击顶部工具栏中“铣削窗口”按钮，在“放置”下拉菜单的“窗口平面”单击上表面。单击“草绘窗口类型”按钮，再次单击“编辑内部草绘”按钮，弹出如图 7-3-60 所示的菜单，设置草绘方向，单击“草绘”按钮，绘制如图 7-3-61 所示的草图。

> **提示**
> 此处精加工的轮廓应将内表面全部包含在内，如左图草绘轮廓所示。

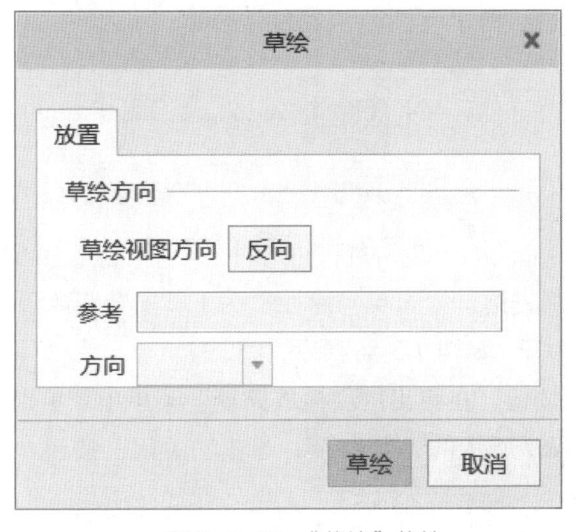

图 7-3-60　“草绘”菜单

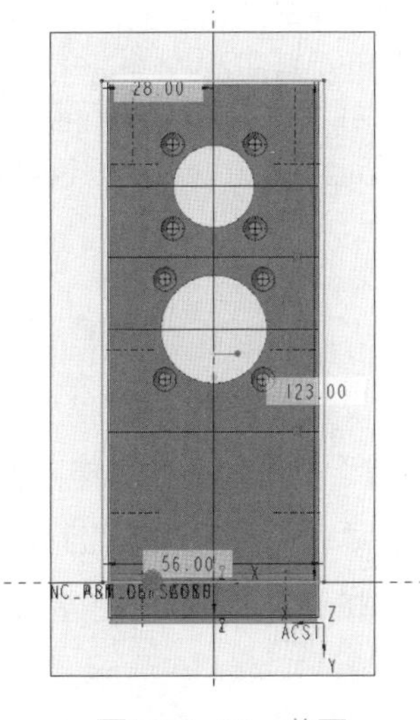

图 7-3-61　草图

（2）绘制如图 7-3-61 所示的草图后，单击“确定”按钮，回到铣削窗口模式。设置深度选项为“到选定项”，如图 7-3-62 所示，单击阶梯台表面，绘图区如图 7-3-63 所示，单击“确定”按钮，完成铣削窗口创建。

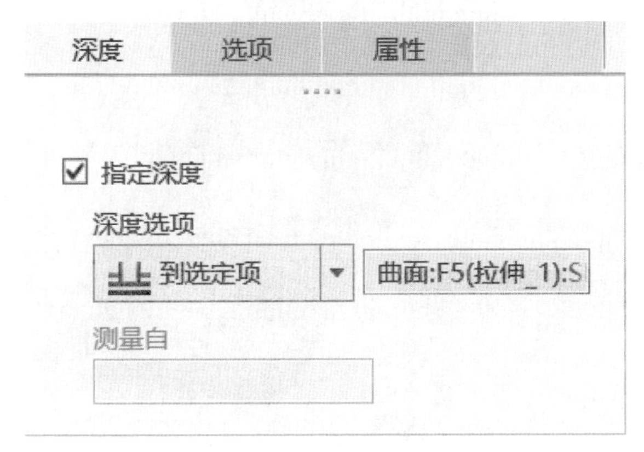

图 7-3-62　“深度”菜单

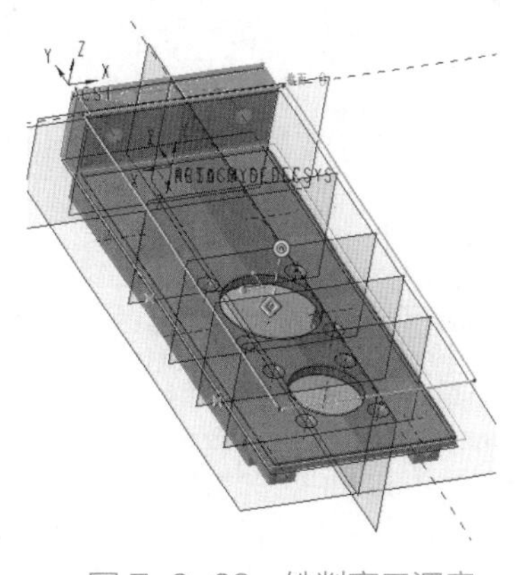

图 7-3-63　铣削窗口深度

2. 精加工铣削

（1）在新弹出的“铣削”菜单中，单击“精加工”按钮，系统默认“参考”下拉菜单的“铣削窗口”为刚刚创建的“F38（铣削窗口 _3）”，单击侧壁圆孔作为“排除的曲面”，如图 7-3-64 所示。

（2）单击“刀具管理器”按钮，在右侧的下拉菜单，单击“编辑刀具”按钮，在弹出的“刀具设定”菜单中，设置“类型”为外圆角铣削，“刀具直径”为 2，“外圆角 R”为 0.1，如图 7-3-65 所示。

> **提示**
> 参考曲面不仅单击包含的曲面，还要注意排除的曲面，如此处应排除立面的沉头孔。

笔记

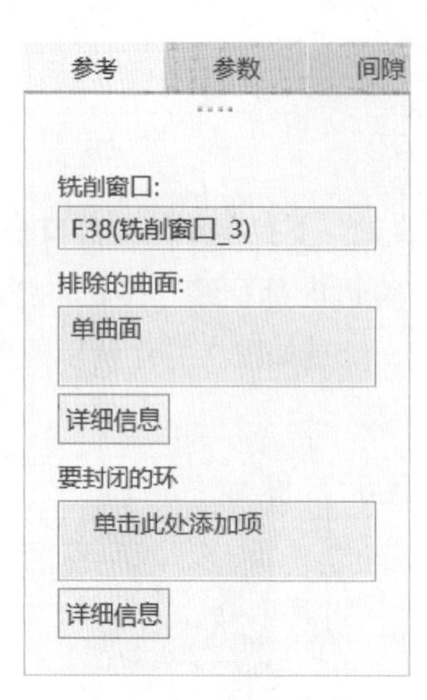

图 7-3-64 “参考”菜单

图 7-3-65 “刀具设定”菜单

（3）设置“参数”菜单中的“切削进给”为 600，“跨距”为 1，“安全距离”为 4，“主轴速度”为 2500，“冷却液选项”为开，如图 7-3-66 所示。

（4）单击“图形显示刀具路径”按钮，在弹出的“播放路径”菜单中，单击“向前播放”按钮，绘图区创建如图 7-3-67 所示的刀具路径，单击“关闭”按钮，完成模拟。

图 7-3-66 “参数”菜单

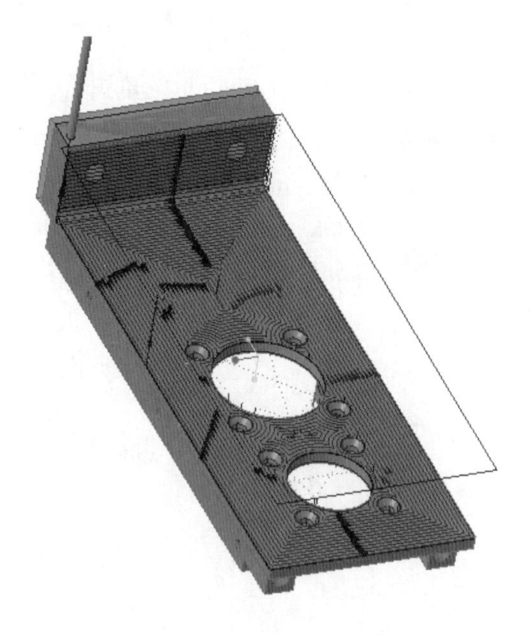
图 7-3-67 刀具路径

提示

此处为精加工，在“精度”显示栏建议设置为高，显示效果较为真切。

3. 切削刀具仿真

（1）单击“显示切削刀具运动”按钮，单击“精度”，在下拉菜单中选择“高”，单击“启动仿真播放器”按钮，弹出如图 7-3-68 所示的菜单。

（2）单击“播放仿真”按钮，绘图区创建如图 7-3-69 所示的刀具仿真路径，单击“关闭”按钮，完成模拟。

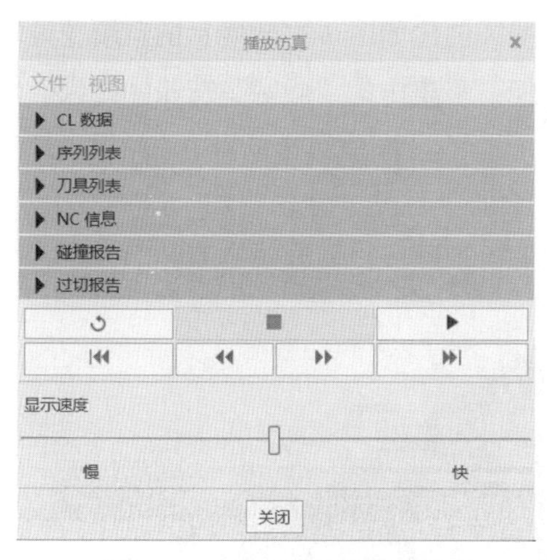

图 7-3-68 “播放仿真”菜单

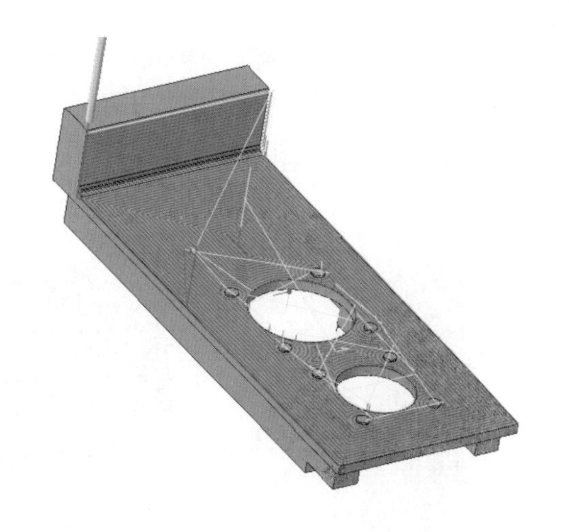
图 7-3-69　刀具仿真路径

笔记

（3）单击“材料移除”菜单的“关闭”按钮，单击“精加工铣削”菜单中的“确定”按钮，完成精加工的创建。

4. 材料移除切削

（1）单击“制造几何”下拉菜单中的“材料移除切削”按钮，在弹出的如图 7-3-70 所示的菜单管理器中，单击“9：精加工 2”，系统弹出如图 7-3-71 所示的菜单管理器，单击“构造”按钮，单击“完成”按钮。

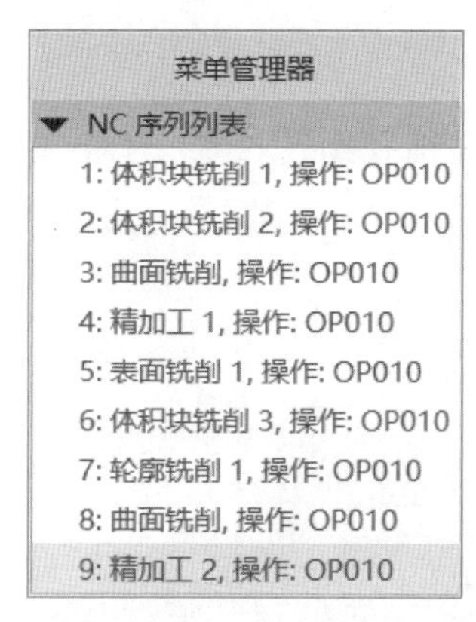

图 7-3-70　菜单管理器 1

图 7-3-71　菜单管理器 2

提示

此处材料移除无法自动完成，建议使用手动材料移除完成切削效果。

（2）在弹出如图 7-3-72 所示的菜单管理器中单击“形状”按钮，在再次弹出的菜单（见图 7-3-73）中单击“拉伸”按钮，单击菜单下方的“完成”按钮。

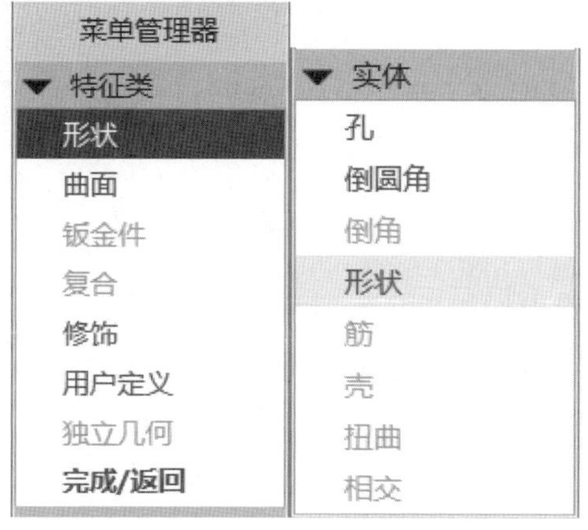

图 7-3-72　菜单管理器 3

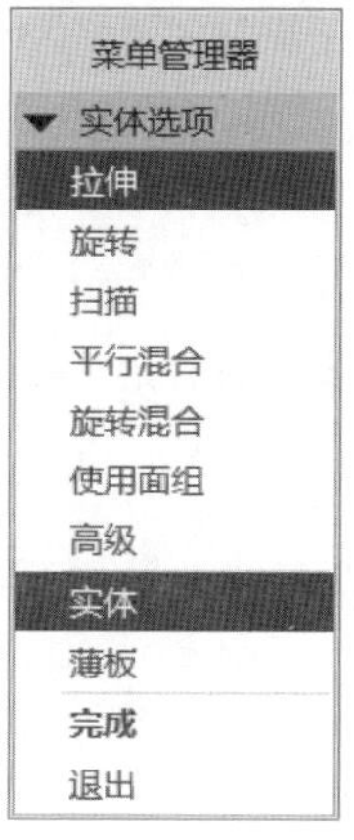

图 7-3-73　菜单管理器 4

笔记

（3）单击“NC_ASM_RIGHT”平面，在绘图区创建如图 7-3-74 所示的草图。设置拉伸深度为“对称拉伸”，尺寸为 70，单击“拉伸”菜单中的“确定”按钮，完成拉伸铣削移除的创建，绘图区如图 7-3-75 所示。

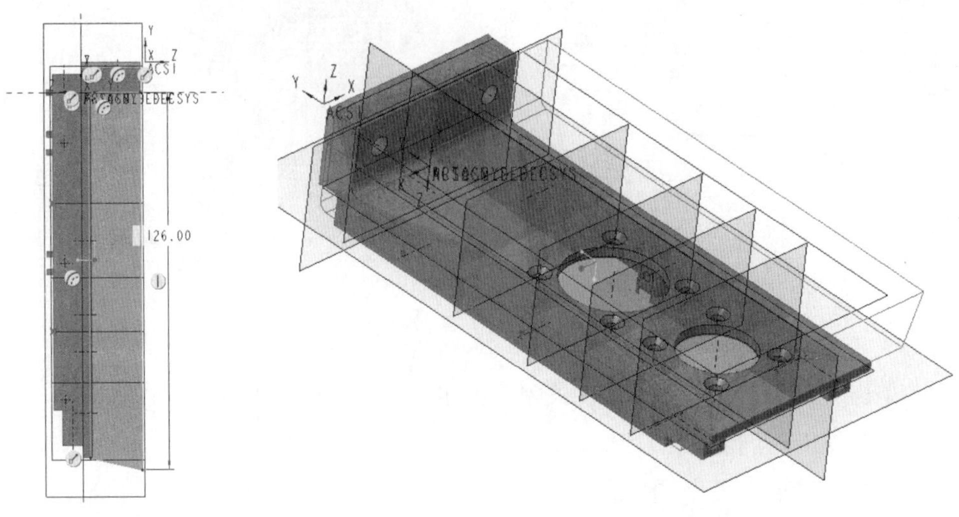

图 7-3-74　草图示意　　　　图 7-3-75　拉伸铣削移除

7.3.6　沉头孔加工

上表面沉头孔铣削

1. 创建钻孔组

（1）在新弹出的“铣削”菜单中，单击“钻孔组”按钮，弹出如图 7-3-76 所示的“钻孔组”菜单，单击“阵列轴”。在绘图区中单击“A_7 轴”，完成第一个钻孔组的选择，如图 7-3-77 所示。

提示

在孔加工中最常用到的就是“钻孔组”，可以提前将需要加工的孔进行分类成组，方便后期的统一加工。

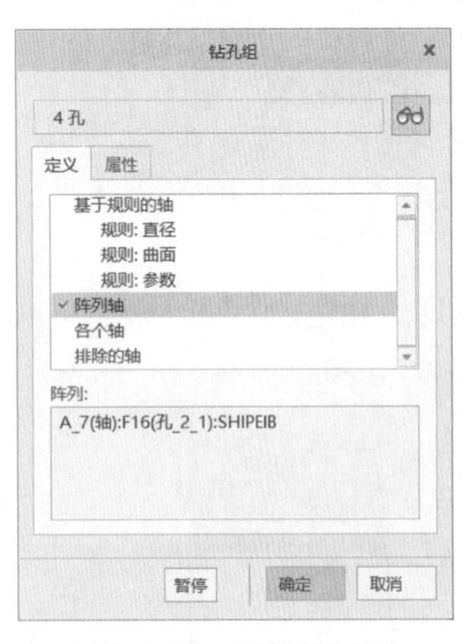

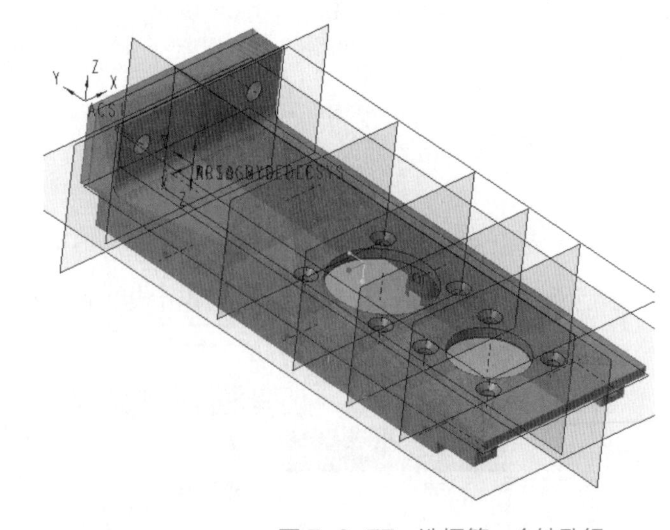

图 7-3-76　“钻孔组”菜单 1　　　　图 7-3-77　选择第一个钻孔组

（2）再次单击“钻孔组”按钮，弹出如图 7-3-78 所示的“钻孔组”菜单，单击“阵列轴”。在绘图区中单击“A_3 轴”，完成第二个钻孔组的选择，如图 7-3-79 所示。

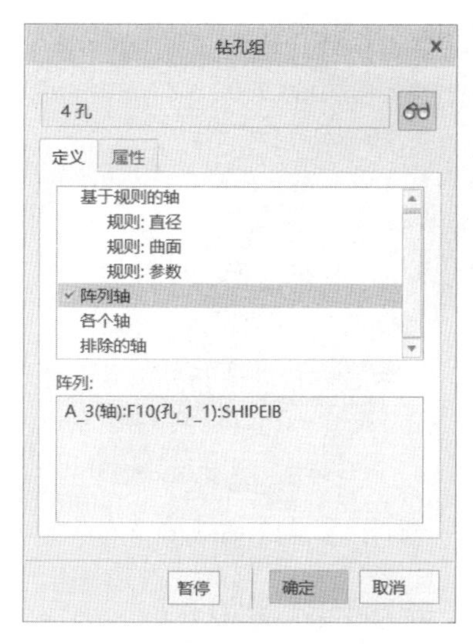

图 7-3-78 “钻孔组”菜单 2

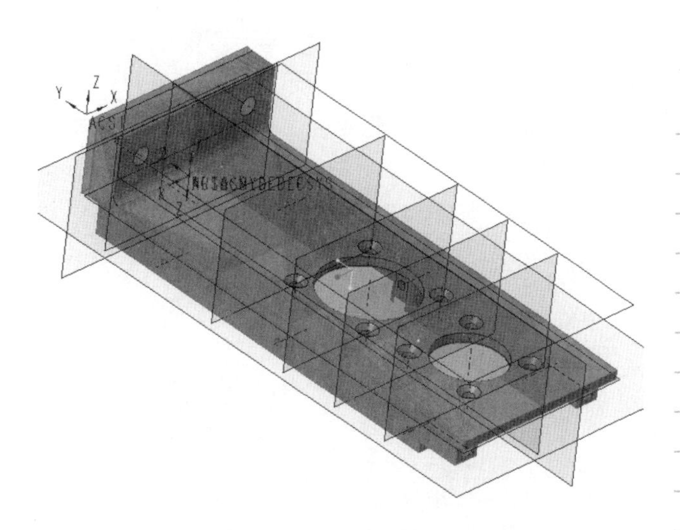

图 7-3-79 选择第二个钻孔组

笔记

2. 沉头孔加工

（1）在新弹出的“铣削”菜单中，单击“沉头孔”按钮，设置“加工参考”的孔集合为“钻孔组 1+ 钻孔组 2”，设置“起点”，单击内部上表面，“沉头孔”直径为 5.8，如图 7-3-80 所示。

（2）单击“刀具管理器”按钮，在右侧的下拉菜单，单击“编辑刀具”按钮，在弹出的“刀具设定”菜单中，设置“类型”为中心钻孔，“刀具直径”为 3.2，“深度”为 5，“沉孔直径”为 5.8，如图 7-3-81 所示。

提示

在“加工参考”中可以选择一个钻孔组，也可以选择多个钻孔组。

讨论

此处钻头的类型和参数应该如何选择？

图 7-3-80 “参考”菜单

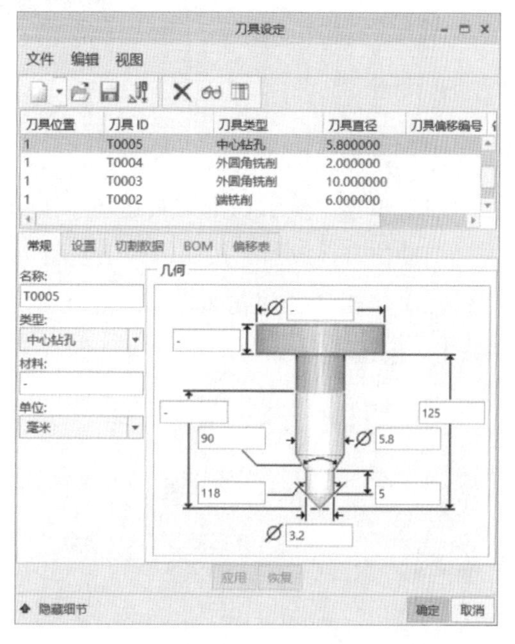

图 7-3-81 “刀具设定”菜单

（3）设置“参数”菜单中的“切削进给”为 600，“安全距离”为 4，“主轴速度”为 2 500，“冷却液选项”为开，如图 7-3-82 所示。

（4）在“间隙”菜单中设置类型为“平面”，再次单击模型底表面，设置“值”为 5，完成退刀平面创建，绘图区效果如图 7-3-83 所示。

提示

加工过程应注意“安全距离”的设置，避免在抬刀过程中误伤工件表面。

笔记

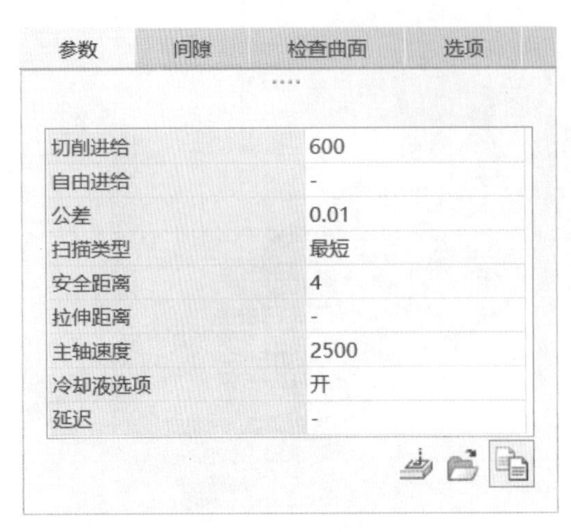

图 7-3-82 “参数”菜单

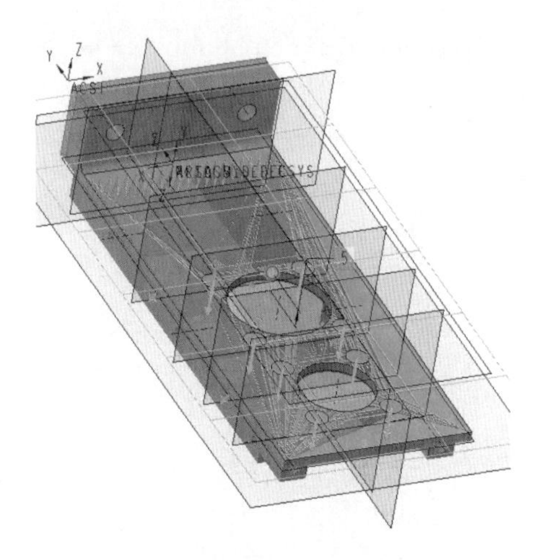

图 7-3-83 退刀平面

（5）单击“图形显示刀具路径”按钮，在弹出的播放路径中单击“向前播放”按钮，绘图区创建如图 7-3-84 所示的刀具路径，单击“关闭”按钮，完成模拟。

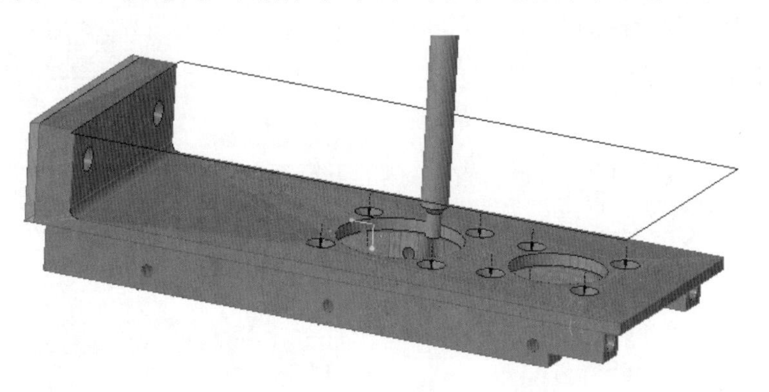

图 7-3-84 刀具路径

3. 切削刀具仿真

提示

此处设置“精度”显示栏为高，能够较为真切地看到沉孔加工的效果。

（1）单击“显示切削刀具运动”按钮，单击“精度”，在下拉菜单中选择“高”，单击“启动仿真播放器”按钮，弹出如图 7-3-85 所示的菜单。

（2）单击“播放仿真”按钮，绘图区创建如图 7-3-86 所示的刀具仿真路径，单击“关闭”按钮，完成模拟。

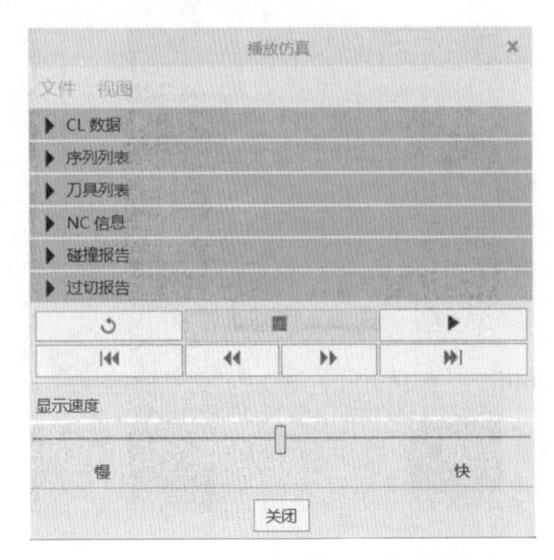

图 7-3-85 “播放仿真”菜单

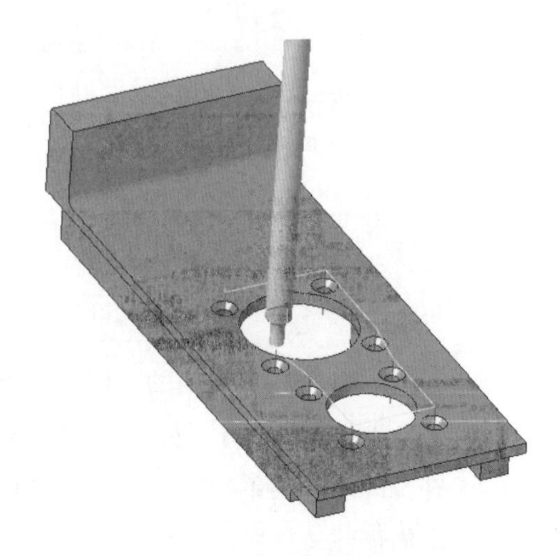

图 7-3-86 刀具仿真路径

（3）单击“材料移除”菜单的“关闭”按钮，单击“沉头孔加工”菜单中的“确定”按钮，完成沉头孔的创建。

笔记

4. 材料移除切削

（1）单击“制造几何”下拉菜单中的“材料移除切削”按钮，在弹出的如图 7-3-87 所示的菜单管理器中，单击“10：沉头孔加工 1”，系统弹出如图 7-3-88 所示的菜单管理器，单击“自动”按钮，单击“完成”按钮。

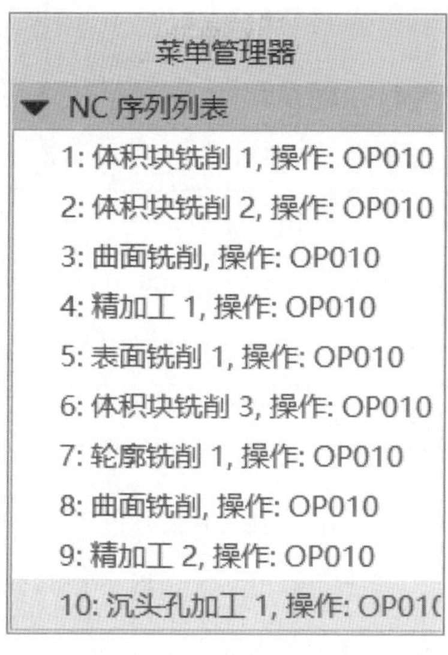

图 7-3-87　菜单管理器 1

图 7-3-88　菜单管理器 2

感兴趣的可以思考侧表面如何加工，或参考微课程学习。

侧表面加工

（2）在弹出如图 7-3-89 所示的“相交元件”菜单中单击 自动添加 按钮，菜单出现“SHIPEIBWORK”，单击菜单下方的“确定”按钮，绘图区效果如图 7-3-90 所示。

图 7-3-89　“相交元件”菜单

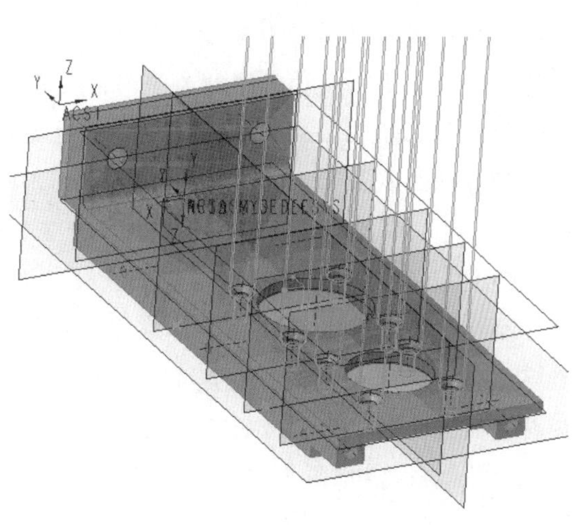

图 7-3-90　绘图区效果

侧表面平面铣削

侧表面沉头孔

侧表面螺纹孔

笔记 

项目小结

通过本项目可以完成以下命令的学习，如表 7-3-1 所示。

表 7-3-1　本项目可完成的命令学习总结

序号	项目模块			备注
1	零件模块	形状	拉伸、旋转	任务 7.1
		工程	孔、倒圆角、倒角、筋	
		编辑	阵列、镜像	
		基准	基准平面、基准轴	
2	加工模块	机床设置	工作中心、切削刀具	任务 7.1
		制造几何	铣削窗口、铣削体积块、钻孔组	任务 7.2、7.3
		铣削	表面、轮廓、曲面、精加工等	任务 7.2、7.3
		孔加工	标准孔、沉头孔	任务 7.3

航空之美

2022 年 9 月 29 日，C919 大型客机在北京获颁型号合格证。这张万众瞩目的合格证，承载着让国产大飞机翱翔蓝天的中国力量，它好似一双隐形的翅膀，彰显着国产民机飞向市场、飞向世界的充足底气。

中航西飞（中航西安飞机工业集团股份有限公司）承担了 C919 大型客机翼盒、襟翼、副翼、缝翼、中机身（含中央翼）五个工作包的研制任务，工作量占 C919 机体结构的 50% 以上，也是 C919 大型客机核心部件外翼翼盒的唯一供应商。在首次应用 C919 数字化生产线机翼翼盒自动制孔设备时，出现了频繁换刀、碰撞故障、制孔停滞时间长等诸多问题。团队成员以问题为导向，抛开现有编程方法，结合机翼翼盒结构加工需求，重新规划制孔流程，编制制孔程序。经过优化后的制孔程序换刀次数由 102 次减少到 30 次；设备加工找正次数由 800 多次减少到 100 多次；设备压紧力及制孔方向调整时间由 8 秒缩短到 3 秒，制孔效率较改进前提升了 3 倍。

C919 大型客机实现了虚拟装配、数字化定位、人机工程仿真等方法的推广应用；突破了数字化工艺装备模块化、标准化、集成化设计制造等关键技术，建成了国际一流的数字化部件装配生产线，创建了数字化装配工艺装备设计标准，实现了飞机部件装配由模拟量制造向数字化制造的跨越式发展。

（资料来源：《中航西飞：托举大飞机翱翔蓝天的航空力量》，中国航空新闻网，2022 年 10 月 28 日，有删改。）

模拟测试

笔记

一、单选题

1. 制造工作台所设计的零件，在操作系统下以（　　）扩展名文件形式存储。

A.*.prt　　B.*.sec　　C.*.asm　　D.*.drw

2. 过切时，切削仿真的默认颜色是（　　）。

A. 蓝色　　B. 白色　　C. 绿色　　D. 红色

3. 在刀具路径设置对话框内，“允许余量”表示（　　）。

A. 刀具路径沿模型轮廓的精度　　B. 相邻加工路径之间的距离

C. 不同加工层之间的距离　　D. 零件留下的材料量

4. 数控仿真加工最后一个环节是（　　）。

A. 修订　　B. NC 代码

C. 验证 / 仿真　　D. 参数设置

5. 单击“显示切削刀具运动”按钮，可执行（　　）操作。

A. 基于已选刀具路径创建新的刀具路径

B. 仿真已选刀具路径

C. 打开刀具路径表格，编辑已选刀具路径

D. 后台计算刀具路径

二、多选题

1. 粗加工刀具路径的优势是（　　）。

A. 允许在执行初始粗加工操作期间使用较大的刀具

B. 减少加工零件时所需的刀具数

C. 减少加工零件时所需的刀具路径数

D. 有助于防止在执行精加工操作期间出现刀具过载

2. 在过切检测时，可以检测（　　）类型。

A. 指定曲面　　B. 指定体积块

C. 指定零件　　D. 指定窗口

3. 系统自带的毛坯类型包含（　　）。

A. 长方体　　B. 圆柱体

C. 边界　　D. 球体

4. 数控仿真铣削加工包含的加工类型有（　　）。

A. 表面　　B. 精加工

C. 自动去毛刺　　D. 轮廓铣削

5. 数控仿真孔加工包含的加工类型有（　　）。

A. 标准孔　　B. 沉头孔

C. 深孔加工　　D. 攻丝

笔记

实体演练

1. 根据以下图形，完成三维实体模型的创建。

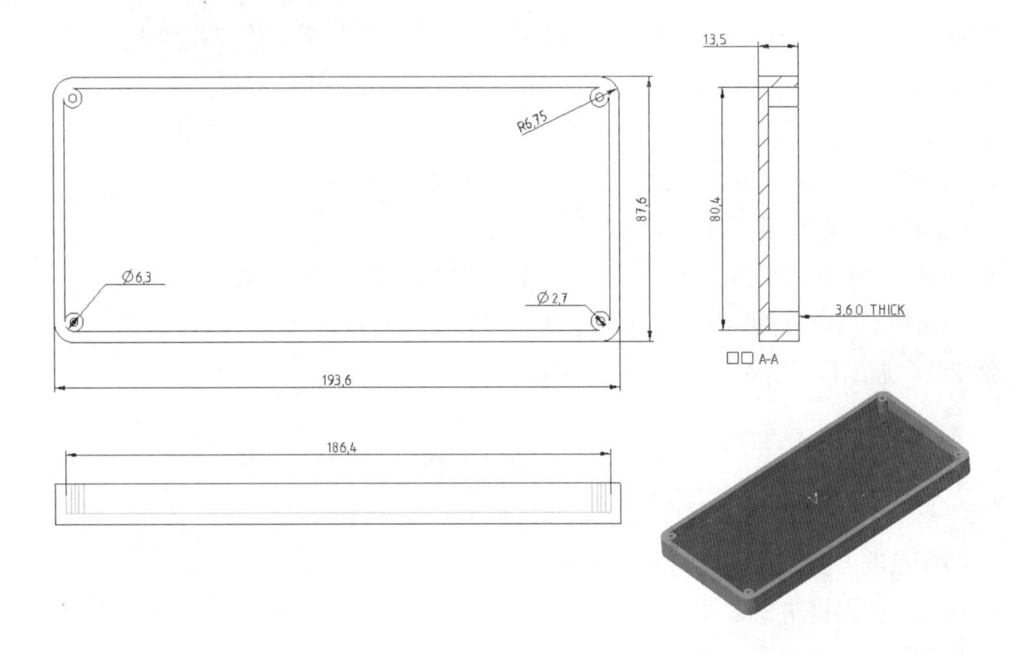

上表面铣削

2. 现有毛坯尺寸为 197.6 × 91.6 × 16 的块料，完成零件的上表面铣削。

要求：（1）完成毛坯模型创建。

（2）完成刀具及参数的合理选取。

（3）完成刀具轨迹演示及模拟切削。

侧轮廓铣削

3. 根据第二步加工的结果，完成零件的侧轮廓铣削。

要求：（1）完成切削刀具的创建。

（2）完成加工参数的合理选取。

（3）完成刀具轨迹演示及模拟切削。

钻孔加工

4. 根据第三步加工的结果，完成零件的钻孔加工。

要求：（1）完成切削刀具的创建。

（2）完成钻孔组的创建。

（3）完成加工参数的合理选取。

（4）完成刀具轨迹演示及模拟切削。

5. 根据第四步加工的结果，完成零件的内部体积块铣削。

要求：（1）完成铣削体积块的创建。

（2）完成切削刀具的创建。

（3）完成加工参数的合理选取。

（4）完成刀具轨迹演示及模拟切削。

6. 根据第五步加工的结果，完成零件的精加工。

要求：（1）完成切削刀具的创建。

（2）完成加工参数的合理选取。

（3）完成刀具轨迹演示及模拟切削。

参考文献

[1] 孙海波，陈功 . Creo Parametric 5.0 三维造型及应用 [M]. 南京：东南大学出版社，2022.

[2] 贾颖莲，何世松，李永松，等 . Creo 三维建模与装配 [M]. 北京：机械工业出版社，2022.

[3] 何秋梅 . Creo Parametric 5.0 项目教程 [M]. 北京：人民邮电出版社，2021.

[4] 钟日铭 . Creo5.0 设计实用教程 [M]. 北京：化学工业出版社，2020.

[5] 北京兆迪科技有限公司 . Creo 4.0 数控加工教程 [M]. 北京：机械工业出版社，2018.

[6] 钟日铭 . Creo 5.0 中文版完全自学手册 [M]. 北京：清华大学出版社，2020.

[7] 李少坤，马丽 . Creo8.0 机械设计教程 [M]. 北京：清华大学出版社，2022.